实用电子电路设计丛书

运放电路环路稳定性设计

——原理分析、仿真计算、样机测试

张东辉　王　银　潘兴隆　张远征　编著

机　械　工　业　出　版　社

本书利用“原理分析、仿真计算、样机测试”三步学习法对运放电路环路进行稳定性设计，使读者能够对已有电路彻底理解，并且通过计算和仿真分析对原有电路进行改进，以便设计出符合实际要求的运放电路，达到实际应用的目的。首先，进行简单运放电路分析，运用反馈控制理论和稳定性判定准则进行时域/频域计算和仿真，当计算结果和仿真结果一致时再进行实际电路测试，使三者有机统一；然后，改变主要元器件参数，使电路工作于振荡或超调状态，此时测试稳定裕度，应该与稳定判据相符合；最后，设计反馈补偿网络使电路重新工作于稳定状态，通过这整个过程帮助读者透彻理解运放电路环路控制分析与设计方法。

本书适合运放电路设计人员使用和参考，同时也可供模拟电路和电力电子相关专业高年级本科生和研究生阅读学习。

图书在版编目（CIP）数据

运放电路环路稳定性设计：原理分析、仿真计算、样机测试/张东辉等编著. —北京：机械工业出版社，2021.4

（实用电子电路设计丛书）

ISBN 978-7-111-67282-1

Ⅰ. ①运…　Ⅱ. ①张…　Ⅲ. ①运算放大器-电路设计　Ⅳ. ①TN722.702

中国版本图书馆 CIP 数据核字（2021）第 015016 号

机械工业出版社（北京市百万庄大街 22 号　邮政编码 100037）

策划编辑：江婧婧　责任编辑：江婧婧　杨　琼

责任校对：张　薇　封面设计：鞠　杨

责任印制：张　博

三河市国英印务有限公司印刷

2021 年 4 月第 1 版第 1 次印刷

169mm×239mm · 21 印张 · 409 千字

0 001—2 000 册

标准书号：ISBN 978-7-111-67282-1

定价：99.00 元

电话服务　　网络服务

客服电话：010-88361066　机　工　官　网：www.cmpbook.com

010-88379833　机　工　官　博：weibo.com/cmp1952

010-68326294　金　书　网：www.golden-book.com

　机工教育服务网：www.cmpedu.com

前　言

“虚短、虚断”是大学老师讲解运放电路分析第一堂课的主要内容，按照该方法进行同相和反相放大电路分析可谓手到擒来，随着单极点运放的问世，使得运放电路设计更加游刃有余；但是老师也说过：“可以按照该方法分析电路，但在实际设计时由于输入电容、输出阻抗、负载电容等参数的影响将会产生附加极点，使得运放电路产生超调和振荡，当频率变化时，电容、电感的实际特性都将改变，这些都会对电路产生影响——系统变得不稳定”。当时还不懂什么是零点和极点以及系统不稳定，只感觉运放电路太简单了。现在回想起来感觉不是电路简单，而是自己当年太简单了。工作之后发现如果设计的放大电路精度太低、噪声太大、线性电源带容性负载就会炸机，慢慢地就加深了对运放电路的理解，但已经是工作10年后的自己了。不知其他运放电路设计工程师是否也有同感。如果一个人想走得快就一个人走，如果想走得远就一起走吧！

本书结合运放电路进行环路控制理论学习与设计，首先，进行简单运放电路分析，运用反馈控制理论和稳定性判定准则进行时域/频域计算和仿真分析，当计算结果和仿真结果一致时再进行实际电路测试，使得三者有机统一；然后，改变主要元器件参数，使电路工作于振荡或超调状态，此时测试稳定裕度，应该与稳定判据相符合；最后，设计反馈补偿网络使电路重新工作于稳定状态，通过这整个过程帮助读者透彻理解运放电路环路控制分析与设计方法。

本书通过对运放电路环路的稳定性进行工作原理分析、仿真和实际测试，使读者能够对已有电路彻底理解，并且通过计算和仿真分析对原有电路进行改进，以便设计出符合实际要求的运放电路，达到实际应用的目的。利用如下三步学习法进行运放电路环路稳定性原理分析、经典图样解剖、实际产品设计，使设计人员真正懂得运放电路系统稳定性分析与设计：

1）原理分析——初步理解运放电路的工作特性、控制、反馈。

2）仿真计算——根据电路技术指标计算整体参数，并利用仿真分析对电路进行整体测试，包括交流、直流、瞬态、开环、闭环，尤其是电路环路稳定性。

3）样机测试——搭建实际电路进行测试，包括稳态与暂态；并且改变参数与设置对电路进行全面测试，包括稳定与振荡，并与原理分析和仿真计算进行对比，使得三者有机统一。

本书的主要内容如下：

第 1 章：主要讲解运放电路环路稳定性判定准则。首先讲解增益裕度、相位裕度、峰值与振铃、劳斯稳定判据，之后结合实例对具体判定准则进行深入介绍；然后总结环路测试方法，包括 Aol 与 $1/\beta$ 闭合速度法、双注入法以及馈通的影响；最后根据运放数据手册建立其传递函数模型，包括输入电容以及输出阻抗，并详细分析 *RLC* 模型在频域分析时的工作特性。

第 2 章：主要讲解运放电路单反馈补偿设计。首先讲解 ZI 输入网络、ZF 反馈网络计算和容性负载频率特性；然后详细讲解补偿设计，包括隔离电阻补偿、反馈电容补偿和噪声增益补偿，并对同相放大电路、反相放大电路进行噪声增益补偿设计；最后结合实例对噪声增益补偿电路进行实际测试。

第 3 章：主要讲解运放电路 R_{iso} 双反馈补偿设计。首先确定双反馈设计准则，之后分析计算双反馈 FB_1 和 FB_2；然后结合典型电路进行双反馈补偿测试；最后利用跟随器电路进行实际电路双反馈设计与工作特性测试。

第 4 章：主要对运放电路设计实例进行工作原理分析、反馈补偿设计、频域稳定性和瞬态测试，包括热电偶变送器、仪用放大电路、复合放大电路、运放 OPAX192 模型建立及其应用电路设计。

第 5 章：主要对运放电路扩展设计实例进行工作原理分析、频域稳定性测试、瞬态测试以及功能扩展。

第 6 章：主要利用运放跟随电路进行环路稳定性测试与补偿设计，电路分析和补偿方法全部来自前 5 章的内容；通过设置开关改变电路工作状态，对每种工作状态首先进行工作原理分析，然后进行仿真验证，最后进行实际电路测试，利用三步学习法系统掌握运放电路环路稳定性分析与设计。

本书附带全部电路的 PSpice 仿真程序、测试电路图、电路板和实际测试波形，可通过仿客 QQ 群 336965207 进行下载，以供读者学习；由于分析过程中多次对仿真设置进行修改，所以程序初始运行结果并非与书中仿真波形一致，读者务必按照书中内容进行自行设置，或者独立绘制电路进行仿真验证——纸上得来终觉浅，绝知此事要躬行！

张东辉
2020 年 8 月

“九·一八”——不知道为何想到这一天就紧张起来。89 年前的今天，中华民族开始觉醒、奋斗，虽历尽艰难困苦，但最终实现国家独立。89 年后的今天，不知是我对当年先烈的怀念，还是近期每天凌晨早起整理运放电路书籍的兴奋，使得我 7 年前的病毒性脑膜炎复发。因为老婆是医生，所以虽然紧张，但是并未十分害怕，只是六十多岁的母亲心惊胆战、多日无眠。有一种爱叫“慈母手中线、游子身上衣”，有一种情叫“相夫教子”，有一种伴叫“与子成长”，有一种进叫“携手同行”——家人的无私奉献和仿友们的鼎力支持是我努力完成本书的精神源泉和强大后盾。

本书实际测试电路由北京航天计量测试技术研究所的孙德冲同志完成，在此表示最衷心的感谢。

非常感谢北方工业大学张卫平恩师将学生领进模拟电路和 PSpice 的世界，恩师的教诲永记心头——天道酬勤、融会贯通；非常感谢北京航天计量测试技术研究所金俊成和虞培德两位研究员对弟子的谆谆教导和悉心培养，使得徒弟深深地被运放电路吸引而不能自拔，并领悟到运放电路世界的博大精深与研发过程精益求精的重要性。

PSpice 仿客 QQ 群（336965207）的张超杰、贾格格、刘亚辉、严明等仿友对本书提出了宝贵的建议，在此表示最真诚的感谢。

张东辉

2020 年 10 月

目 录

第 1 章

运放电路环路稳定性判定准则

本章主要讲解运放电路环路稳定性判定准则，首先结合实例定义增益裕度、相位裕度、峰值与振铃、劳斯稳定判据，并对具体判定准则进行深入理解；然后总结环路测试方法，包括 Aol 与 $1/\beta$ 闭合速度法、双注入法以及馈通的影响；最后根据运放数据手册建立其传递函数模型，包括输入电容、输出阻抗及其测量，并详细分析 *RLC* 模型在频域分析时的工作特性。

1.1 稳定性概述

自 1927 年 Harold S. Black 提出负反馈以来，负反馈已经成为电子学、控制学以及应用科学的基石。负反馈能够提高系统整体性能：暂态和环境变化时增益更加稳定，减少元器件非线性、宽带和阻抗变化时引起的失真，如果运算放大器施加负反馈则上述优势更加明显。

负反馈同样存在故障隐患，即无论施加何种输入信号或者输入信号是否有无时都能引起系统振荡，此时环路产生足够大的相移，使得负反馈转换为正反馈，并且系统具有足够大的环路增益维持输出振荡。

稳定性为计算机仿真提供了广阔沃土，利用仿真既能验证系统整体功能，又能全面测试系统稳定性，尤其对新观念的引入和深入探索更是发挥了淋漓尽致的功效。接下来首先利用 PSpice 仿真对同相放大电路进行时域测试，然后逐步引出运放电路稳定性判定准则。

1.1.1 同相放大电路稳定性测试

运放传递函数测试：图 1.1 所示为运放传递函数测试电路，GaindB 为运放开环直流增益，f_{p1} 为运放第 1 极点，f_{p2} 为运放第 2 极点；图 1.2 所示为交流仿真设置，起始频率为 1Hz、结束频率为 1GHz，分别为 f_{p1} 的 1/10 和 f_{p2} 的 10 倍，以便充分测试 $-180° \sim 0°$ 相位；图 1.3 所示为运放增益与相位频率特性曲线，频率

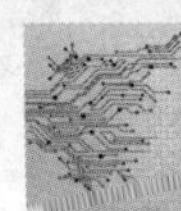

低于f_{p1}时增益基本保持120dB、在f_{p1} ~f_{p2}之间增益按照 -20dB/dec 进行衰减、高于f_{p2}时增益按照 -40dB/dec 进行衰减，相位在f_{p1}和f_{p2}时分别为 -45°和 -135°、并且在其1/10和10倍范围内按照 -45°/dec 降低；设计电路时按照所选运放数据手册提供的特征参数进行设置，以便仿真与实际测试能够匹配，该模型未考虑运放输入电容和输出阻抗，在接下来的章节中将逐步增加运放模型参数，使得仿真与实际更加一致。

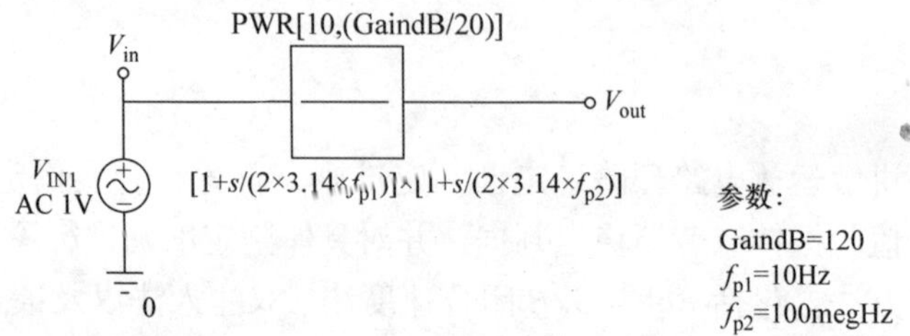

图 1.1　运放传递函数测试电路

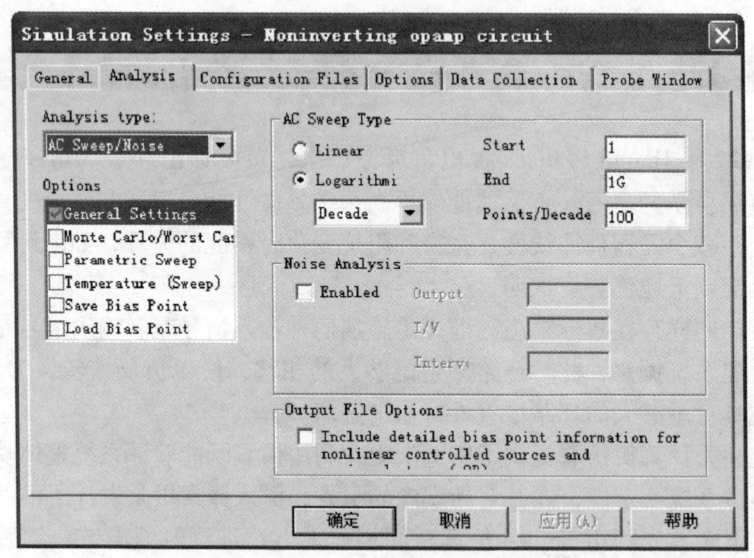

图 1.2　交流仿真设置

同相放大电路瞬态与增益测试：图 1.4 所示为同相放大瞬态与增益测试电路，其中f_{z1}为反馈第一零点频率、C_{fv}为反馈电容参数值、Beta 为反馈系数——低频闭环增益设置；运放工作于线性区时正负输入端虚短虚断，虚短表示正负输入端的电压相同，虚断表示流入/流出正负输入端的电流为零，所以正常工作时节点 IN_2 与 V_{fb2}的电压相同，即输入电压与反馈电压相同，低频时电路闭环增益

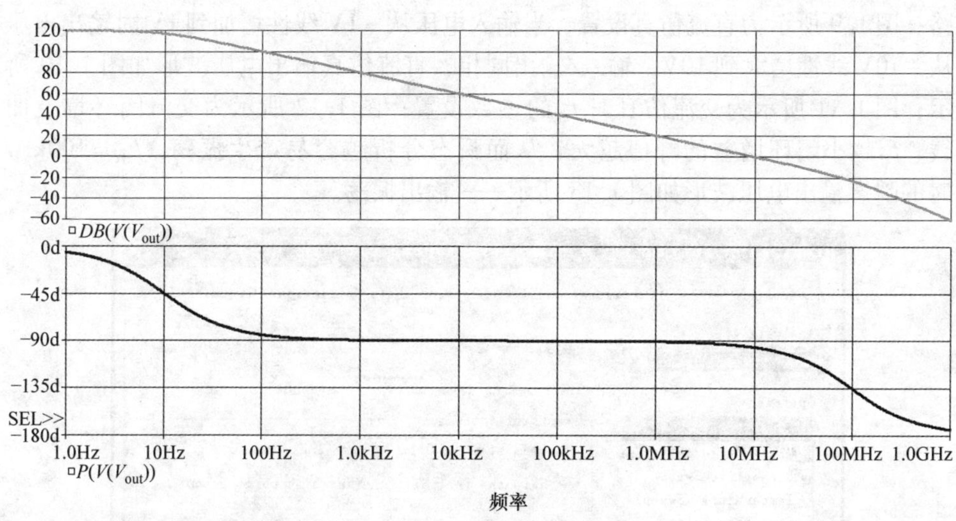

图 1.3　运放增益与相位频率特性曲线

$\text{Gain}=1+\frac{R_{F14}}{R_{I15}}$，所以调节电阻 R_{F14} 与 R_{I15} 之比即可改变电路放大倍数；运放由 Laplace 传递函数定义、输出限幅为 ±15V；f_{z1} 为 C_{F8} 和 R_{I15} 构成的反馈第一零点，Beta 为反馈系数、即同相放大电路的闭环增益 Gain = 1/Beta；图 1.5 所示为瞬态仿真设置；图 1.6 所示为 Beta 参数仿真设置，Beta = 0.1、0.125、0.25、0.5，所以闭环增益 Gain = 10、8、4、2；图 1.7 所示为输入和输出电压波形，输入、输出同相，只是脉冲过渡瞬间出现微小过冲。

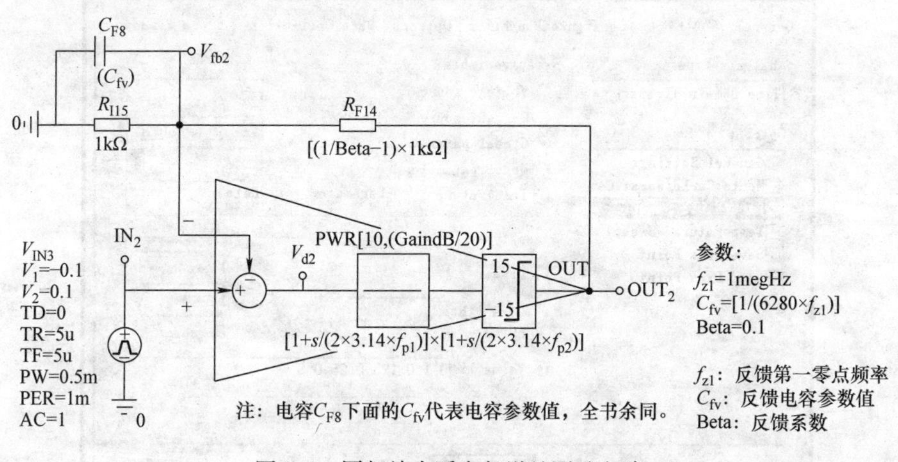

图 1.4　同相放大瞬态与增益测试电路

同相放大电路直流与交流测试：图 1.8 所示为同相放大直流与交流测试电

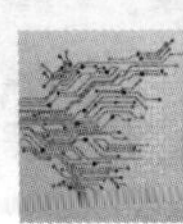

路；图 1.9 所示为直流仿真设置，当输入电压从 -1V 线性增加到 1V 时输出电压从 -10V 线性增大到 10V，输入/输出同相，直流仿真输出电压波形如图 1.10 所示；图 1.11 所示为交流仿真时 f_{z1} 的参数设置；图 1.12 所示为交流闭环增益曲线，f_{z1} 越小闭环增益的峰值越大，从而瞬态分析越容易产生振荡，f_{z1} = 100kHz 时的瞬态输出电压波形如图 1.13 所示——输出振荡。

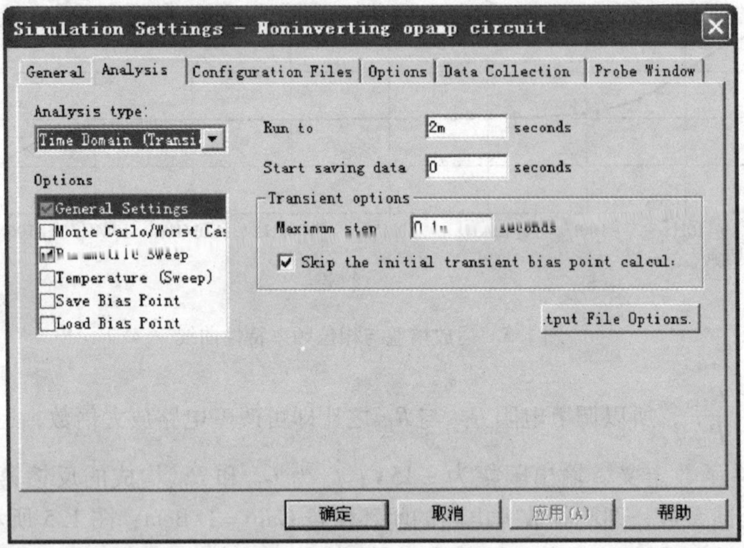

图 1.5　瞬态仿真设置

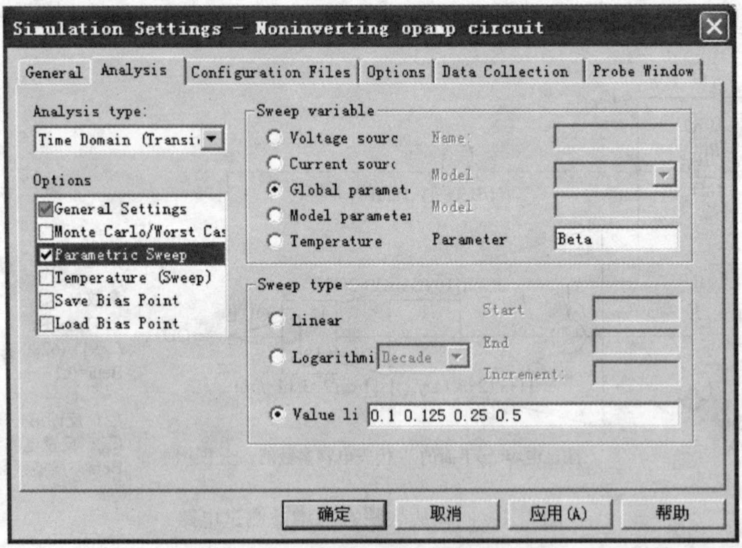

图 1.6　Beta 参数仿真设置

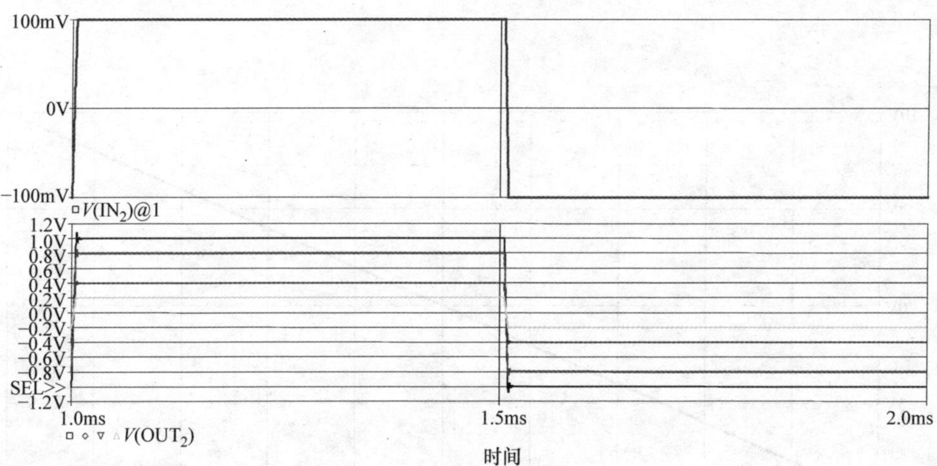

图 1.7　输入和输出电压波形

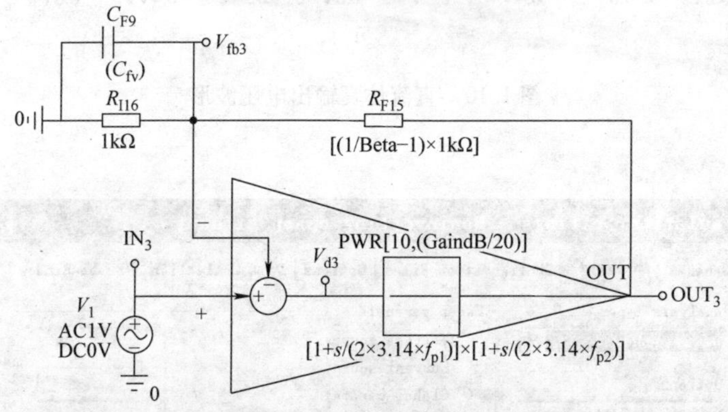

图 1.8　同相放大直流与交流测试电路（Beta = 0.1）

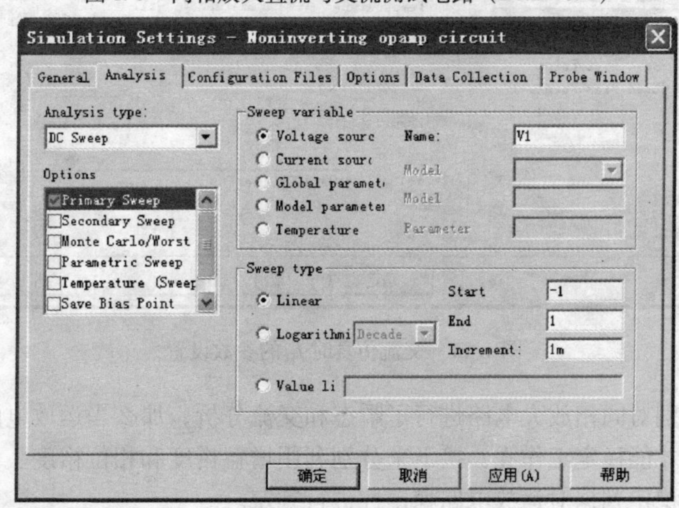

图 1.9　直流仿真设置

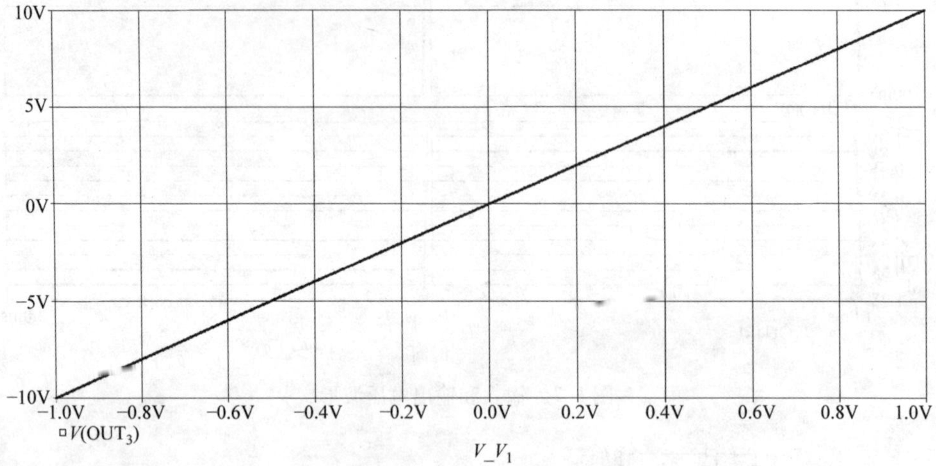

图 1.10　直流仿真输出电压波形

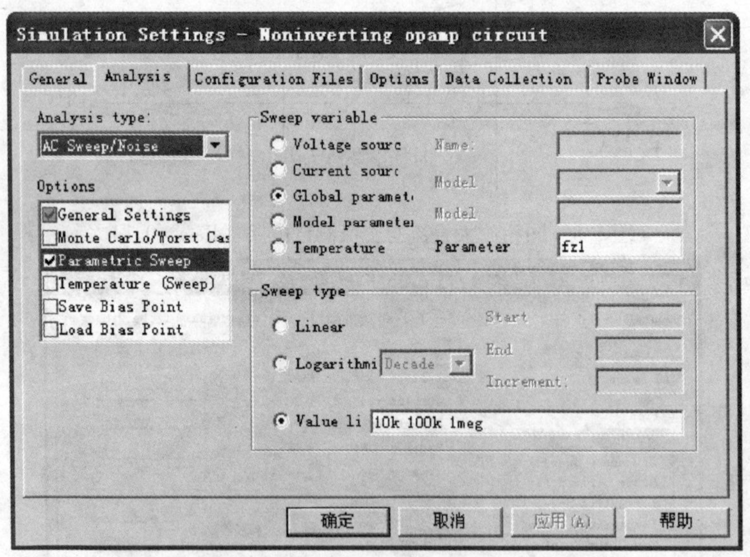

图 1.11　交流仿真时 f_{z1} 的参数设置

上面分别对同相放大电路进行了瞬态和交流分析，那么当运放电路满足什么条件时电路才能稳定工作呢？接下来分别利用增益裕度和相位裕度、增益峰值与超调、劳斯稳定判据对运放电路稳定性进行判定。

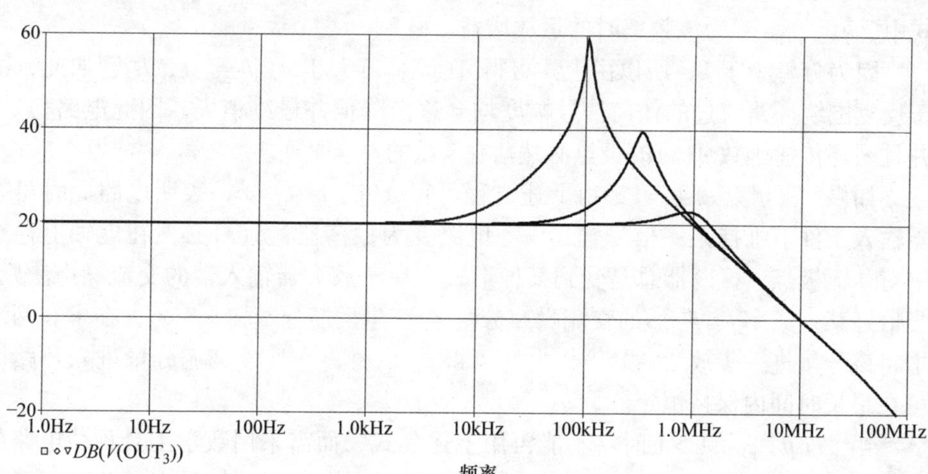

图 1.12 交流闭环增益曲线

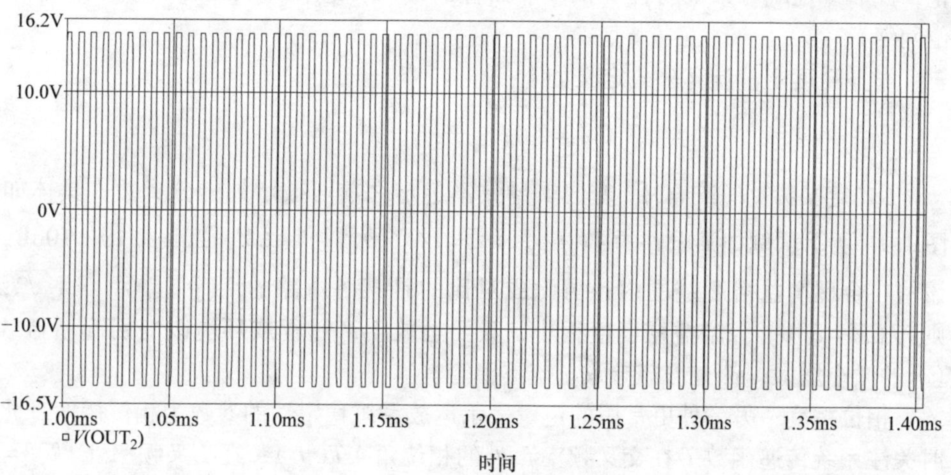

图 1.13 $f_{z1}=100\text{kHz}$ 时的瞬态输出电压波形

1.1.2 增益裕度和相位裕度

增益裕度：系统稳定与否取决于环路增益 $T(jf)$ 随频率的变化方式，设 $T(jf)$ 在某一频率处的相位为 $-180°$，并将该频率记为 $f_{-180°}$，于是 $T(jf_{-180°})$ 为负实数——表明系统已从负反馈变成正反馈；如果 $|T(jf_{-180°})|<1$，则系统闭环增益表达式 $A(jf_{-180°})$ 如下所示

$$A(jf_{-180°})=\frac{a(jf_{-180°})}{1+T(jf_{-180°})}$$

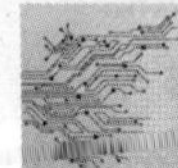

式中，$a(jf_{-180°})$ 为该频率时的运放增益。

因为分母小于 1，所以由上式可得 $A(jf_{-180°})$ 大于 $a(jf_{-180°})$；尽管如此，由于反复围绕环路流过的任何信号幅度均会逐渐降低并最终消失，因此电路稳定，并且闭环传递函数 $A(s)$ 的极点必然落在 s 域的左半平面。

如果 $|T(jf_{-180°})|=1$，由上述方程可得 $A(jf_{-180°})\to\infty$，表明电路此时可在零输入条件下维持某一信号输出——电路变为振荡器，$A(s)$ 必然在虚轴上存在一对共轭极点。振荡器总是受到某种形式存在于放大器输入端的交流噪声激励，当恰好某一频率 $f=f_{-180°}$ 的交流噪声分量 x_d 产生反馈分量 $x_f=-x_d$，在求和网络中将该分量进一步放大 -1 倍，由此可得 x_d 自身，一旦该交流分量进入环路即可在很长时间内保持恒定。

当 $|T(jf_{-180°})|>1$ 时将不能再用上述公式，而需采用数学工具预估电路的稳定特性。如果闭环增益 $A(s)$ 在 s 域右半平面存在一对共轭极点，此时一旦电路开始振荡，幅度就会不断增大，直至某些电路的非线性将环路增益降至 1 为止，此非线性既可系统固有（例如非线性的 VTC）也可人为设计（例如外部钳位网络）。

增益裕度定量计算公式定义如下：

$$GM=20\lg\frac{1}{|T(jf_{-180°})|}$$

GM 定义为 $|T(jf_{-180°})|$ 变成 1 导致不稳定之前可被增加的分贝数，具体如图 1.14 所示，例如某电路的 $T(jf_{-180°})|=1/\sqrt{10}$，则其 $GM=20\lg\sqrt{10}=10\text{dB}$，该值在合理增益裕度范围内；与此成对比的是某一电路的 $T(jf_{-180°})|=1/\sqrt{2}$，则其 $GM=3\text{dB}$，该增益裕度值很小，只要运放生产过程或环境改变引起增益 $A(s)$ 的微小增大，都有可能导致系统不稳定。

相位裕度：另一种更常用的定量表示运放系统稳定性的参数为相位裕度，此时关注系统传递函数 T 在交叉频率 f_x 处的相位角 $\measuredangle T(jf_x)$；在交叉频率处 $|T|=1$，定义相位裕度 ϕ_m 为 $\measuredangle T(jf_x)$ 达到 -180° 导致系统不稳定之前可被降低的度数，即 $\phi_m=\measuredangle T(jf_x)-(-180°)=180°+\measuredangle T(jf_x)$，图 1.14 所示为相位裕度图形表示。

为分析相位裕度的意义，记 $T(jf_x)=1\angle(\phi_m-180°)=-\exp(j\phi_m)$，此时误差函数 $1+[1+1/T(jf_x)]=1/[1-\exp(-j\phi_m)]$，利用欧拉恒等式 $\exp(-j\phi_m)=\cos\phi_m-j\sin(\phi_m)$ 可得系统闭环增益为

$$|A(jf_x)|=|A_{\text{ideal}}(jf_x)|\times\frac{1}{\sqrt{(1-\cos\phi_m)^2+\sin^2\phi_m}}$$

根据不同 ϕ_m 值计算误差函数，可得 $\phi_m=90°$ 时误差函数值为 0.707，$\phi_m=60°$ 时误差函数值为 1，$\phi_m=30°$ 时误差函数值为 1.93，$\phi_m=15°$ 时误差函数值为

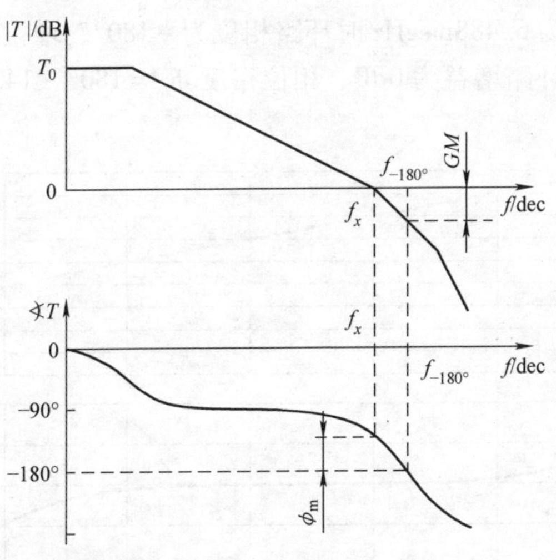

图 1.14　增益裕度 GM 和相位裕度 ϕ_m

3.83，$\phi_m=0°$时误差为无穷大∞、增益误差也为无穷大。由上述计算数值可知：$\phi_m<60°$ 时 $|A(jf_x)|>|A_{ideal}(jf_x)|$，表明该闭环系统存在峰值；$\phi_m$ 越低峰值现象越明显；$\phi_m\to0$ 时 $|A(jf_x)|\to\infty$，系统处于振荡状态；实际设计时 ϕ_m 的典型下限值为45°，通常 ϕ_m 下限值为60°。

增益裕度与相位裕度：图 1.15 所示为同相放大开环测试电路，电感 L_1 用于建立静态工作点、交流时开路，电容 C_1 用于交流环路测试、直流时开路；图 1.16 所示为 $f_{z1}=1$megHz 时的增益与相位曲线，频率为 10.491megHz 时环路相位为 −180°、增益裕度 $GM=40$dB，频率为 812.3kHz 时环路增益为 0dB、相位裕度 $\phi_m=180°-126.6°=53.4°$——系统稳定；图 1.17 所示为 $f_{z1}=400$kHz 时的增益

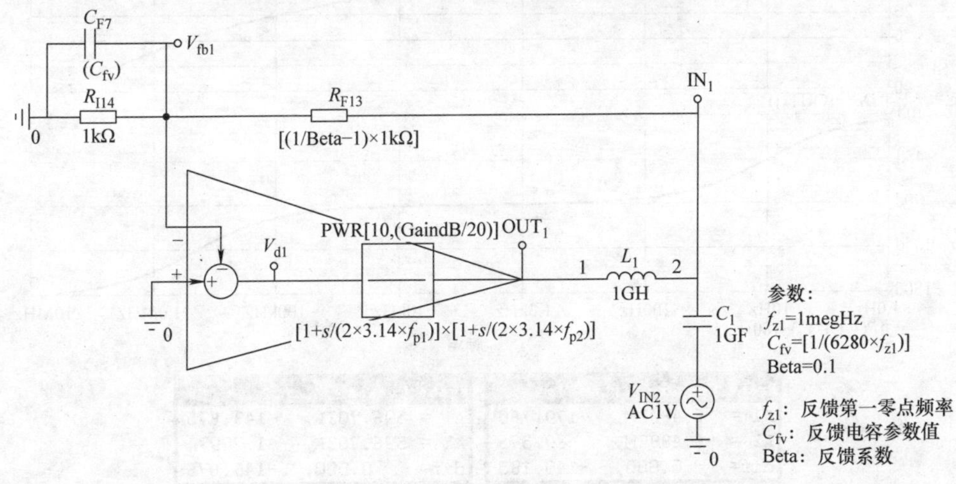

图 1.15　同相放大开环测试电路

与相位曲线，频率为6.488megHz时环路相位为-180°、增益裕度$GM=39.6\text{dB}$，频率为596.7Hz时环路增益为0dB、相位裕度$\phi_{\mathrm{m}}=180°-143.7°=36.3°$——系统超调严重。

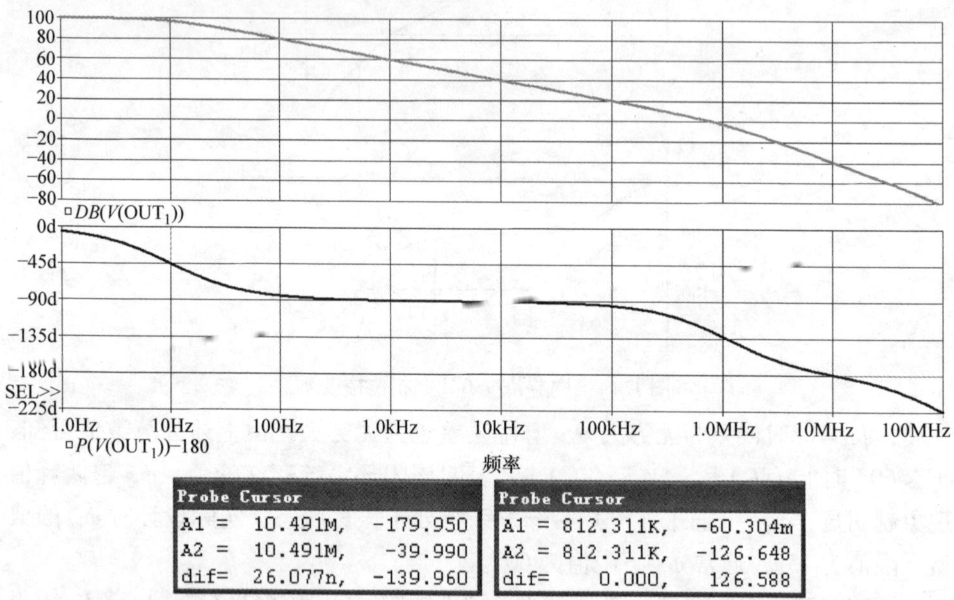

图1.16 f_{z1}=1megHz时的增益与相位曲线

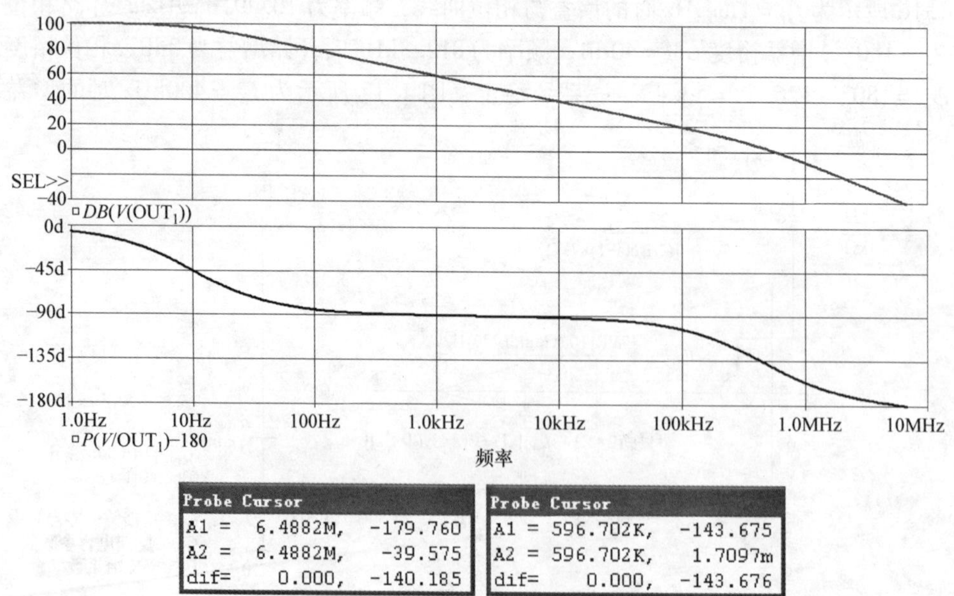

图1.17 f_{z1}=400kHz时的增益与相位曲线

1.1.3　增益峰值与超调量

频域中峰值现象的存在通常伴随着时域中振铃现象的出现，反之亦然。如图 1.18 所示，通常利用增益峰值 GP（dB）和超调量 OS（%）进行具体定量计算，其中 $GP=20\lg|A_p-A_0|$、$OS(\%)=100\dfrac{V_p-V_\infty}{V_\infty}$，因为两种效应的产生需要一对复极点，所以一阶系统中不存在峰值和超调量。对于二阶全极点系统，当 $Q>1/\sqrt{2}$ 时将会出现尖峰，当 $\zeta<1$ 时将会出现振铃；此处品质因数 Q 和阻尼系数 ζ 的关系式为 $Q=\dfrac{1}{2\zeta}$ 或 $\zeta=\dfrac{1}{2Q}$；对于二阶系统，GP、OS、Q、ζ 和相位裕度 ϕ_m 之间的关系式为

$$GP=20\log_{10}\frac{2Q^2}{\sqrt{4Q^2-1}},Q>\frac{1}{\sqrt{2}}$$

$$OS(\%)=100\exp\frac{-\pi\zeta}{\sqrt{1-\zeta^2}},\zeta<1$$

$$\phi_m=\arccos(\sqrt{4\zeta^4+1}-2\zeta^2)=\arccos\left(\sqrt{1+\frac{1}{4Q^4}}-\frac{1}{2Q^2}\right)$$

将上述三个方程组合可得图 1.18 中所示的增益峰值和超调量曲线，该图给出尖峰现象和振铃现象与相位裕度之间的关系。观察发现当 $\phi_m\leqslant\arccos(\sqrt{2}-1)=65.5°$ 时将发生尖峰现象，当 $\phi_m\leqslant\arccos(\sqrt{5}-1)=76.3°$ 时将发生振铃现象；下面为 $GP(\phi_m)$ 和 $OS(\phi_m)$ 的常用值：

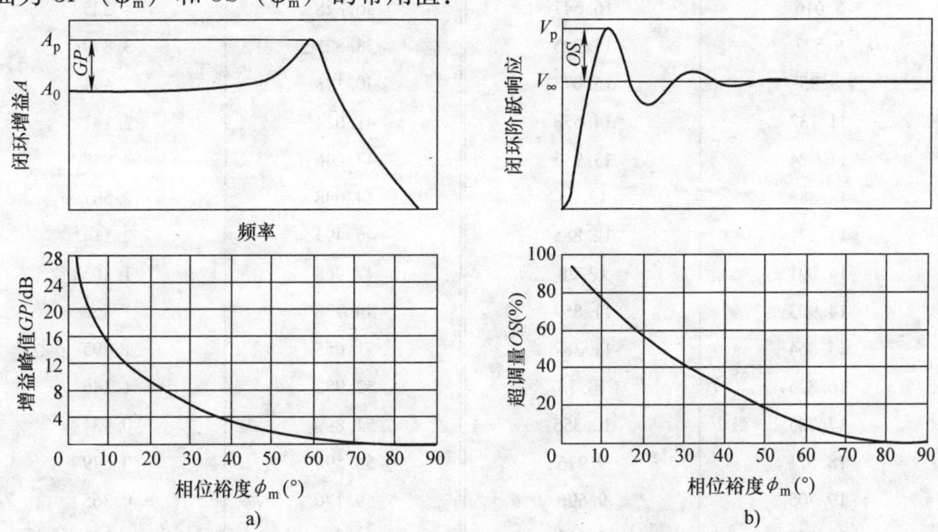

图 1.18　增益峰值与超调量曲线——二阶系统

$$GP(60°) \cong 0.3\text{dB} \quad OS(60°) \cong 8.8\%$$

$$GP(45°) \cong 2.4\text{dB} \quad OS(45°) \cong 23\%$$

根据实际所用电路，闭环响应可能存在一个极点、一对极点或多个极点，但是通常更高阶电路的输出响应只受一对极点控制，因此图 1.18 给出的二阶系统相位裕度与峰值和超调量的关系曲线实用，根据开环相位裕度可以判断闭环增益峰值和超调量，根据闭环增益峰值和超调量也可估算系统相位裕度；二阶系统闭环频域分析时的相位裕度与增益峰值对应数据见表 1.1，二阶系统闭环时域分析时的相位裕度与超调量对应数据见表 1.2。

表 1.1　相位裕度与增益峰值——二阶系统

相位裕度（ϕ_m）	增益峰值 GP/dB	相位裕度（ϕ_m）	增益峰值 GP/dB
1.927	27.956	21.55	8.975
2.225	27.177	22.51	8.55
2.524	26.443	23.839	8.073
2.972	25.252	25.463	7.501
3.421	23.788	26.349	7.214
4.089	22.821	27.457	6.786
4.61	21.902	28.564	6.45
5.205	20.845	29.818	6.203
5.65	20.201	31.22	5.725
6.612	19.32	32.327	5.434
7.133	18.31	33.803	5.047
7.801	17.434	35.352	4.658
8.616	16.647	36.828	4.225
9.577	15.995	38.525	3.879
9.95	15.078	40.148	3.444
11.132	14.558	41.624	3.147
11.724	13.957	43.246	2.848
12.685	13.35	44.648	2.507
13.277	12.885	46.493	2.114
14.091	12.28	47.968	1.863
14.903	11.857	49.738	1.562
15.864	11.387	51.655	1.395
16.825	10.78	52.982	1.146
17.785	10.355	54.899	0.934
18.671	9.976	56.596	0.679
19.705	9.596	59.176	0.365
20.517	9.219	61.093	0.289

（续）

相位裕度（ϕ_m）	增益峰值 GP/dB	相位裕度（ϕ_m）	增益峰值 GP/dB
62.421	0.05	76.866	0
64.779	0.042	78.856	0
66.475	0	81.287	0
68.243	0	84.161	0
69.57	0	86.52	0
72.15	0	87.847	0
73.845	0	89.173	0
75.392	0		

表 1.2　相位裕度与超调量——二阶系统

相位裕度（ϕ_m）	超调量 OS（%）	相位裕度（ϕ_m）	超调量 OS（%）
2.431	93.334	24.876	48.447
3.244	91.499	26.14	46.608
4.058	89.665	27.626	44.269
4.87	87.664	28.892	42.597
5.832	85.662	30.237	41.587
6.871	83.826	31.502	39.748
7.902	80.993	32.542	38.078
8.715	79.158	33.735	36.738
9.454	77.324	34.851	35.233
10.341	75.323	35.969	33.894
11.233	73.986	37.462	32.385
11.896	72.153	38.576	30.547
12.933	70.15	39.772	29.706
13.827	68.979	41.04	28.365
14.712	66.646	42.53	26.524
15.604	65.309	43.723	25.184
16.562	62.808	45.665	23.505
17.529	61.305	47.155	21.664
18.565	59.136	48.348	20.324
19.381	57.633	49.99	18.648
20.346	55.964	51.56	17.47
21.09	54.96	53.203	15.96
22.052	52.958	54.621	14.618
22.947	51.953	56.037	12.944
23.839	50.616	57.453	11.27

（续）

相位裕度（ϕ_m）	超调量 OS（%）	相位裕度（ϕ_m）	超调量 OS（%）
58.726	10.593	76.389	0.203
60.299	9.748	78.043	0
61.793	8.405	79.472	0
63.66	6.727	81.276	0
66.059	5.874	82.93	0
68.152	4.193	84.809	0
69.947	3.014	86.692	0
72.269	1.829	88.496	0
74.213	0.316	89.922	0

下面利用同相放大电路对上述数据进行验证，电路、波形和数据如图1.19～图1.22所示；当 $f_{z1}=400\text{kHz}$ 时相位裕度 $\phi_m=36.3°$，增益峰值 $GP=28.8\text{dB}-20\text{dB}=8.8\text{dB}$；当 $f_{z1}=1\text{megHz}$ 时相位裕度 $\phi_m=53.4°$，增益峰值 $GP=22.8\text{dB}-20\text{dB}=2.8\text{dB}$。由表1.1和表1.2可得相位裕度 $\phi_m=36.3°$时的超调量 $OS=39\%$、增益峰值 $GP=4\text{dB}$；相位裕度 $\phi_m=53.4°$时的超调量 $OS=16\%$、增益峰值 $GP=1.5\text{dB}$。为何仿真数据与计算数据存在很大误差呢？主要原因在于计算数据以二阶系统为基础进行计算，而仿真电路为三阶系统——二阶运放＋一阶反馈，所以仿真数据与计算存在误差；另外误差与仿真步长和输入脉冲上升沿时间均有关系，仿真与实际验证时务必进行严格测试。

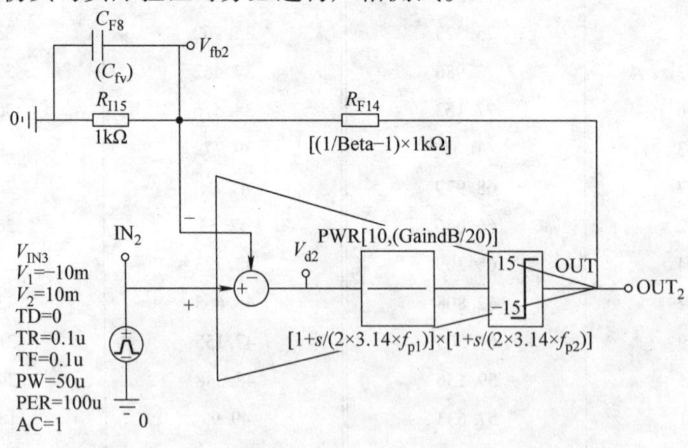

图1.19　峰值与超调闭环瞬态和交流测试电路：$f_{z1}=400\text{kHz}$、1megHz

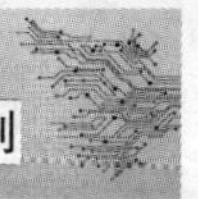

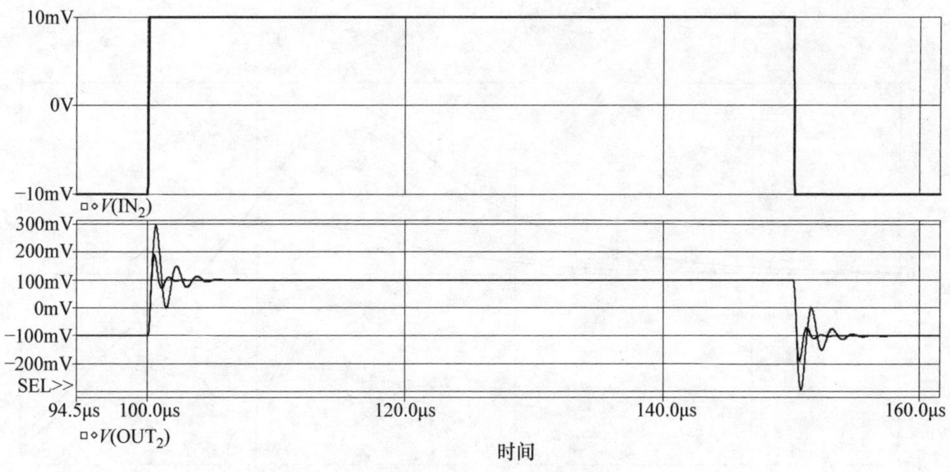

图 1.20　闭环瞬态测试波形

当 f_{z1} = 1megHz 时超调量 $OS \approx 50\%$，当 f_{z1} = 400kHz 时超调量 $OS \approx 100\%$。

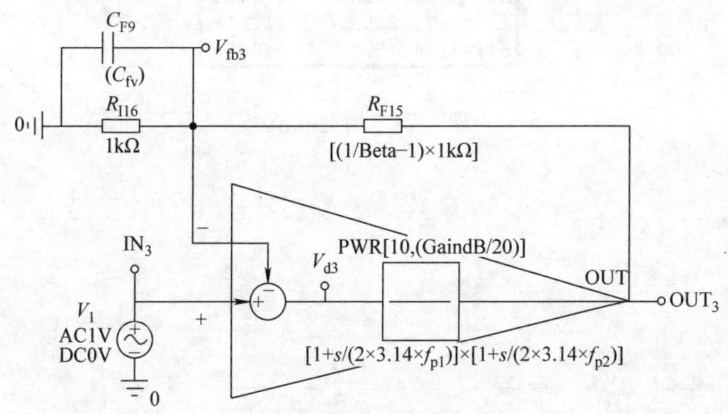

图 1.21　闭环增益测试电路

接下来测试纯二阶系统的超调量与增益峰值，具体电路如图 1.23 所示，由对比结果可知仿真波形和数据与表 1.1 和表 1.2 中的数据非常一致，如果所研究系统为纯二阶系统或者可以简化为二阶系统，则实际设计时应该充分利用表 1.1 和表 1.2 的数据对系统的稳定性进行验证。

超调量：当增益设置为 10 时相位裕度 $\phi_m \approx 90°$，输入输出电压波形如图 1.24 所示，超调量近似为零；当增益设置为 1 时相位裕度 $\phi_m \approx 45°$，输入输出电压波形如图 1.25 所示，输出电压放大波形与数据图 1.26 所示，超调量 $OS = \frac{4.95}{20} = 24.8\%$，超调量仿真结果与表 1.2 中的数据基本一致。

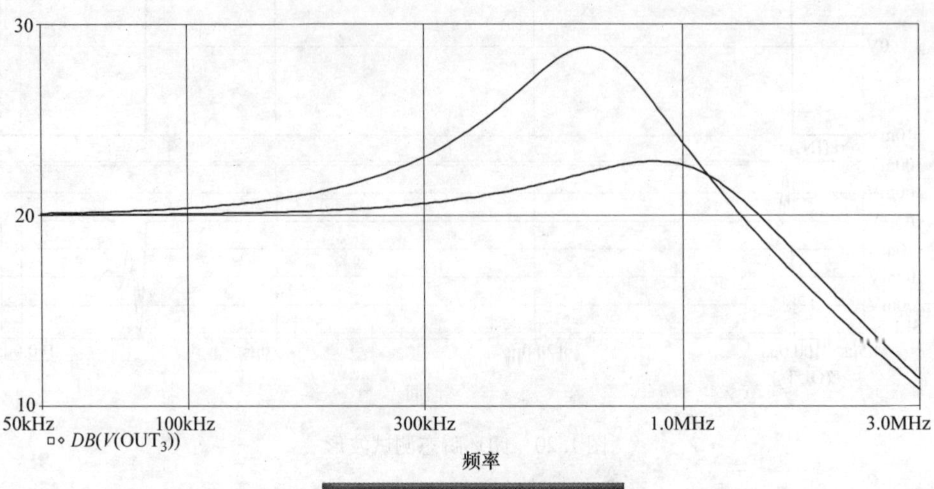

图 1.22 增益峰值

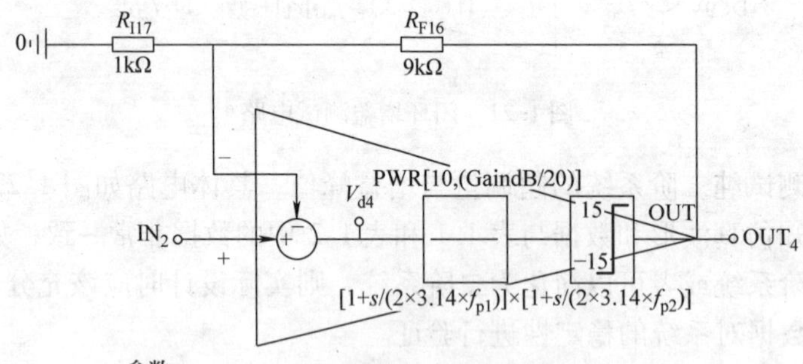

参数:

GaindB=120	GaindB:运放开环直流增益
f_{p1}=10Hz	f_{p1}:运放第一极点频率
f_{p2}=10megHz	f_{p2}:运放第二极点频率

图 1.23 纯二阶同相放大电路及运放参数

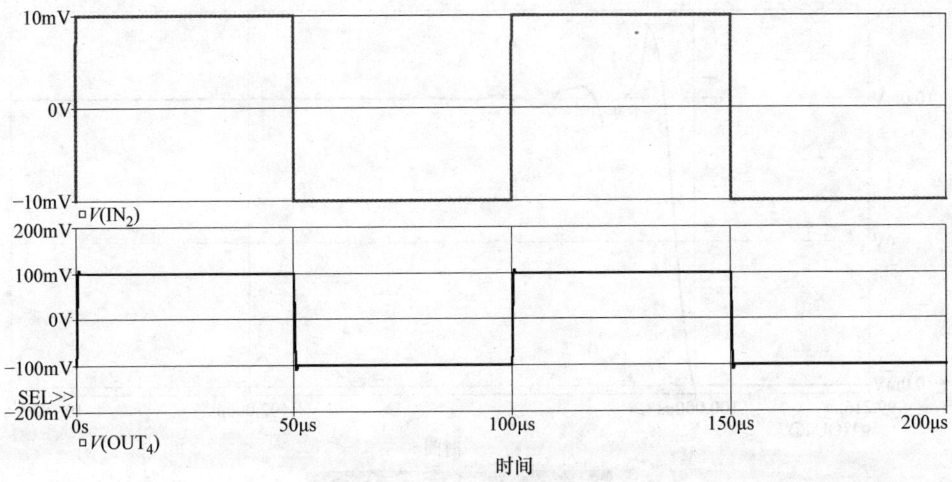

图 1.24　增益为 10 时的输入输出电压波形——$R_{F16}=9k\Omega$

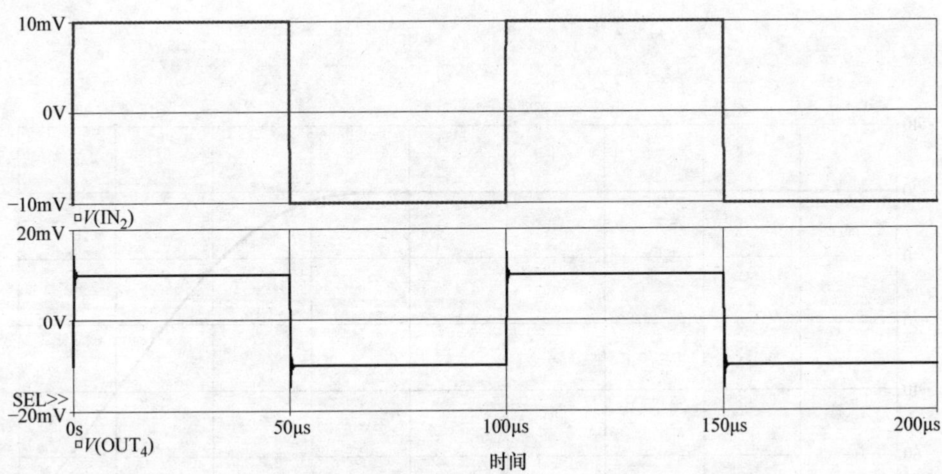

图 1.25　增益为 1 时的输入输出电压波形——$R_{F16}=9m\Omega$（R_{F16}短路）

增益峰值：当增益设置为 10 时的输出电压频率特性曲线如图 1.27 所示，增益峰值 $GP=0dB$；当增益设置为 1 时的输出电压频率特性曲线和数据如图 1.28 所示，增益峰值 $GP=1.25dB$；增益峰值仿真结果与表 1.1 中的数据基本一致。

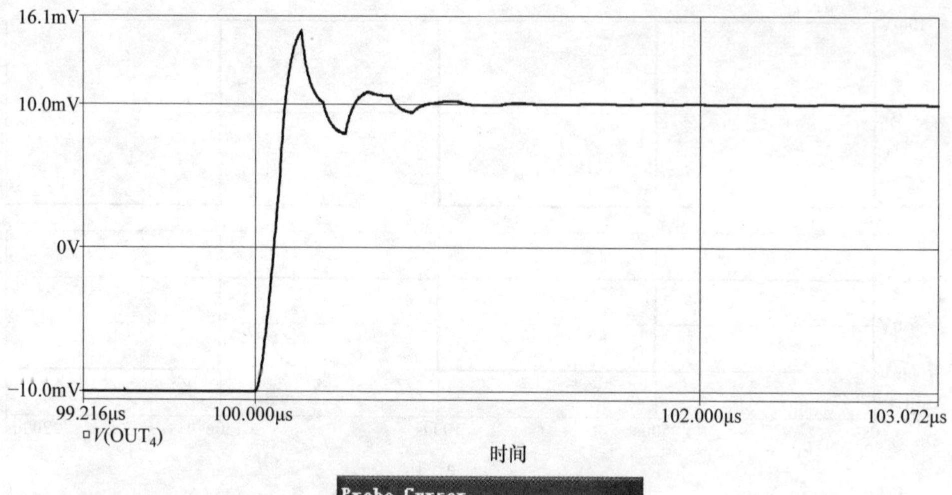

图 1.26　增益为 1 时的输出电压放大波形与数据

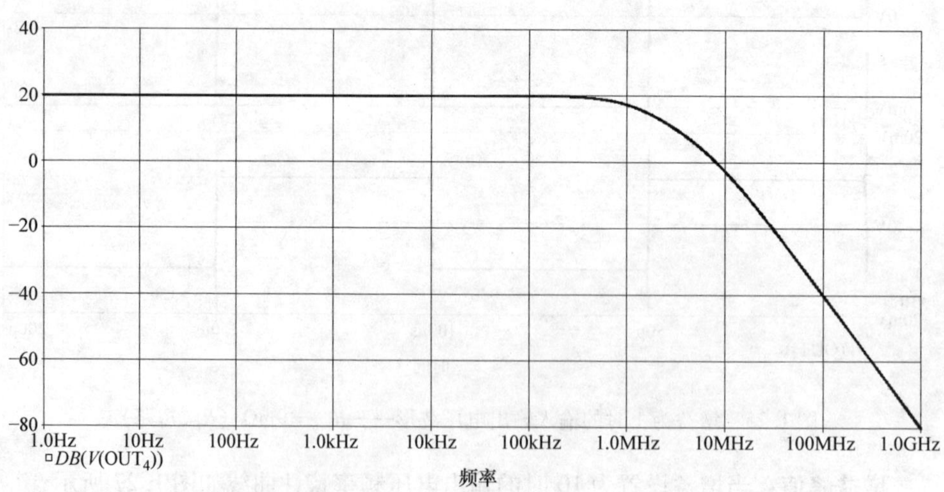

图 1.27　增益为 10 时的输出电压频率特性曲线——$R_{F16}=9\text{k}\Omega$

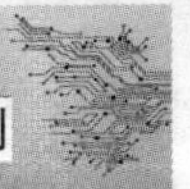

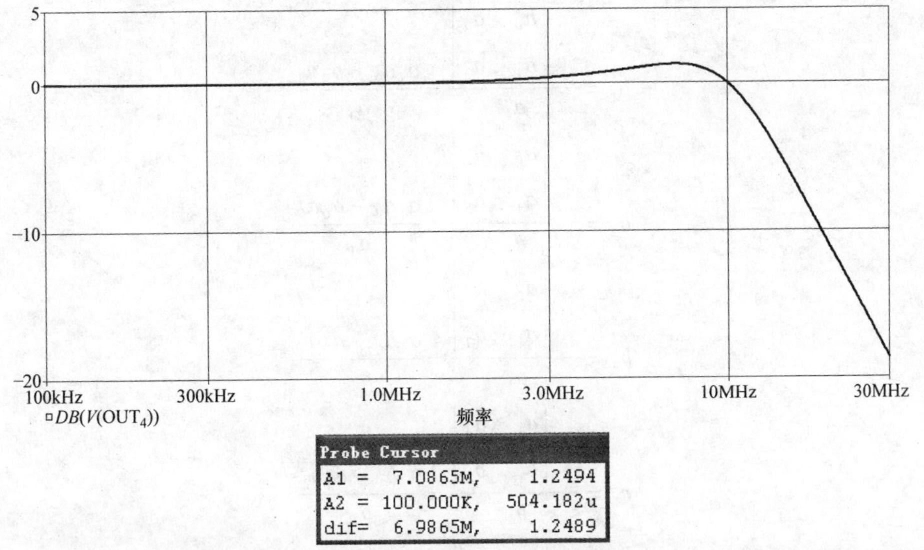

图 1.28　增益为 1 时的输出电压频率特性曲线和数据——$R_{F16}=9\text{m}\Omega$

1.1.4　劳斯稳定判据

劳斯法则利用数学方法进行系统稳定性判断，根据特征方程根落在右半平面的数量检验系统是否稳定。使用劳斯法则时不必计算方程根的具体位置，只需判断方程的根是否属于右半平面，劳斯法则具体计算步骤如下：

1）写出特征多项式：

$$1-LT=a_0s^n+a_1s^{n-1}+\cdots+a_n$$

根据特征多项式（$1-LT$）计算其在右半平面是否存在零点，右半平面（$1-LT$）的零点对应系统闭环极点，此处假设 $a_n\neq0$ 继续进行分析。

2）接下来观察任意系数是否为零或具有与其他系数不相同的符号。必要但不充分的稳定条件：特征方程中没有非零系数，并且所有系数具有相同符号。

3）如果所有系数具有相同符号，接下来构建行和列矩阵模型，该矩阵模型维数为偶数 n；矩阵数据从水平和垂直方向填充，直到含零行为止；第三行及以下行由前两行计算得出。

$$\begin{bmatrix} a_0 & a_2 & a_4 & \cdots & \cdots & \cdots \\ a_1 & a_3 & a_5 & \cdots & \cdots & \cdots \\ b_1 & b_2 & b_3 & \cdots & \cdots & \cdots \\ c_1 & c_2 & c_3 & \cdots & \cdots & \cdots \\ \vdots & \vdots & \vdots & \vdots & \vdots & \vdots \\ 0 & 0 & 0 & 0 & 0 & 0 \end{bmatrix}$$

$$b_1 = \frac{-\begin{vmatrix} a_0 & a_2 \\ a_1 & a_3 \end{vmatrix}}{a_1} = \frac{a_1 a_2 - a_0 a_3}{a_1}$$

$$b_2 = \frac{-\begin{vmatrix} a_0 & a_4 \\ a_1 & a_5 \end{vmatrix}}{a_1} = \frac{a_1 a_4 - a_0 a_5}{a_1}$$

$$b_3 = \frac{-\begin{vmatrix} a_0 & a_6 \\ a_1 & a_7 \end{vmatrix}}{a_1} = \frac{a_1 a_6 - a_0 a_7}{a_1}$$

$$c_1 = \frac{-\begin{vmatrix} a_1 & a_3 \\ b_1 & b_2 \end{vmatrix}}{b_1} = \frac{a_3 b_1 - a_1 b_2}{b_1}$$

$$c_2 = \frac{-\begin{vmatrix} a_1 & a_5 \\ b_1 & b_3 \end{vmatrix}}{b_1} = \frac{a_5 b_1 - a_1 b_3}{b_1}$$

4）右半平面极点数量等于劳斯矩阵第一列中符号改变的个数，下面将劳斯法则应用于传递函数：

$$H(s) = \frac{1}{(s+1)(s+2)(s+3)(s-2)} = \frac{1}{s^4 + 4s^3 - s^2 - 16s - 12}$$

由传递函数可知存在右半平面极点 $s = +2\text{rad/s}$，利用劳斯法则对其进行验证，该劳斯矩阵如下：

$$\begin{bmatrix} 1 & -1 & -12 & 0 \\ 4 & -16 & 0 & 0 \\ \left\{\frac{-\begin{vmatrix} 1 & -1 \\ 4 & -16 \end{vmatrix}}{-1} = -12\right\} & \left\{\frac{-\begin{vmatrix} 1 & -12 \\ 4 & 0 \end{vmatrix}}{-1} = 48\right\} & \left\{\frac{-\begin{vmatrix} 1 & 0 \\ 4 & 0 \end{vmatrix}}{-1} = 0\right\} & 0 \\ \left\{\frac{-\begin{vmatrix} 4 & -16 \\ -12 & 48 \end{vmatrix}}{-12} = 0\right\} & \left\{\frac{-\begin{vmatrix} 4 & 0 \\ -12 & 0 \end{vmatrix}}{-12} = 0\right\} & 0 & 0 \end{bmatrix}$$

由劳斯矩阵计算结果可知第一列中存在一次符号变化，矩阵元素从 +4 变化到 -12，因此系统必定存在一个右半平面极点。再次将劳斯法则应用于单反馈环路内具有三个极点的系统（见图 1-29），利用劳斯法则确定 K 值，以确保该反馈

环路能够稳定运行，该系统的闭环传递函数为

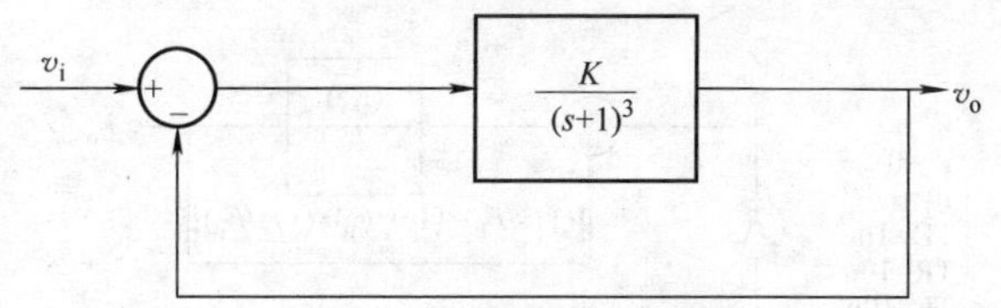

图 1.29　三极点单反馈环路

$$\frac{v_o(s)}{v_i(s)}=\frac{\frac{K}{(s+1)^3}}{1+\frac{K}{(s+1)^3}}=\left(\frac{K}{1+K}\right)\left(\frac{1}{\frac{s^3}{K+1}+\frac{3s^2}{K+1}+\frac{3s}{K+1}+1}\right)$$

分母多项式为

$$D(s)=a_0s^3+a_1s^2+a_2s+a_3=\left(\frac{1}{K+1}\right)s^3+\left(\frac{3}{K+1}\right)s^2+\left(\frac{3}{K+1}\right)s+1$$

劳斯矩阵为

$$\begin{bmatrix} \left(\frac{1}{1+K}\right) & \left(\frac{3}{1+K}\right) \\ \left(\frac{3}{1+K}\right) & 1 \\ \frac{\left(\frac{3}{1+K}\right)^2-\left(\frac{1}{1+K}\right)}{1+K}=\frac{8-K}{(1+K)^2} & 0 \\ 1 & 0 \\ 0 & 0 \end{bmatrix}$$

由上述劳斯矩阵计算结果可知：$K>8$ 时第一列中有两次符号变化，因此如果 $K=8$ 预计在 $j\omega$ 轴上有两个极点，如果 $K>8$，有两极点在右半平面，从而判定该系统不稳定；$K<8$ 时第一列无符号变化，因此系统稳定，全部三个极点均在左半平面。

实例电路仿真分析：

当 K_v 恒定、F_p 变化时劳斯判据符号不变，为降低仿真时间，将 F_p 设置为 10kHz，以提高电路响应速度即环路带宽。图 1.30 所示为开环与闭环测试电路。

第 1 步——开环频率特性：测试增益变化时电路稳定裕度。交流仿真设置如图 1.31 所示，K_v 参数仿真设置如图 1.32 所示，频率特性曲线如图 1.33 所示，输出振荡、输出超调和系统稳定情况分别如图 1.34 ~ 图 1.36 所示。

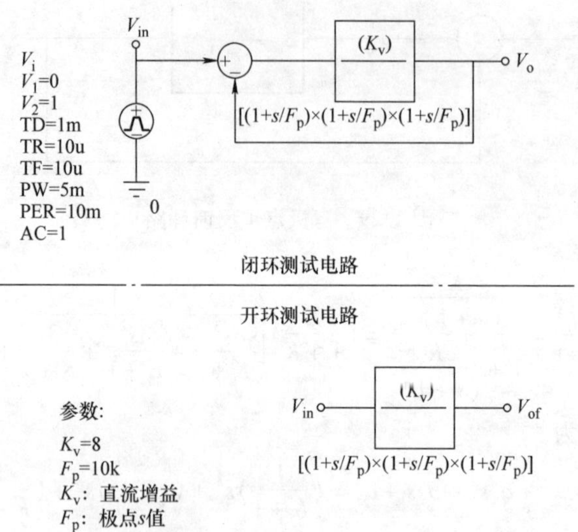

图 1.30　开环与闭环测试电路：K_v 为直流增益、F_p 为极点 s 值

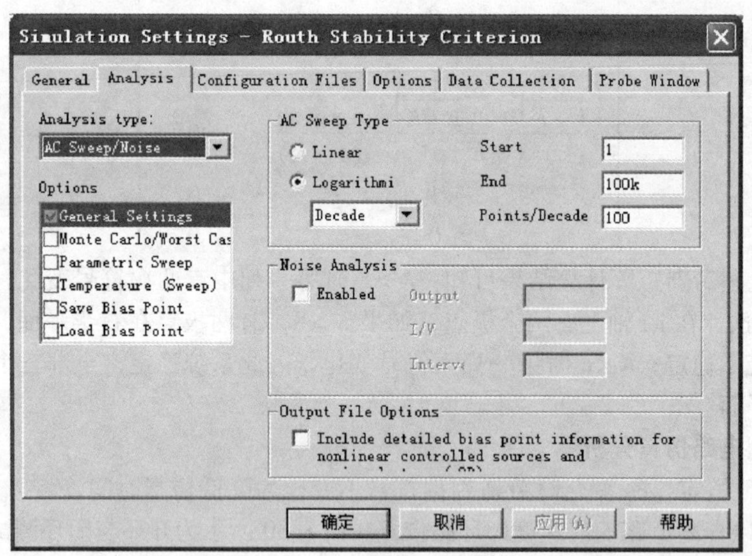

图 1.31　交流仿真设置

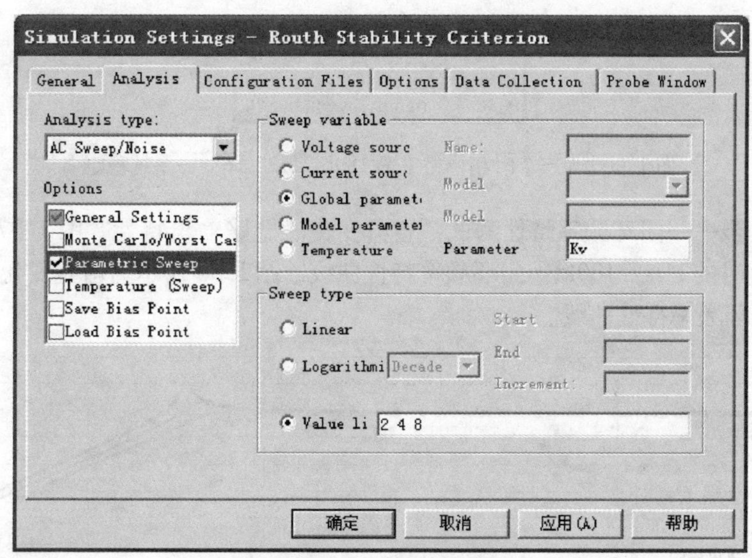

图 1.32　K_v 参数仿真设置

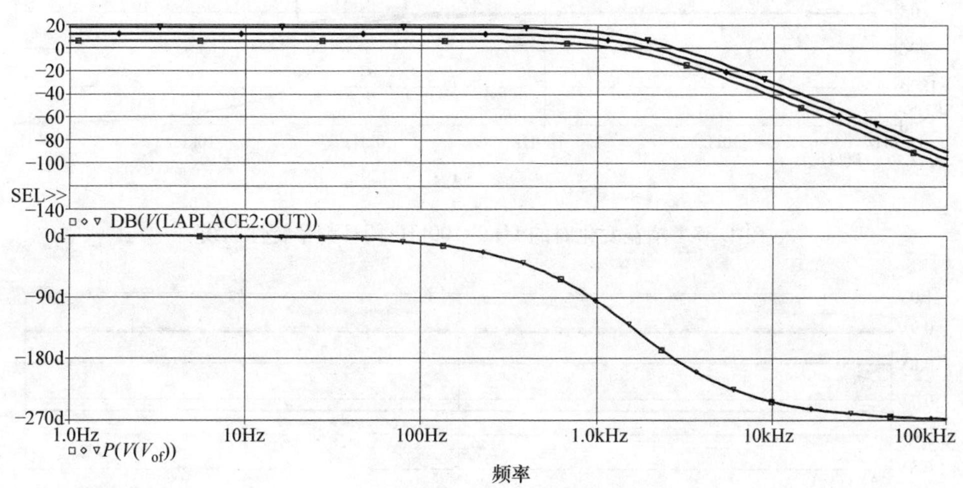

图 1.33　频率特性曲线

Probe Cursor		
A1 =	2.7553K,	-1.0269m
A2 =	2.7826K,	-180.671
dif=	-27.246,	180.670

图 1.34　$K_v=8$ 时相位裕度为 $180°-180°=0°$：输出振荡

Probe Cursor		
A1 =	1.9525K,	63.855m
A2 =	1.9525K,	-152.432
dif=	0.000,	152.496

图 1.35　$K_v=4$ 时相位裕度为 $180°-152°=38°$：输出超调

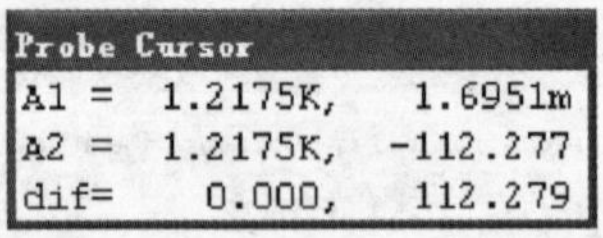

Probe Cursor		
A1 =	1.2175K,	1.6951m
A2 =	1.2175K,	-112.277
dif=	0.000,	112.279

图 1.36　$K_v=2$ 时相位裕度为 $180°-112°=68°$：系统稳定

第 2 步——闭环频率特性测试：增益变化时电路输出特性。图 1.37 所示为增益变化时的 1Hz ~ 100kHz 闭环频率特性曲线，图 1.38 所示为增益变化时的1 ~ 100Hz 闭环频率特性曲线。

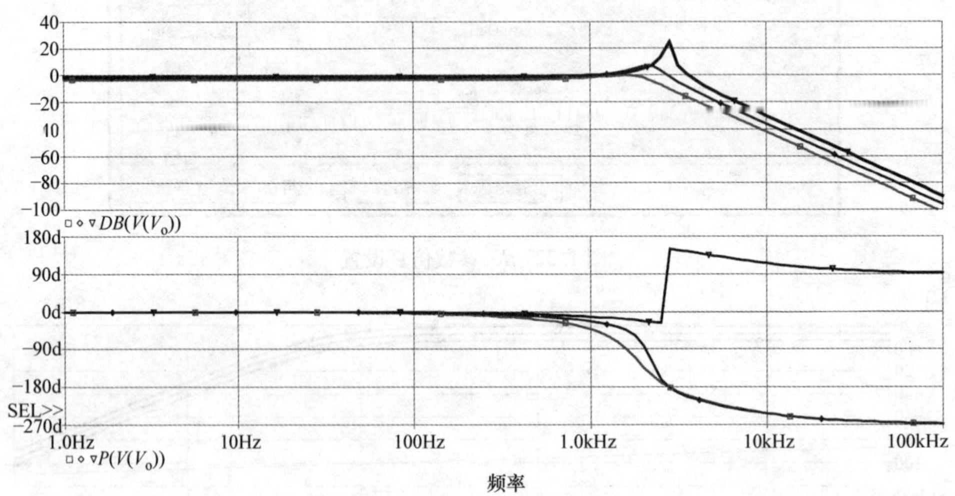

图 1.37　增益变化时的 1Hz ~ 100kHz 闭环频率特性曲线

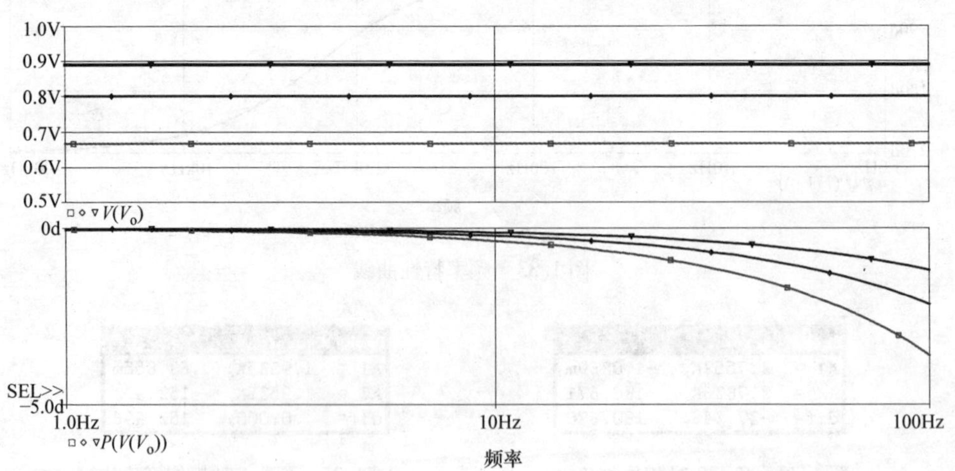

图 1.38　增益变化时的 1 ~ 100Hz 闭环频率特性曲线

由图 1.37 和图 1.38 可得，$K_v=8$ 时输出电压 0.9V，更接近理想值 1V，但产生振荡；$K_v=2$ 时输出电压 0.667V，误差偏大，但电路稳定。图 1.39 所示为闭环稳态误差 K_v 设置，图 1.40 所示为 K_v 改变时的输出电压波形。

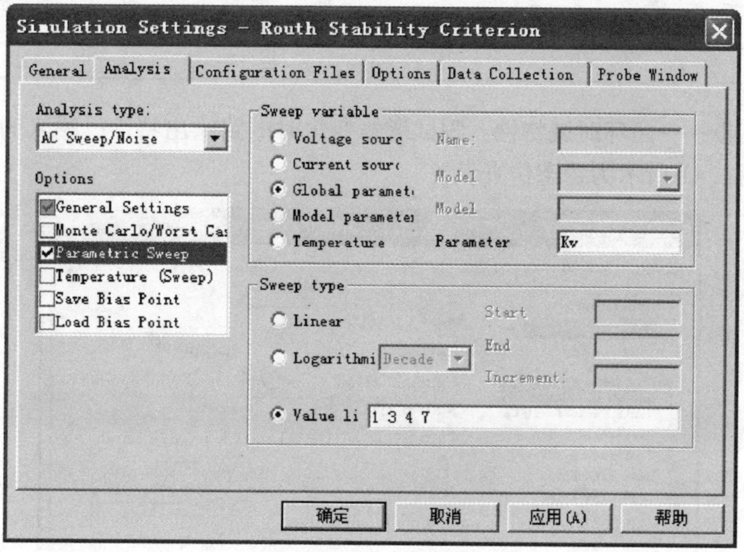

Simulation Settings - Routh Stability Criterion

General | Analysis | Configuration Files | Options | Data Collection | Probe Window

Analysis type: AC Sweep/Noise

Options: General Settings; Monte Carlo/Worst Cas; Parametric Sweep; Temperature (Sweep); Save Bias Point; Load Bias Point

Sweep variable: Voltage sourc; Current sour; Global paramet; Model parameter; Temperature — Name: ; Model ; Model ; Parameter Kv

Sweep type: Linear; Logarithmi Decade; Value li 1 3 4 7 — Start ; End ; Increment:

确定 取消 应用(A) 帮助

图 1.39 闭环稳态误差 K_v 设置

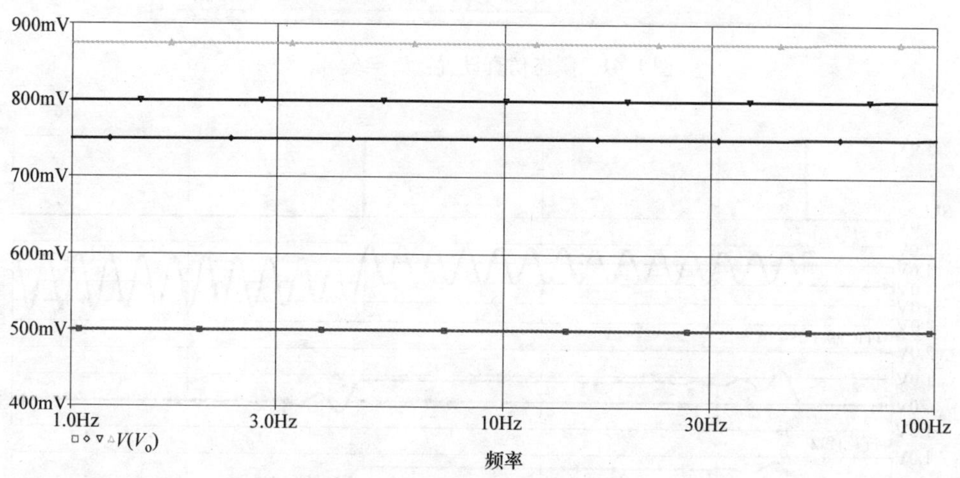

图 1.40 K_v 改变时的输出电压波形

当输入为交流 1V 时理想输出电压为 1V，K_v 改变时的环路误差数据见表 1.3，计算值与仿真测试值完全一致，环路增益越大误差越小。

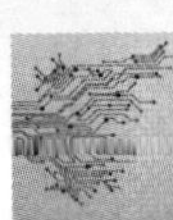

表 1.3　K_v 改变时的环路误差数据

K_v	环路增益 T	输出电压 $V(V_o)$	测试误差[$1-V(V_o)$]/1	理想误差 $1/(1+T)$
1	1	0.5	50%	50%
3	3	0.75	25%	25%
4	4	0.8	20%	20%
7	7	0.875	12.5%	12.5%

第 3 步——闭环时域特性：测试增益变化时电路输出特性。输入为 1V 阶跃信号。图 1.41 所示为瞬态仿真设置。

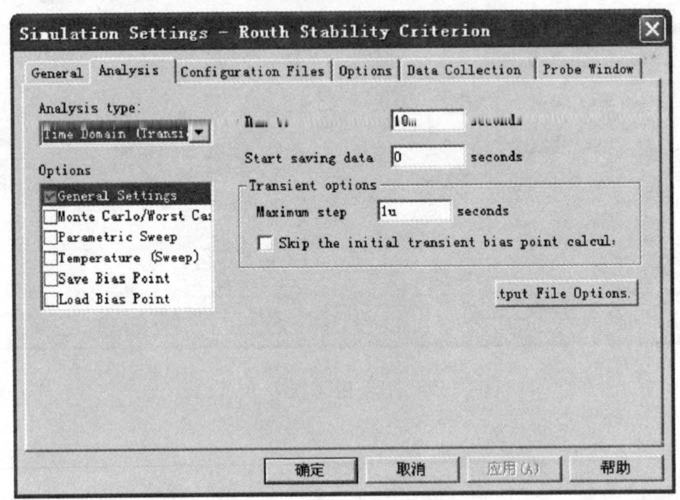

图 1.41　瞬态仿真设置：K_v =2、4、8

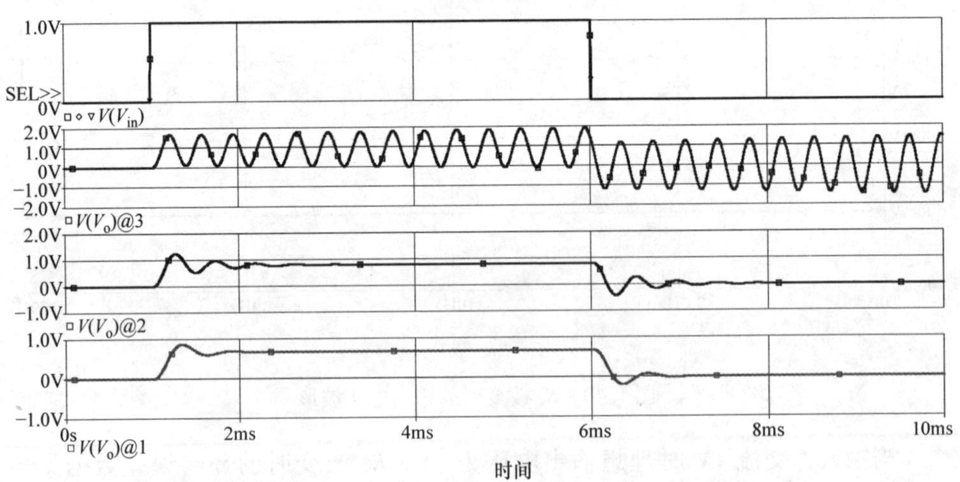

图 1.42　K_v 变化时的输出电压波形

图 1.42 为 K_v 变化时的输出电压波形：$V(V_o)$@3 对应 $K_v=8$——输出电压振荡，$V(V_o)$@2 对应 $K_v=4$——输出电压超调严重，$V(V_o)$@1 对应 $K_v=2$——输出电压稳定但稳态误差增大。

上述讨论了两种运放环路稳定性判定方法，但是对于工程师如何实际测试一个系统的稳定性呢，尤其在包含杂散参数的情况下，利用计算固然准确，但是参数辨识以及方程求解恐怕大家都会望而却步，接下来分析如何利用仿真进行环路测试。

1.2　环路测试

1.2.1　输入网络 ZI 与反馈网络 ZF

PSpice 运放环路增益测试电路和计算公式如图 1.43 所示，其中，L_T 提供直流闭环分析，因为每个交流 PSpice 分析必须首先进行直流分析；进行交流分析时随着频率增加 C_T 将逐渐变成短路，而 L_T 将逐渐变成开路，因此可用同一仿真程序进行所有运放电路的交流稳定性分析。利用图 1.43 中的计算公式可求得运放 Aol、环路增益以及 $1/\beta$ 的幅频与相频曲线。尽管可以采用其他方法“打破环路”进行交流分析，但图 1.43 所示的方法证明误差最小。

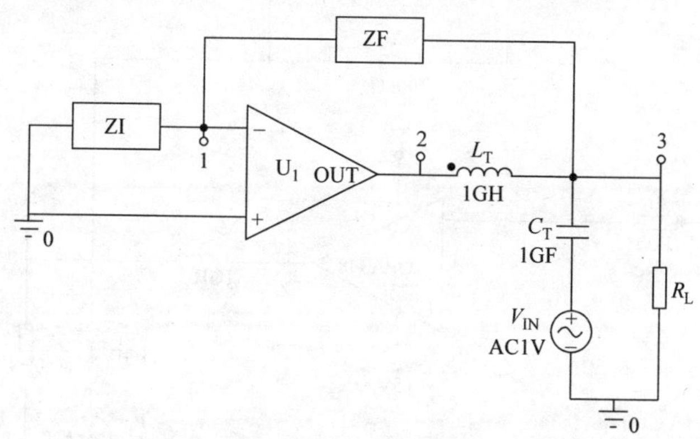

运放Aol增益=dB[VM(2)/VM(1)]、运放Aol相位=[VP(2)−VP(1)]、
环路增益=dB[VM(2)/VM(3)]、环路增益相位=[VP(2)−VP(3)]、
$1/\beta$=dB[VM(3)/VM(1)]、$1/\beta$相位=[VP(3)−VP(1)]

图 1.43　运放环路增益测试电路和计算公式

运放输入与反馈具体电路网络如图 1.44 所示，ZI 为输入网络、ZF 为反馈网络；通过调节 ZI 与 ZF 网络的电阻和电容参数进行环路增益与相位调整，以实现电路的系统稳定。

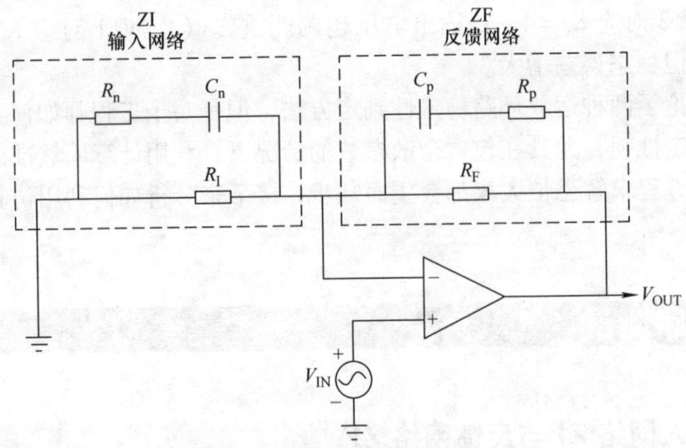

图 1.44　运放输入与反馈具体电路网络：ZI 输入网络、ZF 反馈网络

ZF 反馈网络分析——高频闭环增益降低但相位提升：首先对图 1.45 所示的 ZF 反馈网络开环测试电路进行一阶分析，该网络为运放电路中的反馈网络，其

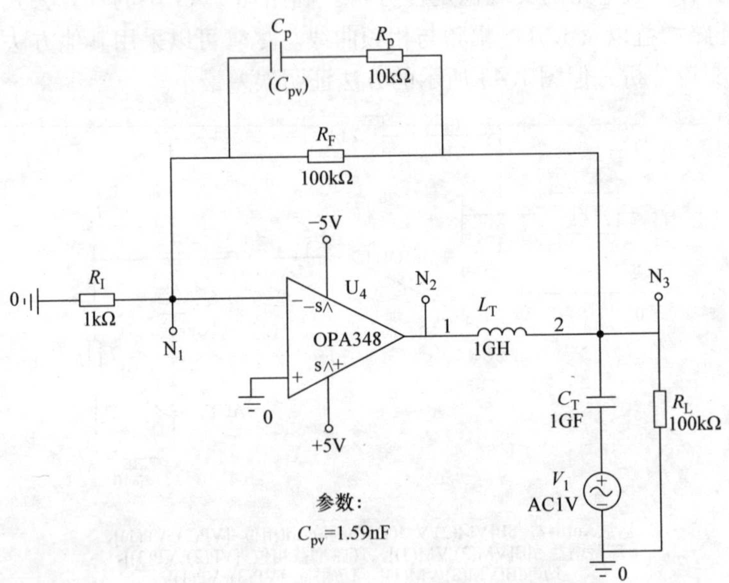

图 1.45　ZF 反馈网络开环测试电路

中 C_p 在低频时开路，且低频 $1/\beta$ 可简化为 R_F/R_I。而在其他极端频率上（例如高频）C_p 为短路且高频 $1/\beta$ 简化为 $(R_p /\!/ R_F)/R_I$。C_p 短路时由于 $R_p << R_F$，故 R_p 在反馈电阻中占优势，因此将高频增益近似为 R_p/R_I。应当注意，由于运放反馈路径中存在电抗元件——电容，因此传输函数中的某处必定存在相应极点或零点。当 C_p 量值与并联阻抗量值处于匹配频率时（此时 R_F 占优势），预计 $1/\beta$ 曲线存在极点、反馈电阻变小，因此运放输出电压开始减小；当 C_p 量值与串联电阻 R_p 量值处于匹配频率时预计存在零点，因为随着 C_p 接近短路净反馈电阻将不再变小，而运放输出电压随频率增加而变得平坦；因此通过一阶分析可预测出现极点与零点位置以及低频与高频 $1/\beta$ 幅度。

图 1.46 和图 1.47 分别为交流仿真设置和 C_{pv} 参数仿真设置，为使频率特性曲线尽量准确，每 10 倍频的计算点数为 2000；C_{pv} 参数设置为 1pF 时等效为电容断开，对反馈网络无效，C_{pv} 设置为 1.59nF 时反馈网络正常发挥作用。

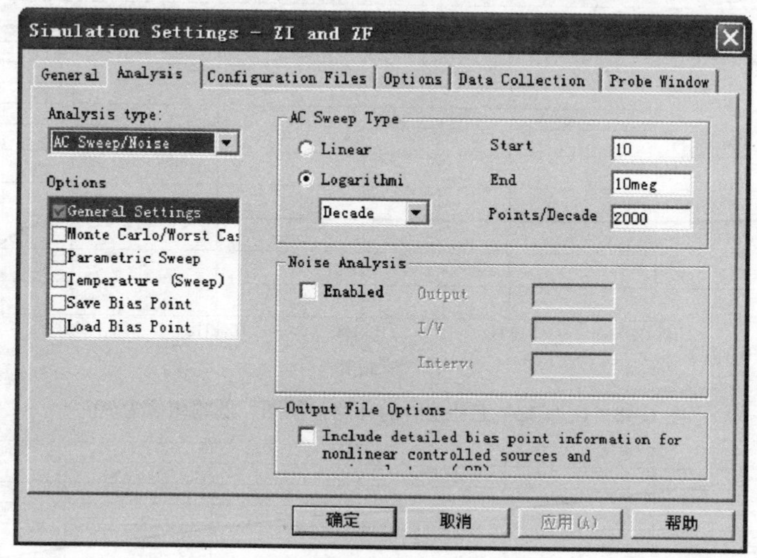

图 1.46　交流仿真设置

通过图 1.48 和图 1.49 的仿真结果可得：正确计算反馈网络电容 C_{pv} 参数值可以对固定频率点进行补偿，以提高系统的整体相位。

反馈网络 ZF 闭环频率特性测试电路如图 1.50 所示，图 1.51 和图 1.52 分别为无补偿电容和有补偿电容时的闭环伯德图，有补偿时环路相位在 10 ~ 100kHz 得到提升，使得系统驱动容性负载能力更强。

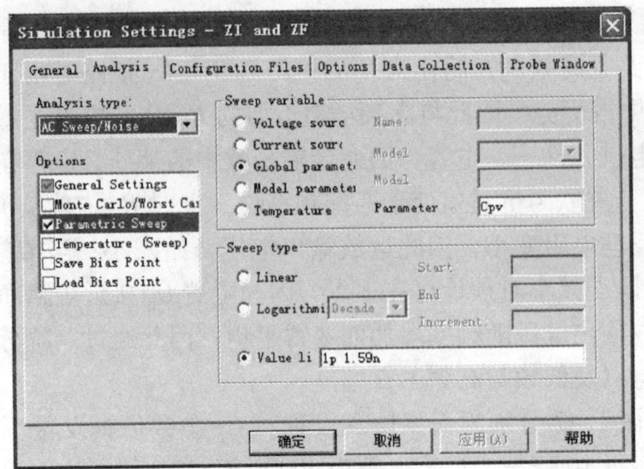

图 1.47　C_{pv} 参数仿真设置

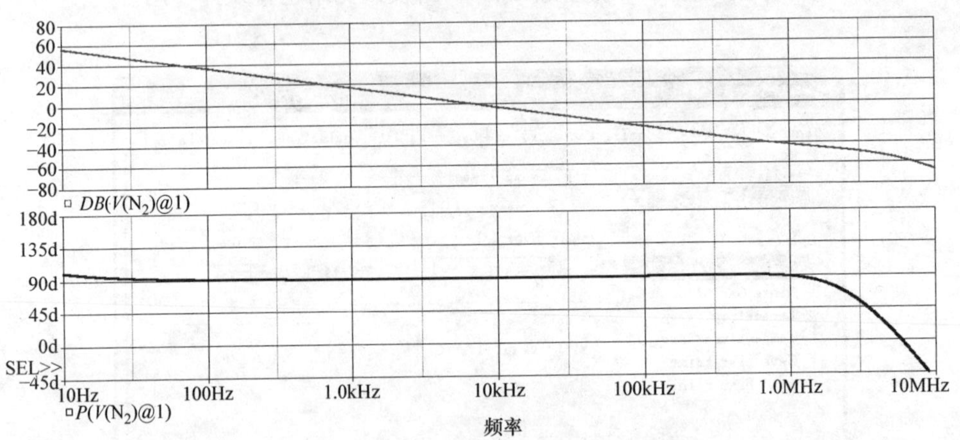

图 1.48　$C_{pv}=1\text{pF}$ 无补偿时的环路伯德图：低频相位为 90°

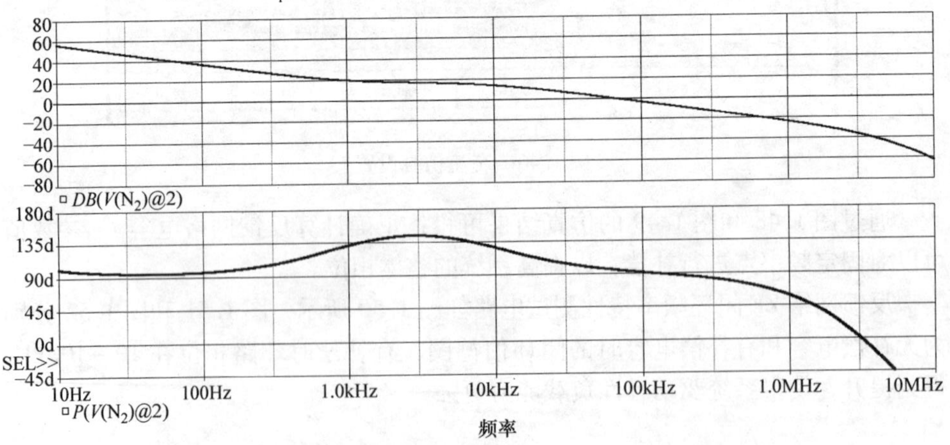

图 1.49　$C_{pv}=1.59\text{nF}$ 有补偿时的环路伯德图：相位大于 90°

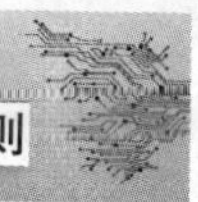

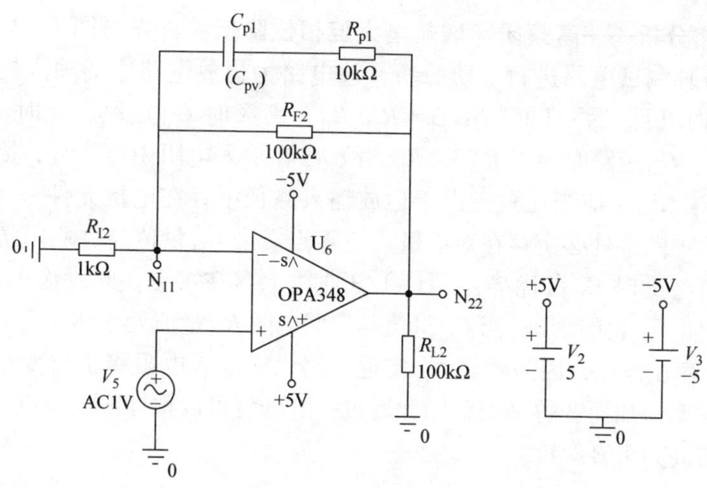

图 1. 50　反馈网络 ZF 闭环频率特性测试电路

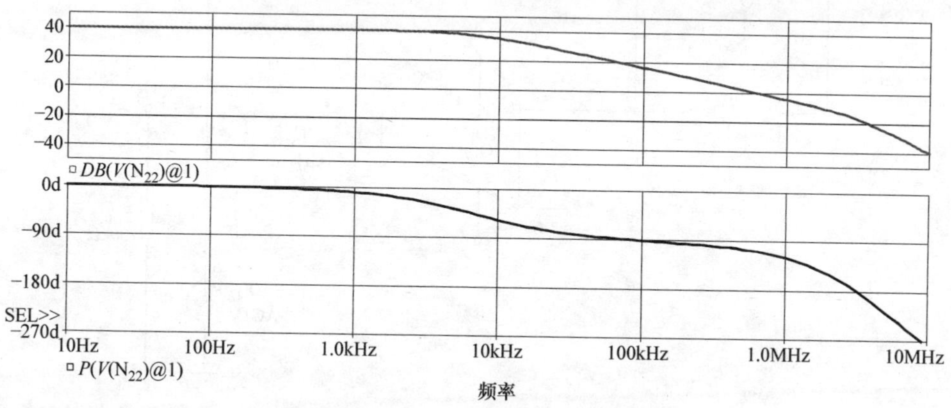

图 1. 51　$C_{pv}=1pF$ 无补偿时的闭环伯德图

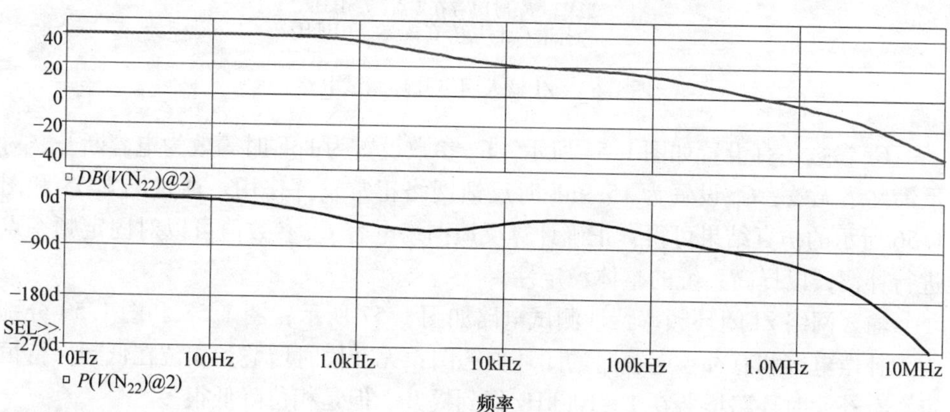

图 1. 52　$C_{pv}=1.59nF$ 有补偿时的闭环伯德图

ZI 网络分析——高频闭环增益增大但相位降低：首先对图 1.53 所示的 ZI 输入网络开环测试电路进行一阶分析，该电路为运放电路中的输入网络，其中 C_{n1}在低频时开路，并且低频 $1/\beta \approx R_{F1}/R_{I1}$；高频时 C_{n1}短路，此时 $1/\beta \approx R_{F1}/(R_{I1}/\!/R_{n1})$；$C_{n1}$短路时由于 $R_{n1} \ll R_{I1}$，故 R_{n1}在输入电阻中占优势，因此高频增益近似为 R_{F1}/R_{n1}。应当注意，由于运放输入路径中存在电抗元件——电容，因此传输函数中的某处必定存在对应极点或零点。当 C_{n1}量值与并联阻抗量值处于匹配频率时（此时 R_{I1}占优势）预计 $1/\beta$ 曲线上存在零点，此时输入电阻变小，故运放输出电压开始增加；当 C_{n1}量值与串联电阻 R_{n1}量值处于相匹配频率时预计 $1/\beta$ 曲线上存在极点，因为随着 C_{n1}接近短路，净输入电阻将不再变小，而输出电压则随频率增加而变得平坦；因此通过一阶分析可以预计出现极点与零点位置以及低频与高频 $1/\beta$ 幅度。

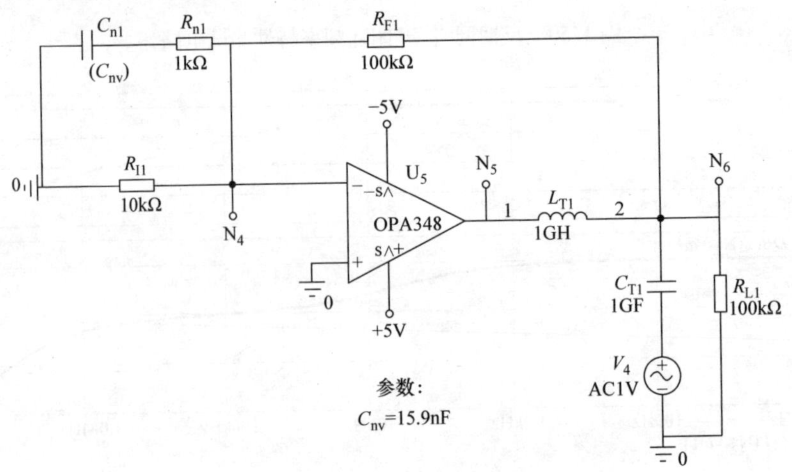

$1/\beta$低频$\approx R_{F1}/R_{I1}=10\rightarrow 20$dB，$C_{n1}$在低频时开路；
$1/\beta$高频$\approx R_{F1}/(R_{I1}/\!/R_{n1})\approx 100\rightarrow 40$dB，$C_{n1}$在高频时短路；
当$X_{cn1}=R_{I1}$时$1/\beta$存在零点，f_z=1kHz；
当$X_{cn1}=R_{n1}$时$1/\beta$存在极点，f_p=10kHz

图 1.53　ZI 输入网络开环测试电路

C_{nv}参数仿真设置如图 1.54 所示，C_{nv}参数设置为 1pF 时等效为电容断开，对反馈网络无效，C_{nv}设置为 15.9nF 时反馈网络正常发挥作用。通过图 1.55 和图 1.56 所示的仿真结果可得：正确计算反馈网络电容 C_{nv}参数值可以对固定频率点进行补偿，以提高系统的整体稳定性。

输入网络 ZI 闭环频率特性测试电路如图 1.57 所示，图 1.58 和图 1.59 分别为无补偿电容和有补偿电容时的闭环伯德图：无补偿时增益和相位在低频保持恒定；有补偿时环路增益在 1 ~ 100kHz 得到提升，但是相位降低很多。

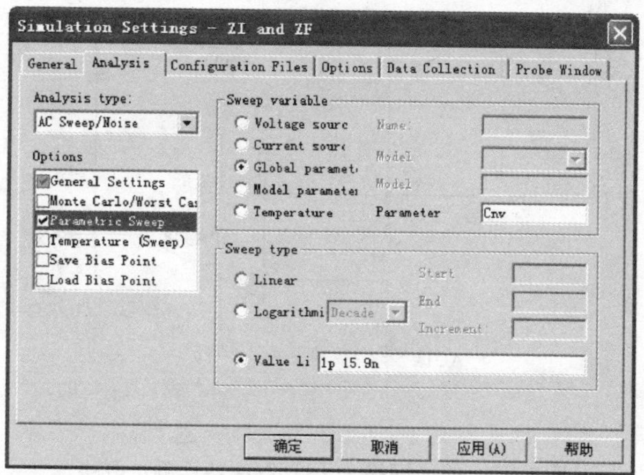

图 1.54　C_{nv} 参数仿真设置

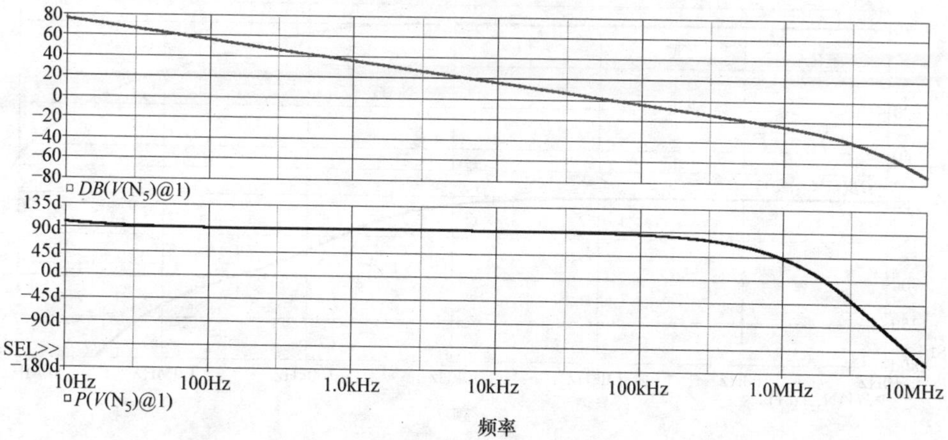

图 1.55　$C_{nv}=1\text{pF}$ 无补偿时的环路伯德图：相位 90°

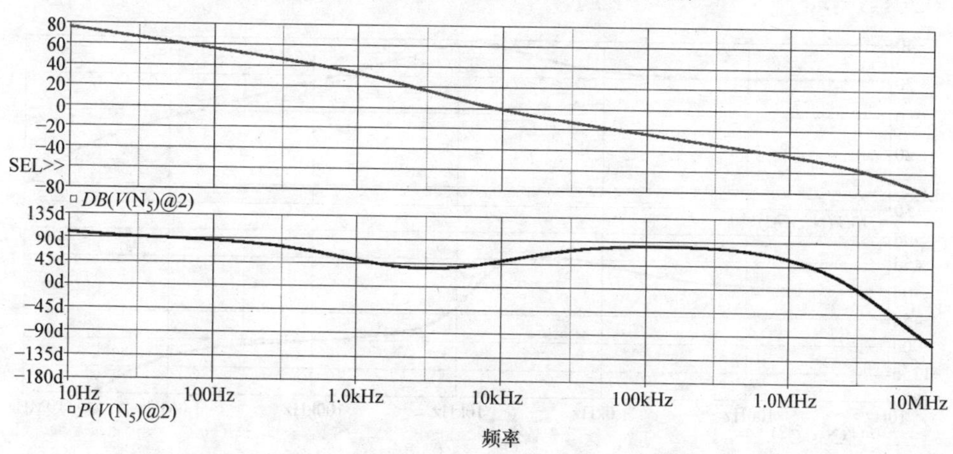

图 1.56　$C_{nv}=15.9\text{nF}$ 有补偿时的环路伯德图：相位小于 90°

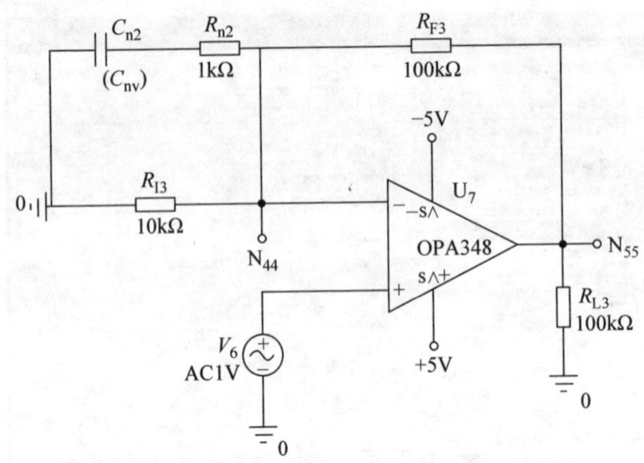

图 1.57　输入网络 ZI 闭环频率特性测试电路

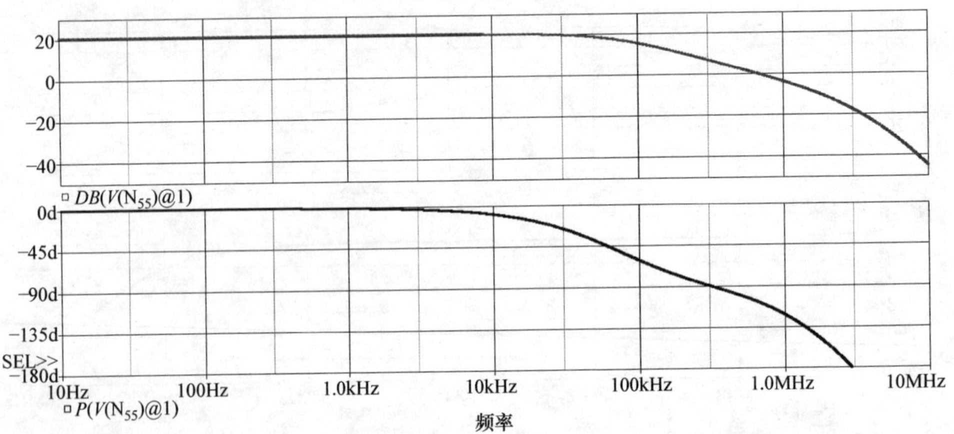

图 1.58　$C_{nv}=1\text{pF}$ 无补偿时的闭环伯德图：增益和相位低频保持恒定

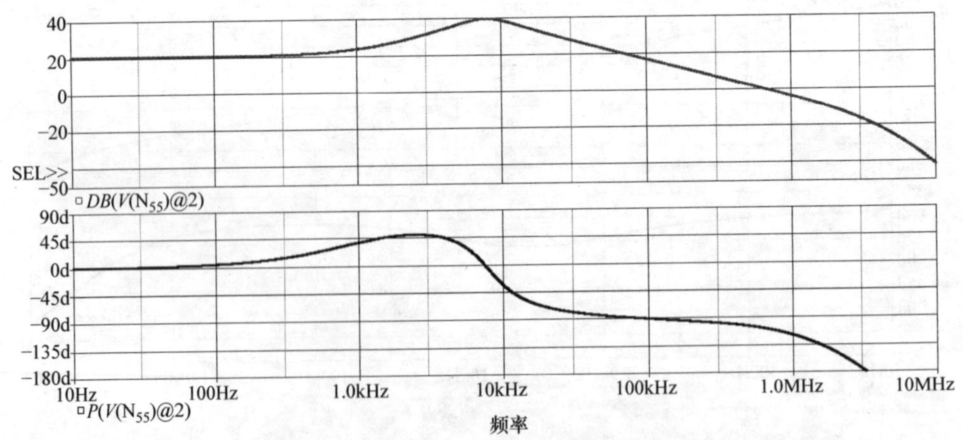

图 1.59　$C_{nv}=15.9\text{nF}$ 有补偿时的闭环伯德图：增益提升、相位降低

ZF 反馈补偿网络设计实例分析：ZF 反馈补偿频域开环测试电路如图 1.60 所示，为使电路更加容易振荡，故将运放的双极点设置得彼此接近，分别为f_{p1} = 10Hz、f_{p2} = 10kHz，直流开环增益 Gop = 316k，交流仿真设置和瞬态仿真设置分别如图 1.61 和图 1.62 所示。

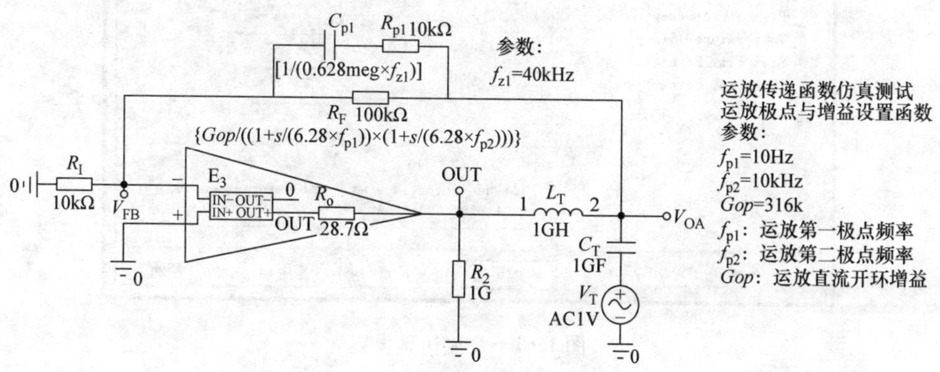

a) ZF反馈补偿频域开环测试电路

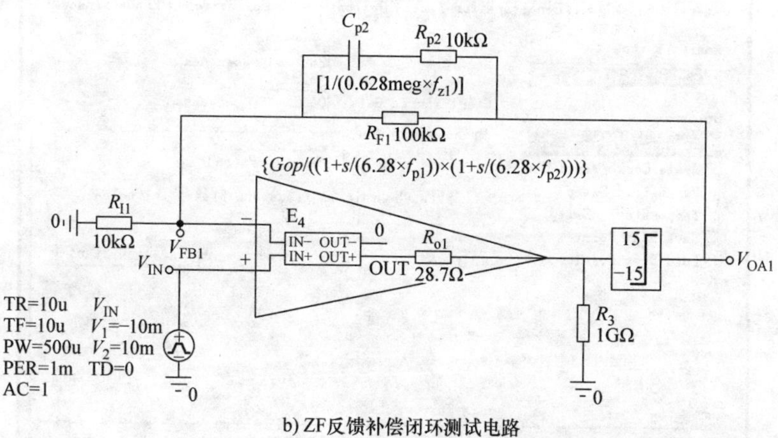

b) ZF反馈补偿闭环测试电路

图 1.60　ZF 反馈补偿频域开环测试电路

当f_{z1} = 100megHz 时系统无反馈补偿，此时相位裕度为 10°，电路不稳定，图 1.63 所示为无补偿时开环环路伯德图；图 1.64 所示为无补偿时闭环环路伯德图，当输入为 ± 10mV 脉冲信号时输出振荡，所以该电路无反馈补偿时系统不稳定。

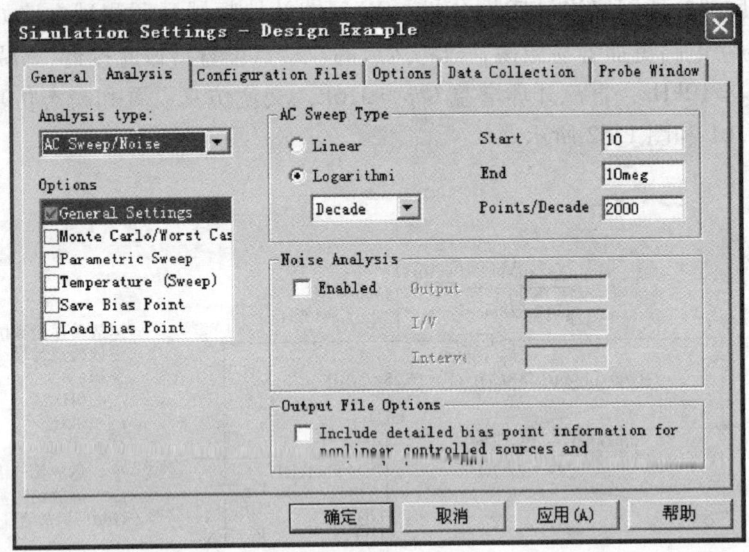

图 1.61　交流仿真设置

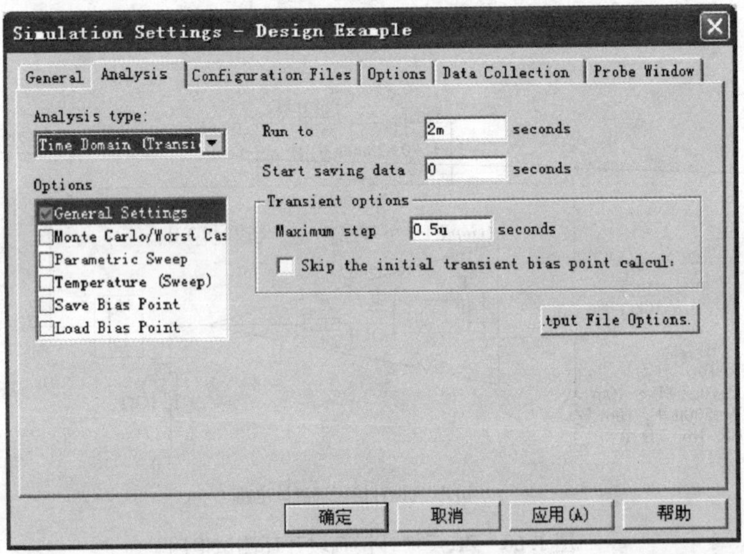

图 1.62　瞬态仿真设置

当$f_{z1}=40$kHz 时系统有反馈补偿，此时相位裕度为 51.7°，电路稳定，图 1.65 所示为有补偿时开环环路伯德图；图 1.66 所示为有补偿时闭环时域测试输入、输出电压波形，当输入为 ±10mV 脉冲信号时电路实现 11 倍同相放大，所以反馈补偿能够使该系统稳定工作。

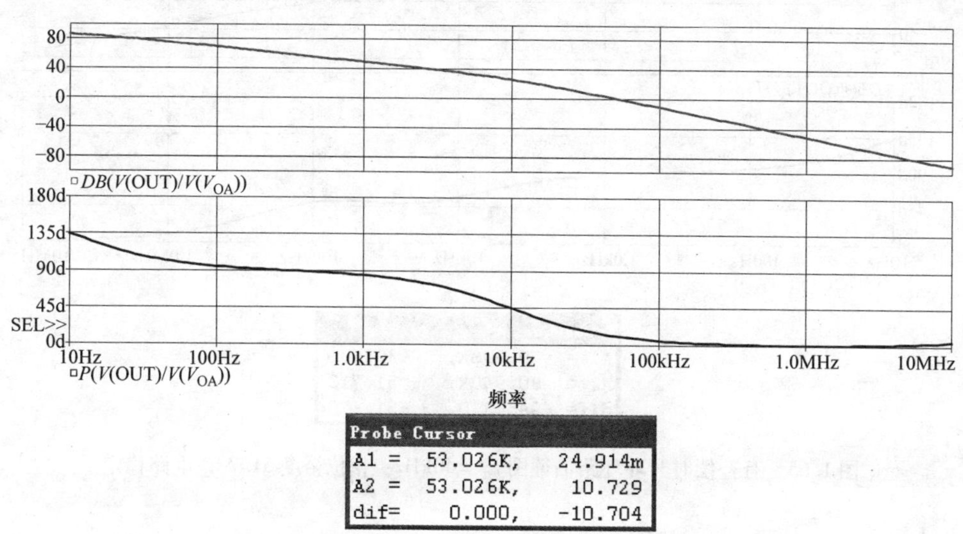

图 1.63　无补偿时开环环路伯德图 f_{z1} = 100megHz：相位裕度 10°，电路不稳定

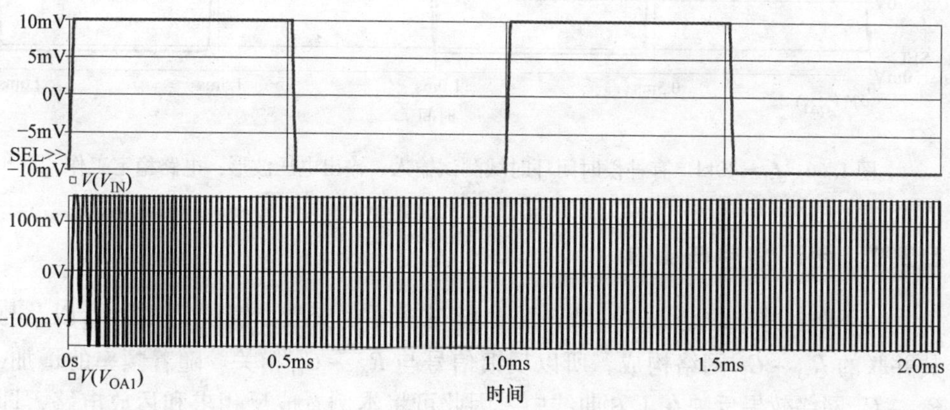

图 1.64　无补偿时闭环环路伯德图 f_{z1} = 100megHz：时域仿真电路振荡

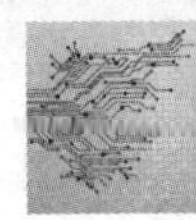

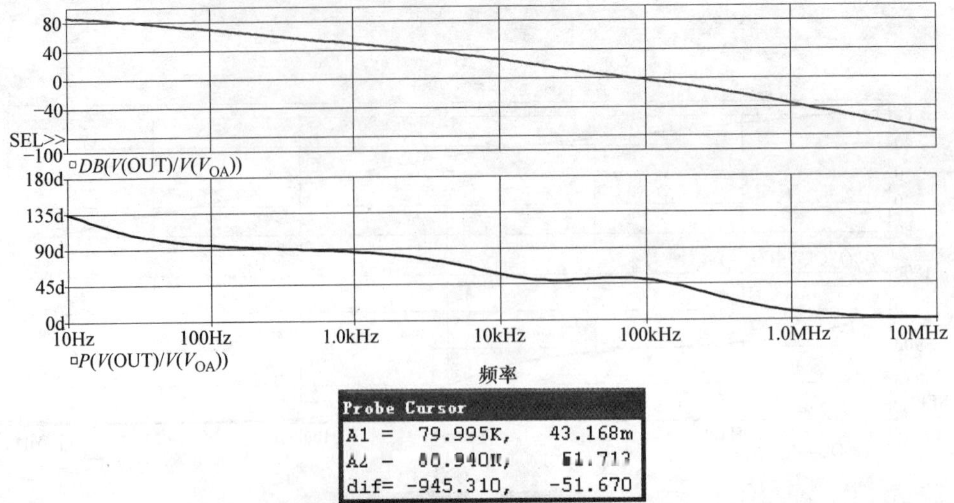

图 1.65　有补偿时开环环路伯德图 $f_{z1}=40\text{kHz}$：相位裕度 51.7°，电路稳定

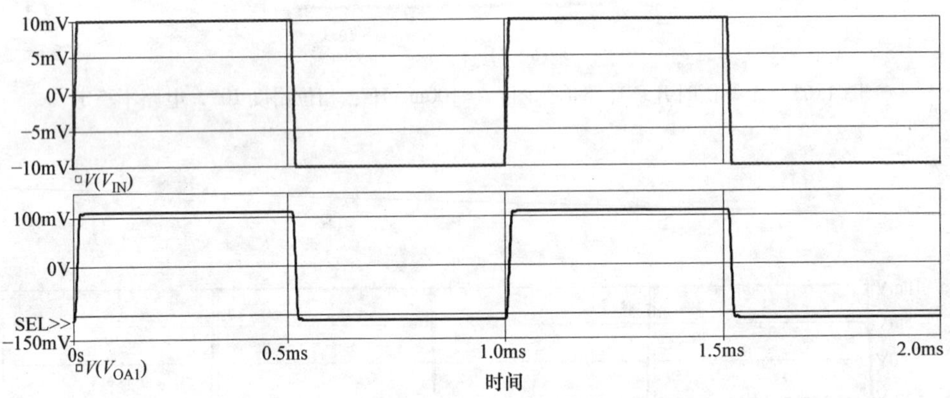

图 1.66　$f_{z1}=40\text{kHz}$ 有补偿时闭环时域测试输入、输出电压波形：电路稳定工作

1.2.2　闭环增益与 $1/\beta$

闭环增益并非总与 $1/\beta$ 一致，图 1.67 中所示的交流小信号反馈由 R_{I1} 以及与其并联的 $R_{n1}-C_{n1}$ 网络构成，所以反馈信号与 $R_{n1}-C_{n1}$ 相关。随着频率的增加，$R_{n1}-C_{n1}$ 网络效果反映在 $1/\beta$ 曲线中，因此可将本例看成反相求和运放电路，即通过 R_{I1} 的 V_{IN1} 与通过 $R_{n1}-C_{n1}$ 网络到地的信号相加。低频时闭环增益不受 $R_{n1}-C_{n1}$ 网络的影响，增益约为 20dB。随着环路增益（Aolβ）被 $R_{n1}-C_{n1}$ 网络拉低至 1（0dB），即无环路增益用于纠正误差，此时闭环增益将在 f_{cl} 以下频率跟随 Aol 曲线变化，具体波形如图 1.67c 所示。

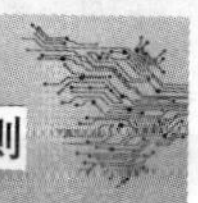

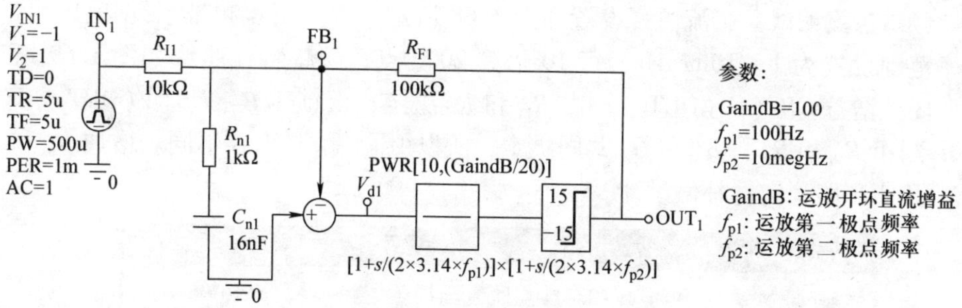

a) 闭环测试电路

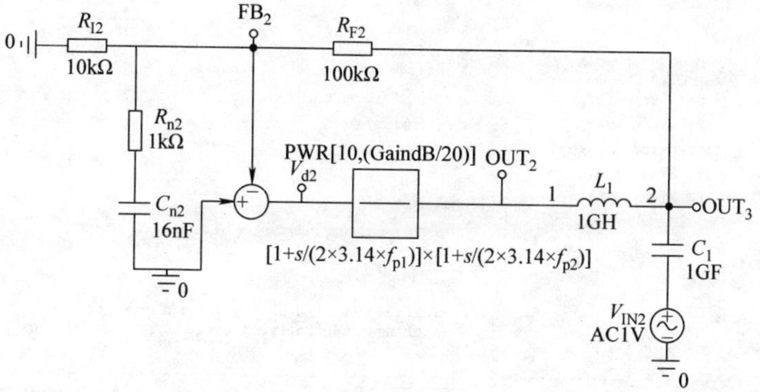

b) 开环测试电路

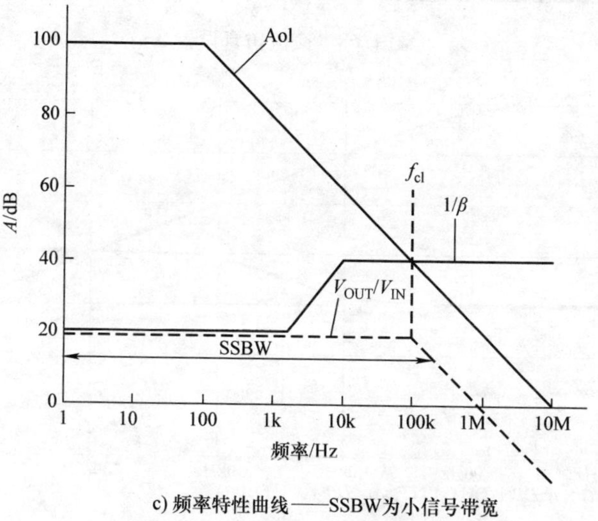

c) 频率特性曲线——SSBW为小信号带宽

图 1.67　闭环增益与 $1/\beta$ 环路测试

在频率 f_{cl} 上 $\mathrm{Aol}\beta=0$（dB）、无环路增益用于纠正误差，所以闭环增益 V_{OUT}/V_{IN} 跟随 Aol 曲线变化，此时闭环增益 V_{OUT}/V_{IN} 与反馈 $1/\beta$ 截然不同。

频域仿真测试：交流仿真设置如图 1.68 所示，为分析宽频带系统特性，将频率范围设置为 1 ~ 10megHz、每 10 倍频 2000 点；频率特性曲线如图 1.69 所示，闭环增益 $DB\ (V\ (\mathrm{OUT}_1))$ 由 R_{F1} 和 R_{I1} 决定；反馈 $1/\beta - DB[V(\mathrm{OUT}_3)/V(\mathrm{FB}_2)]$ 由 R_{F1} 和 R_{I1} 与 R_{n1} 和 C_{n1} 共同决定，所以 $V_{\mathrm{OUT}}/V_{\mathrm{IN}}$ 与 $1/\beta$ 不同。增加 R_{n1} 和 C_{n1} 可用于环路稳定性补偿设计。

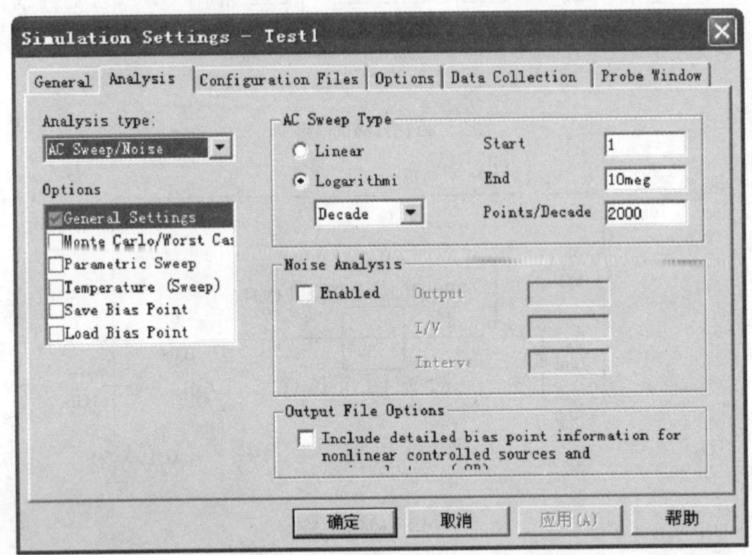

图 1.68　交流仿真设置

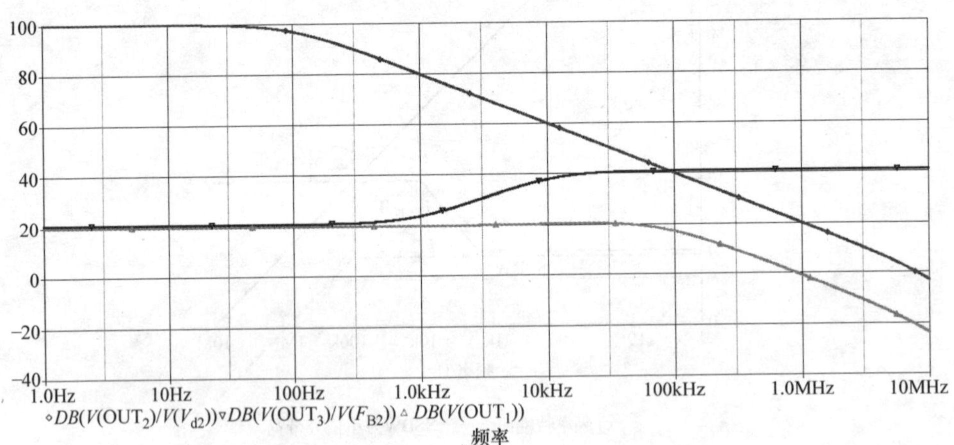

图 1.69　频率特性曲线

瞬态仿真分析：10 倍反相放大瞬态测试电路如图 1.70 所示，图 1.71 所示为瞬态仿真设置，为保证仿真输出波形准确，将最小步长设置为 2μs。图 1.72

所示为瞬态仿真波形。

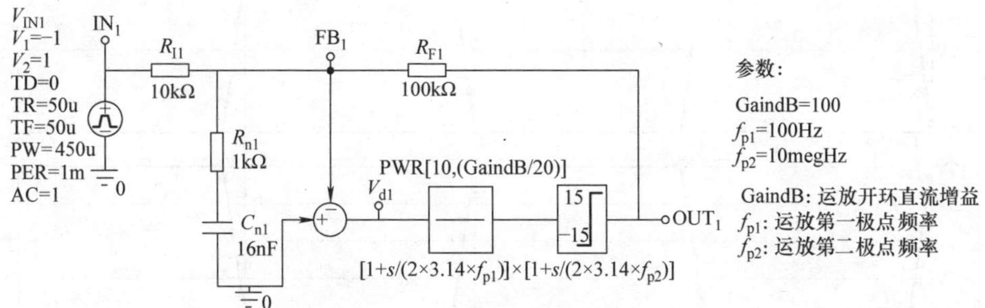

图 1.70　瞬态测试电路：反相放大 10 倍

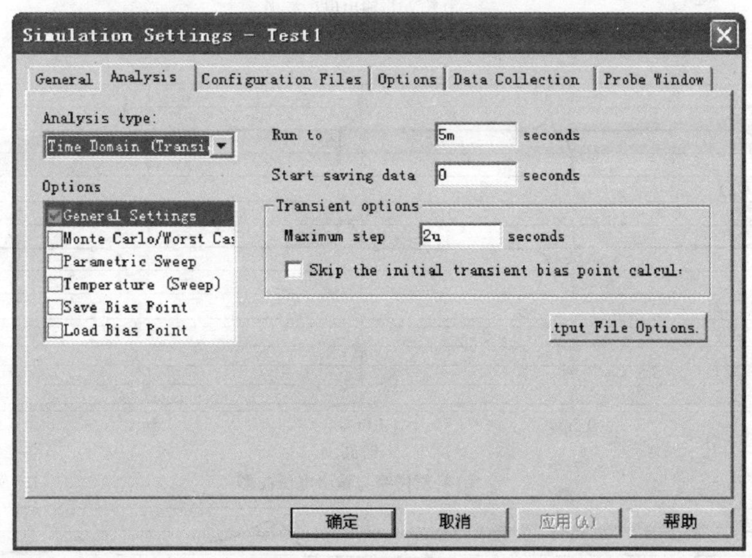

图 1.71　瞬态仿真设置

由图 1.72 瞬态仿真波形可得：电路实现 -10 倍放大；稳态工作时放大倍数与 R_{n1} 和 C_{n1} 无关；增加 R_{n1} 和 C_{n1} 用于频率补偿，提高环路稳定性；所以通常闭环增益 V_{OUT}/V_{IN} 与 $1/\beta$ 不同。

1.2.3　Aol 与 1/β 闭合速度

通常利用 Aol 与 $1/\beta$ 的闭合速度进行简单一阶稳定性检查，闭合速度稳定性检查法定义如下：$1/\beta$ 曲线与 Aol 曲线在 f_{cl} 上（此时环路增益为 0dB）的闭合速度——40dB/dec 的闭合速度预示不稳定，因为该闭合速度意味着在 f_{cl} 之前存在两个极点，从而可能产生 180°相移。

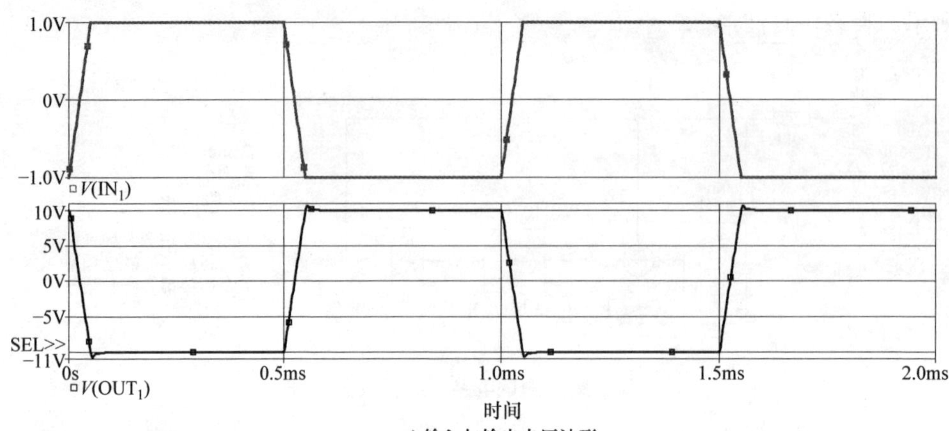

a) 输入与输出电压波形

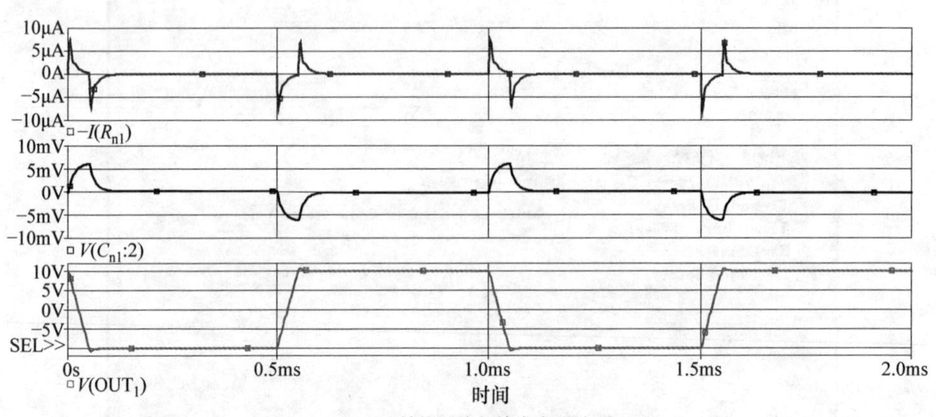

b) 补偿网络与输出电压波形

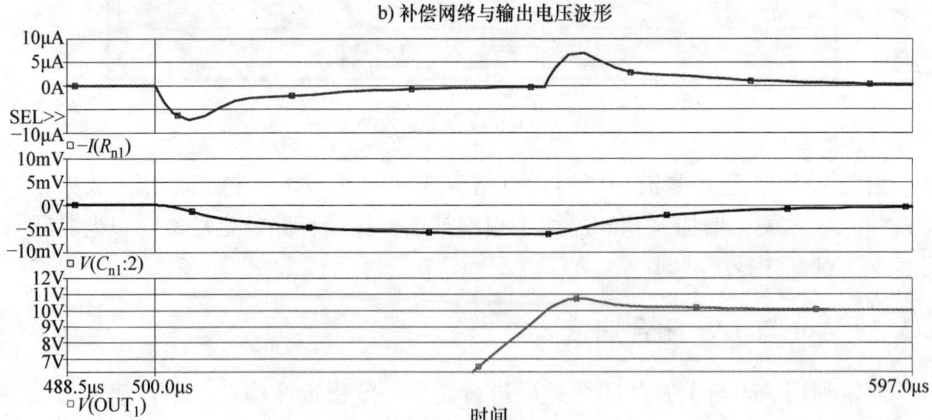

c) 上升沿过冲放大波形

图 1.72　瞬态仿真波形

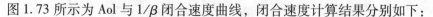

图 1.73 所示为 Aol 与 $1/\beta$ 闭合速度曲线，闭合速度计算结果分别如下：

f_{cl1}：Aol − $1/\beta_1$ = −20dB/dec −（+20dB/dec）= −40dB/dec，得出结论 40dB/dec 闭合速度、不稳定

f_{cl2}：Aol − $1/\beta_2$ = −20dB/dec − 0dB/dec = −20dB/dec，得出结论 20dB/dec 闭合速度、稳定

f_{cl3}：Aol − $1/\beta_3$ = −40dB/dec − 0dB/dec = −40dB/dec，得出结论 40dB/dec 闭合速度、不稳定

f_{cl4}：Aol − $1/\beta_4$ = −40dB/dec −（−20dB/dec）= −20dB/dec，得出结论 20dB/dec 闭合速度、稳定

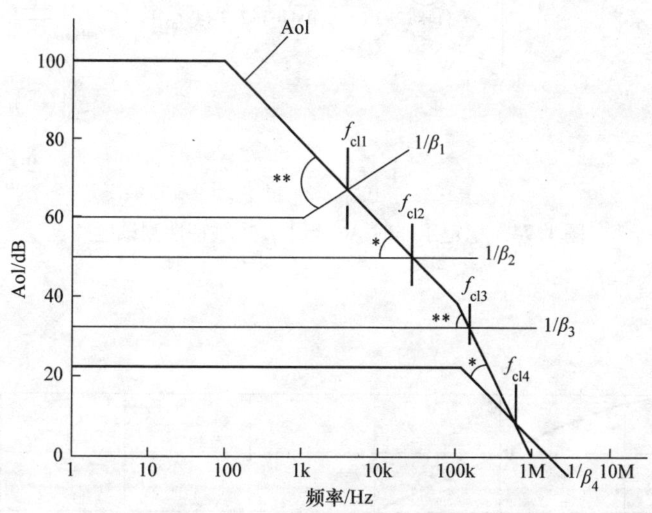

图 1.73　Aol 与 $1/\beta$ 闭合速度曲线

电路稳定工作测试：Aol 与 $1/\beta$ 幅频特性测试电路与仿真曲线分别如图 1.74 和图 1.75 所示，闭合速度为 20dB/dec——稳定工作；Aol 与 $1/\beta$ 时域测试电路与仿真曲线分别如图 1.76 和图 1.77 所示，电路稳定工作，实现 10 倍同相放大。

电路不稳定工作测试：Aol 与 $1/\beta$ 幅频特性测试电路与仿真曲线分别如图 1.78 和图 1.79 所示，闭合速度为 40dB/dec——不稳定工作；Aol 与 $1/\beta$ 时域测试电路与仿真曲线分别如图 1.80 和图 1.81 所示，当输入为 ±1mV 脉冲电压时输出振荡，电路不能稳定工作。

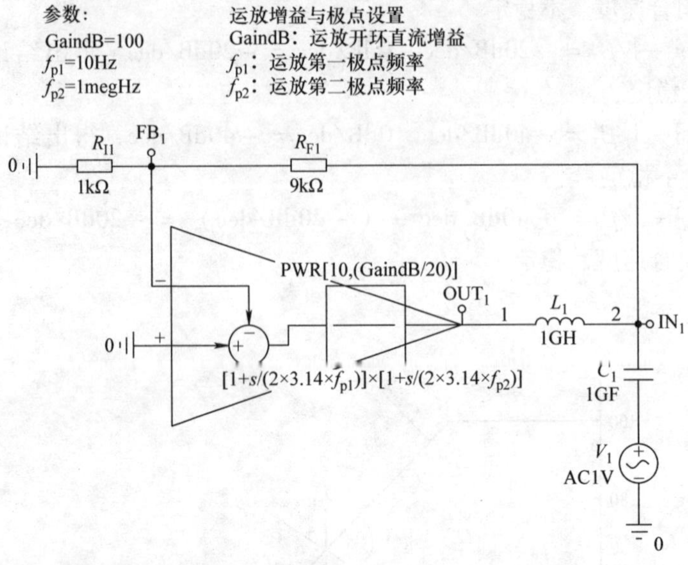

图 1.74 稳定工作时 Aol 与 1/β 幅频特性测试电路

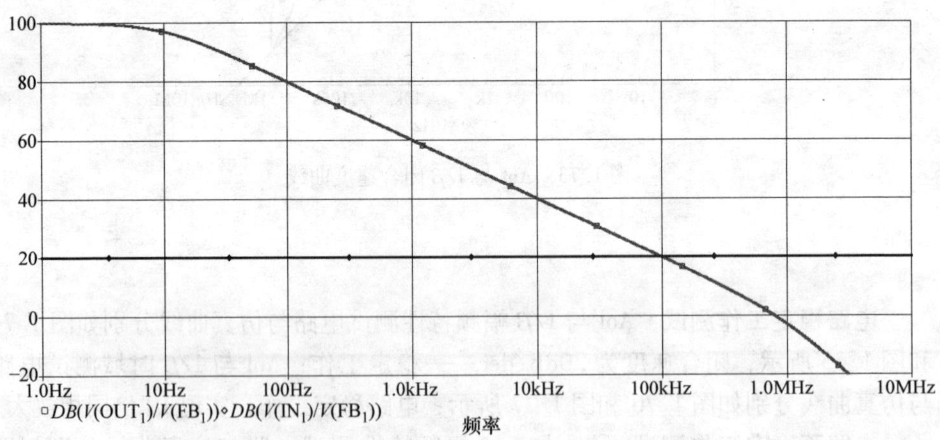

图 1.75 稳定工作时 Aol 与 1/β 幅频特性仿真曲线

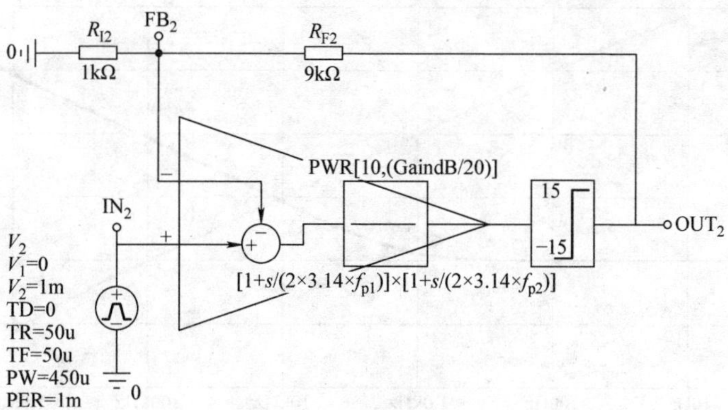

图 1.76　稳定工作时 Aol 与 1/β 时域测试电路

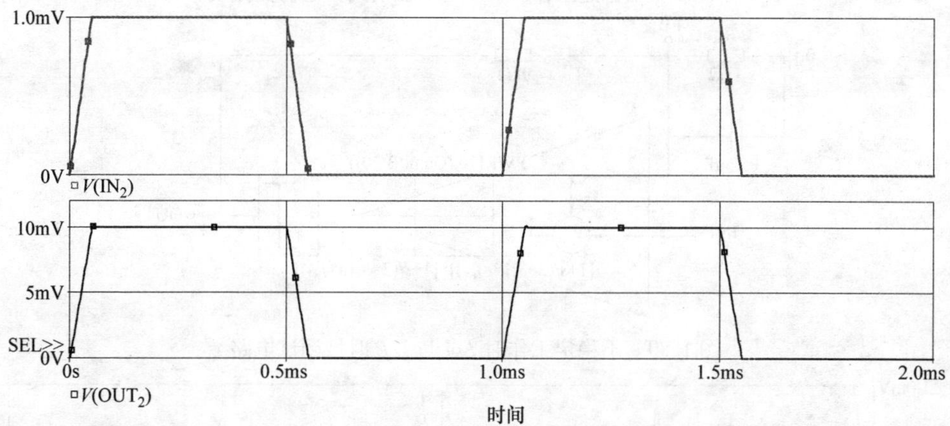

图 1.77　稳定工作时 Aol 与 1/β 时域仿真曲线

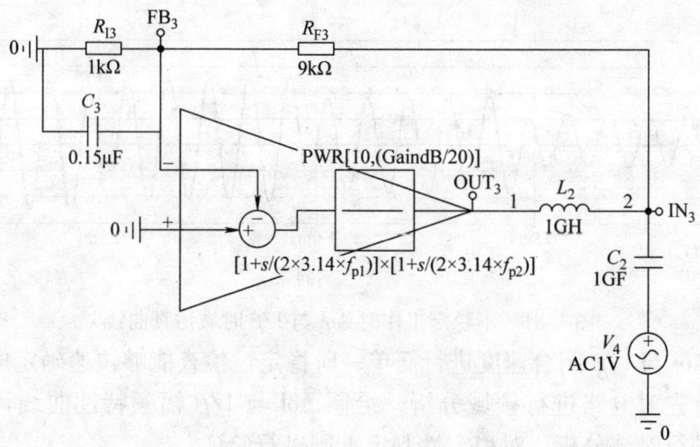

图 1.78　不稳定工作时 Aol 与 1/β 幅频特性测试电路

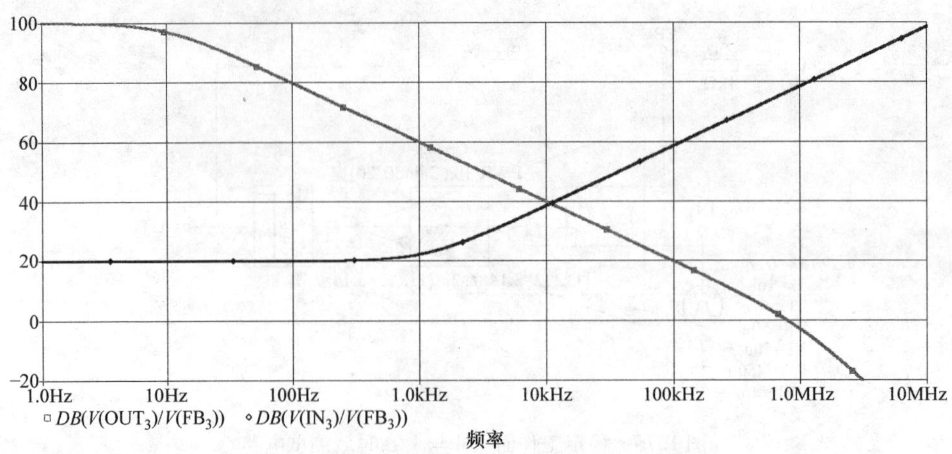

图 1.79　不稳定工作时 Aol 与 $1/\beta$ 幅频特性仿真曲线

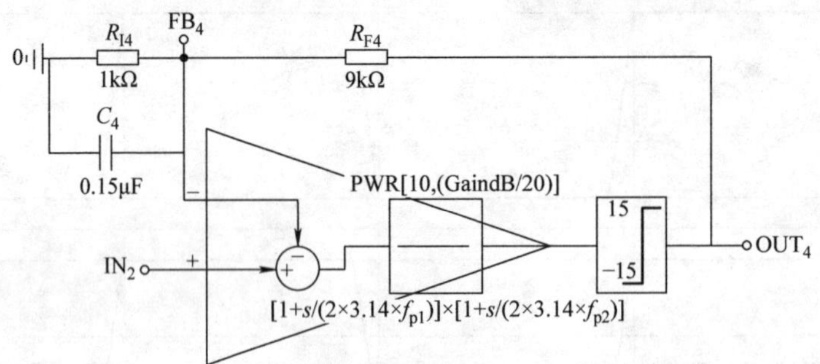

图 1.80　不稳定工作时 Aol 与 $1/\beta$ 时域测试电路

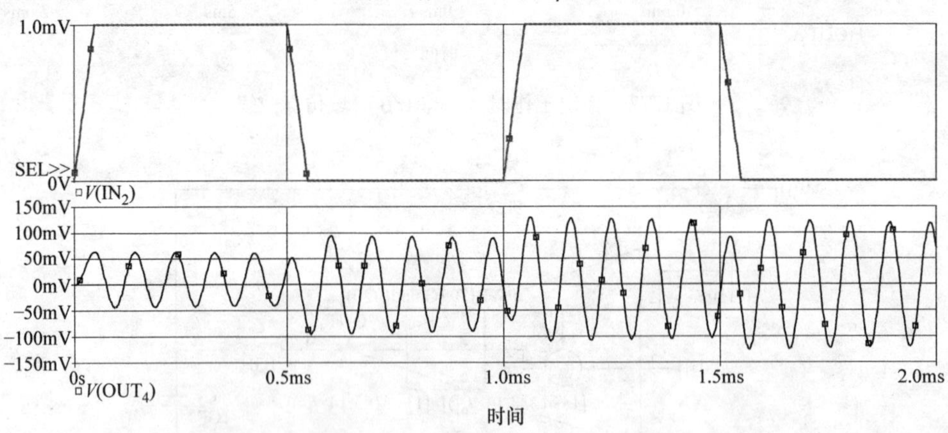

图 1.81　不稳定工作时 Aol 与 $1/\beta$ 时域仿真曲线

利用 Aol 与 $1/\beta$ 闭合速度进行简单一阶稳定性检查能够快速确定电路是否稳定工作。首先对电路进行频域分析，绘制 Aol 与 $1/\beta$ 幅频特性曲线计算闭合速度；然后进行时域分析，对稳定性判定准则进行验证。

1.2.4　双注入法测试环路增益与相位

PSpice 是求解系统传递函数 T 的强大工具，尤其涉及复杂晶体管或宏模型电路时。传统的方法（S. Rosenstark 开发）要求断开环路，在前向方向上注入测试信号，并在返回终端进行两次测量，即开路电压 V_{ret} 和短路电流 I_{ret} 的测量，然后计算

$$T=\frac{-1}{1/T_{oc}+1/T_{sc}}$$

式中，$T_{oc}=V_{ret}/V_{test}$；$T_{sc}=I_{ret}/I_{test}$；V_{test} 和 I_{test} 分别是测试信号注入点处的电压和电流。该方法的优点是可以在任意点处断开环路，而不必担心中断现象发生。图 1.82 所示为双注入法环路测试电路，该电路包含典型输出负载 R_{Ls}、R_{Lo}、C_{Ls}、C_{Lo} 和反相输入端杂散电容 C_{ns}、C_{no}。虽然选择在运算放大器输出端断开环路，但是也可在任意处断开环路，例如反相输入引脚处，唯一的约束条件是断开环路时 PSpice 要能进行直流偏置点分析，必须维持直流连续性。图 1.82a 中采用电压源 V_T 注入测试信号，足够大的并联电容 C_{Ls1} 在返回终端建立交流短路，并利用电压源 V_T 检测短路返回电流。图 1.82b 中采用电流源 G_1 注入测试信号，足够大

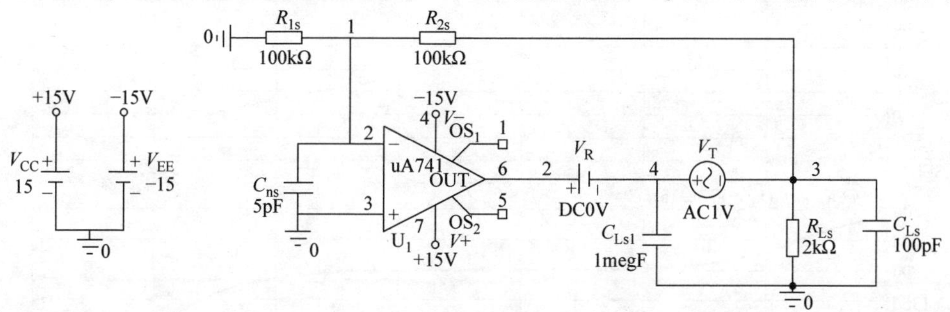

a) 电压源V_T注入测试信号

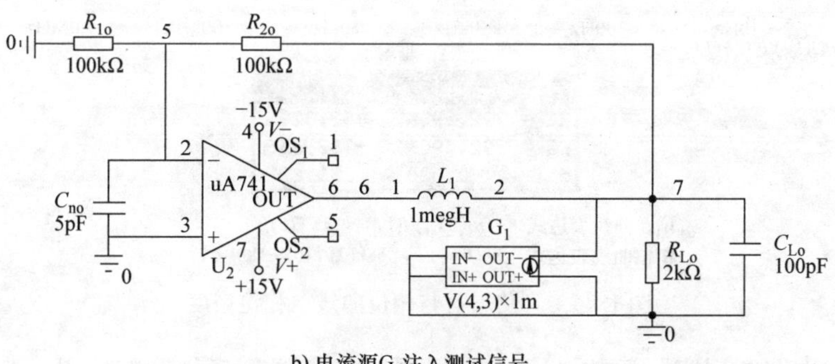

b) 电流源G_1注入测试信号

图 1.82　双注入法环路测试电路

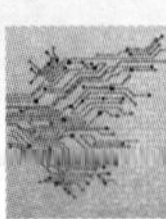

的串联电感 L_1 提供交流开路、维持直流连续性。利用 PSpice 对 uA741 宏模型进行测试，交流仿真设置如图 1.83 所示，环路增益与相位曲线、相位裕度如图 1.84 所示。利用 Probe 探针进行数据处理可得频率为 392kHz 时的增益为 0dB、相位为 -134°，所以相位裕度 $\phi_m \cong 180° - 134° = 46°$。

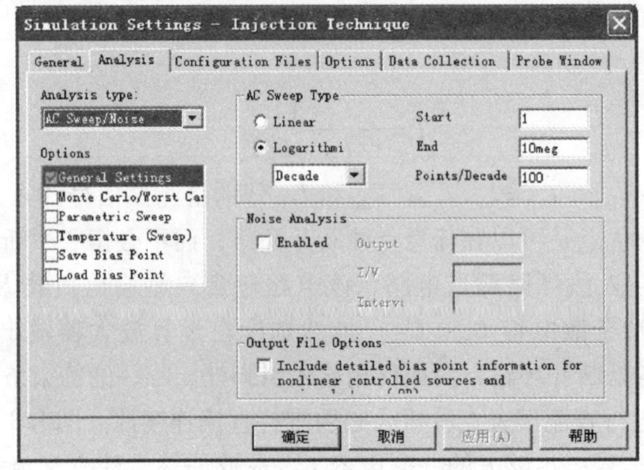

图 1.83　交流仿真设置

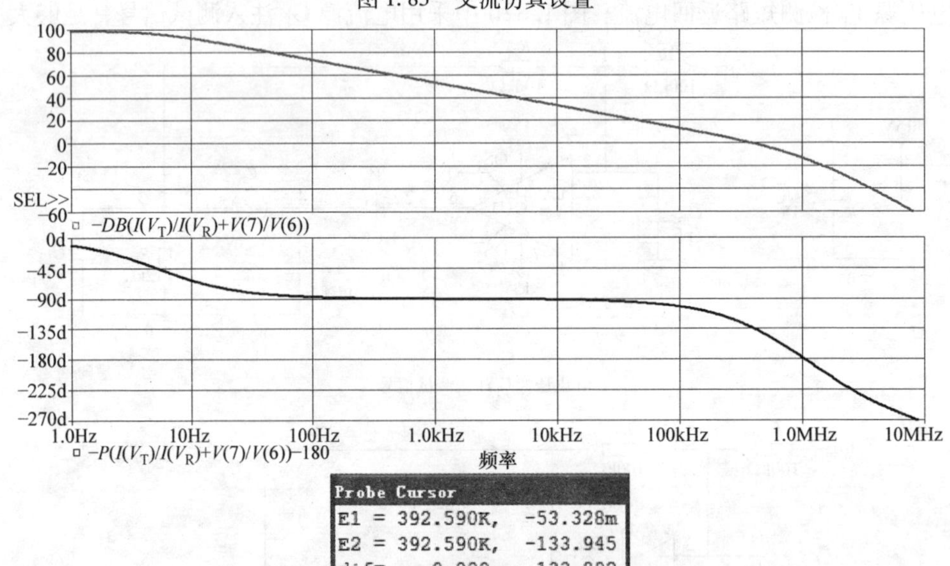

增益曲线表达式：$-DB(I(V_T)/I(V_R)+V(7)/V(6))$；

相位曲线表达式：$-P(I(V_T)/I(V_R)+V(7)/V(6))-180$

图 1.84　环路增益与相位曲线、相位裕度

上述电路利用实际运放 uA741 进行测试，测试数值是否准确以及如何才能证明该方法的实用性呢？接下来利用直流增益 Gain = 1meg 的理想放大器 OPAMP

进行验证，该放大器无极点，并且增益恒定，双注入法环路测试验证电路如图 1.85 所示，环路增益与相位曲线如图 1.86 所示。

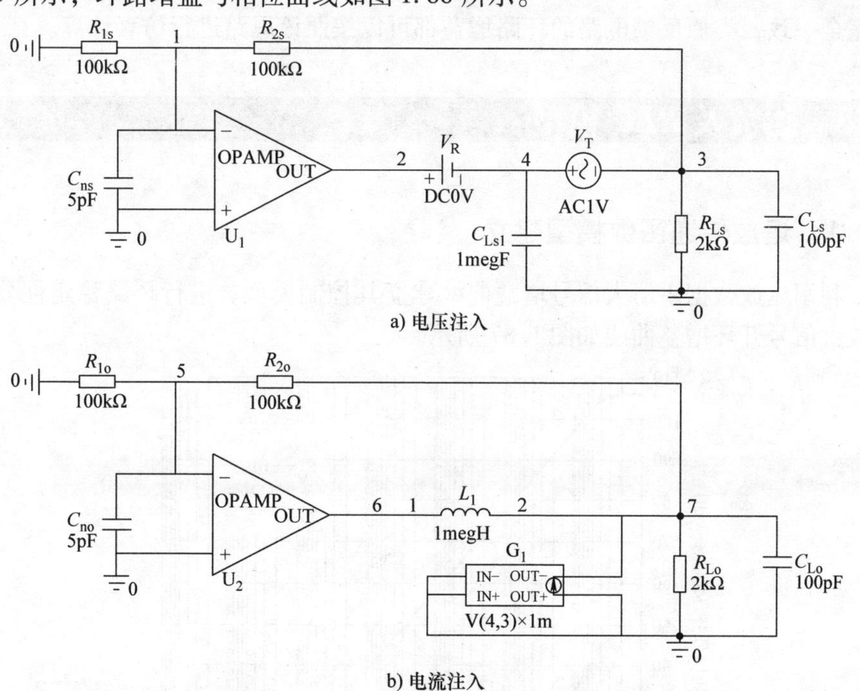

图 1.85　双注入法环路测试验证电路

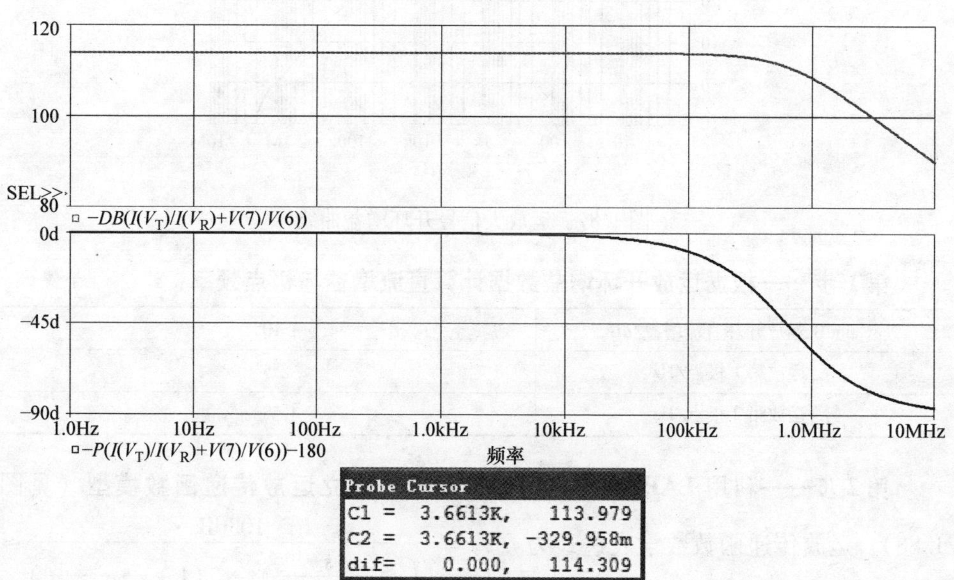

图 1.86　环路增益与相位曲线：直流增益为 113.979dB、直流相位为 0°

该电路的直流增益计算公式和计算结果为 $20\lg\left(\frac{10^6}{2}\right)=113.979$，计算与仿真值完全一致，类似反馈电路的环路增益都可以按照该思路进行仿真计算。

1.3 运放及 *RLC* 模型

1.3.1 运放传递函数模型建立

利用运放数据手册大信号增益曲线建立其控制模型、进行环路稳定性分析，运放大信号开环增益曲线如图 1.87 所示。

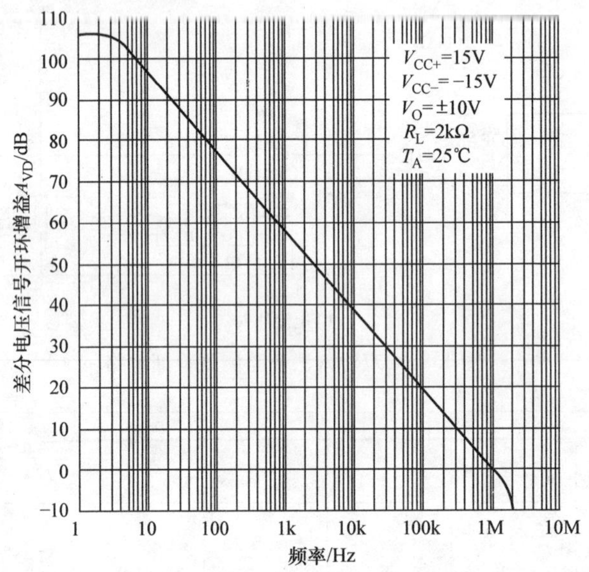

图 1.87　运放大信号开环增益曲线

第 1 步——根据运放开环增益数据计算直流增益与极点频率：

GaindB 运放开环直流增益/dB	105
f_{p1} 运放第 1 极点/Hz	5
f_{p2} 运放第 2 极点/Hz	1.7meg

第 2 步——利用 LAPLACE 和 ELAPLACE 建立运放传递函数模型（见图 1.88）：运放传递函数数学表达式为 $f(s)=\dfrac{105\text{dB}}{\left(1+\dfrac{s}{2\times\pi\times f_{p1}}\right)\times\left(1+\dfrac{s}{2\times\pi\times f_{p2}}\right)}\approx$

$\frac{1.78\times10^5}{\left(1+\frac{s}{2\times\pi\times5}\right)\times\left(1+\frac{s}{2\times\pi\times1.7\times10^6}\right)}$，PSpice 中的 LAPLACE 表达式为 $\{PWR(10,\{GaindB/20\})/((1+s/(6.28\times f_{p1}))\times(1+s/(6.28\times f_{p2})))\}$。

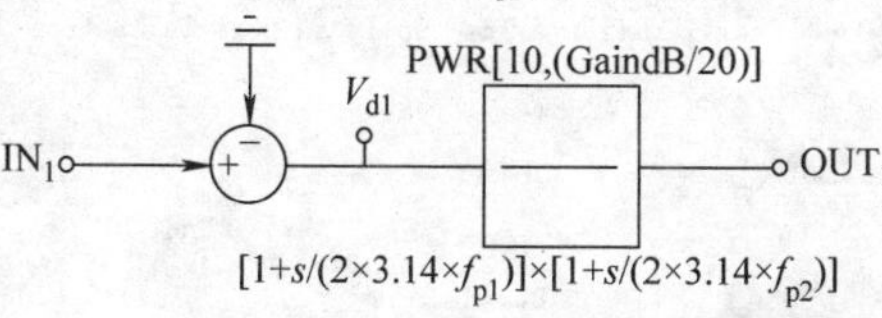

a) 利用LAPLACE建立运放传递函数电路图

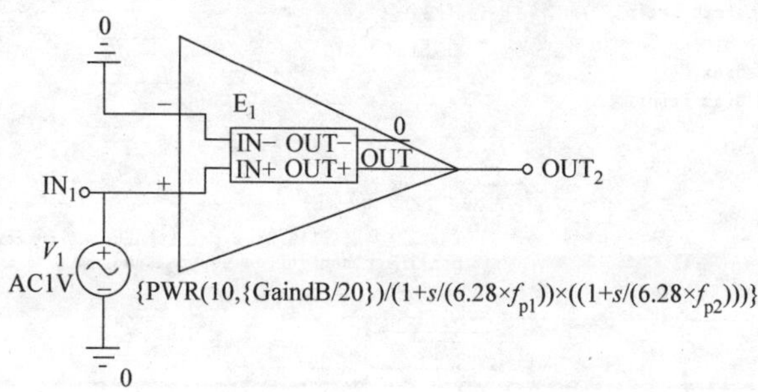

b) 利用ELAPLACE建立运放传递函数电路图

图 1.88 运放传递函数模型

第 3 步——运放传递函数模型测试：测试电路如图 1.89 所示，交流仿真设置如图 1.90 所示，幅频特性曲线如图 1.91 所示，相频特性曲线和数据如图 1.92 所示。

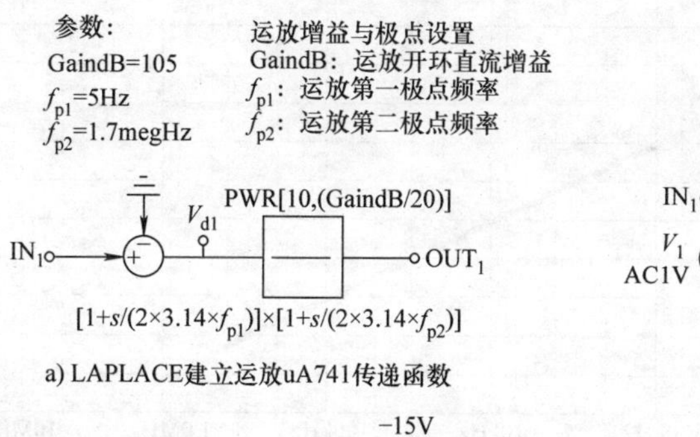

a) LAPLACE建立运放uA741传递函数

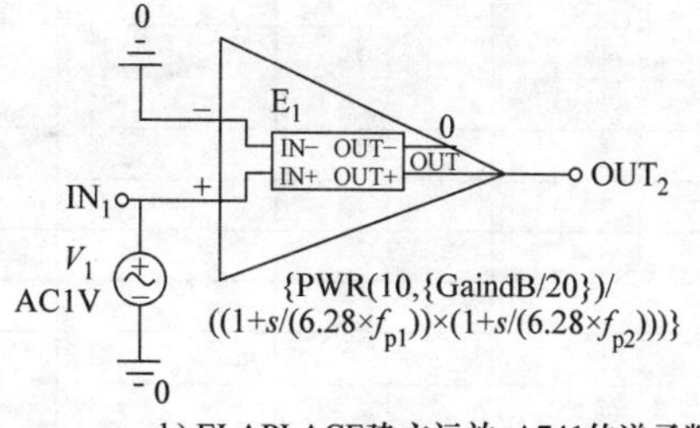

b) ELAPLACE建立运放uA741传递函数

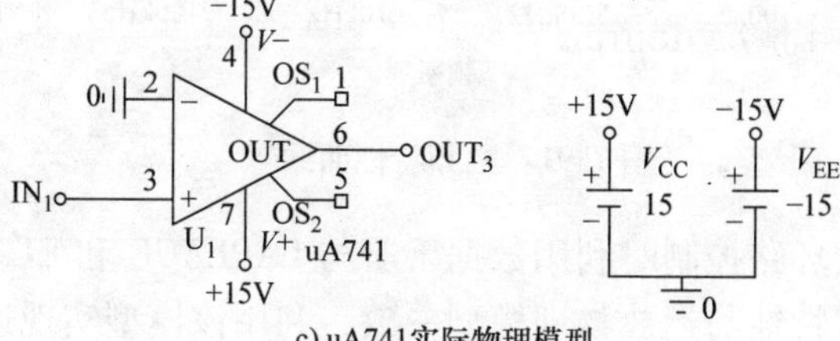

c) uA741实际物理模型

图 1.89 运放传递函数模型测试电路

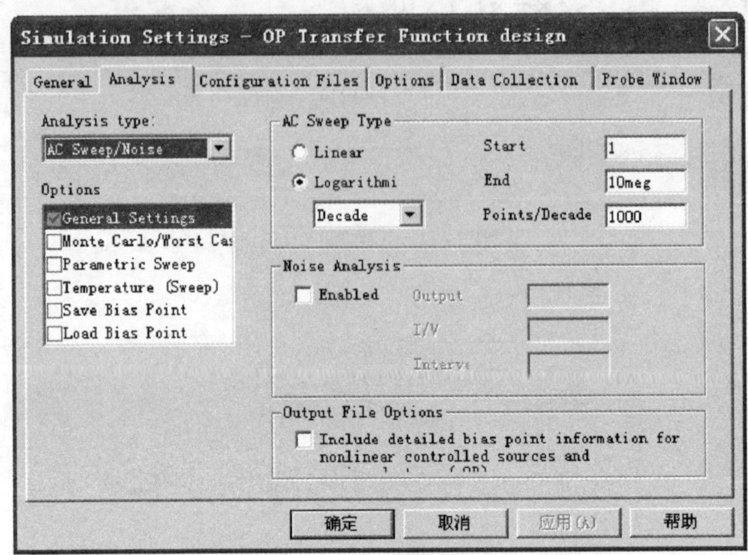

图 1.90　交流仿真设置

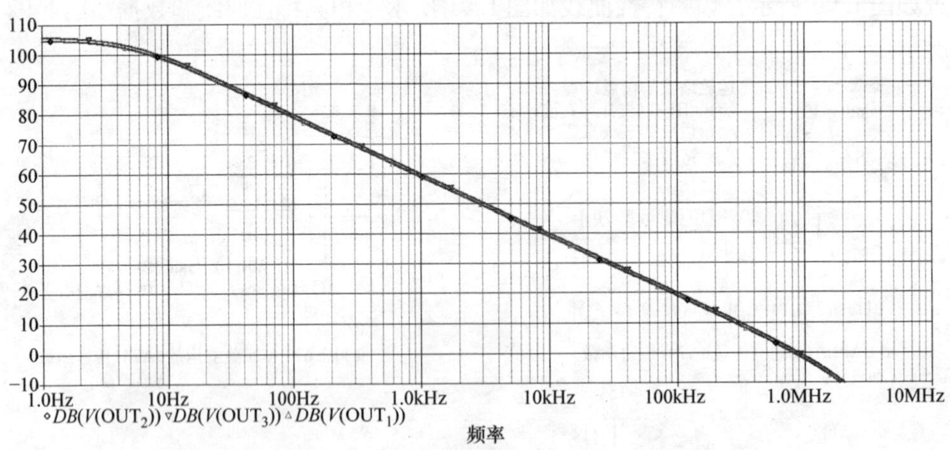

图 1.91　幅频特性曲线

总结：仿真运放环路控制时利用数据手册与 LAPLACE 和 ELAPLACE 建立运放传递函数，其频率特性与运放物理模型一致，利用该模型实现运放电路环路分析与设计。

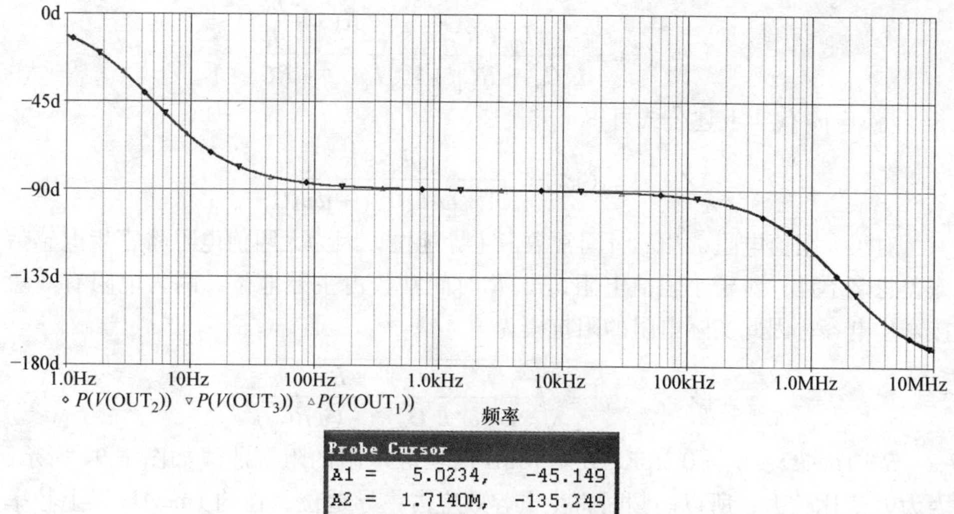

图 1.92　相频特性曲线和数据

1.3.2　实际电阻模型

初看电阻只是一个电阻，但是深入分析之后将会发现细微之处，理想电阻的阻抗并不依赖工作频率，而且其阻抗始终等于阻值，即

$$Z_{\text{resistor, ideal}} = R$$

实际电阻模型包括几何形状引线长度产生的寄生电感和跨接电阻的寄生电容，具体如图 1.93 所示，实际电阻包含上述寄生元件时的阻抗推导公式如下

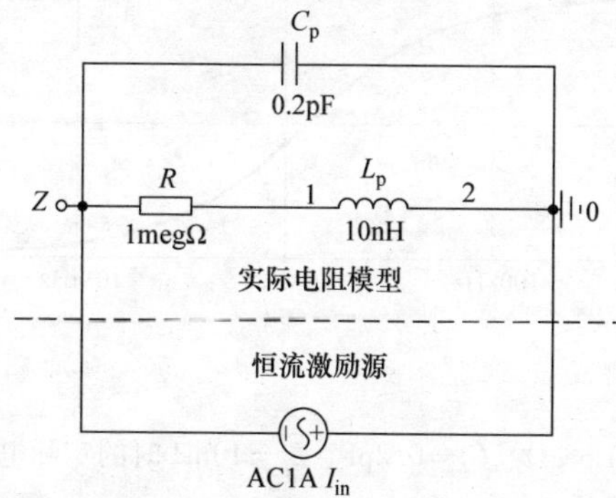

图 1.93　实际电阻模型

$$Z_{\text{resistor,real}}(s)=\frac{L_p+R}{L_pC_p^{\ 2}+RC_p+1}=\frac{R\left(1+\frac{L_p}{R}s\right)}{L_pC_p^{\ 2}+RC_p+1}$$

将 $s=\mathrm{j}\omega$ 代入上述公式可得

$$Z_{\text{resistor,real}}(\mathrm{j}\omega)=\frac{\mathrm{j}\omega L_p+R}{(1-\omega^2L_pC_p)+\mathrm{j}\omega RC_p}$$

对于大阻值电阻，RC_p 时间常数占主导地位，因为大阻值电阻将寄生电感值掩盖忽略不计；对于小阻值电阻，L_p/R 时间常数占主导地位，因为电阻有效短接寄生电容；因此实际电阻的阻抗模为

$$|Z_{\text{resistor,real}}|=\sqrt{\frac{(\omega L_p)^2+R^2}{(1-\omega^2L_pC_p)^2+(\omega RC_p)^2}}$$

$R=1\text{meg}\Omega$、$C_p=0.2\text{pF}$、$L_p=10\text{nH}$ 时实际电阻的阻抗曲线如图 1.94 所示，因为 R 值比较大，所以高频时寄生电容效应占主导地位，在约 1megHz 以上频率时阻抗呈规律性衰减。高频时并联电容 C_p 起主要作用、相位最大滞后 90°，但是很难量化寄生电容的准确值，对于标准通孔电阻（直插电阻）可以预估至 pF 级寄生电容和数 nH 级寄生电感，高频电路中需要将此类寄生效应考虑成串联电感和并联电阻。

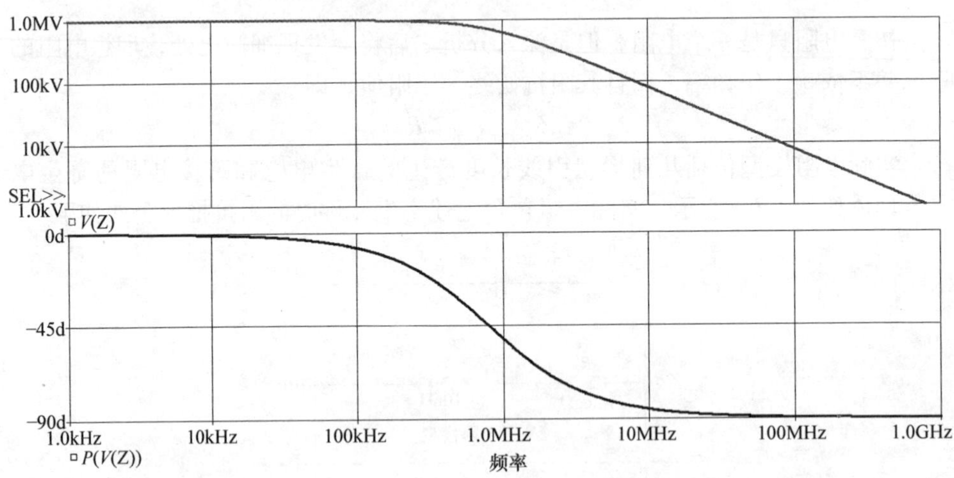

图 1.94　$R=1\text{meg}\Omega$、$C_p=0.2\text{pF}$、$L_p=10\text{nH}$ 时的实际电阻阻抗曲线

$R=10\Omega$、$C_p=0.2\text{pF}$、$L_p=10\text{nH}$ 时实际电阻的阻抗曲线如图 1.95 所示，因为 R 值比较小，所以高频时寄生电感效应占主导地位，相位最大超前 90°，在约

10meg rad/s 以上频率时阻抗呈规律性递增。

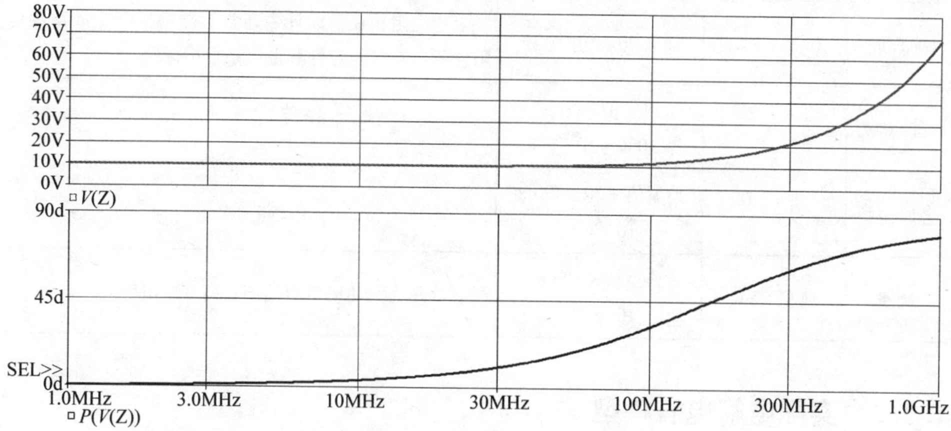

图 1.95　$R=10\Omega$、$C_p=0.2\text{pF}$、$L_p=10\text{nH}$ 时实际电阻的阻抗曲线

当电阻 R 足够大，使得 $RC >> L/R$ 或等价于 $RC >> \sqrt{L/C}$ 时，该项 $\sqrt{L/C}$ 始终存在于 R、L、C 电路和长传输线中，成为该电路的特性阻抗 Z_0。粗略经验法则如下：元件引脚在印制电路板上的电感可按照每厘米引线长度的电感量为 10nH 计算，因此如果希望寄生电感最小化，应该尽量保持引脚长度最短。当需要数值准确时，可利用阻抗分析仪（如 HP4192）进行阻抗测试，以得出准确的 R、L、C 参数。

电路设计人员需要决定在电路中采用何种电阻类型，以满足电路实际性能需求，例如选择碳合成、碳薄膜、金属薄膜、绕线电阻或其他类型的电阻。碳合成电阻是一种老式电阻，多年来一直在电子产品中使用；其主要优势在于大电流瞬态浪涌承受能力，但是其电阻率温度系数比较高，电阻值随温度变化的表达式为

$$R(T)=R_0[1+\alpha(T-T_0)]$$

式中，$R(T)$ 为工作温度下的电阻值；R_0 为温度 T_0 时的参考电阻值；α 为电阻率温度系数。

碳合成电阻具有阻值随时间漂移的趋势，大电流应用时尤为突出，所以在现代电子产品中已经被金属薄膜和碳薄膜电阻大量取代。薄膜电阻具有较低的电阻率温度系数，但是当其电气参数过载时更加容易损坏。

绕线电阻通常应用于大功率场合，由于该类电阻通过绕线制造，所以串联电感很大，实际应用时电路特性可能受到影响。表 1.4 所示为各种类型电阻性能对比，实际设计电路时根据其具体要求选择合适的电阻类型，以发挥其最大功效。

表 1.4　各种类型电阻性能对比

电阻类型	典型额定功率	温度系数	备　注
碳合成	0.25 ~ 2W	$>1000\times10^{-6}$/℃	老式电阻，在新设计中通常被碳薄膜、金属薄膜电阻取代，长期稳定性和温度系数指标差
碳薄膜	—	典型值 −50 ~ -1000×10^{-6}/℃	—
金属薄膜	—	典型值 +50 ~ 300 × 10^{-6}/℃	低噪声
绕线	典型 >5W	典型值 +100 × 10^{-6}/℃	通常作为大功率电阻使用、高寄生电感

1.3.3　实际电解电容模型

电解电容具有等效串联电阻和寄生电感，实际电解电容模型及其测试电路如图 1.96 所示，理想电容的阻抗与频率成反比例，但是实际电容存在等效串联电阻和寄生电感，对其进行高频阻抗测试时可以对电阻和电感进行参数辨识。

与同容量的薄膜电容和陶瓷电容相比，电解电容的等效串联电阻很大，所以损耗很大；并且电解电容的电极由金属片绕制而成，所以形成线圈，与其他电容相比产生了较大的寄生电感。

图 1.96 所示的实际电解电容模型及其测试电路中的电容值 $C=2200\mu F$、等效串联电阻 $R_s=25m\Omega$、寄生电感 $L_s=20nH$。实际电解电容阻抗特性曲线如图 1.97 所示，低频段电容 C 起主要作用，相位滞后 90°；中频段串联电阻 R_s 起主要作用，阻抗为 25mΩ，相位为 0°，即在该频率范围内电解电容可等效为电阻；高频段串联电感 L_s 起主要作用，相位超前 90°，此时电解电容等效为电感；C 与 R_s 构成第 1 零点，R_s 与 L_s 构成第 2 零点。

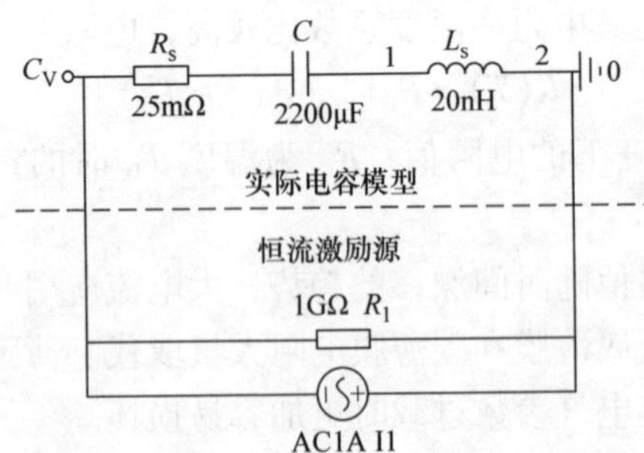

图 1.96　实际电解电容模型及其测试电路

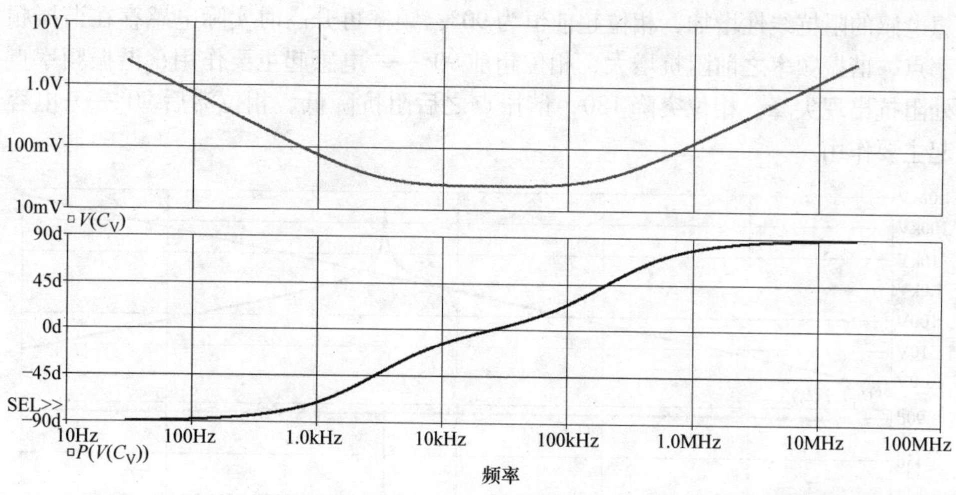

图 1.97　实际电解电容阻抗特性曲线

1.3.4　实际电感模型

理想电感的阻抗表达式为

$$Z_{\text{inductor, ideal}} = \mathrm{j}\omega L$$

实际电感阻抗因为铜线电阻与绕线电容而变化，此时阻抗表达式为

$$Z_{\text{inductor}} = \frac{\mathrm{j}\omega L + R}{(1-\omega^2 LC) + \mathrm{j}\omega RC}$$

实际电感的阻抗模为

$$|Z_{\text{inductor, real}}| = \sqrt{\frac{(\omega L)^2 + R^2}{(1-\omega^2 LC)^2 + (\omega RC)^2}}$$

图 1.98 所示为 $L=100\mu\text{H}$、$C=25\text{pF}$、$R=0.1\Omega$ 时理想电感与实际电感阻抗测试电路，图 1.99 所示为理想电感与实际电感的阻抗特性曲线：频率升高时理

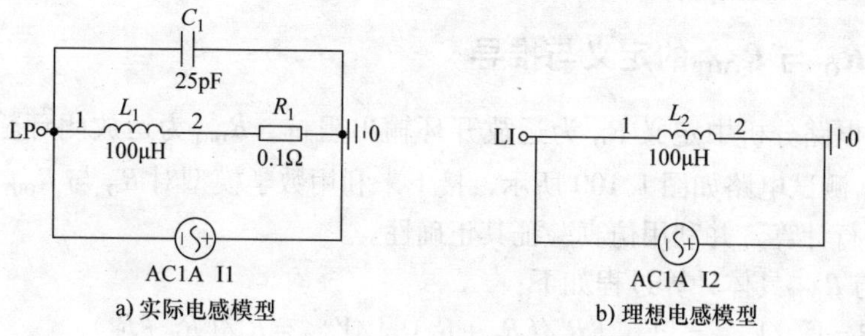

图 1.98　$L=100\mu\text{H}$、$C=25\text{pF}$、$R=0.1\Omega$ 时理想电感与实际电感阻抗测试电路

想电感的阻抗线性增加，相位超前恒为90°；频率再升高时实际电感存在谐振频率点，谐振频率之前阻抗增大、相位超前90°——电感起主要作用；谐振频率点处阻抗出现尖峰、相位突降180，谐振点之后阻抗降低、相位滞后90°——电容起主要作用。

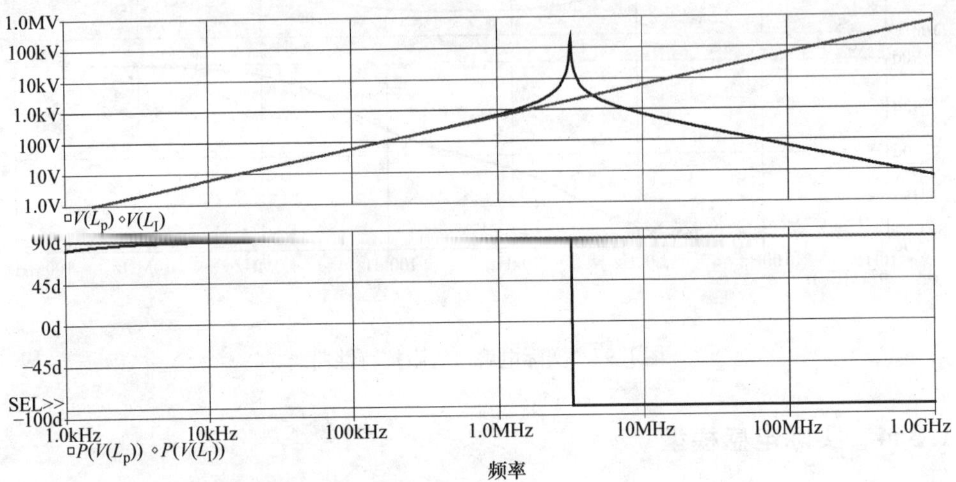

图 1.99　理想电感与实际电感的阻抗特性曲线

1.4　运放输出阻抗 R_O 与 R_{OUT}

本节着重澄清有关运放输出阻抗的常见误解，并定义两种不同的运放输出阻抗——R_O 和 R_{OUT}。R_O 在开始稳定驱动容性负载的运放电路时变得极其有用，首先介绍如何根据运放数据资料得到 R_O；然后分别利用激励测量法和负载测量法对运放的 R_O 进行计算；最后对运放的实际 R_O 进行仿真和实际测试并将两个结果进行对比，以验证所得结果的正确性。

1.4.1　R_O 与 R_{OUT} 的定义与推导

以下电路分析中定义 R_O 为运放开环输出阻抗，R_{OUT} 为运放闭环输出阻抗，R_O 与 R_{OUT} 测试电路如图 1.100 所示，接下来利用数学模型对 R_O 与 R_{OUT} 之间的内在联系进行计算，并利用仿真验证其正确性。

R_O 与 R_{OUT} 具体计算过程如下：

1）$\beta = V_{FB}/V_{OUT} = \{V_{OUT}[R_I/(R_F+R_I)]\}/V_{OUT} = R_I/(R_F+R_I)$。

2）$R_{OUT} = V_{OUT}/I_{OUT}$。

3）$V_O = -V_E \times \text{Aol}$。

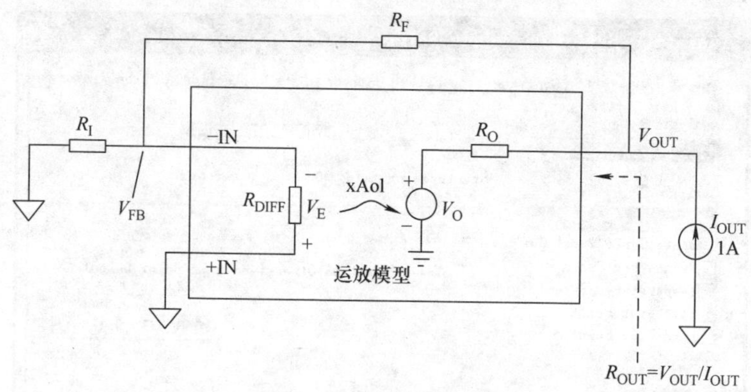

图 1.100　R_O 与 R_{OUT}测试电路

4）$V_E = V_{OUT}[R_I/(R_F + R_I)]$。

5）$V_{OUT} = V_O + I_{OUT} \times R_O$。

6）$V_{OUT} = -V_E \times Aol + I_{OUT} \times R_O$——将3）代入5）替换 V_O。

7）$V_{OUT} = -V_{OUT}[R_I/(R_F + R_I)]Aol + I_{OUT} \times R_O$——将4）代入6）替换 V_E。

8）$V_{OUT} + V_{OUT}[R_I/(R_F + R_I)]Aol = I_{OUT} \times R_O$——由7）整理而得。

9）$V_{OUT} = I_{OUT} \times R_O/\{1 + [R_I \times Aol/(R_F + R_I)]\}$——由8）整理得 V_{OUT}。

10）$R_{OUT} = V_{OUT}/I_{OUT} = [I_{OUT} \times R_O/\{1 + [R_I \times Aol/(R_F + R_I)]\}]/I_{OUT}$——由9）两侧同除以 I_{OUT} 可得 R_{OUT}。

11）$R_{OUT} = R_O/(1 + Aol \times \beta)$——将1）代入10）。

最终整理得：$R_{OUT} = R_O/(1 + Aol \times \beta)$——使用闭环反馈时 R_O 不变，R_{OUT} 由 R_O、Aol 和 β 决定；根据补偿 V_O 负载的需要，闭环反馈 β 迫使 V_O 增大或减小，在 V_{OUT}上表现为 R_O 的相应改变，R_{OUT}随环路增益 Aol×β 的减小而增大；通常 R_O 在运放带宽范围内为常数，定义为运放开环输出电阻。

接下来进行仿真验证，输出阻抗 R_{OUT}仿真测试电路如图 1.101 所示。仿真电路具体参数：Aol = 1meg、$\beta = 0.01$、$I_{in} = 10mA$、$R_O = 100\Omega$。瞬态仿真设置如图 1.102 所示，仿真数据如图 1.103 所示。

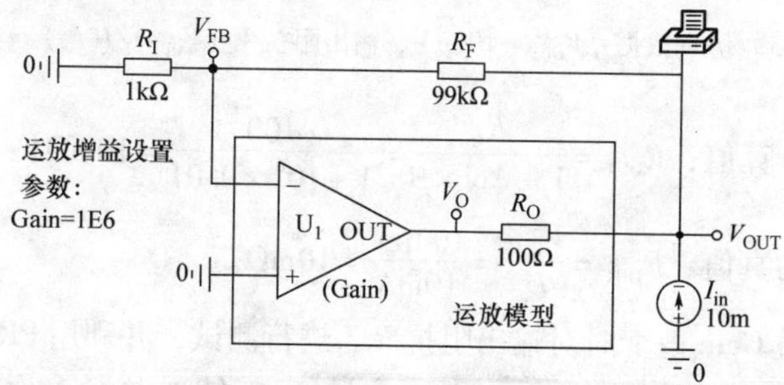

图 1.101　输出阻抗 R_{OUT}仿真测试电路

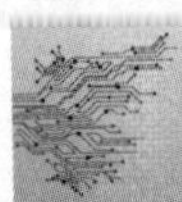

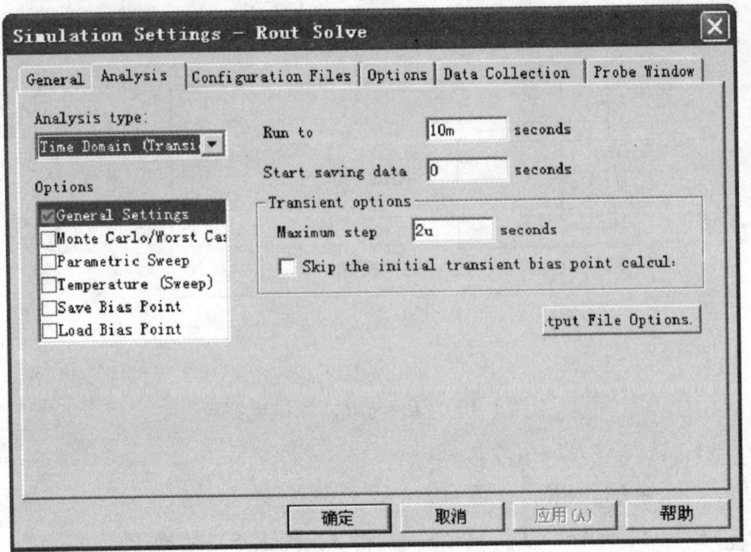

图 1.102　瞬态仿真设置

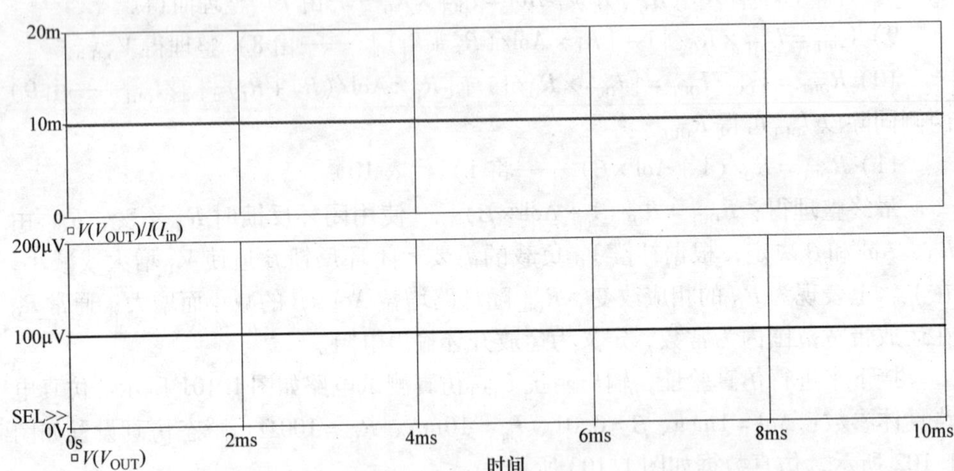

图 1.103　仿真数据：$V_{\mathrm{OUT}}=100\mu\mathrm{V}$、输出阻抗 $V(V_{\mathrm{OUT}})/I(I_{\mathrm{in}})=10\mathrm{m}\Omega$

输出阻抗计算值：$R_{\mathrm{OUT}}=\dfrac{R_{\mathrm{O}}}{1+\mathrm{Aol}\times\beta}=\dfrac{100}{1+10^{6}\times0.01}=10\mathrm{m}\Omega$；

输出阻抗仿真值：$R_{\mathrm{OUT}}=\dfrac{V_{\mathrm{OUT}}}{I_{\mathrm{in}}}=\dfrac{100\mu\mathrm{V}}{10\mathrm{mA}}=10\mathrm{m}\Omega$。

当运放增益 Gain 改变时对输出阻抗 R_{OUT}进行测试，并利用 PRINT1 提取输出电压值——ANALYSIS DC，运放增益 Gain 仿真设置、运放

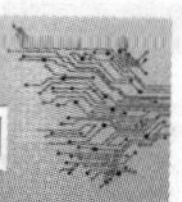

增益改变时的输出阻抗 R_{OUT} 波形和具体仿真结果分别如图 1.104 ~ 图 1.106 所示。

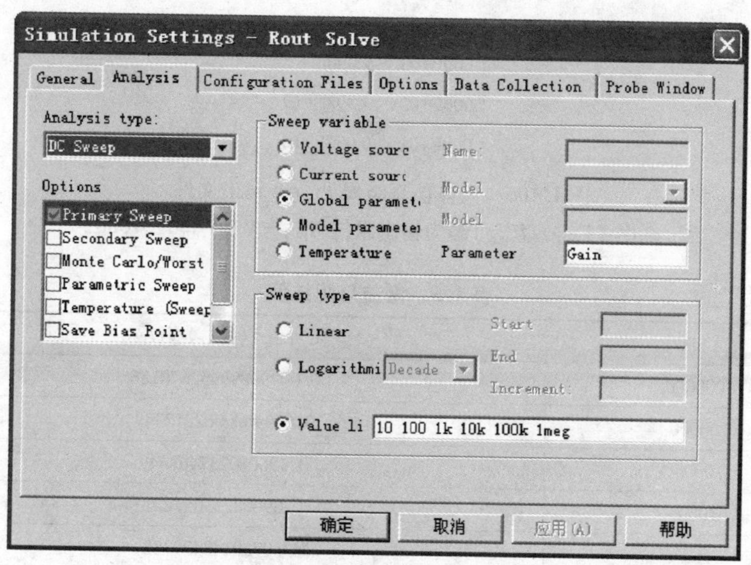

图 1.104　运放增益 Gain 仿真设置

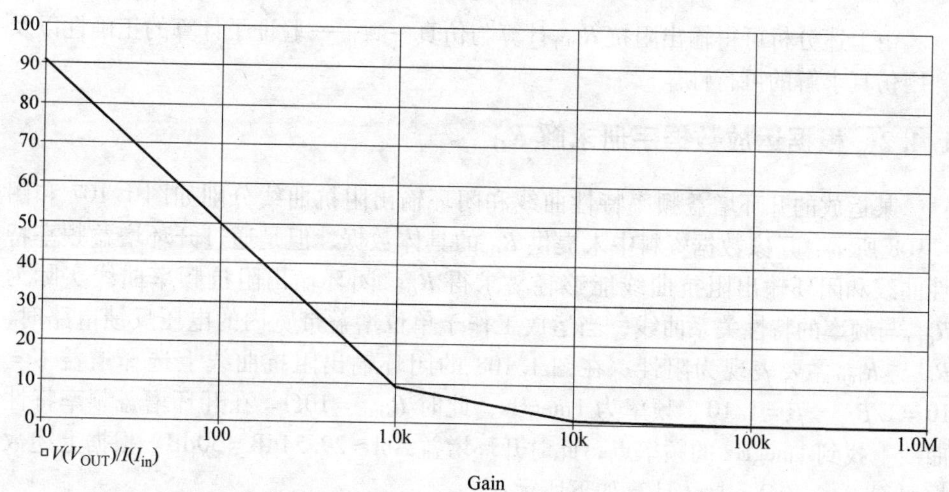

图 1.105　运放增益改变时的输出阻抗 R_{OUT} 波形

也可利用 $V(V_{OUT})/I(I_{in})$ 左键单击然后按 Ctrl + C 键复制，粘贴到文档中即为表 1.5 中的数据，可直接得到各个增益对应的输出阻抗值。

Gain	$V(V_{OUT})$
1.000E+06	9.999E−05
1.000E+05	9.990E−04
1.000E+04	9.901E−03
1.000E+03	9.090E−02
1.000E+02	4.998E−01
1.000E+01	9.083E−01

图 1.106　具体仿真结果见 .out 输出文件
——$V(V_{OUT})/I(I_{in})$ 即为输出阻抗 $R_{OUT}=V(V_{OUT})/10\text{m}\Omega$

表 1.5　增益与阻抗值

Gain	阻抗值 $V(V_{OUT})/I(I_{in})$
1000000	0. 00999899952670186
100000	0. 0999000062212349
10000	0. 990089237468449
1000	9. 09008255057221
100	49. 9750148499388
10	90. 8265253341166

由上述分析可得输出阻抗 R_{OUT} 计算与仿真一致——验证了计算的正确性以及利用仿真求解的可行性。

1. 4. 2　根据运放数据手册求解 R_O

某运放的开环增益频率特性曲线和闭环输出阻抗曲线分别如图 1. 107 和图 1. 108 所示，厂家数据资料中未提供 R_O 的具体数据，但是通过开环增益频率特性曲线和闭环输出阻抗曲线能够轻易求得 R_O。闭环输出阻抗频率曲线实际为 R_{OUT} 与频率的特性关系曲线，当运放工作于单位增益带宽内的电压反馈电路时，R_O 与 R_{OUT} 主要表现为阻性。在图 1. 108 的闭环输出阻抗曲线上选择增益 $G=10=1/\beta$——$\beta=1/10$、频率为 1megHz，此时 $R_{OUT}=10\Omega$。在开环增益频率特性曲线上找到 1megHz 的频率点，此时开环增益 Aol≈29. 54dB＝30dB。根据上述数据可得 $R_O=40\Omega$，具体计算如下所示：

$$R_{OUT}=R_O/(1+\text{Aol}\times\beta)\rightarrow R_O=R_{OUT}\times(1+\text{Aol}\times\beta)\,;$$

$$R_O=10\Omega\times\left(1+30\times\frac{1}{10}\right)\rightarrow R_O=40\Omega$$

输出阻抗仿真电路如图 1. 109 所示：$R_O=40\Omega$、运放直流增益为 120dB、第一极点频率 $f_{p1}=40\text{Hz}$、第二极点频率 $f_{p2}=60\text{megHz}$，增益与极点数据由开环增

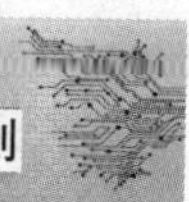

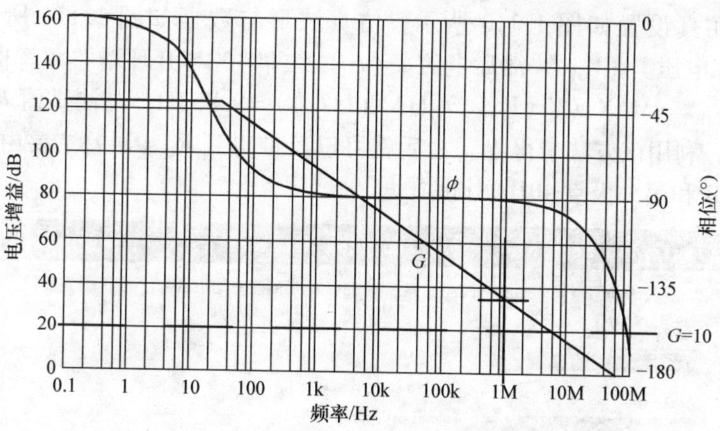

图 1.107　开环增益频率特性曲线

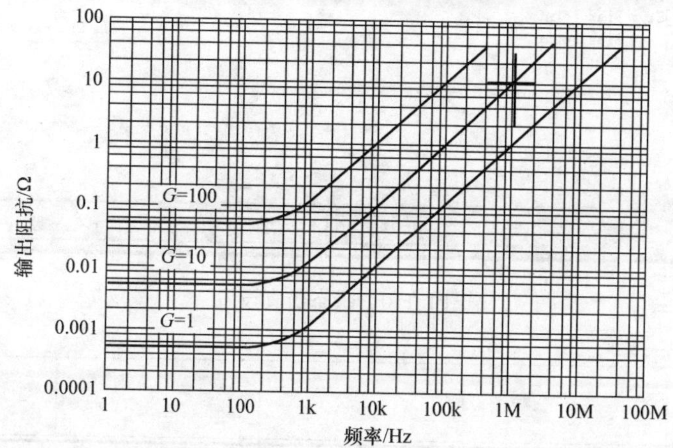

图 1.108　闭环输出阻抗曲线：$R_{OUT}=10\Omega$（$f=1\text{MHz}$、$G=10$）

益频率特性曲线求得。

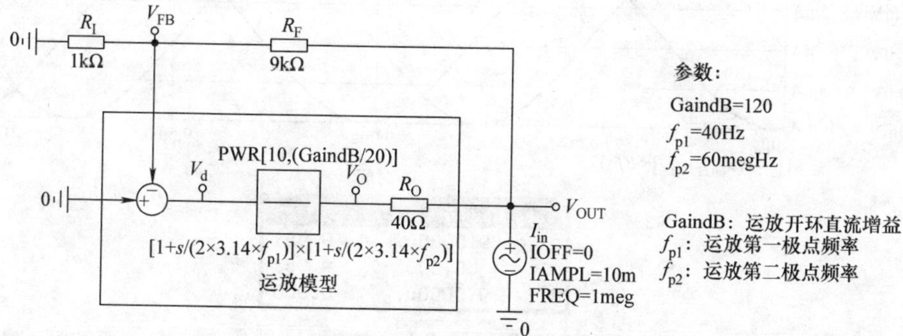

图 1.109　输出阻抗仿真电路

瞬态仿真设置如图 1.110 所示，仿真波形与数据如图 1.111 所示，由图 1.111 可知电压 V（V_{OUT}）滞后电流 I（I_{in}）约 90°，与开环增益频率曲线一致；输出阻抗R_{OUT} = MAX（V（V_{OUT}））/MAX(I(I_{in})) = 9.953Ω，与测试值 R_{OUT} = 10Ω 基本一致，利用该方法求得 R_{OUT}之后就可以反推得到 R_O，误差主要由运放直流增益 120dB 和第一极点 40Hz 引起。

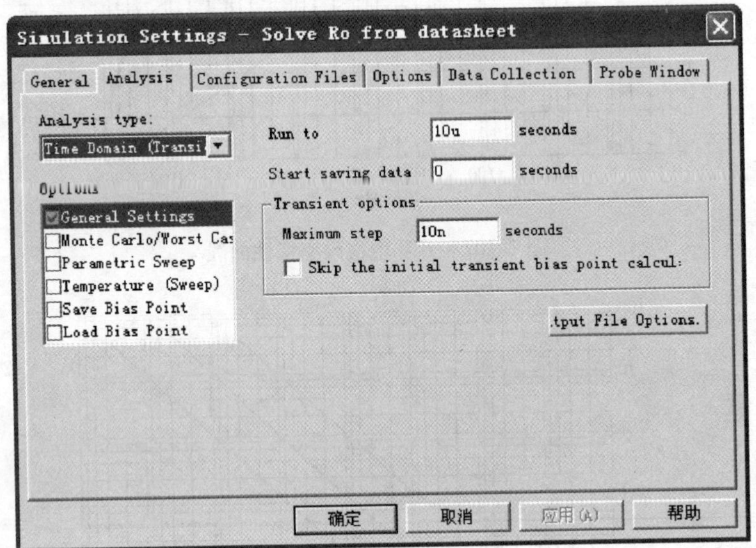

图 1.110　瞬态仿真设置

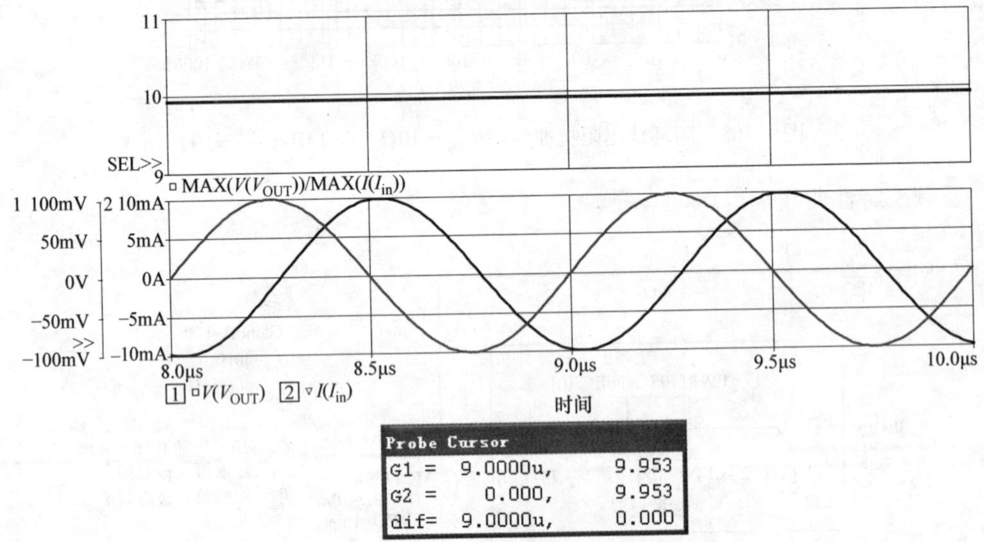

图 1.111　仿真波形与数据

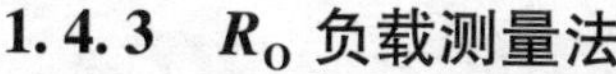

1.4.3　R_O 负载测量法

R_0 负载测量法是一种实际应用的输出阻抗测量方法，具体测试和计算过程如图 1.112 所示，该方法首先获取运放加载和未加载的输出电压读数，然后再计算 R_0。实际测量时仍然需要使用高频信号和高增益组合以确保无环路增益减小 R_{OUT}。运放输入信号的交流幅值应为毫伏量级，此时反相或同相增益均起作用，实际电路测试时首先测量 V_{OUT}，即未加载电压，应当注意该输出电压幅值很小，因此对其加载时不会输出很大的电流，因为此时正在求解未加载最大 R_0 值。

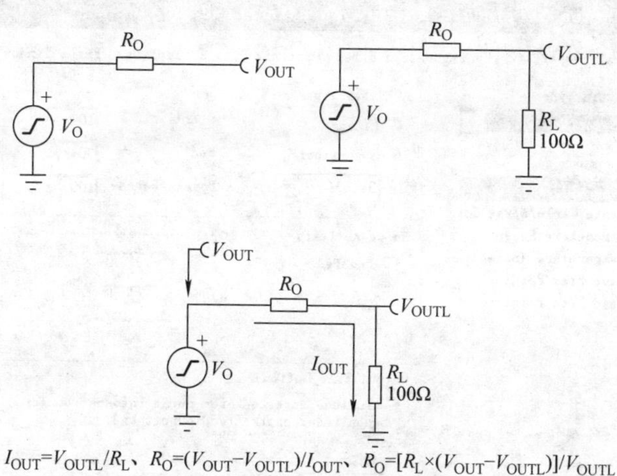

图 1.112　R_0 负载测量法计算过程

注意：在 R_0 负载测量法中使用的所有测量值都必须无任何直流分量，即全部为交流电压。如果与交流电压分量相比该偏移电压比较明显，则 R_0 计算结果将产生很大误差甚至错误。

在图 1.112 中将负载 R_L 连接到运放输出端时的输出电压 V_{OUT} 记为加载输出电压 V_{OUTL}，此时 R_L 值的设置以不会造成大电流流入或流出运放输出端为准。

接下来利用该方法对同相放大电路所用运放的输出阻抗进行测试，以验证该方法的准确度。

环路增益测试：首先进行 Aol 与 $1/\beta$ 测试，以保证环路增益小于 1。R_0 负载测量法仿真测试电路、交流仿真设置和环路增益 Aol 与反馈 $1/\beta$ 曲线分别如图 1.113 ~ 图 1.115 所示。其中，1megHz 时的环路增益为 −20dB，满足环路增益小于 1 的要求。

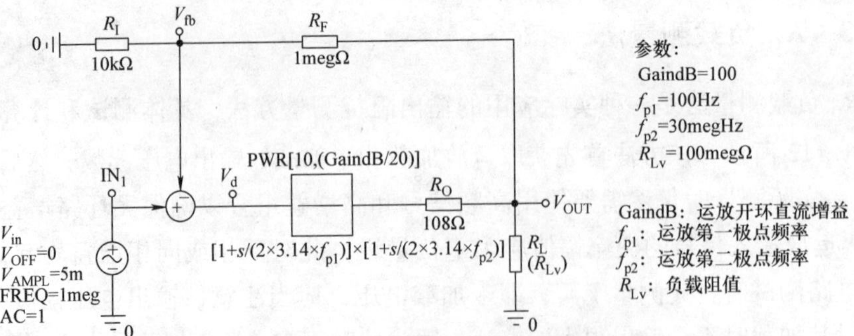

图 1.113　R_O 负载测量法仿真测试电路

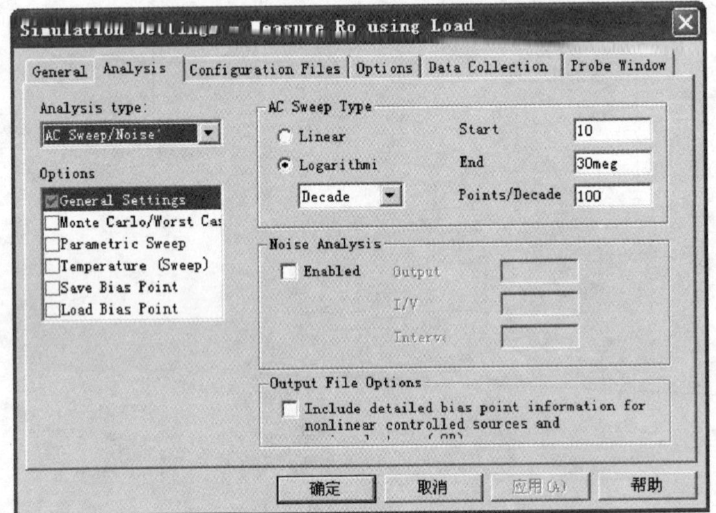

图 1.114　交流仿真设置

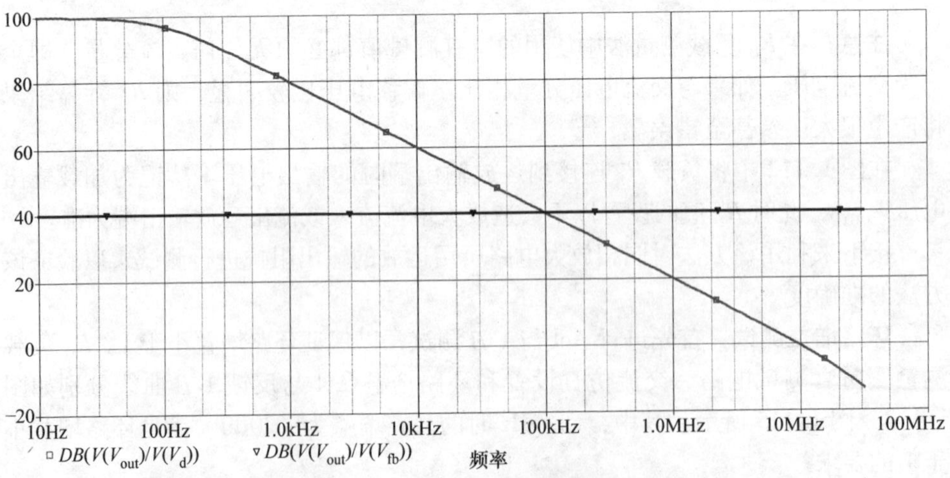

图 1.115　环路增益 Aol 与反馈 1/β 曲线

时域测试：输出阻抗时域瞬态仿真设置、负载参数设置和输出电压波形与数据分别如图 1.116～图 1.118 所示。输入信号频率为 1megHz、幅度为 5mV；$R_L=100\text{meg}\Omega$ 时等效为空载输出、此时电压 $V_{OUT}=49.518\text{mV}$，$R_L=100\Omega$ 时输出电压 $V_{OUTL}=23.829\text{mV}$；输出阻抗计算值 $R_O=100\times(49.518-23.829)/23.829=107.8\Omega$，与设置值 108Ω 一致。

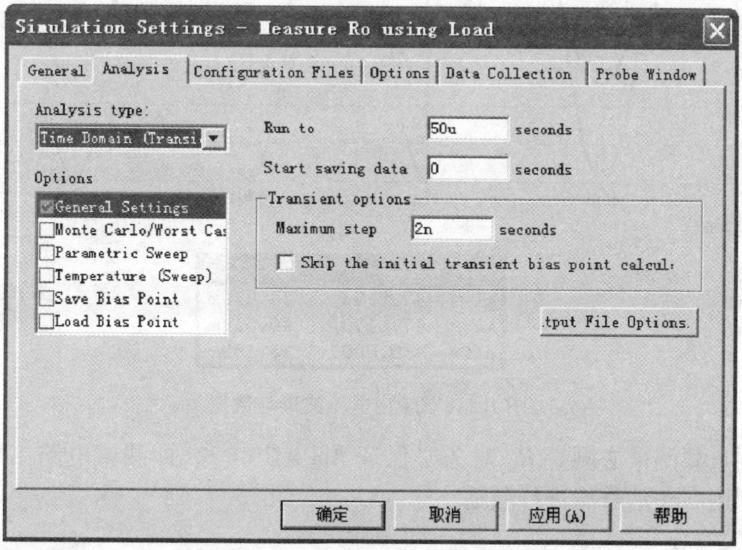

Simulation Settings - Measure Ro using Load

General | Analysis | Configuration Files | Options | Data Collection | Probe Window

Analysis type: Time Domain (Transi

Options: General Settings; Monte Carlo/Worst Cas; Parametric Sweep; Temperature (Sweep); Save Bias Point; Load Bias Point

Run to 50u seconds

Start saving data 0 seconds

Transient options: Maximum step 2n seconds; Skip the initial transient bias point calcul:

.tput File Options.

确定　取消　应用(A)　帮助

图 1.116　瞬态仿真设置

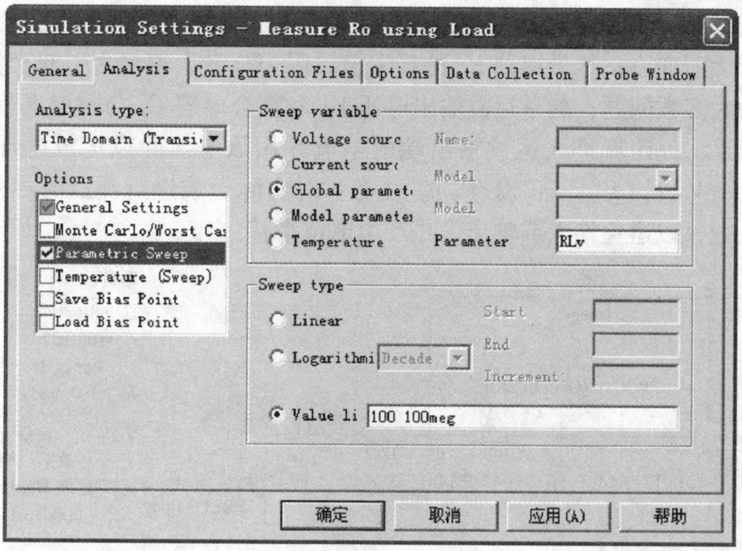

Simulation Settings - Measure Ro using Load

General | Analysis | Configuration Files | Options | Data Collection | Probe Window

Analysis type: Time Domain (Transi

Options: General Settings; Monte Carlo/Worst Cas; Parametric Sweep; Temperature (Sweep); Save Bias Point; Load Bias Point

Sweep variable: Voltage sourc; Current sourc; Global paramet; Model paramete; Temperature; Name:; Model; Model; Parameter RLv

Sweep type: Linear; Logarithmi Decade; Start; End; Increment:; Value li 100 100meg

确定　取消　应用(A)　帮助

图 1.117　负载参数设置

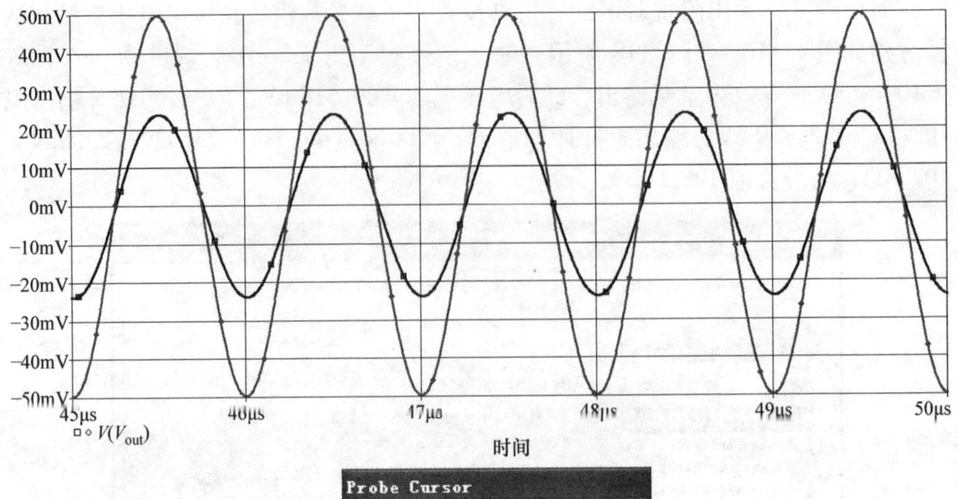

图 1.118　输出电压波形与数据

利用负载测量法测量 R_O 时务必保证 $Aol\times\beta<<1$，即测试电路工作于高频区——利用高频信号源进行激励。

1.4.4　R_O 激励测量法

R_O 激励测量法仿真测试电路如图 1.119 所示。运放输出通过交流耦合电容 C_T 进行激励，以确保不会因任何直流电流使运放负载过大，通常运放的 R_O 随激励电流增大而变小；尽量得到 R_O 的最大值，因为该最大值将会引起交流稳定性分析中的大多数问题；测量运放输出电压 V_{OA} 和耦合电容 C_T 与限流电阻 R_T 连接处的电压 V_{Test}；计算进入运放输出端的电流并用该电流除以运放电压即得 R_O 值——$R_O=V_{OA}/[(V_{Test}-V_{OA})/R_T]$。注意：对实际运放进行测试时尽量使用正负电源供电，以避免输入或输出信号产生电位平移。

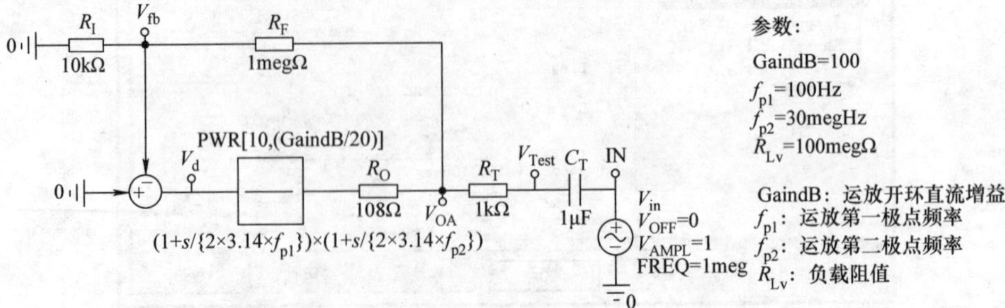

图 1.119　R_O 激励测量法仿真测试电路

注意：利用“激励测量法”测量 R_O 时所有测量值必须全部为无任何直流分量的交流电压，如果与交流电压分量相比该偏移电压比较明显，则 R_O 的计算结果将产生很大误差甚至错误。

根据 R_O 激励测量法仿真波形与数据（见图 1.120）可得：$R_O = V_{OA}/[(V_{Test} - V_{OA})/R_T] = 98.8\text{V}/[(999.7 - 98.8)\text{V}/1\text{k}\Omega] = 108.8\Omega$，与设置值 108Ω 一致。

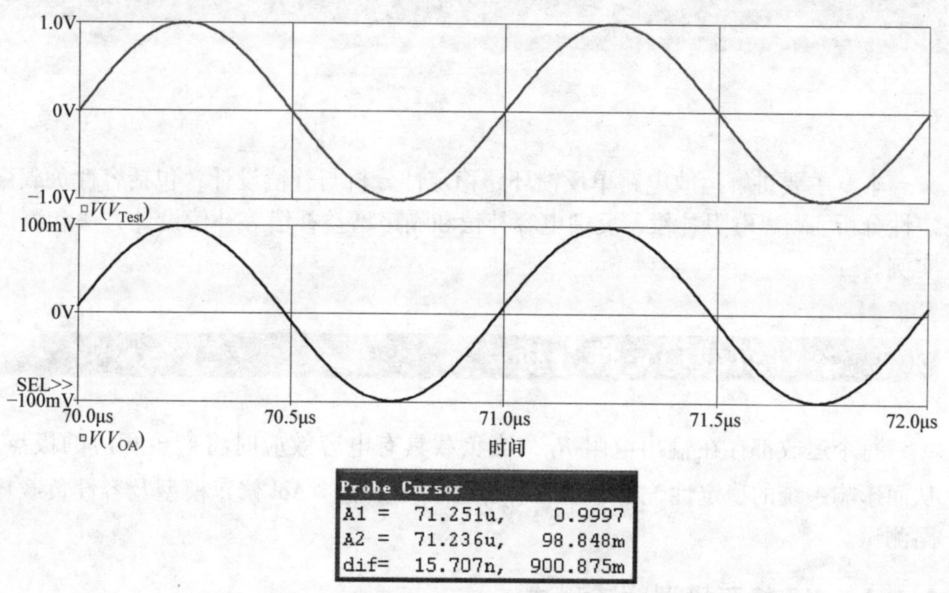

图 1.120　R_O 激励测量法仿真波形与数据：$V_{Test} = 999.7\text{mV}$、$V_{OA} = 98.8\text{mV}$

第2章

运放电路单反馈补偿设计

本章主要讲解运放电路单反馈环路稳定性分析与补偿设计，包括容性负载稳定性分析、隔离电阻补偿、反馈电容补偿和噪声增益补偿等补偿设计方法和测试实例。

2.1 容性负载稳定性分析

每个运放都存在输出电阻 R_O，当负载具有电容效应时将产生相应的极点，从而影响系统的稳定性，本节主要讲解运放开环增益 Aol 修正模型及容性负载环路测试。

2.1.1 Aol 修正模型频域测试

使用 Aol 修正模型可大大简化对于运算放大器容性负载的稳定性分析，如图 2.1 所示，数据表中的 Aol 曲线由双极点 f_{p1} 和 f_{p2}、直流开环增益 Gop 和运算放大器输出电阻 R_O（因为运放输出阻抗主要表现为阻性）构成。容性负载 C_L 与 R_O 共同作用于 Aol 曲线形成另一极点，也可以使用新的“Aol 修正”曲线图进行描述，C_L 和 R_O 构成的附加极点频率为 $f_{p3} \approx \frac{1}{2\pi(R_O \times C_L)}$。交流仿真设置如图 2.2 所示，负载电容 C_{Lv} 参数设置如图 2.3 所示，负载电容 C_{Lv} 分别为 1μF 和 1pF 时的频率特性曲线与数据如图 2.4 所示。

由图 2.4 可知，当 C_{Lv} = 1μF 时 C_L 和 R_O 构成附加极点频率为 $f_{p3} \approx \frac{1}{2\pi(R_O \times C_L)} \approx 5.3\text{kHz}$，Aol 与 $\frac{1}{\beta}$ 的闭合速度为 -40dB/dec、相位裕度约为 2°——系统不稳定；当 C_{Lv} = 1pF 时 C_L 和 R_O 构成附加极点频率为 $f_{p3} \approx \frac{1}{2\pi(R_O \times C_L)} \approx 5.3\text{GHz}$，Aol 与 $\frac{1}{\beta}$ 的闭合速度为 -20dB/dec、相位裕度约为 65.5°——系统稳定。

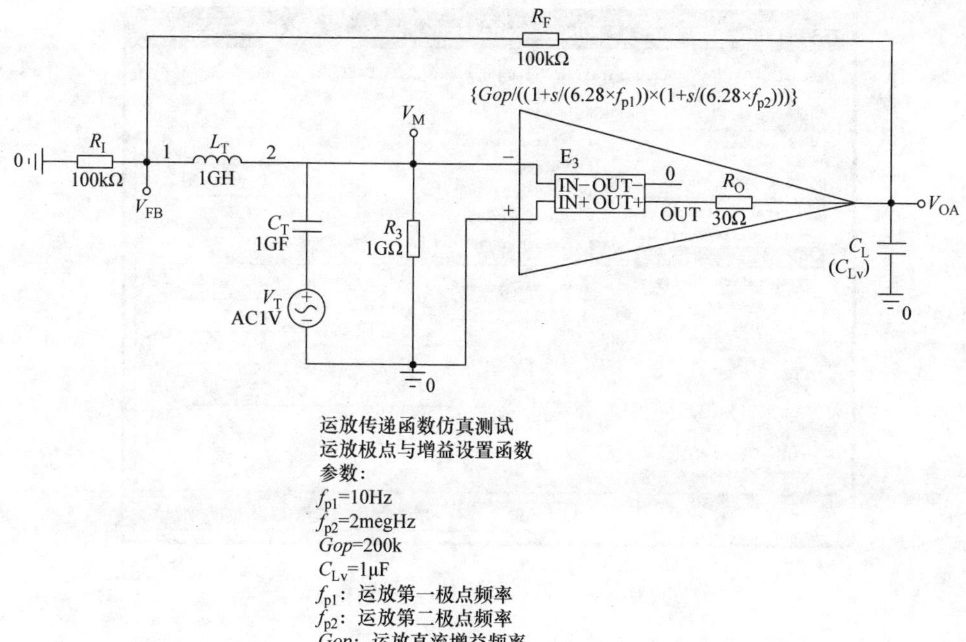

图 2.1 Aol 修正曲线频域测试电路及参数设置

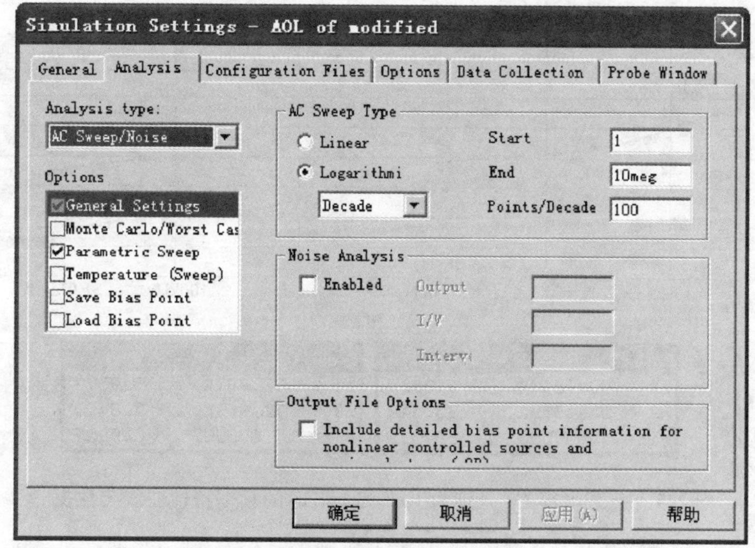

图 2.2 交流仿真设置

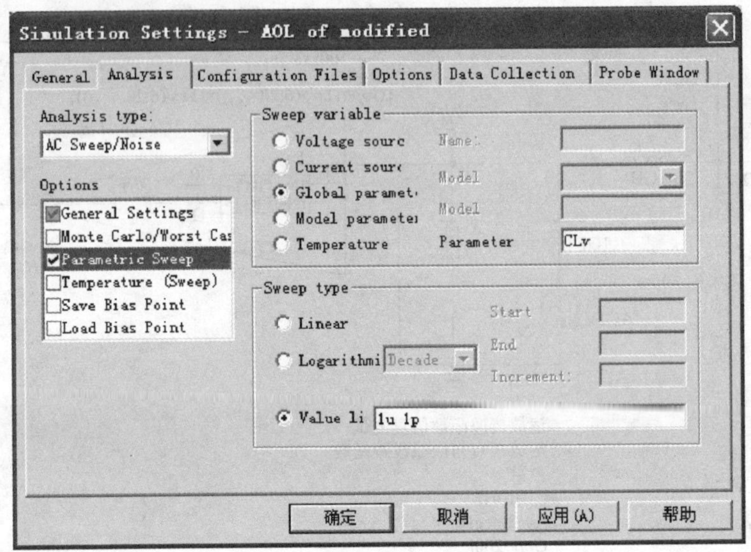

图 2.3　负载电容 C_{Lv} 参数设置

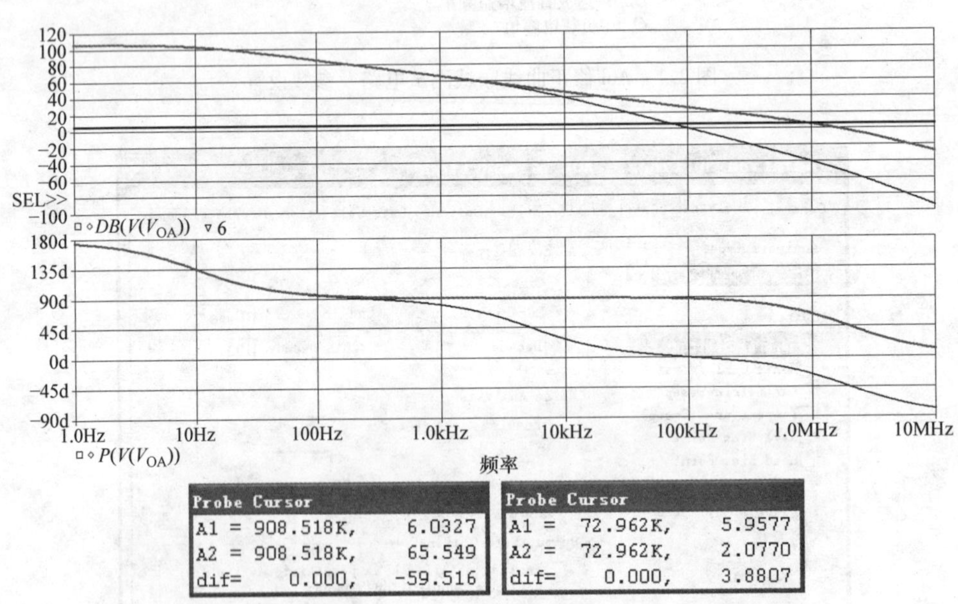

图 2.4　负载电容 C_{Lv} 分别为 1μF 和 1pF 时的频率特性曲线与数据

2.1.2　Aol 修正模型时域测试

利用图 2.5 对 Aol 修正模型的容性负载进行时域稳定性测试，利用脉冲信号进行激励，测试负载电容改变时的输出电压稳定性；参数设置与 Aol 修正曲线频域测试电路相同，利用限幅器对振荡时的输出电压进行限制，使得系统能够收敛运行。

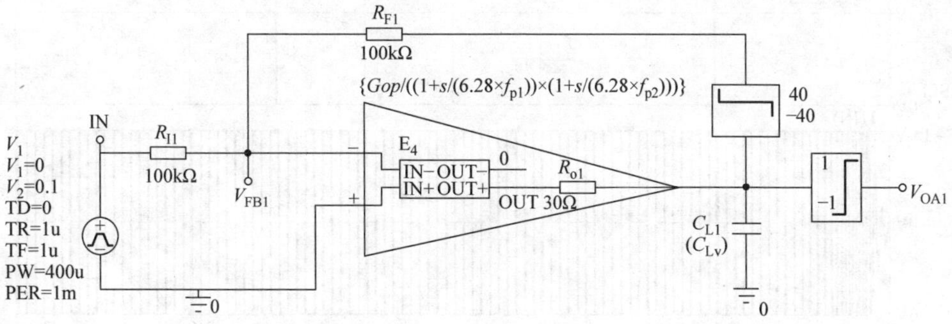

图 2.5　Aol 时域测试电路

图 2.6 所示为 Aol 时域测试电路瞬态仿真设置，图 2.7 和图 2.8 所示分别为 $C_{Lv}=1\mu F$ 时和 $C_{Lv}=1pF$ 时的输入、输出电压波形。当输入为脉冲电压信号、负载电容参数 $C_{Lv}=1\mu F$ 时输出电压振荡，负载电容参数 $C_{Lv}=1pF$ 时输出电压稳定，与频域 Aol 和 $\frac{1}{\beta}$ 闭合速度及相位裕度特性一致。

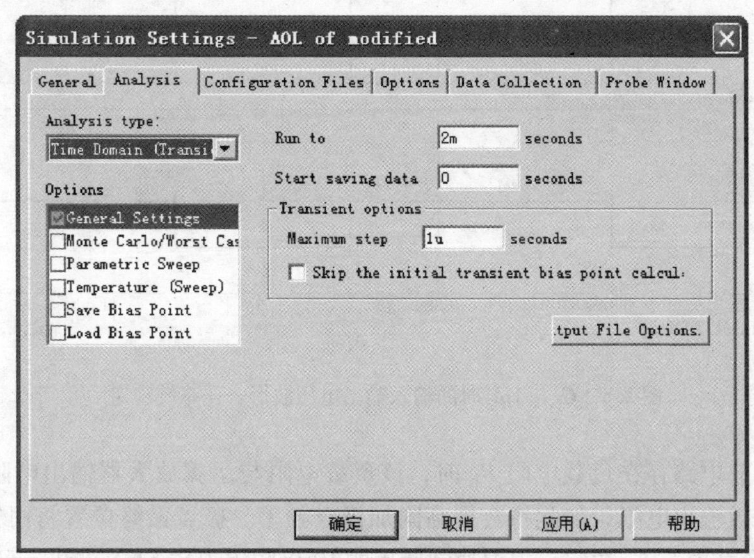

图 2.6　Aol 时域测试电路瞬态仿真设置

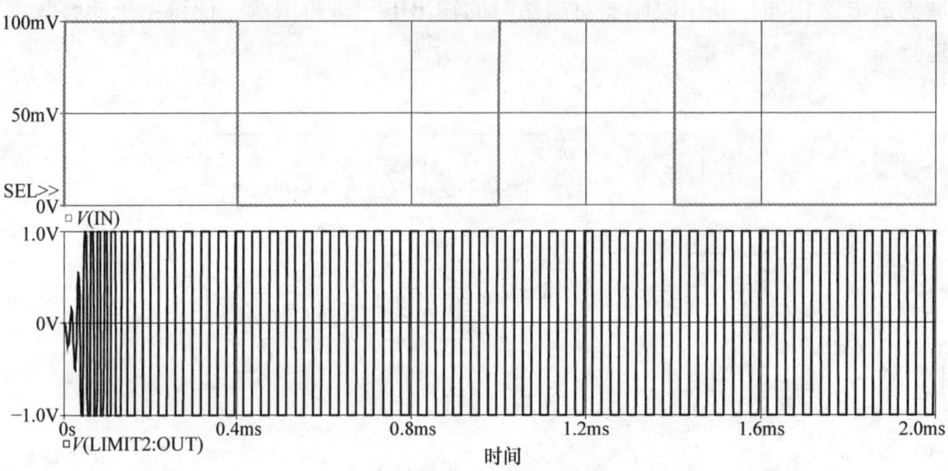

图 2.7　$C_{Lv}=1\mu F$ 时的输入、输出电压波形——系统振荡

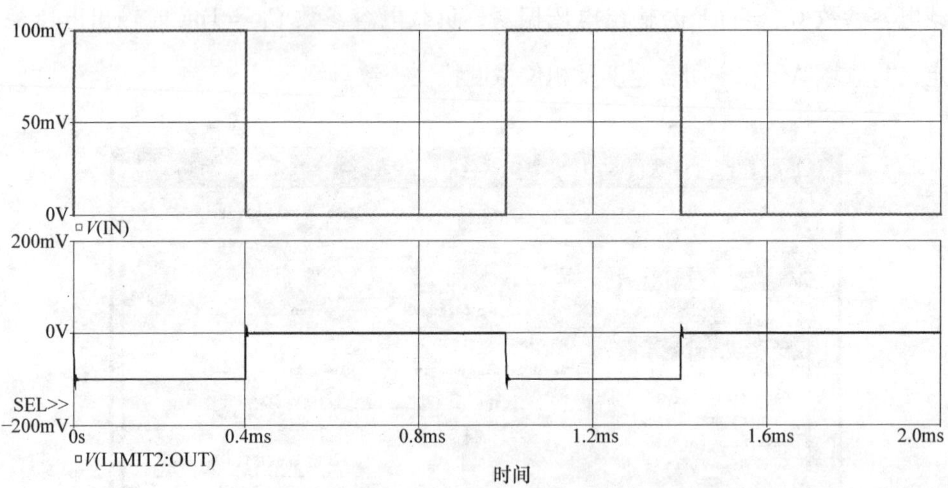

图 2.8　$C_{Lv}=1pF$ 时的输入输出电压波形——系统稳定

当运放电路存在负载电阻 R_L 时，该负载电阻与运算放大器输出电阻 R_O 并联构成等效输出电阻，如此将会提高附加极点频率。极点最终位置将由并联 R_O 与 R_L 及负载电容 C_L 决定。根据通常使用的 10 倍频程（decade）方法，可以由此得出非常实用的经验法则：如果 R_L 大于 10 倍的 R_O，则可忽略 R_L 的影响，附加极点位置主要由 R_O 与 C_L 决定。

2.2 隔离电阻补偿

隔离电阻 R_{iso} 通常为稳定驱动容性负载的运算放大器的首选方法，即在运算放大器输出端与负载电容 C_L 之间使用串联隔离电阻 R_{iso}，接下来分别对隔离电阻补偿原理、补偿参数计算与频域测试和补偿电路实例测试进行具体分析。

2.2.1 隔离电阻补偿原理

隔离电阻补偿开环测试电路如图 2.9 所示，此时反馈点仍然取自于运算放大器输出端，将在“Aol 修正”曲线中产生另一极点和零点。使用该方法需要考虑的关键因素是从运算放大器流经 R_{iso} 到负载的电流，该电流将产生 V_O 与 V_{OA}（运算放大器的反馈点）的比较误差，当 R_{iso} 阻值相比负载电阻足够小时该误差可以忽略，隔离电阻 R_{iso} 补偿能够使得系统稳定工作并满足精度要求。

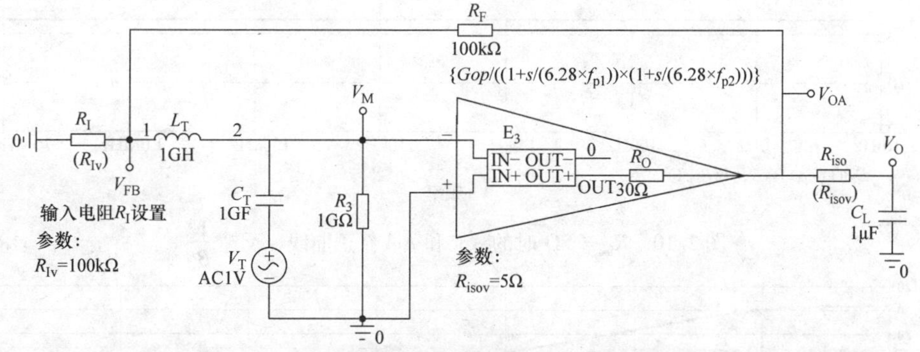

图 2.9　隔离电阻补偿开环测试电路

2.2.2 隔离电阻补偿参数计算与频域测试

加入隔离电阻 R_{iso} 之后 Aol 修正曲线产生附加极点 f_{pa} 与 f_{za}：附加极点 f_{pa} 由 R_O 和 R_{iso} 串联电阻与 C_L 决定，附加零点 f_{pz} 由 R_{iso} 与 C_L 决定，计算公式如下所示

附加极点计算：$f_{pa}=\dfrac{1}{2\pi\times(R_O+R_{iso})\times C_L}=\dfrac{1}{2\pi\times35\Omega\times1\mu F}=4.55\text{kHz}$；

附加零点计算：$f_{za}=\frac{1}{2\pi\times R_{iso}\times C_L}=\frac{1}{2\pi\times5\Omega\times1\mu F}=31.85\text{kHz}$

图2.10和图2.11所示分别为隔离电阻$R_{iso}=5\Omega$时的Aol和Aol修正曲线、反馈$\frac{1}{\beta}$以及环路增益与相位曲线和数据，此时相位裕度约为79.7°，系统稳定；当$R_{iso}=5m\Omega$等效短路无补偿时的环路增益与相位曲线和数据如图2.12所示，相位裕度约为2.3°，系统不稳定，将发生振荡。

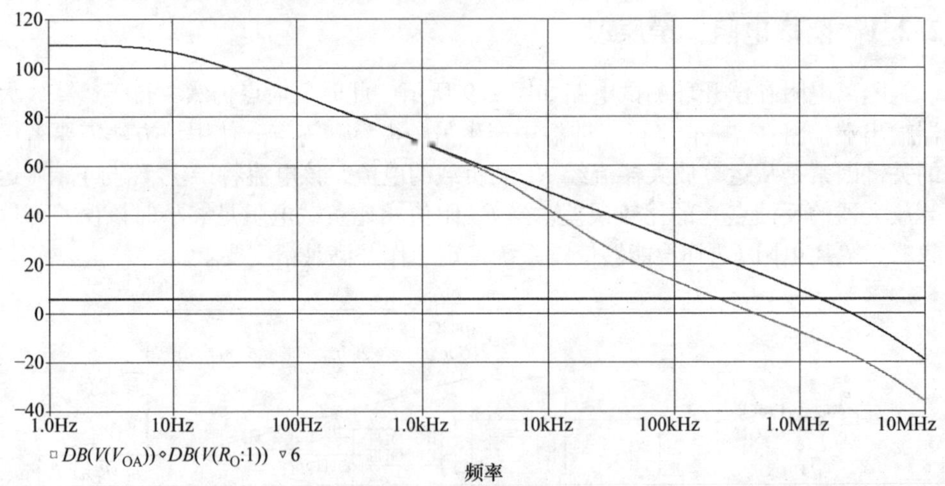

图2.10　$R_{iso}=5\Omega$时的Aol和Aol修正曲线、反馈$\frac{1}{\beta}$

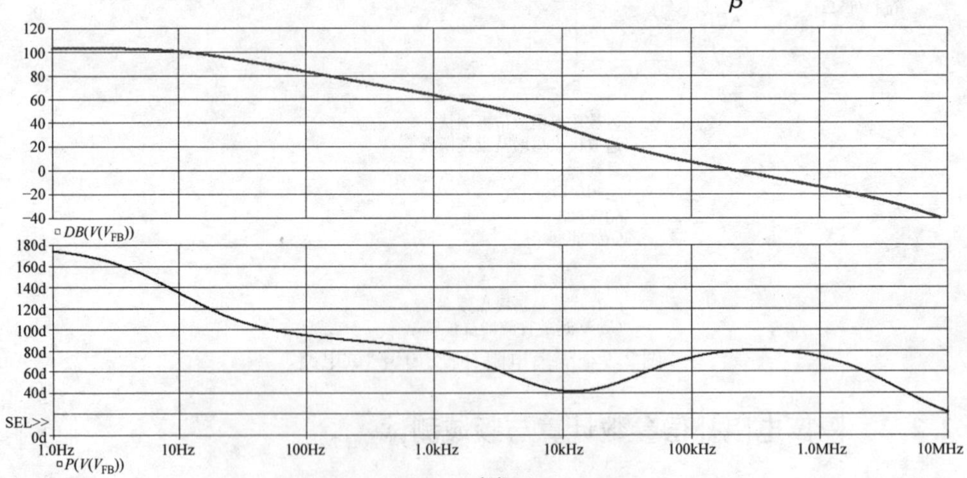

Probe Cursor		
A1 =	218.776K,	-6.2635m
A2 =	218.776K,	79.738
dif=	0.000,	-79.744

图2.11　$R_{iso}=5\Omega$时的环路增益与相位曲线和数据

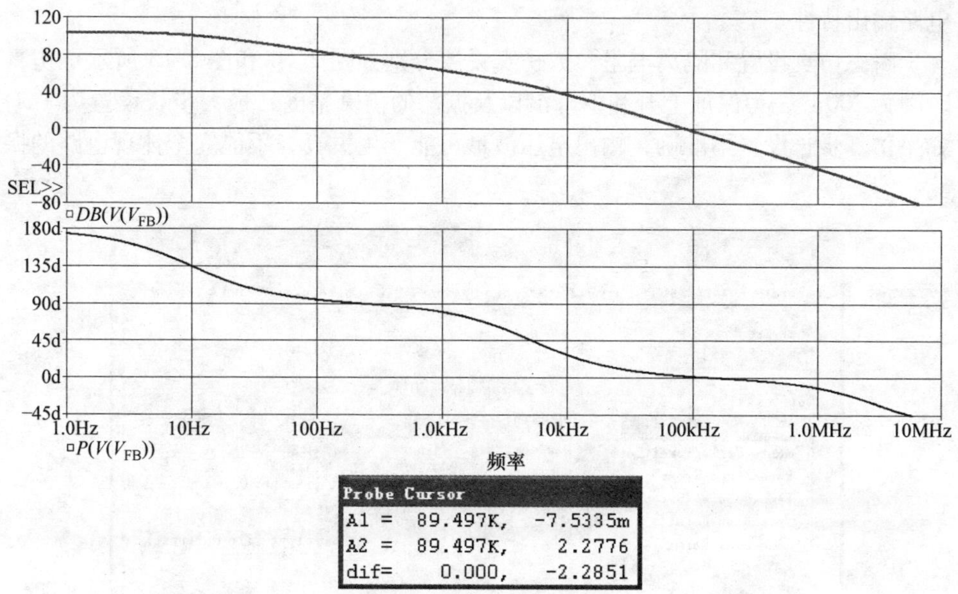

图 2.12　$R_{iso}=5\text{m}\Omega$ 等效短路无补偿时的环路增益与相位曲线和数据

2.2.3　隔离电阻补偿电路实例测试

隔离电阻补偿实例测试电路如图 2.13 所示：电路实现 2 倍同相放大、运放输出阻抗 $R_{o1}=30\Omega$、负载电容 $C_L=1\mu F$、利用输入脉冲测试有无隔离电阻时的

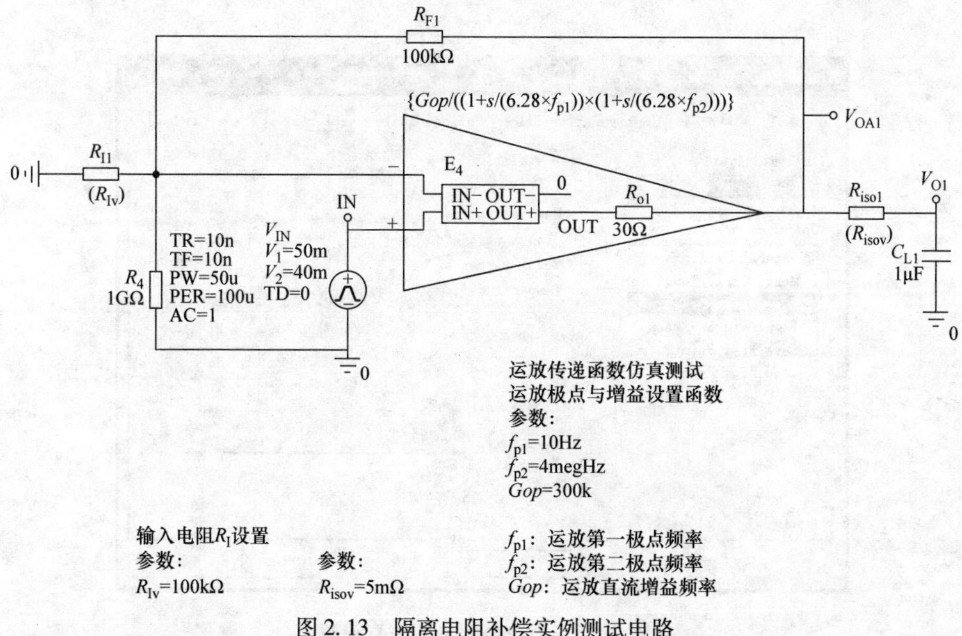

图 2.13　隔离电阻补偿实例测试电路

电路输出特性。

瞬态仿真设置和隔离电阻参数仿真设置分别如图 2. 14 和图 2. 15 所示：仿真时间为 200μs，为保证上升和下降沿以及振荡的仿真精度，最大步长设置为 1ns，如果仿真步长设置不准确，输出电压波形可能产生失真，不能完全体现电路的振荡状态。

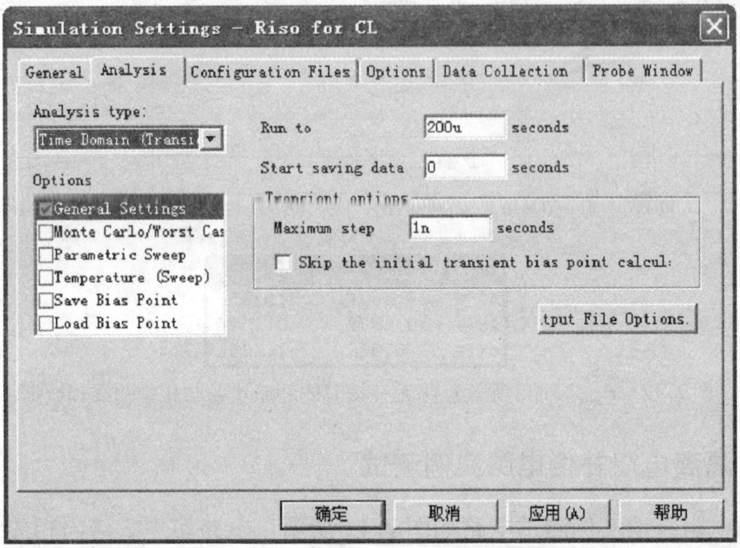

图 2. 14　瞬态仿真设置

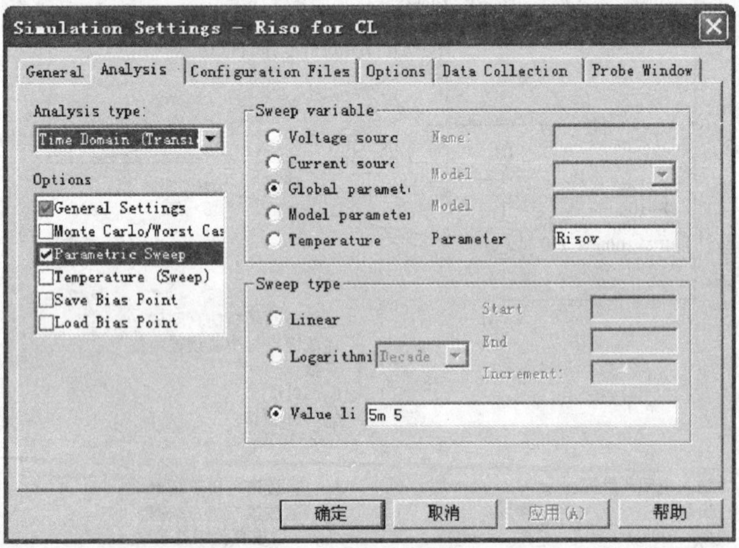

图 2. 15　隔离电阻参数仿真设置

图 2.16 和图 2.17 所示分别为输入和输出电压波形：$V(V_{O1})$@1 为 R_{iso} = 5mΩ 即无隔离电阻补偿时的输出电压波形——系统振荡；$V(V_{O1})$@2 为 R_{iso} = 5Ω 即有隔离电阻补偿时的输出电压波形——系统稳定；时域稳定性与频域相位测试一致，所以隔离电阻补偿在容性负载时能够实现系统稳定工作。

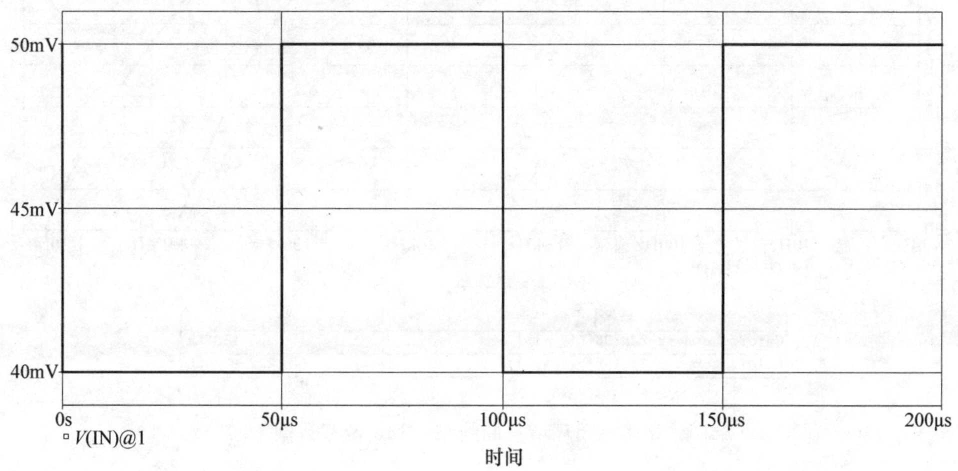

图 2.16　输入电压波形

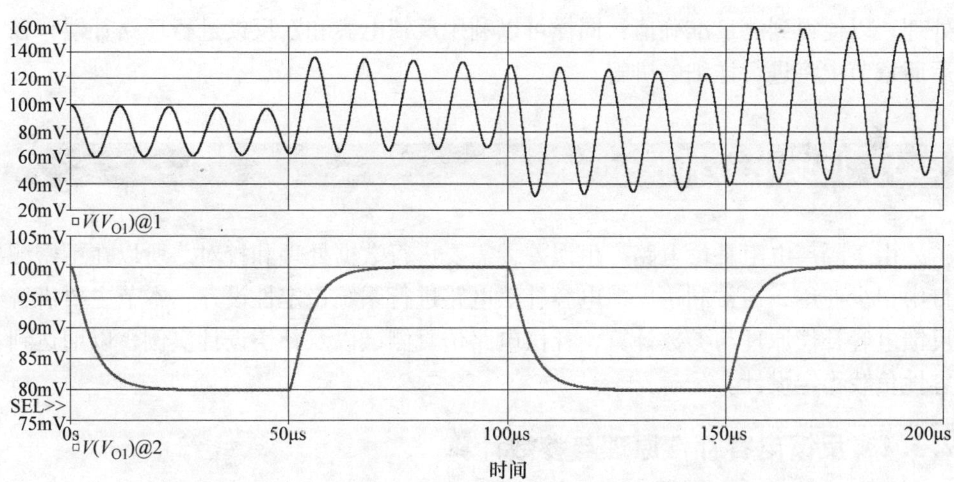

图 2.17　输出电压波形

闭环增益曲线与 -3dB 带宽数据如图 2.18 所示：利用隔离电阻进行补偿时的 $V(V_{O1})$ 闭环带宽——36.16kHz 比运放输出 $V(V_{OA1})$ 的闭环带宽——222.95kHz 低很多，所以为实现容性负载系统的稳定工作，利用隔离电阻补偿以牺牲带宽为代价。

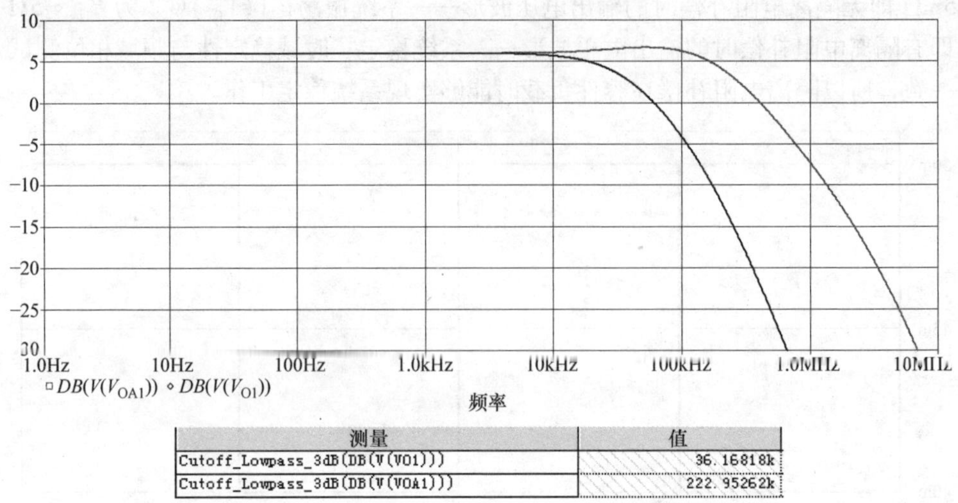

测量	值
Cutoff_Lowpass_3dB(DB(V(VO1)))	36.16818k
Cutoff_Lowpass_3dB(DB(V(VOA1)))	222.95262k

图 2.18　闭环增益曲线与 -3dB 带宽数据

运放提供负载电流时将在隔离电阻上产生压降，从而产生测量误差——隔离电阻补偿电路的设计弊端，所以实际测量时应对电压 $V(V_{O1})$ 和 $V(V_{OA1})$ 进行数据处理，以便得到测量准确值；同样可以利用反馈电容和双反馈进行环路补偿，在后面章节中将进行详细的讲解。

2.3　反馈电容补偿

由于隔离电阻补偿电路产生误差，需要进行数据处理和校对，所以在精密测量中很少使用，通常利用反馈电容补偿电路进行系统稳定性设计，本节主要讲解反馈电容补偿原理与参数计算，补偿电路仿真测试以及补偿设计实例，以期达到容性负载稳定设计。

2.3.1　反馈电容补偿原理与参数计算

反馈电容补偿频域测试电路如图 2.19 所示，为了更好地理解该方法的工作原理，我们将绘制带有附加极点（由 R_O 与 C_L 形成）的 Aol 修正曲线。在 $\frac{1}{\beta}$ 曲线中，我们将在相对应的频率位置增加一个极点，该频率位置将导致 $\frac{1}{\beta}$ 曲线与 Aol 修正曲线的闭合速率为 -20dB/dec。

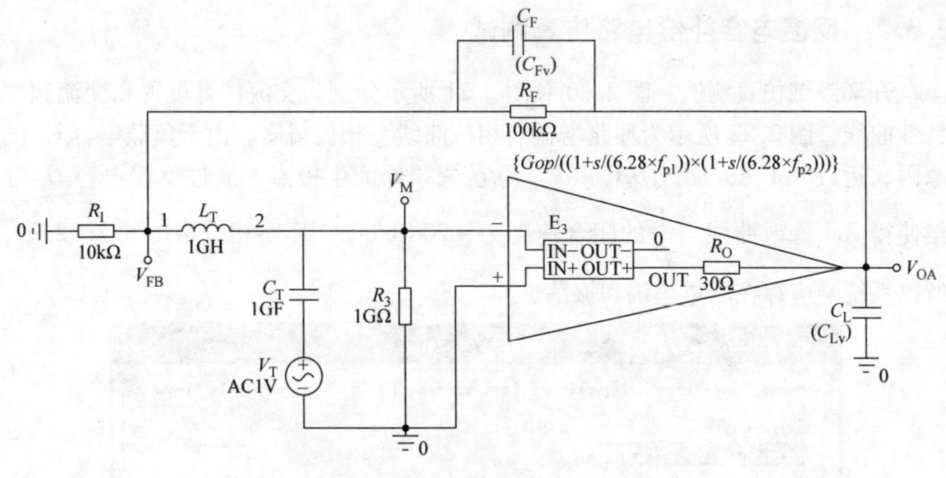

图 2.19　反馈电容补偿频域测试电路

参数计算：

Aol 附加极点 $f_{pa}=\dfrac{1}{2\pi\times R_O\times C_L}=\dfrac{1}{2\pi\times30\Omega\times1\mu F}=5.308kHz$；

$\dfrac{1}{\beta}$的极点 $f_{pa1}=\dfrac{1}{2\pi\times R_F\times C_F}=\dfrac{1}{2\pi\times100k\Omega\times180pF}=8.846kHz$；

$\dfrac{1}{\beta}$的零点 $f_{z1}=\dfrac{1}{2\pi\times(R_I\parallel R_F)\times C_F}=\dfrac{1}{2\pi\times9.091k\Omega\times180pF}=97.31kHz$；

实际设计时要求 $f_{pa1}\leqslant10\times f_{pa}$、Aol 修正曲线与$\dfrac{1}{\beta}$的闭合速度为 −20dB/dec。首先利用一阶分析在 Aol 修正曲线中绘制附加极点 f_{pa}，通过添加 C_F 在$\dfrac{1}{\beta}$中增加极点 f_{pa1} 和零点 f_{z1}，必须合理选择 f_{pa1} 以确保$\dfrac{1}{\beta}$曲线与 Aol 修正曲线的闭合速率为 −20dB/dec。使用 C_F 作为运算放大器反馈元件，高频时 C_F 相当于短路、输出电压直接反馈至运算放大器负输入端。通过一阶分析可以测算运放系统的稳定性，低频时 C_F 相当于开路，所以输出电压无误差。

2.3.2 反馈电容补偿电路仿真测试

开环频域仿真测试：图 2.20 和图 2.21 所示分别为交流仿真设置和交流频率特性曲线，图 2.22 所示为环路增益与相位曲线、相位裕度。由于负载电容 C_L 的原因，运放 Aol 修改曲线 $DB(V(V_{OA}))$ 在低频处产生极点，通过反馈电容 C_F 补偿使得 Aol 修改曲线与$\frac{1}{\beta}$的闭合速度为 −20dB/dec，环路相位裕度约为 32.9°，所以系统响应存在严重超调和振荡。

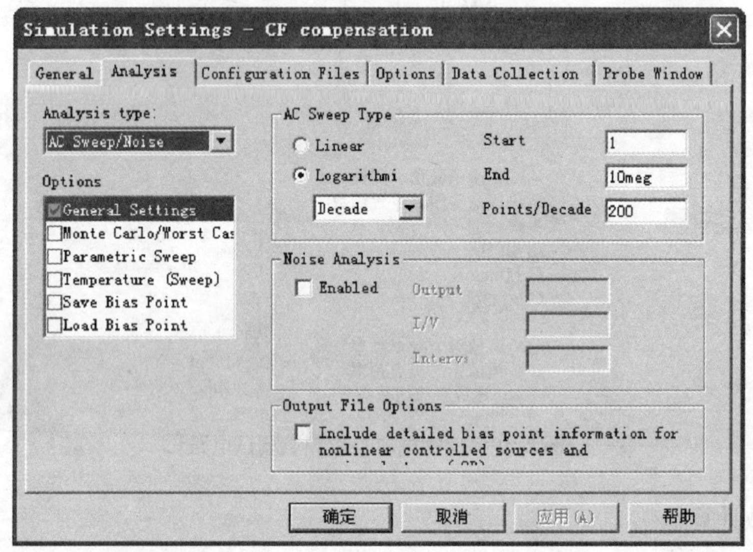

图 2.20　交流仿真设置

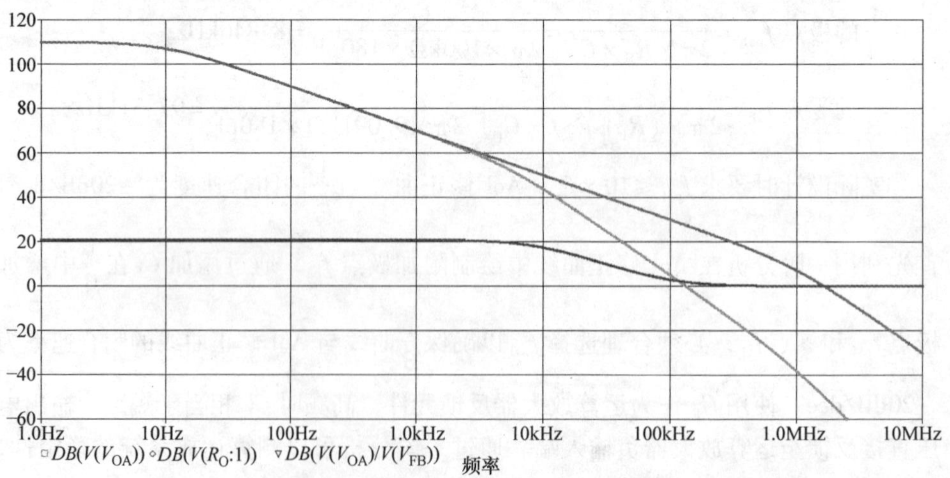

图 2.21　交流频率特性曲线

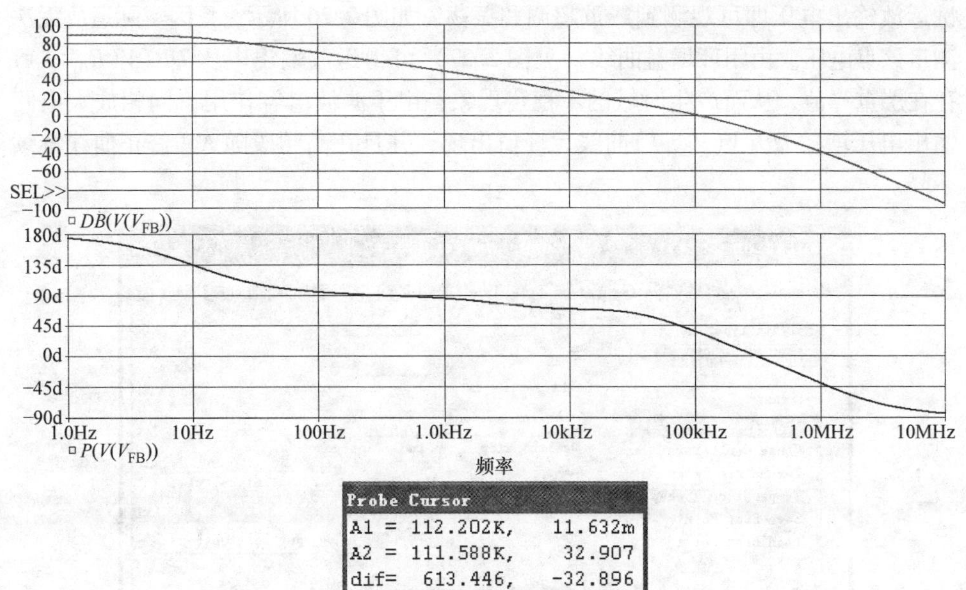

图 2.22 环路增益与相位曲线、相位裕度

闭环仿真测试：瞬态仿真测试电路、瞬态仿真设置和瞬态仿真输入、输出波形与数据分别如图 2.23 ~ 图 2.25 所示，当输入信号为 ±10mV 的脉冲电压时，输出约为 ±110mV 的脉冲电压，电路实现 11 倍同相放大；但是环路相位为 32.9°，输出应该存在严重超调，为何 $V(V_{OA1})$ 没有超调和振荡呢？主要由于 1μF 输出电容和运放输出电阻构成低通滤波电路，将高频信号进行滤除；直接测

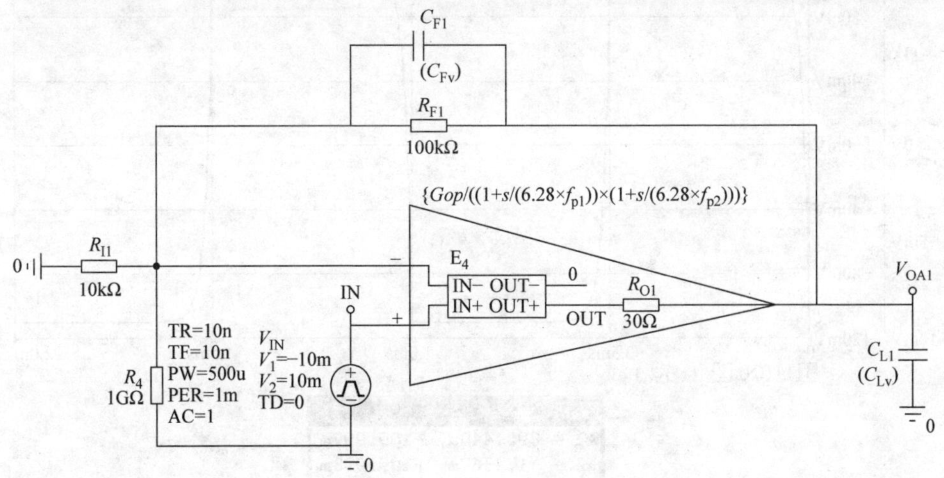

图 2.23 瞬态仿真测试电路

试运放输出电压即可观测到严重超调和振荡，如图 2. 26 所示，只因实际运放无法测量该点电压。由闭环增益曲线（见图 2. 27）可得运放输出电压 $DB(V(R_{O1}:1))$ 存在严重峰值，从而产生时域的不稳定现象；由于滤波电容作用，同相放大电路输出电压增益 $DB(V(V_{OA1}))$ 曲线无峰值出现，并且在高频段随 Aol 修正曲线继续下降。

Simulation Settings - CF compensation
General | Analysis | Configuration Files | Options | Data Collection | Probe Window
Analysis type:
Time Domain (Transi
Options
General Settings
Monte Carlo/Worst Cas
Parametric Sweep
Temperature (Sweep)
Save Bias Point
Load Bias Point
Run to 2m seconds
Start saving data 0 seconds
Transient options
Maximum step 0.1u seconds
Skip the initial transient bias point calcul:
.tput File Options.
确定 取消 应用(A) 帮助

图 2. 24　瞬态仿真设置

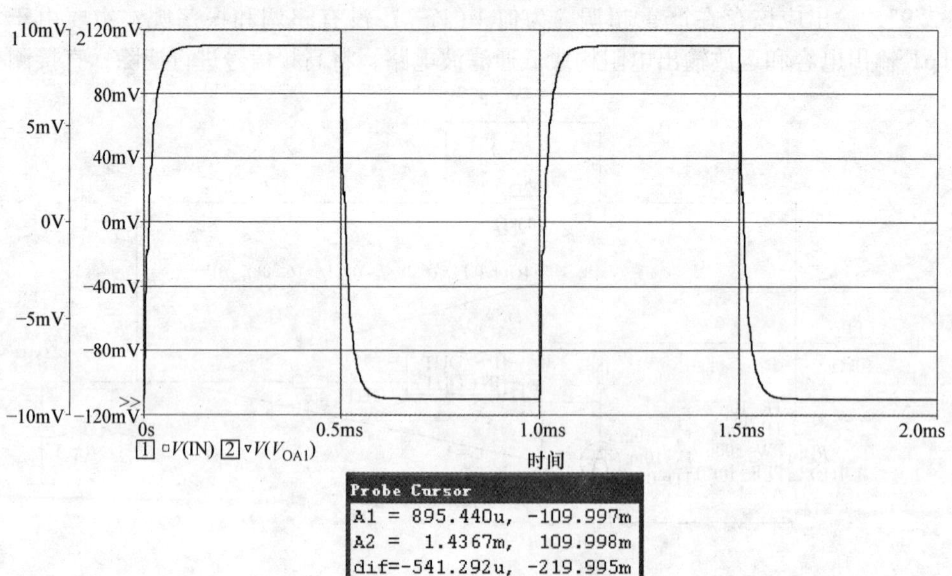

图 2. 25　瞬态仿真输入、输出波形与数据

当电路稳定工作输入为 ±10mV 脉冲电压时，输出电压高电平为 109.998mV、输出电压低电平为 −109.997mV，电路实现 11 倍同相放大。

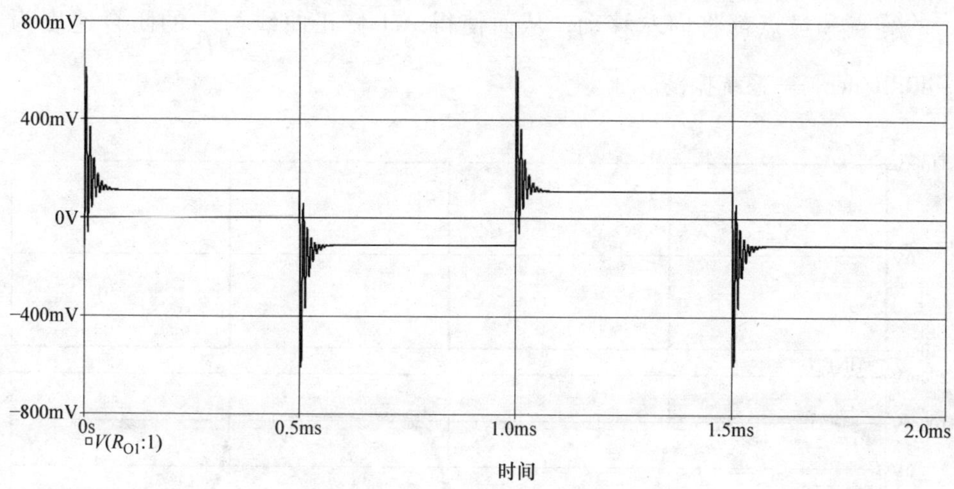

图 2.26　运放输出电压波形

当电路不稳定工作输入为 ±10mV 脉冲电压时，输出电压最大值约为 600mV、输出电压最小值约为 −600mV，并且在输入电压转换瞬间输出电压振荡。

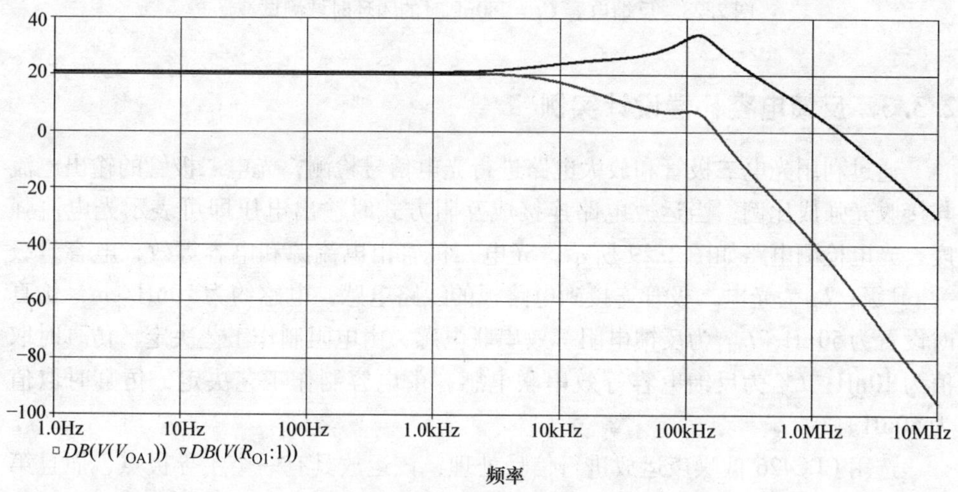

图 2.27　闭环增益曲线

通过闭环增益曲线可知运放输出端存在严重尖峰，但是由于输出滤波的电容作用，放大电路输出端并未出现峰值。

图 2.28 所示为反馈电容 $C_F=280pF$ 时的闭环时域测试波形：因为系统相位裕度很低，所以反馈设计时参数计算不当将会产生输出振荡，当 $C_F=280pF$ 时 $\frac{1}{\beta}$ 的零点和极点都将向左移动，从而使得 Aol 修正曲线与 $\frac{1}{\beta}$ 的闭合速度为 -40dB/dec——系统振荡。

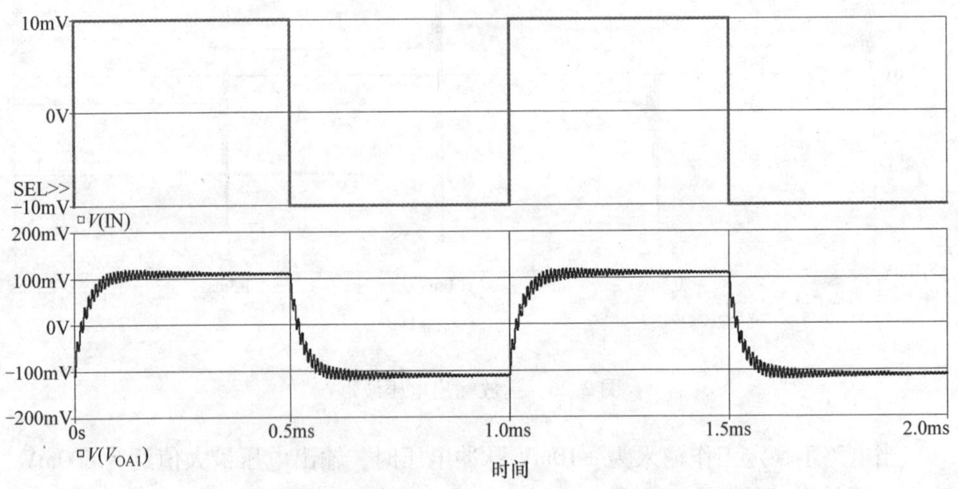

图 2.28　反馈电容 $C_F=280pF$ 时的闭环时域测试波形

2.3.3　反馈电容补偿设计实例

通过利用光电二极管和放大电路进行光电信号检测，光电二极管的输出电流与接收光强成比例，当运放电路连接成互阻方式时输出电压即可表示光电流强度，光电检测电路如图 2.29 所示，光电二极管由电流源和电容等效，电容量级为 pF 级；L_{c1} 为光电二极管连接到电路板的线路电感，电感约为 10nH/cm，仿真时设置为 50nH；L_{RF1} 为反馈电阻等效串联电感，由电阻制作工艺决定，仿真时取值为 10nH；L_{CF1} 为反馈电容等效串联电感，由电容制作工艺决定，仿真时取值为 50nH。

选用 CLC426 低噪声运放进行信号处理，该运放具有一个主导极点，而且第二极点靠近交叉频率；由于光电二极管等效电容 C_{P1} 与反馈电阻 R_{F1} 构成环路附加极点，所以放大电路存在不稳定因素，故采用反馈电容 C_{F1} 进行超前相位补偿，以满足系统的稳定性要求，接下来对电路进行分步测试。

第 1 步——运放 CLC426 偏置点调节：当输入信号为 0V 改变 R_{p1} 电阻值进行偏置点调节，以使得静态时输出偏置电压最小；运放 CLC426 偏置点调节电路

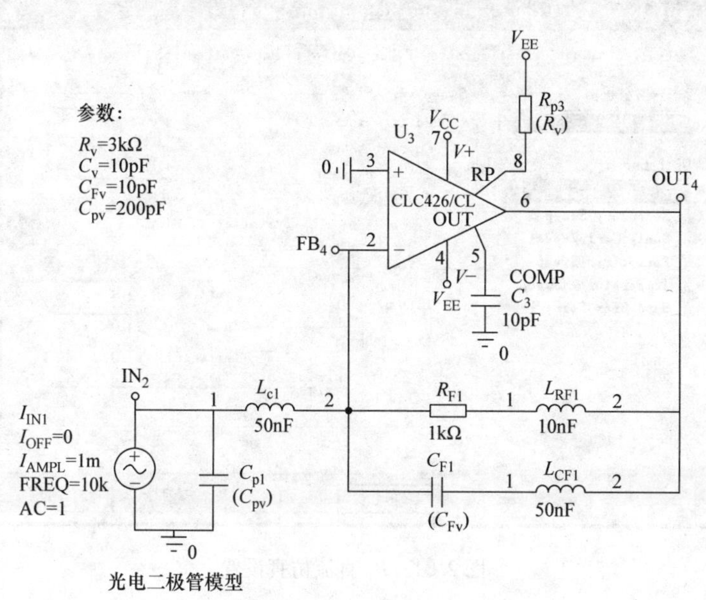

图 2.29 光电检测电路

如图 2.30 所示，R_v 直流仿真设置与输入信号为零时的输出电压波形分别如图 2.31 和图 2.32 所示，当 $R_v = 3\text{k}\Omega$ 时输出电压偏置最小，所以实际设计时将 R_{p1} 的阻值设置为 3kΩ。

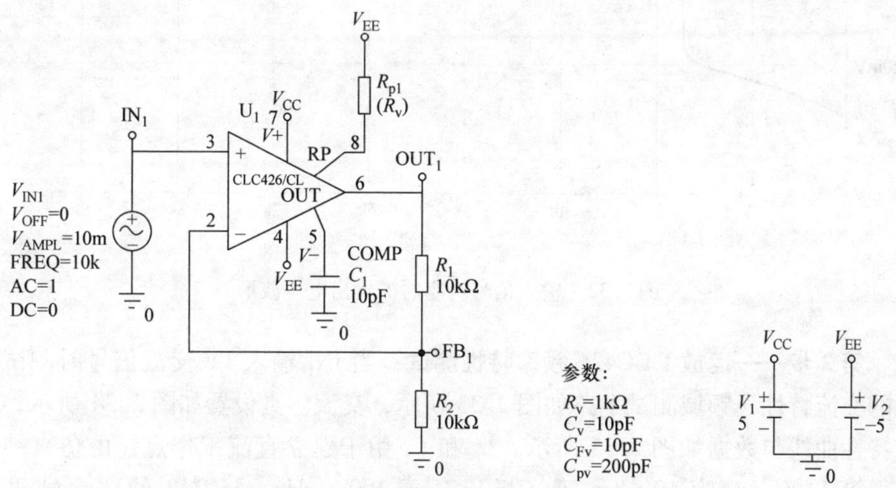

图 2.30 运放 CLC426 偏置点调节电路

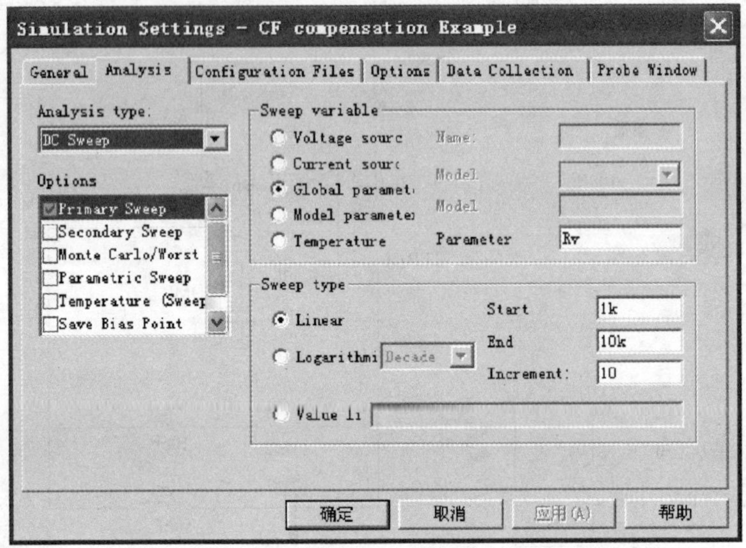

图 2.31　R_v 直流仿真设置

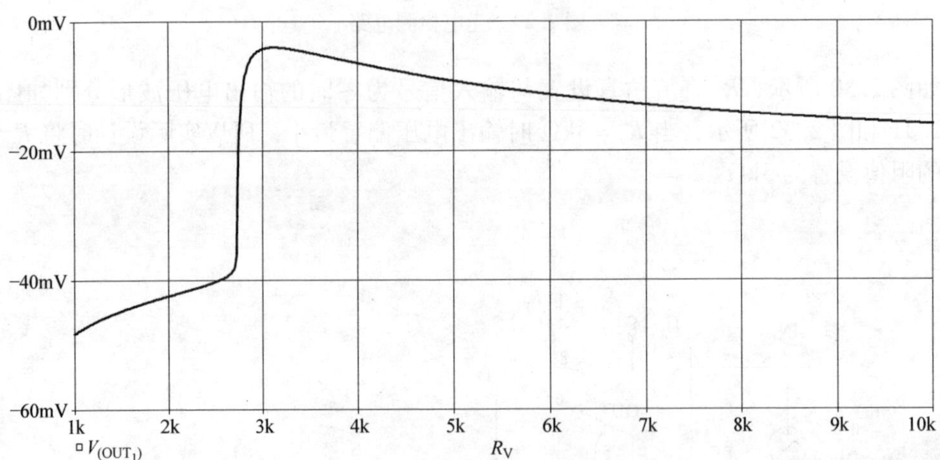

图 2.32　输入信号为零时的输出电压波形

第 2 步——运放 CLC426 频率特性测试：当 IN_1 输入 1V 交流信号时测试运放的交流特性，频域测试电路如图 2.33 所示，交流仿真设置如图 2.34 所示，频率特性曲线与数据如图 2.35 所示。L_1 和 C_5 用于建立直流工作点；由仿真结果可得第 1 极点约为 10kHz，第二极点高于 100megHz，与 0dB 的闭合速度为 -20dB/dec，直流增益约为 55.8dB，-3dB 带宽约为 14kHz，GBP = 617 × 14k = 8.6megHz。

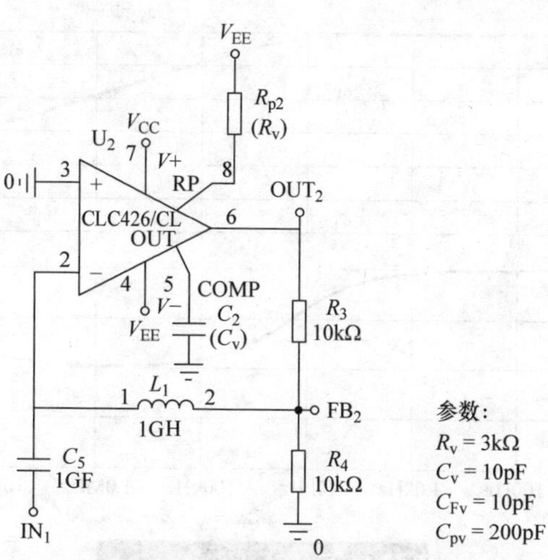

图 2.33　CLC426 频域测试电路

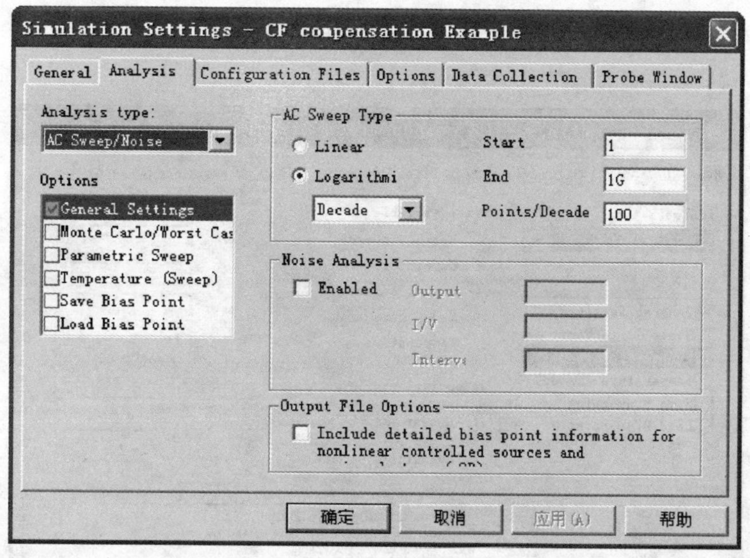

图 2.34　交流仿真设置

第 3 步——光电信号电路测试（光电检测电路见图 2.29）

（1）光电二极管寄生电容 C_{pv} 参数仿真设置和输出电压频率特性曲线分别如图 2.36 和图 2.37 所示，光电二极管寄生电容参数 C_{pv} 越大输出电压峰值越大、谐振频率越低、电容越容易产生振荡。

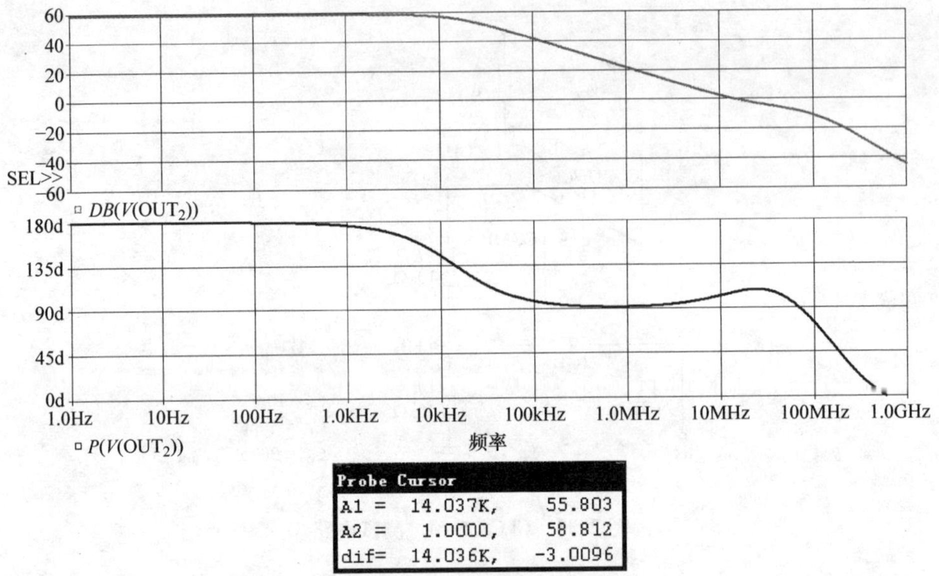

图 2.35 频率特性曲线与数据

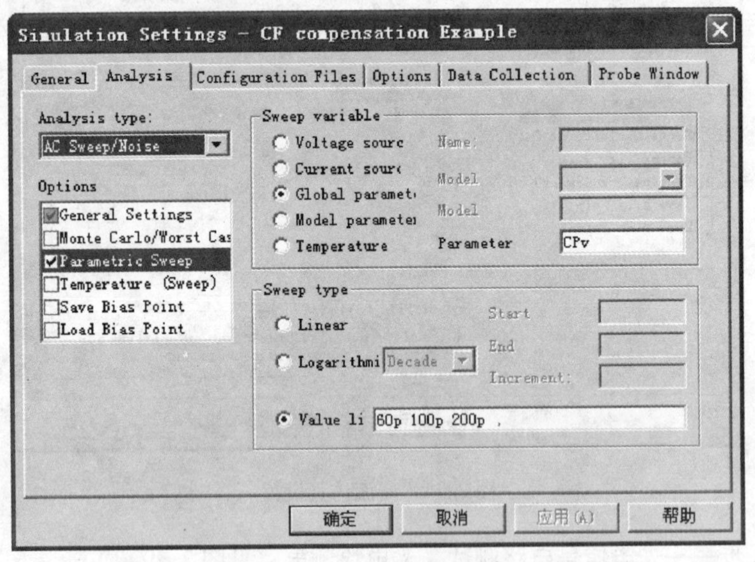

图 2.36 C_{pv}参数仿真设置

（2）当光电二极管寄生电容 C_{P1} =200pF 时测试补偿电容参数 C_{Fv}对电路稳定性的影响，补偿电容 C_{Fv}的参数设置和输出电压波形分别如图 2.38 和图 2.39 所

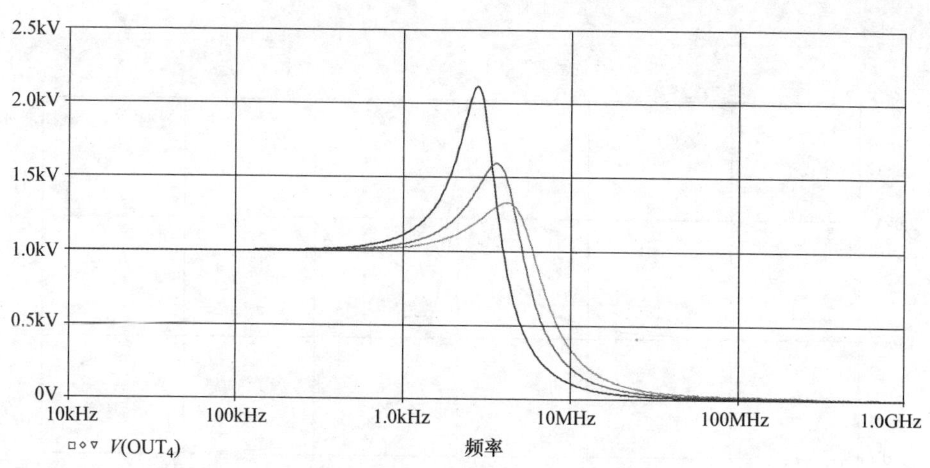

图 2.37 输出电压频率特性曲线

示，C_{Fv}参数值越小输出电压峰值越大、谐振频率点固定，所以通过合理设置补偿电容值 C_{Fv} 能够使得系统稳定工作。

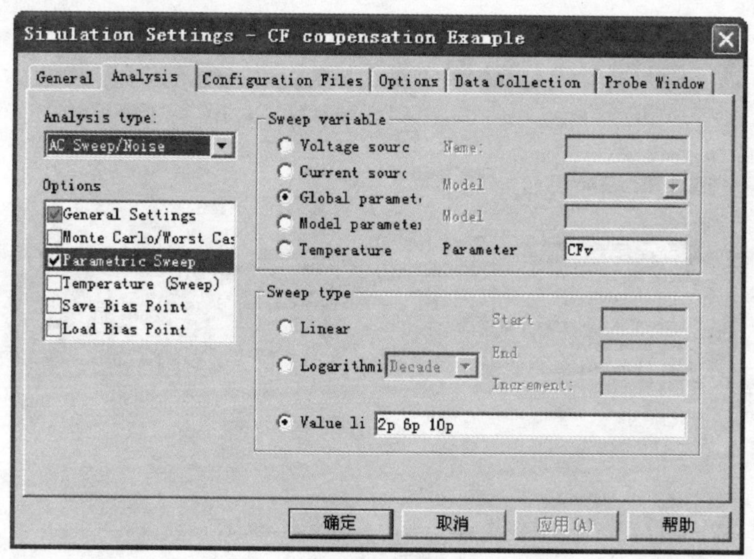

图 2.38 补偿电容 C_{Fv} 的参数设置

（3）当光电二极管寄生电容 $C_{P1}=200pF$、补偿电容 $C_{Fv}=10pF$ 时利用 1mA 正弦波电流源等效光信号对电路进行测试，瞬态仿真设置和输出电压波形分别如图 2.40 和图 2.41 所示，当反馈电阻为 1kΩ 时输出电压幅值为 1V，仿真结果与理论计算一致。

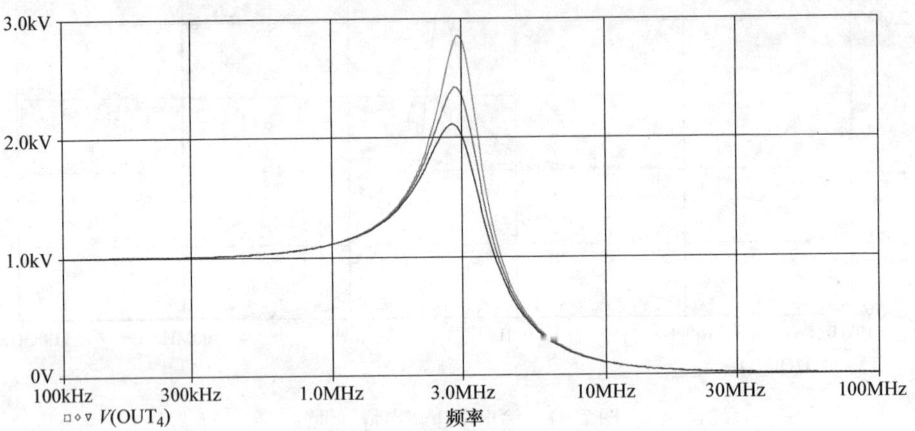

图 2.39　输出电压波形

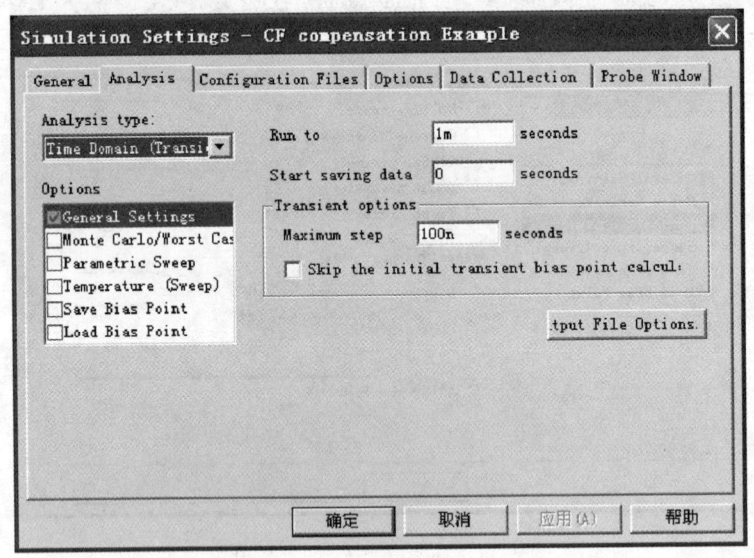

图 2.40　瞬态仿真设置

（4）当光电二极管寄生电容 $C_{P1}=200pF$、补偿电容 $C_{Fv}=10pF$ 时利用 1mA 脉冲电流源等效光信号对电路进行测试，输入脉冲电流测试电路如图 2.42 所示，输入脉冲电流波形如图 2.43 所示，补偿电容 C_{Fv} 不同参数值时的输出电压波形如

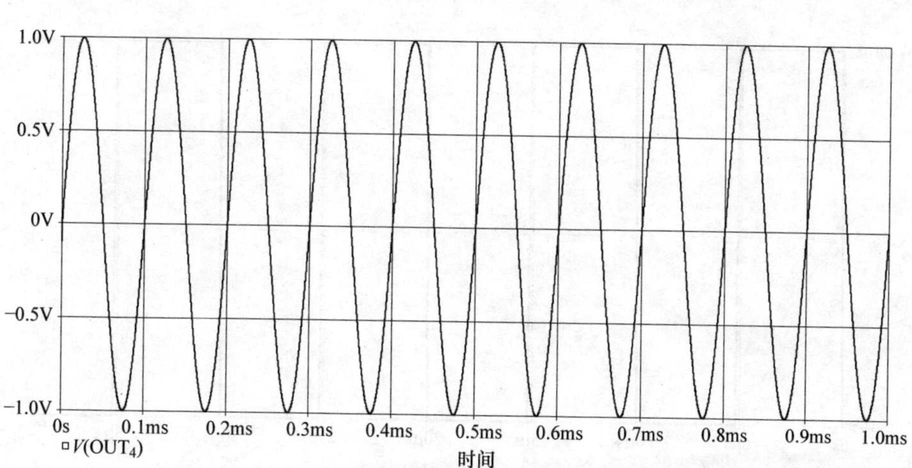

图 2.41 1mA 正弦波输入时的输出电压波形

图 2.44 所示。当反馈电阻为 1kΩ 时稳态输出电压幅值为 1V，当反馈超前补偿电容 $C_{Fv}=2pF$、6pF、10pF 时补偿电容值越大、输出过冲越小。

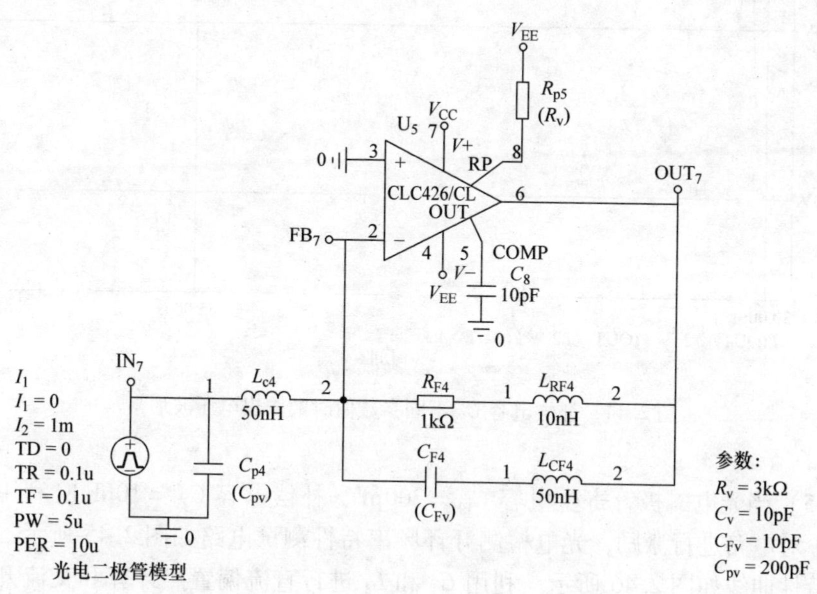

图 2.42 输入脉冲电流测试电路

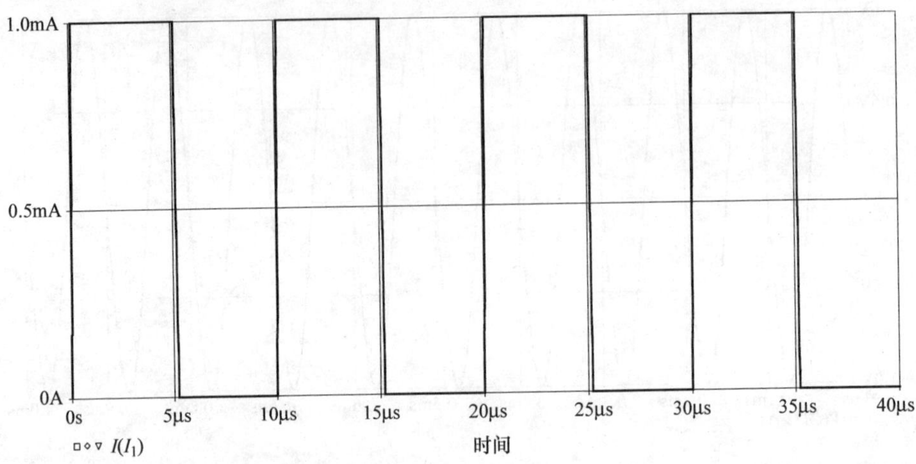

图 2.43　输入脉冲电流波形

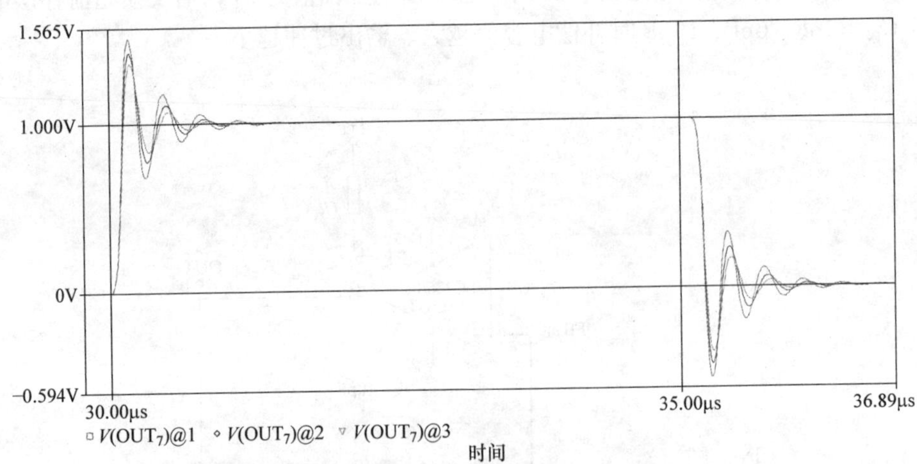

图 2.44　补偿电容 C_{Fv}不同参数值时的输出电压波形

（5）当光电二极管寄生电容 $C_{P1}=200$pF、补偿电容 $C_{Fv}=10$pF 时利用交流电压源对电路进行激励，光电检测开环频率特性测试电路如图 2.45 所示，开环频率特性曲线如图 2.46 所示。利用 C_7 和 L_3 进行直流偏置点计算和交流开路等效；由开环频率特性曲线可得 $C_{Fv}=2$pF、6pF、10pF 时 C_{Fv}参数值越小相位裕度越低、系统约不稳定——与时域测试结果一致。

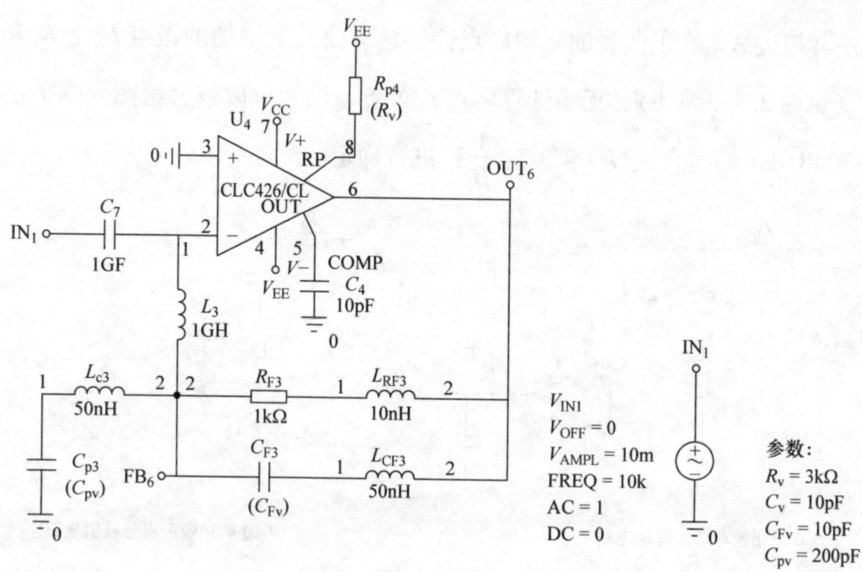

图 2.45　光电检测开环频率特性测试电路

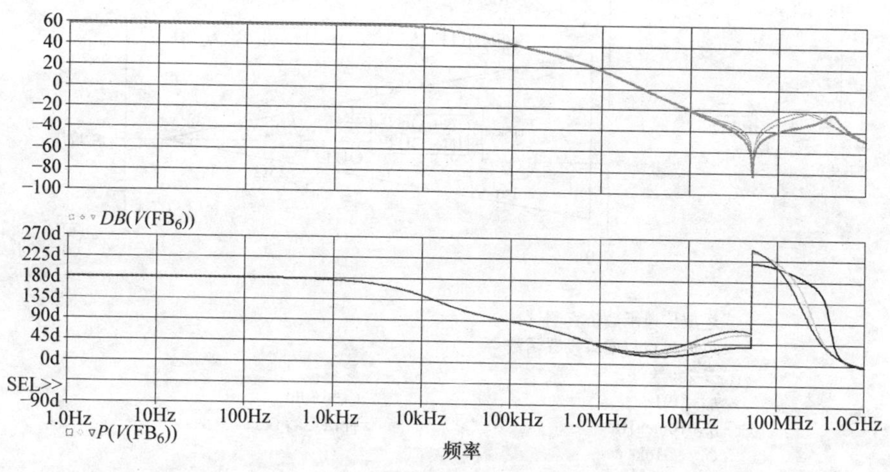

图 2.46　光电检测开环频率特性曲线

2.4　噪声增益补偿

稳定驱动容性负载运算放大器的第三种方法为噪声增益补偿法，噪声增益补偿电路如图 2.47 所示，通过绘制由 R_O 和 C_L 形成的附加极点的 Aol 修正曲线可了解该方法的工作原理：在$\frac{1}{\beta}$曲线上增加一个极点和零点，以提高高频段$\frac{1}{\beta}$增益，使其超过 Aol 修正曲线的附加极点位置；$\frac{1}{\beta}$曲线上增加的极点f_{pn}由R_n和C_n决定（见图 2.47a 和 b），无须计算零点f_{zn}位置，因为可以通过绘图（从f_{pn}点开始以 20dB/dec 的闭合速度下降直至$\frac{1}{\beta}$）进行确定。

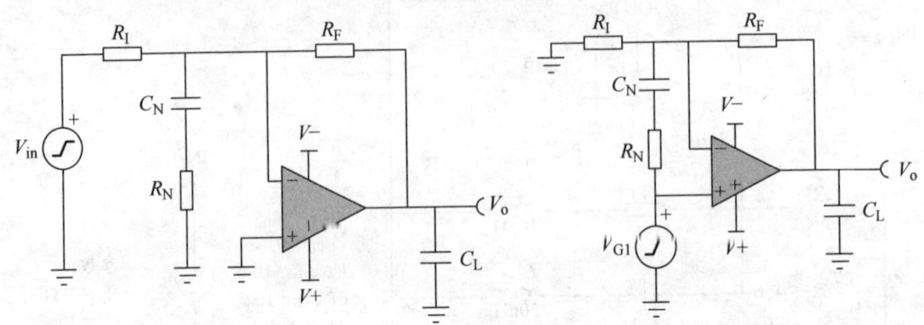

a) 反相噪声增益补偿电路

b) 同相噪声增益补偿电路

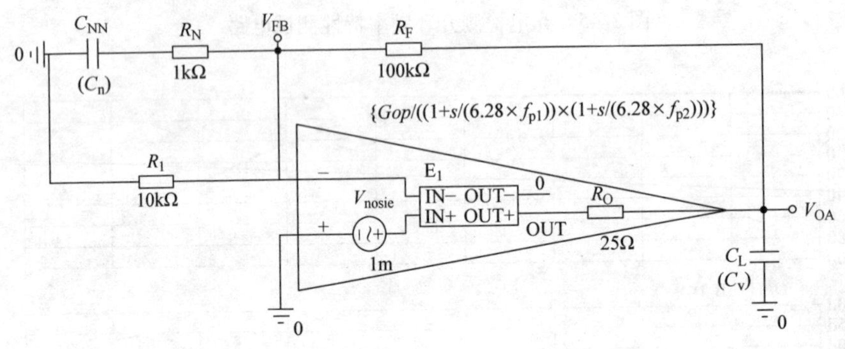

运放传递函数仿真测试
运放极点与增益设置函数
参数：
f_{p1}=10Hz
f_{p2}=10megHz
Gop=316k

f_{p1}：运放第一极点频率
f_{p2}：运放第二极点频率
Gop：运放直流增益频率

参数：
C_n=180nF
补偿电容设置

参数：
C_v=100pF
负载电容设置

c) 噪声增益定义测试电路

图 2.47　噪声增益补偿电路

因为该方法的确增加了运算放大器电路的整体噪声增益，故称为噪声增益法。任何运算放大器的内部噪声（通常指输入）会随着$\frac{1}{\beta}$曲线频率增益的增加而增加，并反映到输出端。

闭环噪声增益计算：低频时 $G_{\text{Noise}}=1+\dfrac{R_F}{R_I}$、高频时 $G_{\text{Noise}}=1+\dfrac{R_F}{R_I \parallel R_N}$；如果 $R_F=100\text{k}\Omega$、$R_I=10\text{k}\Omega$、$R_N=1\text{k}\Omega$，低频时 $G_{\text{Noise}}=1+\dfrac{R_F}{R_I}=11=20.8\text{dB}$、高频时 $G_{\text{Noise}}=1+\dfrac{R_F}{R_I \parallel R_N}\approx 111=40.9\text{dB}$——高频噪声增益约为低频时的 10 倍，而且噪声信号通常为高频，所以利用该电路进行容性负载补偿设计时将噪声增益大大提高，所以称为噪声增益补偿。图 2.48 所示为噪声增益频率特性曲线与数据：低频时噪声增益约为 20.83dB、高频时噪声增益约为 40.87dB——噪声增益提高约 20dB。

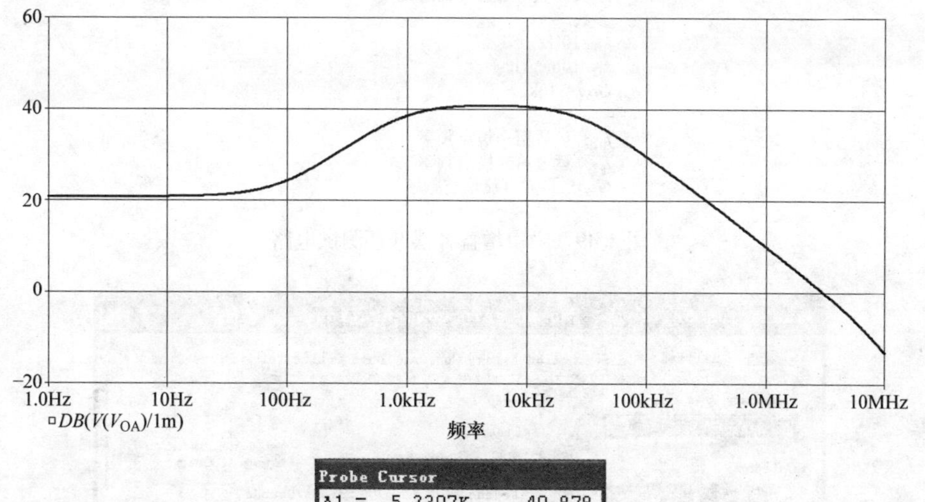

Probe Cursor		
A1 =	5.2307K,	40.878
A2 =	1.0000,	20.828
dif=	5.2297K,	20.050

图 2.48　噪声增益频率特性曲线与数据

因为运放第一极点 $f_{p1}=10\text{Hz}$、第二极点 $f_{p2}=10\text{megHz}$，所以交流仿真分析时的起始频率和结束频率分别为 f_{p1} 的 1/10 和 f_{p2} 的 10 倍，即 Start = 1Hz、End = 100megHz；为保证仿真数据的准确性，建议每 10 倍频的点数为 100 的整数倍，有时频域出现巨大峰值，此时仿真点数需要继续提高，例如 Points/decade = 2000；噪声增益补偿开环测试电路及其交流仿真设置分别如图 2.49 和图 2.50 所示。

运放本身包含两个极点，负载电容 C_L 与运放输出阻抗 R_O 构成另外一个极点，所以 Aol 修正曲线总共包含三个极点，Aol 修正曲线频率特性与数据如图

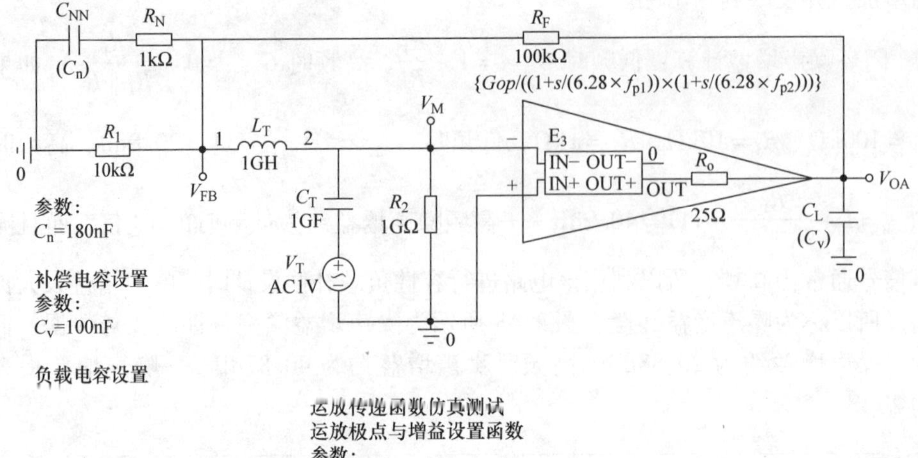

图 2.49　噪声增益补偿开环测试电路

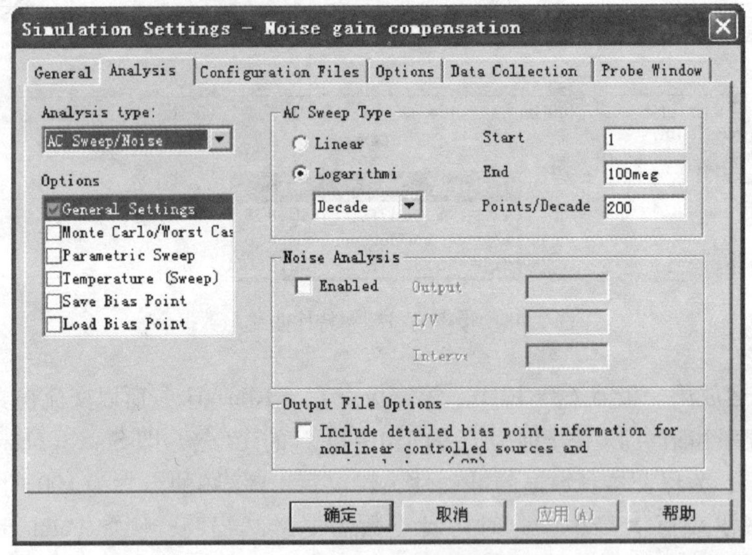

图 2.50　交流仿真设置

2.51 所示：$f_{p1}=10\text{Hz}$、环路相位 $P(V(V_{OA}))=135°$——在第 1 极点处相位滞后 45°，$f_{p2}=10\text{megHz}$、环路相位 $P(V(V_{OA}))=-45°$——在第 2 极点处相位滞后

45°，C_L 与 R_O 产生的极点频率 $f_{p3}=\frac{1}{2\pi R_O\times C_L}=\frac{1}{2\pi\times25\Omega\times100\text{nF}}\approx63.7\text{kHz}$、与仿真值 62.37kHz 基本一致。

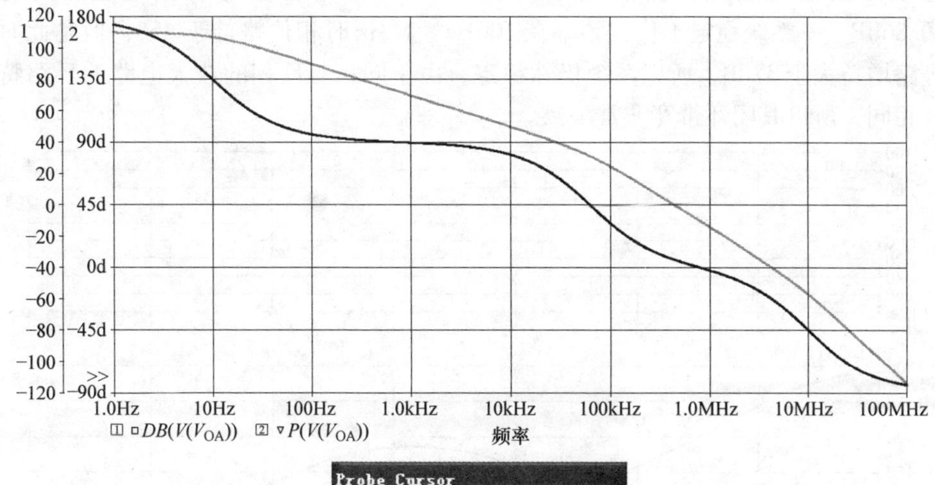

图 2.51　Aol 修正曲线频率特性与数据

根据运放环路稳定性闭合速度判定准则可得：Aol 修正曲线与$\frac{1}{\beta}$曲线的闭合速度为 -20dB/dec 时系统稳定，图 2.52 所示为 Aol 修正曲线与$\frac{1}{\beta}$曲线——闭合速度 -20dB/dec，所以系统稳定。

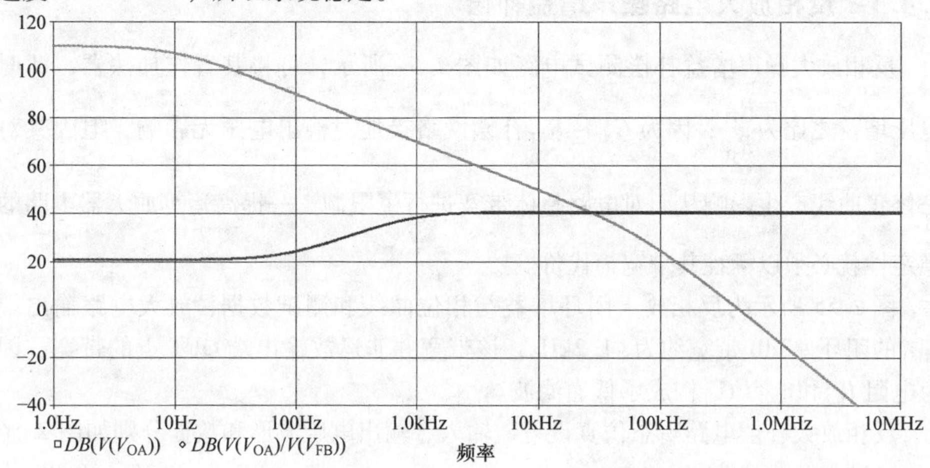

图 2.52　Aol 修正曲线与$\frac{1}{\beta}$曲线——闭合速度 -20dB/dec

环路增益与相位频率特性曲线和数据如图 2.53 所示：频率为 26.1kHz 时的环路增益为 0dB、相位裕度为 65.8°，高于频率 26.1kHz 后闭环增益曲线按照 Aol 修正曲线进行变化；频率为 792.15kHz 时的环路相位为 0°，增益裕度为 50.86dB——系统稳定工作；频率在 100Hz ~ 1kHz 时相位略低于 45°，但是此时环路增益大于 37dB，所以系统仍然稳定。由于同相与反相的放大电路的环路特性相同，所以其闭环带宽非常一致。

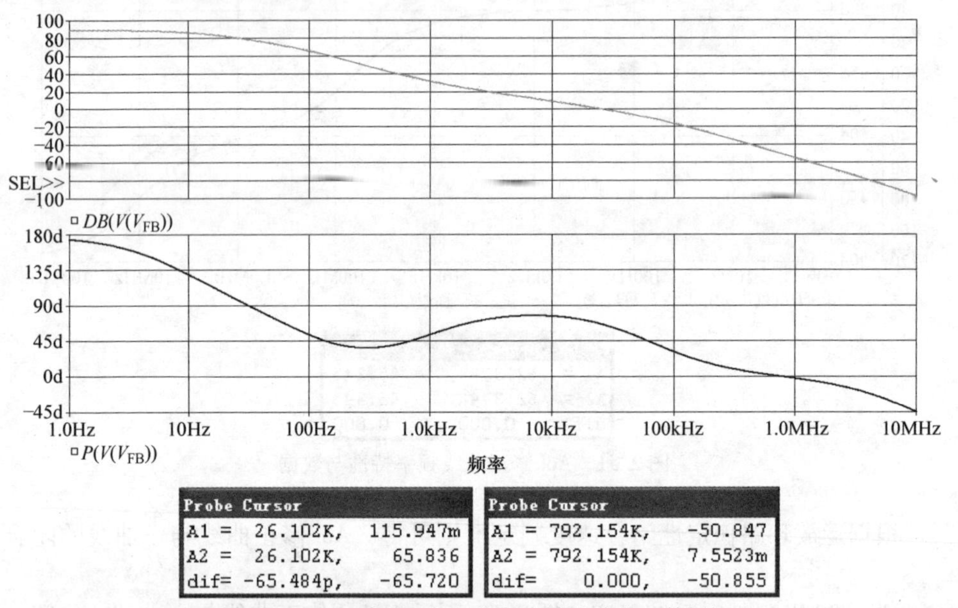

图 2.53　环路增益与相位频率特性曲线和数据

2.4.1　反相放大电路噪声增益补偿

反相放大噪声增益补偿测试电路如图 2.54 所示，可将其看作加法器，此时电压增益之比为$\frac{R_{F1}}{R_{I1}}$；因为 $C_{N1}-R_{N1}$ 补偿网络接地对输出电压无影响，但因其对$\frac{1}{\beta}$修正曲线产生影响从而对电路整体带宽进行了限制——提高运算放大器电路的稳定性就必须以牺牲其带宽为代价。

图 2.55 所示为反相放大闭环增益与相位曲线和测试数据，放大电路输出端 V_{OA1} 的闭环 −3dB 带宽约为 41.2kHz，该带宽并非运放输出端 OUT 点的带宽，因为电阻 R_{o1} 和电容 C_{L1} 构成了低通滤波。

反相放大补偿电路瞬态仿真设置、输入、输出电压波形和数据分别如图 2.56 和图 2.57 所示：上升沿和下降沿时间与带宽计算公式：$t_r=\frac{0.35}{f_b}=\frac{0.35}{41200}=$

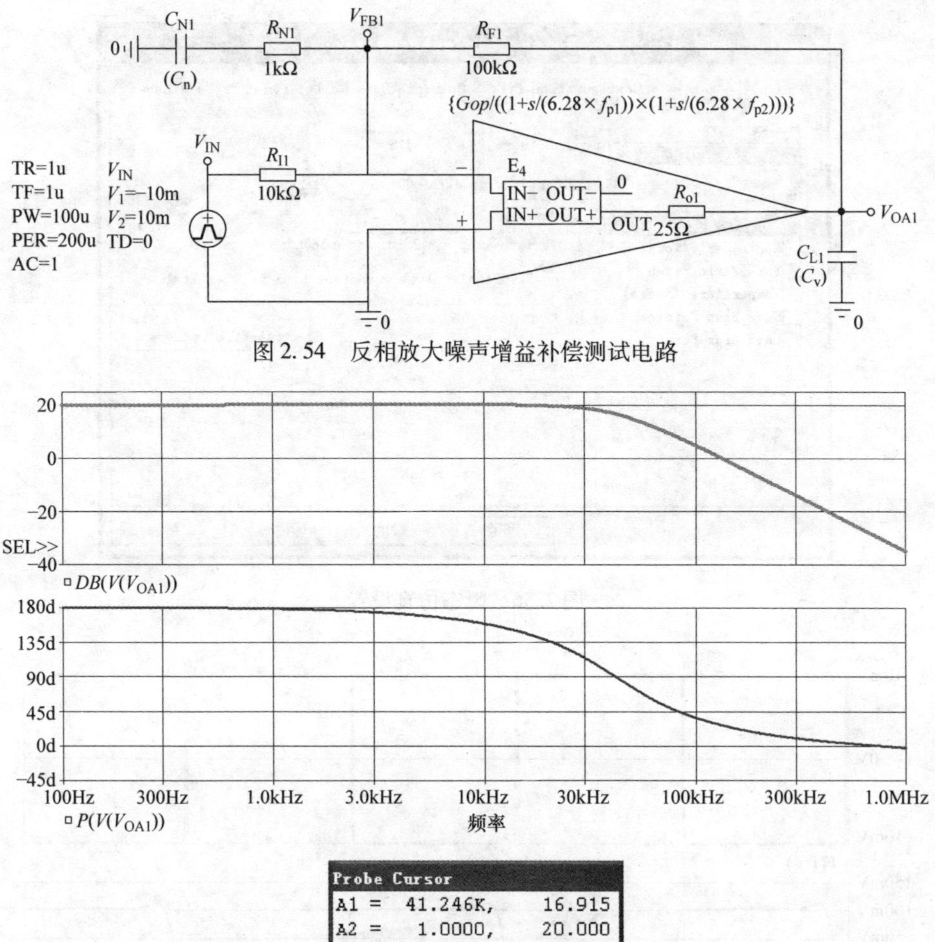

图 2.54 反相放大噪声增益补偿测试电路

Probe Cursor		
A1 =	41.246K,	16.915
A2 =	1.0000,	20.000
dif=	41.245K,	-3.0851

图 2.55 反相放大闭环增益与相位曲线和测试数据

8.5μs，上升沿仿真时间约为 9.5μs——计算与仿真基本一致；频域闭环增益曲线在 1～10kHz 之间出现微小峰值，时域输出脉冲上升和下降沿出现超调——频域与时域特性一致。

2.4.2 同相放大电路噪声增益补偿

同相放大噪声增益补偿测试电路如图 2.58 所示，实际设计时必须确保 R_{N2} 高于 V_{IN} 输入信号源阻抗至少 10 倍，以保证由 R_{N2} 确定高频 $\frac{1}{\beta}$ 增益。同相放大噪声增益计算复杂，通常采用叠加法进行分析，而且一般不能得到完整的表达式。

根据前面分析可知，首先绘制 Aol 修正曲线，已知直流时 $\frac{1}{\beta}=11$（20.8dB），

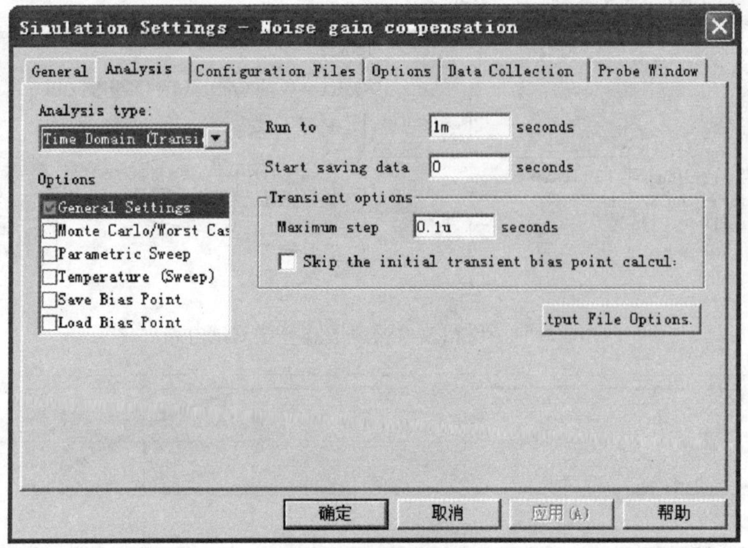

图 2.56 瞬态仿真设置

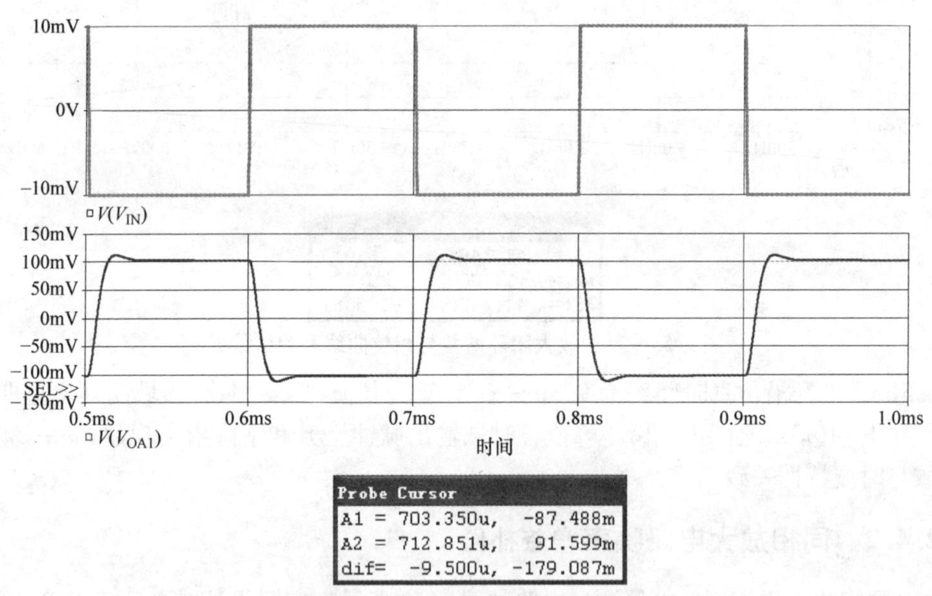

图 2.57 反相放大补偿电路输入、输出电压波形和数据

为与 Aol 修正曲线实现 -20dB/dec 的闭合速度，需要将高频$\frac{1}{\beta}$设置为 100 (40dB)，该值近似由 R_{F2}/R_{N2} 设定；选择附加极点 f_{pn} 比相交频率 f_{cl} 小 10 倍频；

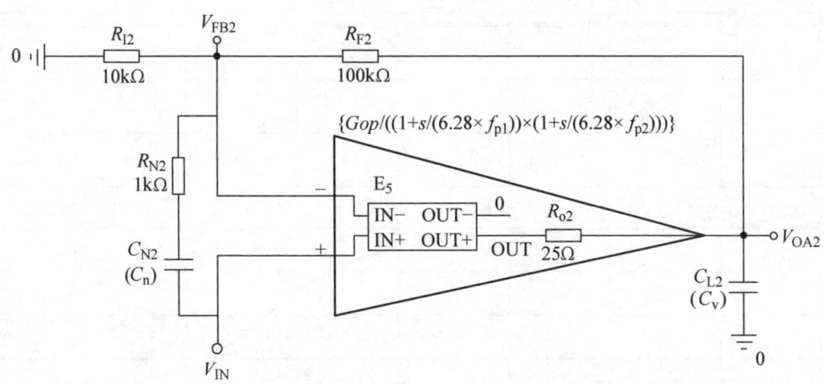

图 2.58 同相放大噪声增益补偿测试电路

当温度、工作环境以及运放制作工艺发生变化时上述频率选择可以确保实现相应 Aol 移位；通常运放在工艺、温度、工作环境等因素变化时 Aol 的位移小于 1/2 的 10 倍频程，但是实际设计时通常保守 10 倍频程经验法则。如果 Aol 修正曲线向左偏移一个 10 倍频程，将造成 -40dB/dec 的闭合速度——电路出现不稳定现象。通过从 f_{pn} 绘制闭合速度为 -20dB/dec 的斜线直至与低频 $\frac{1}{\beta}$ 相交，就可轻松得到附加零点 f_{zn}——利用 10 倍频程经验法则配置 $\frac{1}{\beta}$ 曲线上的极点和零点从很多方面均体现出其灵活性和适合性。同相放大噪声增益补偿电路的闭环增益从直流到环路增益为零的频率点 f_{cl} 均平坦，从 f_{cl} 开始闭环增益将随着频率增加跟随 Aol 修正曲线下降。

图 2.59 所示为同相放大闭环增益与相位曲线和数据：闭环 -3dB 带宽约为 41.2kHz，与反相放大电路一致。

图 2.60 所示为同相放大电路输入、输出电压波形：当输入为 ±10mV 脉冲电压时，输出电压上升沿仿真时间约为 9.4μs，与上升沿和下降沿时间与带宽计算公式 $t_r = \frac{0.35}{f_b} = \frac{0.35}{41200} = 8.5\mu s$ 基本一致。

2.4.3 噪声增益补偿实例测试

工作原理分析：通常利用运放、MOSFET（U_2）、采样电阻构成恒流源电路，MOSFET 恒流源及其小信号等效模型如图 2.61 所示，通过设置 R_{s1} 采样电阻值和输入参考电压 V_{IN1} 即可设置输出恒流值，运放 U_{1A} 和 MOSFET（U_2）构成电压控制电流源，由于 MOSFET 存在 C_{gs} 电容，所以运放电路必须进行补偿设计，以实现输入和负载变化时电路稳定工作；MOSFET 小信号等效电路中 C_{gs} 为栅源极电

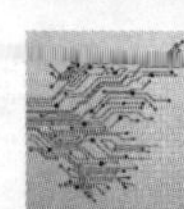

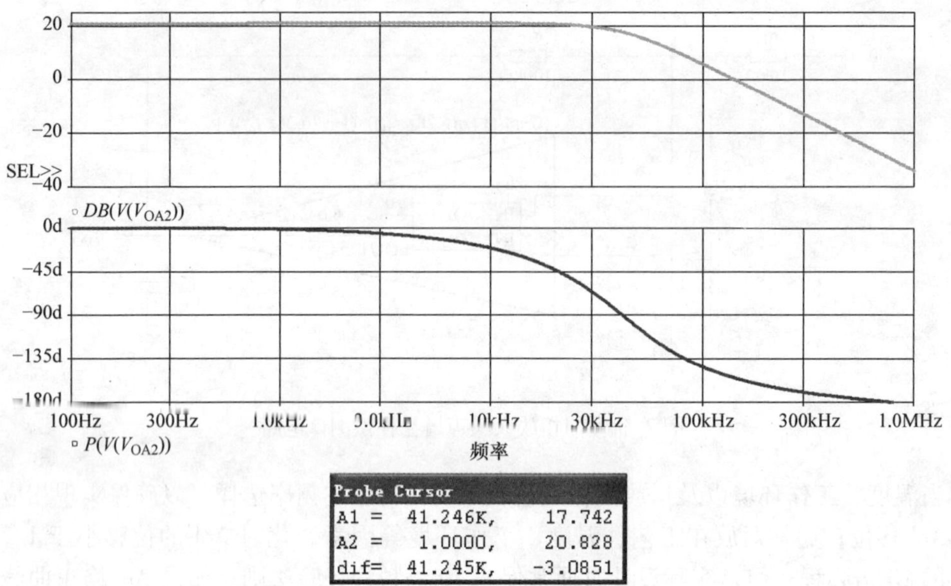

图 2.59　同相放大闭环增益与相位曲线和数据

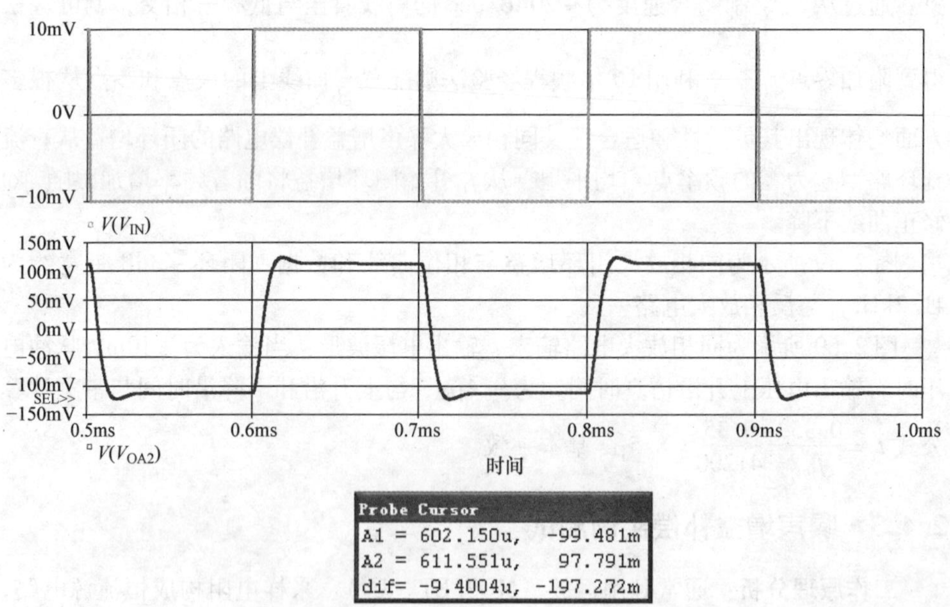

图 2.60　同相放大电路输入、输出电压波形

容、C_{gd}为栅漏极电容、gm 为跨导。

仿真测试：交流仿真分析时直流工作点非常重要，如 DC 值的设置。

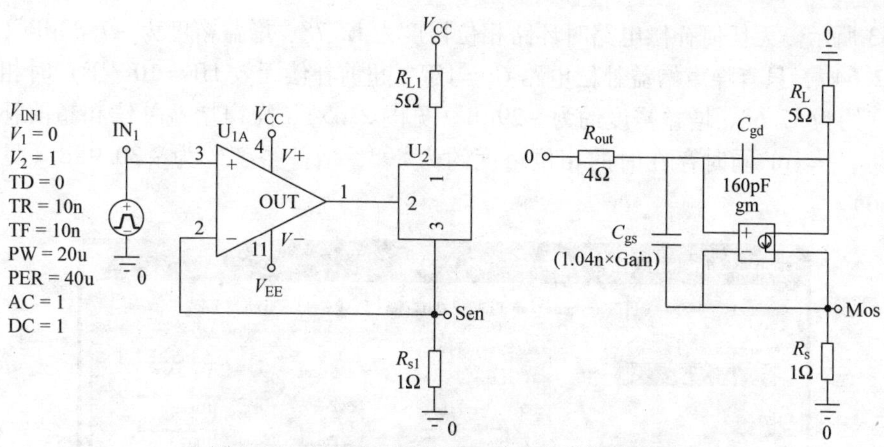

图 2.61　MOSFET 恒流源及其小信号等效模型

——时域分析时将 R_{out} 接 0，频域分析时将 R_{out} 接 IN_1

（1）开环频域测试——噪声增益与超前补偿分步测试、电容参数分析 1pF、1fF：注意 $V_{IN2}=1V$ 时对电路进行交流测试，否则不准确，这体现了静态工作点的重要性；开环与闭环频域测试电路如图 2.62 所示，开环交流与参数设置如图

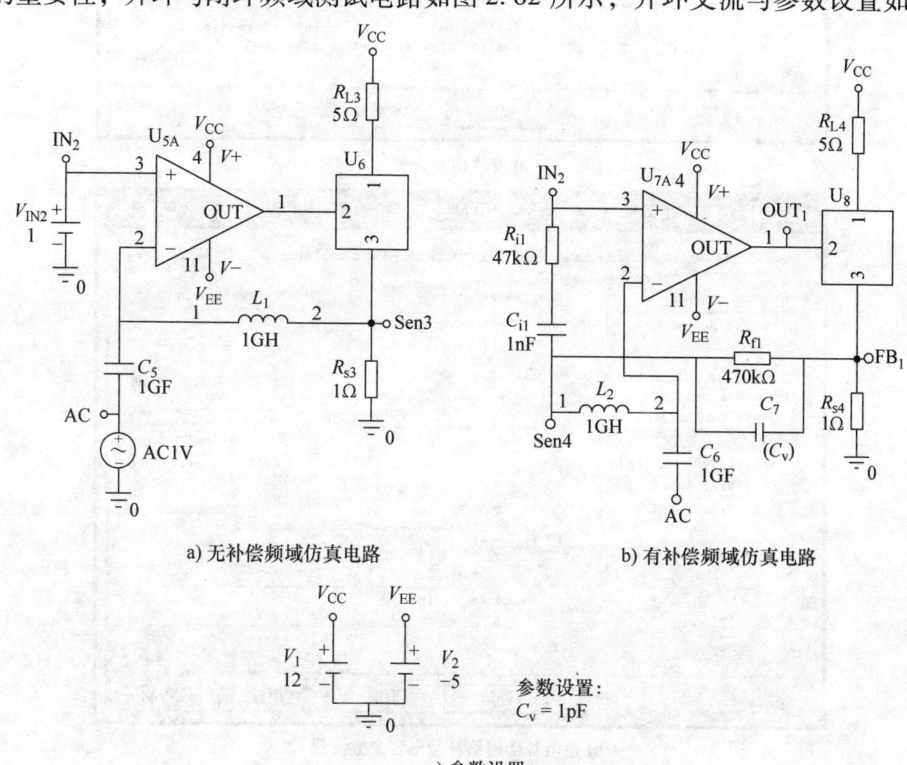

a) 无补偿频域仿真电路

b) 有补偿频域仿真电路

c) 参数设置

图 2.62　开环与闭环频域测试电路

2.63 所示。无任何补偿电路时环路相位裕度为 12.7°、增益裕度为 -7.85dB（见图 2.64），只有噪声增益补偿电路 C_v = 1fF（超前补偿无效 1fF = 10^{-15}F）时相位裕度约为 57.6°、增益裕度约为 -29dB（见图 2.65），噪声增益补偿和超前补偿电路 C_v = 1pF 同时存在时的相位裕度约为 89°、增益裕度约为 -30.9dB（见图 2.66）。

a) 交流仿真设置

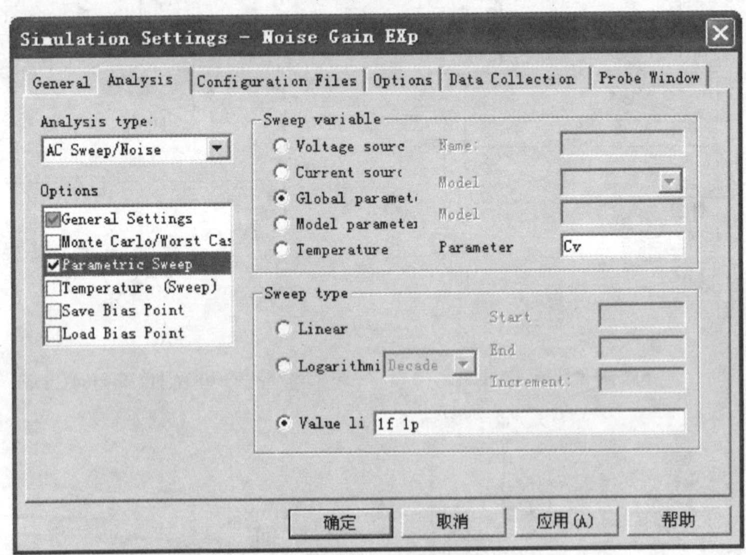

b) 超前补偿网络补偿电容参数设置

图 2.63　开环交流与参数设置

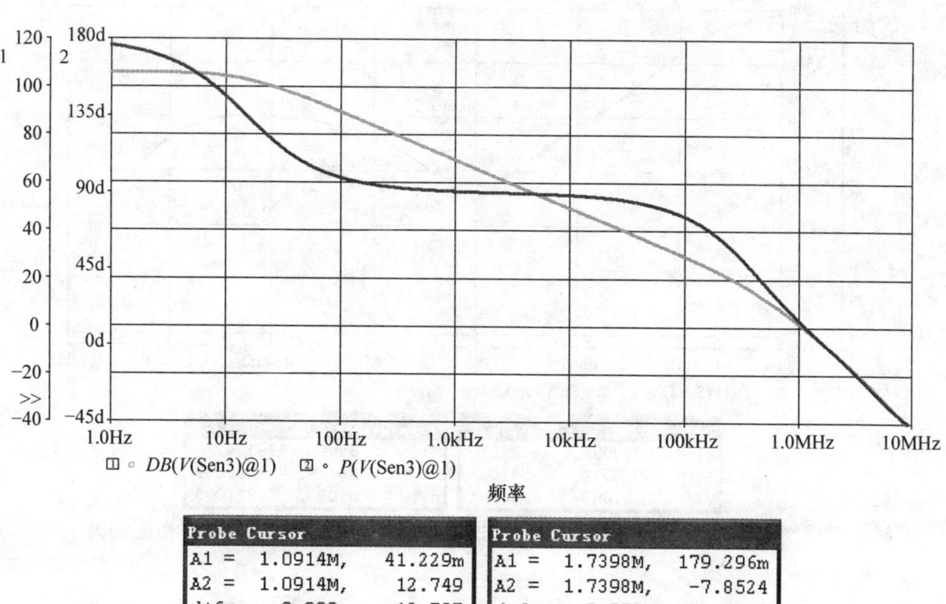

图 2.64　无补偿电路频率特性曲线：相位裕度为 12.7°、增益裕度为 −7.85dB

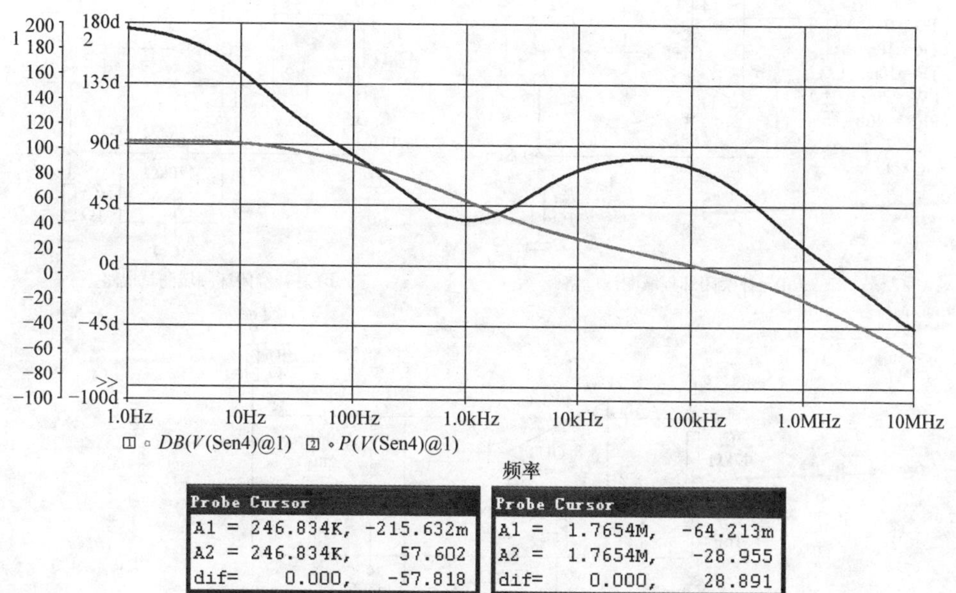

图 2.65　有补偿电路 $C_v = 1\text{fF}$ 时的频率特性曲线：相位裕度约为 57.6°、增益裕度约为 −29dB

（2）闭环频域测试——图 2.67 所示为闭环频域测试电路，图 2.68 所示为无补偿闭环增益曲线与数据，图 2.69 所示为有补偿闭环增益曲线与数据，图 2.70

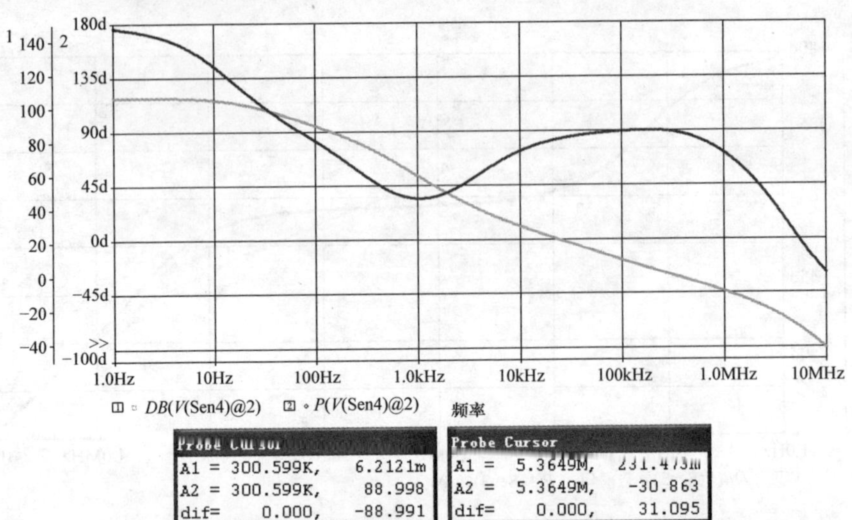

图 2.66　有补偿电路 $C_v = 1\text{pF}$ 时的频率特性曲线：相位裕度约为 89°、增益裕度约为 −30.9dB

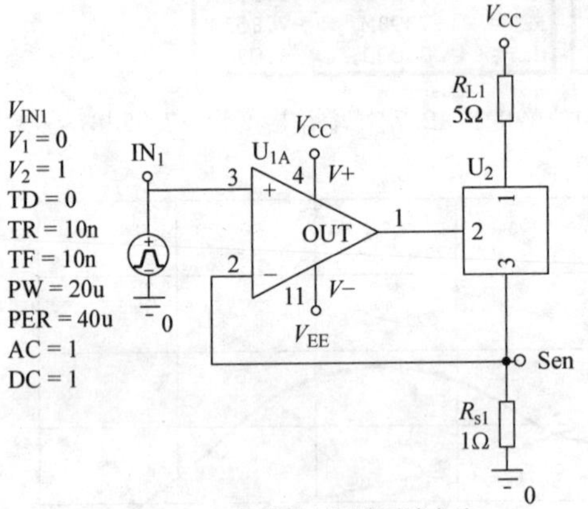

a) 无补偿闭环频域测试电路

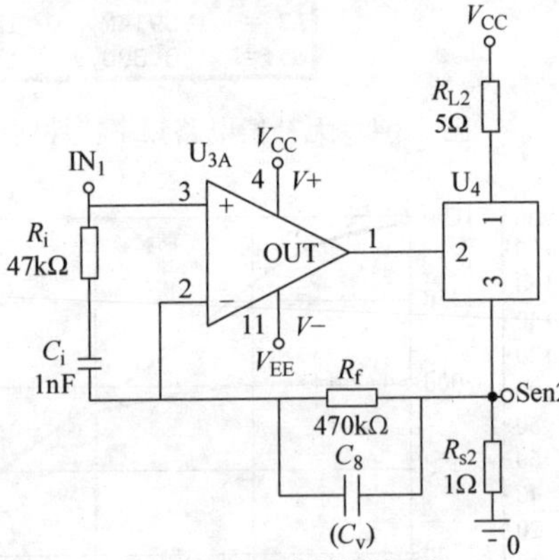

b) 有补偿闭环频域测试电路

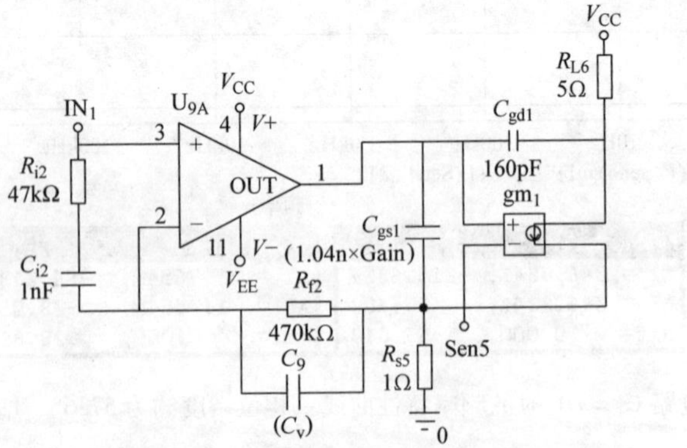

c) 有补偿 MOSFET 等效模型闭环频域测试电路

图 2.67　闭环频域测试电路

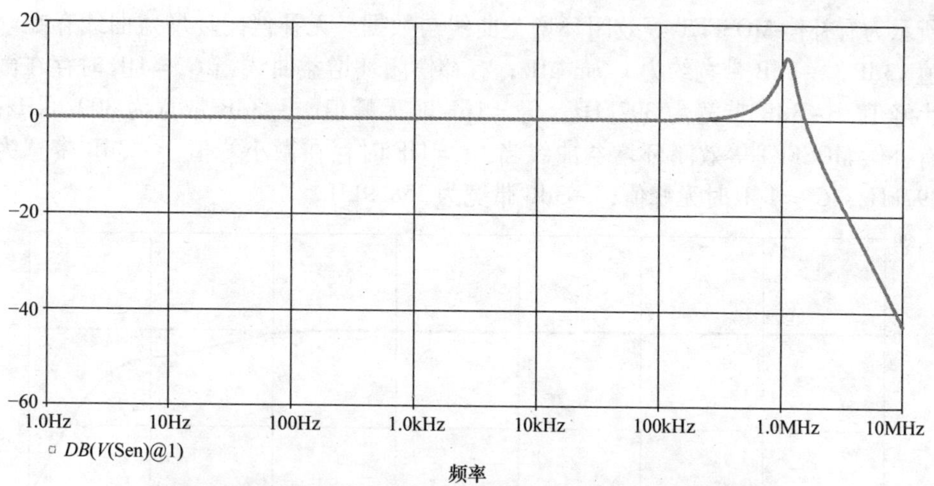

Probe Cursor	
A1 =　1.1305M,	13.074
A2 =　9.3415K,	295.779u
dif=　1.1211M,	13.074

Probe Cursor	
A1 =　1.7246M,	−3.1173
A2 =　1.0000,	−278.538u
dif=　1.7246M,	−3.1170

图 2.68　无补偿闭环增益曲线与数据——存在峰值 13dB，−3dB 带宽约为 1.7megHz

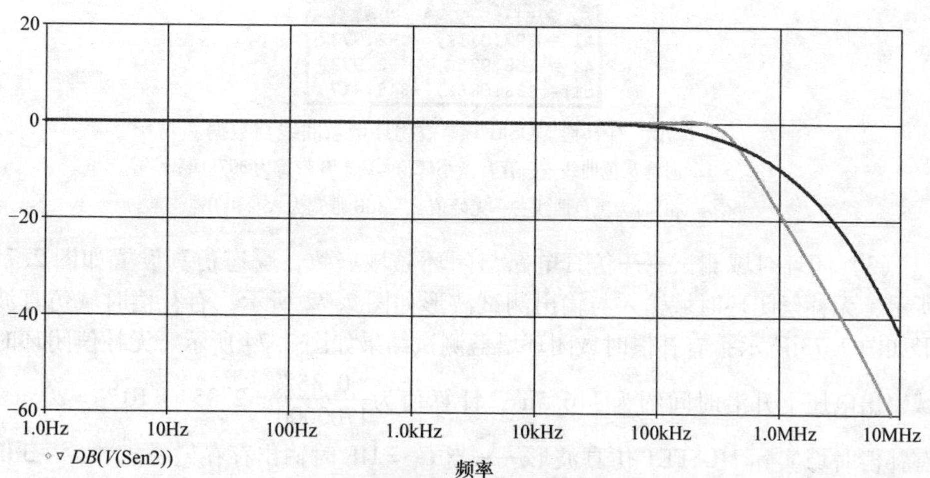

Probe Cursor	
A1 = 397.011K,	−3.0404
A2 = 309.755K,	−3.0303
dif=　87.256K,	−10.113m

图 2.69　有补偿闭环增益曲线与数据

C_v = 1fF 时为灰色曲线——存在微小峰值，−3dB 带宽为 397kHz；

C_v = 1pF 时为黑色曲线——无峰值，−3dB 带宽为 309.8kHz

所示为有补偿 MOSFET 等效闭环增益曲线与数据。无补偿闭环增益曲线存在峰值 13dB，－3dB 带宽约为 1.7megHz；有补偿闭环增益曲线当 $C_v=1fF$ 时存在微小峰值，－3dB 带宽为 397kHz，$C_v=1pF$ 时无峰值，－3dB 带宽为 309.8kHz；有补偿 MOSFET 等效闭环增益曲线当 $C_v=1fF$ 时存在微小峰值，－3dB 带宽为 397kHz，$C_v=1pF$ 时无峰值，－3dB 带宽为 258.9kHz。

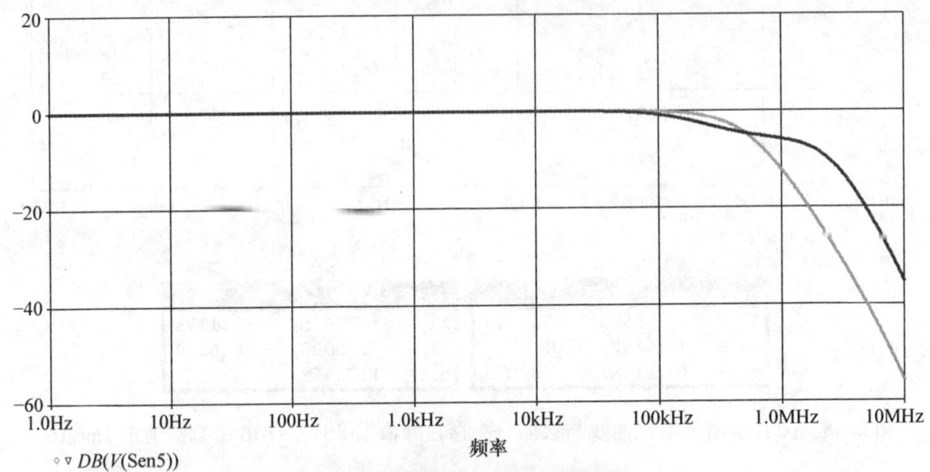

Probe Cursor	
A1 = 397.011K,	-2.9737
A2 = 258.925K,	-2.9729
dif= 138.086K,	-818.417u

图 2.70　有补偿 MOSFET 等效闭环增益曲线与数据

$C_v=1fF$ 时为灰色曲线——存在微小峰值，－3dB 带宽为 397kHz；

$C_v=1pF$ 时为黑色曲线——无峰值，－3dB 带宽为 258.9kHz

（3）闭环时域测试——仿真电路与闭环频域一致，瞬态仿真设置如图 2.71 所示，无补偿闭环时域输入与输出测试波形如图 2.72 所示，有补偿时域仿真波形如图 2.73 所示，有补偿时域闭环增益测试结果如图 2.74 所示。无补偿闭环时域输出电压上升沿时间约为 116.5ns，计算值为$\frac{0.35}{1700000}=2.059\times10^{-7}=206ns$；有补偿时域实际 MOSFET 仿真波形——当 $C_v=1fF$ 时输出存在微小过冲，－3dB 带宽为 397kHz，上升沿$\frac{0.35}{397000}=8.816\times10^{-7}=882ns$，与时域测试值 910ns 基本一致，$C_v=1pF$ 时输出无过冲，－3dB 带宽为 309.8kHz，上升沿$\frac{0.35}{309000}=1.133\times10^{-6}=1.13\mu s$，与时域测试值 1.58μs 基本一致；有补偿闭环 MOSFET 等效仿真波形——$C_v=1fF$ 时输出存在微小过冲，－3dB 带宽为 397kHz，上升沿$\frac{0.35}{397000}=8.816\times10^{-7}=882ns$，与时域测试值 851ns 基本一致，$C_v=1pF$ 时输出无过冲，−3dB 带宽为 258.9kHz，上升沿$\frac{0.35}{258900}=1.352\times10^{-6}=1.352\mu s$，与时域测试值 1.525μs 更加一致；所以利用 MOSFET 等效模型进行频域分析更加准确。

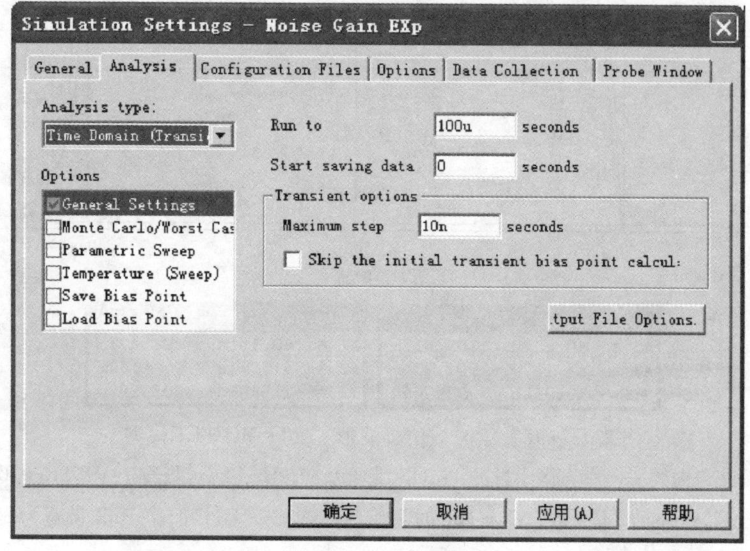

图 2.71　瞬态仿真设置

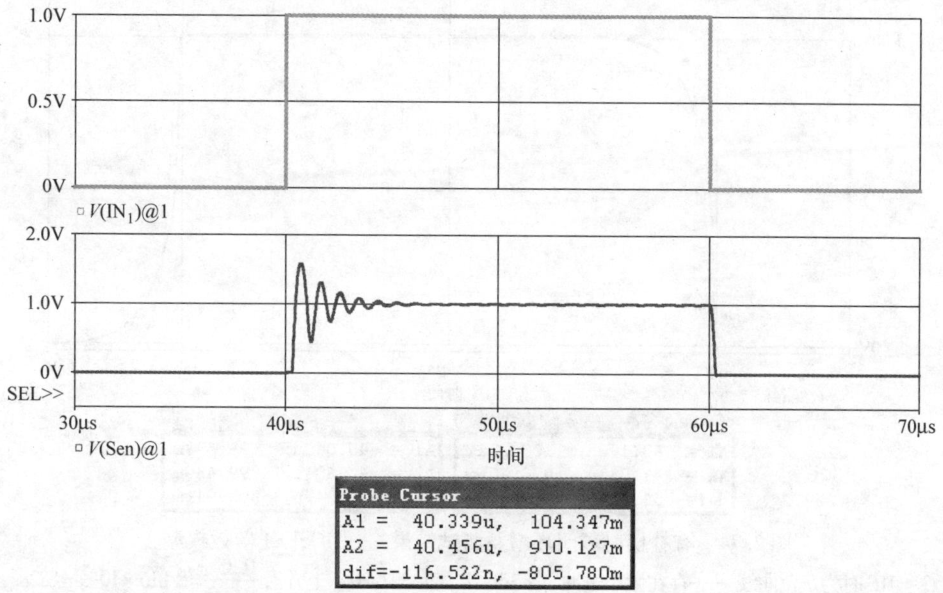

图 2.72　无补偿闭环时域输入与输出测试波形：上升沿时间约为 116.5ns，计算值为$\frac{0.35}{1700000}=2.059\times10^{-7}=206\text{ns}$

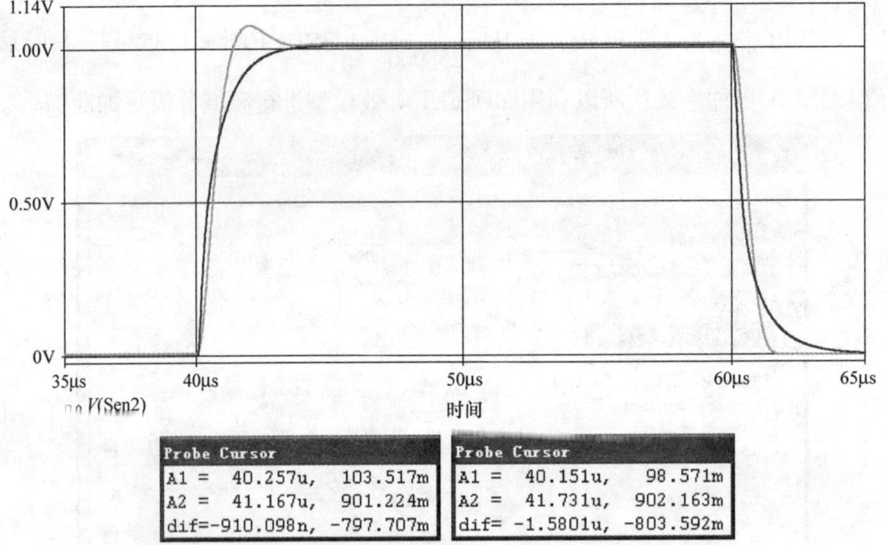

图 2.73　有补偿时域仿真波形，实际 MOSFET 模型：

$C_v=1\text{fF}$ 时为灰色曲线——存在微小过冲，-3dB 带宽为 397kHz，上升沿 $\frac{0.35}{397000}=8.816\times10^{-7}=882\text{ns}$，与时域测试值 910ns 基本一致；$C_v=1\text{pF}$ 时为黑色曲线——无过冲，-3dB 带宽为 309.8kHz，上升沿 $\frac{0.35}{309000}=1.133\times10^{-6}=1.13\mu\text{s}$，与时域测试值 1.58μs 基本一致

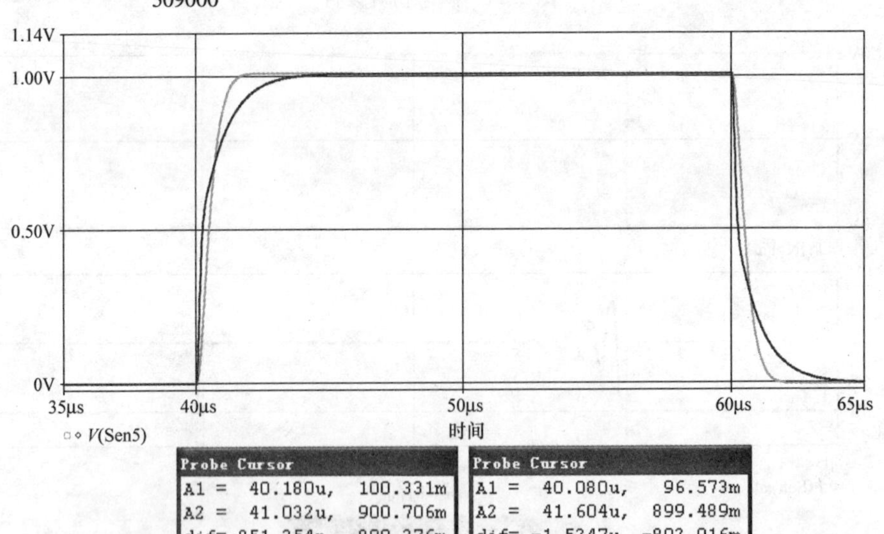

图 2.74　有补偿时域闭环增益测试结果——MOSFET 等效模型：

$C_v=1\text{fF}$ 时为灰色曲线——存在微小过冲，-3dB 带宽为 397kHz，上升沿 $\frac{0.35}{397000}=8.816\times10^{-7}=882\text{ns}$，与时域测试值 851ns 基本一致；$C_v=1\text{pF}$ 时为黑色曲线——无过冲，-3dB 带宽为 258.9kHz，上升沿 $\frac{0.35}{258900}=1.352\times10^{-6}=1.352\mu\text{s}$，与时域测试值 1.525μs 更加一致

第 3 章

运放电路R_{iso}双反馈补偿设计

R_{iso}双反馈补偿设计通常用于高精度参考的缓冲电路，作为电压缓冲器，运算放大器能够提供较高的源电流和吸收电流，此两种电流最初均来自高精度参考源。虽然电压跟随器的增益为1，但是当增益大于1时只需对其具体参数进行调整仍可采用双通道R_{iso}反馈进行系统稳定性补偿设计。本章首先对R_{iso}双反馈补偿原理进行简单分析；然后分别对双极型和CMOS运放容性负载电路进行双反馈补偿设计，尽管这两种运放电路的分析步骤相似，但是仍存在细微的差别，通过模型建立、参数计算、电路测试对R_{iso}双反馈进行输入理解以实现最终应用目标。

3.1 R_{iso}双反馈补偿原理

本节主要对R_{iso}双反馈补偿原理进行分析，利用FB和Aol幅频特性曲线进行具体说明，并对复共轭极点产生的严重影响进行详细表述。

利用两个反馈路径对容性负载运算放大器电路进行补偿设计，R_{iso}双反馈电路和频率特性曲线如图3.1所示：第一条反馈路径FB_1在运放之外，首先通过R_{iso}和C_L输出、然后再通过R_F和R_I返回至运放负输入端；第二条反馈路径FB_2由运放输出端通过C_F返回至运放负输入端；利用各反馈和Aol频率特性曲线进行环路稳定分析与设计。当运放电路使用多反馈路径时，将最大电压反馈至运放输入端的反馈路径将成为主要反馈路径，即如果为每个反馈绘制$1/\beta$曲线，则在给定频率下具有最低$1/\beta$的反馈将占主导地位，因为最小的$1/\beta$表示最大的β，并且由于$\beta = V_{FB}/V_{OUT}$，因此最大的β表示反馈给运放输入端的电压最大；例如两个人对着同一只耳朵讲话，那么耳朵将听到哪个人的声音呢——运放将“听到”具有最大β或最小$1/\beta$的反馈路径，即对于任何频率下的FB_1和FB_2，运放将对$1/\beta$较低的反馈进行响应。

运放电路进行R_{iso}双反馈补偿设计时必须避免出现复共轭极点，如图3.2所

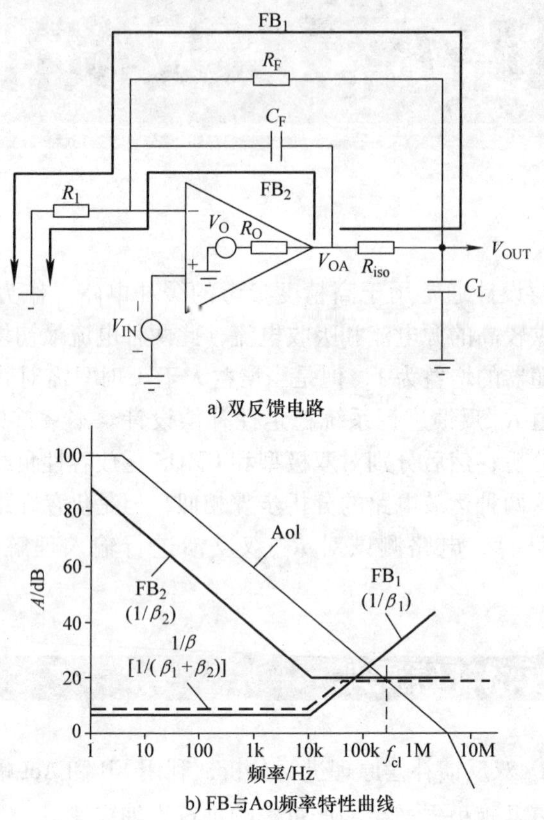

图 3.1　R_{iso}双反馈电路和频率特性曲线

示，反馈 $1/\beta$ 的斜率从 +20dB/dec 突变为 -20dB/dec，此种快速变化意味着 $1/\beta$ 曲线中的复共轭极点具有较小的阻尼比 ζ，因此在环路增益曲线中将出现复共轭零点。复零点/复极点频率处将产生 +/-90°相移，另外在复零点/复极点狭窄频带内相位斜率可以在 +/-90° ~ +/-180°范围内变化，该变化将会导致闭环运放电路响应中出现严重的增益峰值，这是运放电路，尤其是功率放大电路的大忌。图 3.2b 所示为复共轭极点相位曲线，相位斜率取决于阻尼因子 ζ，该相移与简单双极点相移存在很大不同，实际设计时的期望斜率为 -90°/dec，即频率变化 10 倍时的相移为 90°，此时阻尼因数 $\zeta=1$。

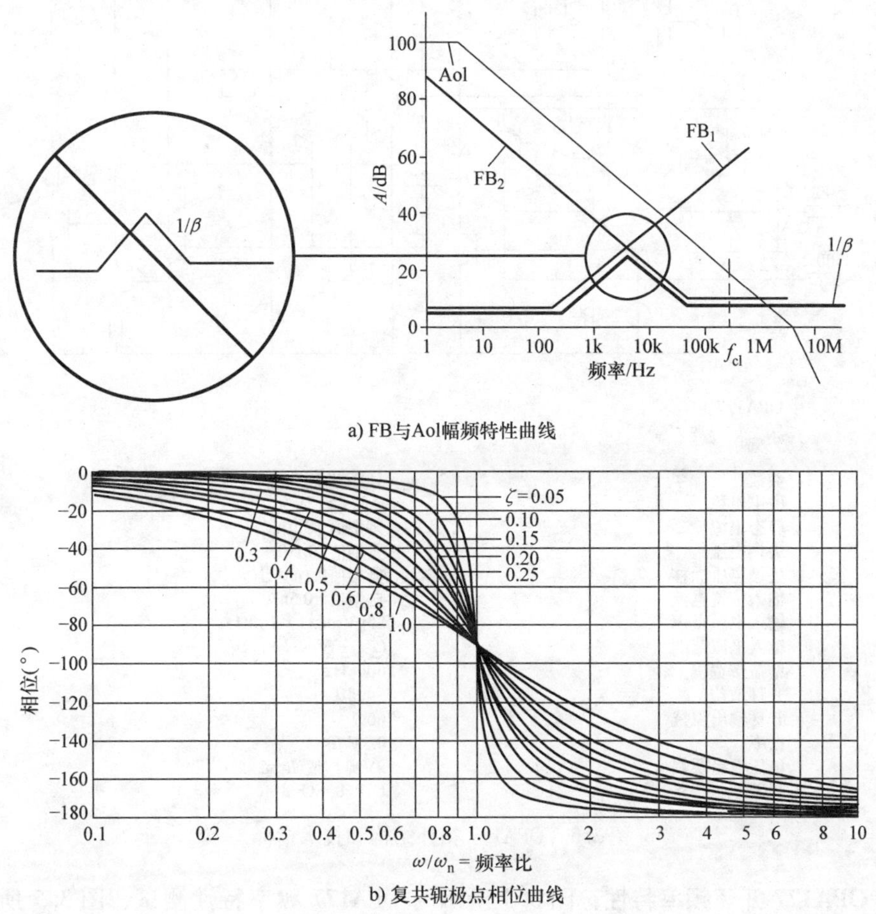

a) FB与Aol幅频特性曲线

b) 复共轭极点相位曲线

图 3.2　复共轭极点效应

3.2　OPA177 双极型运放双反馈控制

选择双极型运放 OPA177 用于发射极跟随器，并且利用该运放分析 R_{iso} 双反馈控制。首先进行模型建立与测试，然后进行容性负载双反馈分析与实例设计。

3.2.1　OPA177 双极型运放模型测试

OPA177 主要技术指标：OPA177 拓扑结构和技术指标如图 3.3 所示，该运放具有低漂移、低输入失调电压等优良特性，并且能够工作在 ±3 ~ ±15V 供电范围。

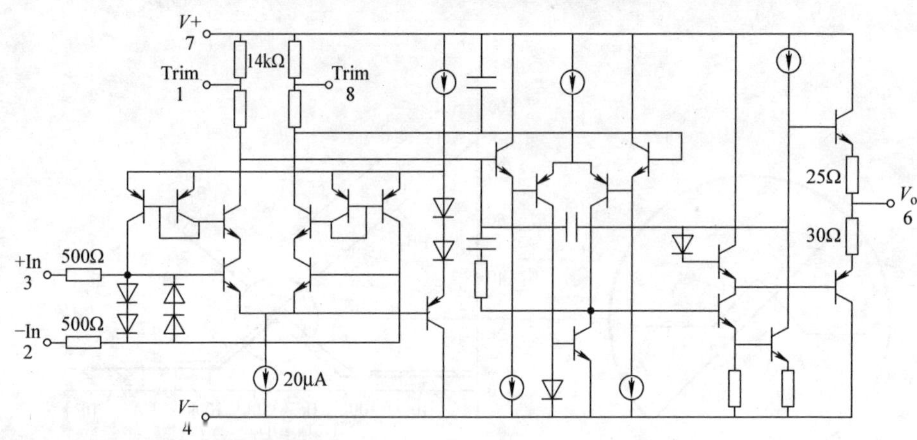

OPA177
精密运算放大器

参数	具体数值
供电电源	±3～±15V
静态电流	典型值1.3mA
失调电压	典型值10μV
失调电压漂移	典型值0.1μV/C
输入偏置电流	典型值±0.5nA
输入电压噪声	85nVrms(1～100Hz)
输入电压范围	$(V-)+2V \sim (V+)-2V$
增益带宽积	600kHz
开环增益	140dB
开环输出阻抗	60Ω
摆率	0.3V/μs
电压输出摆幅	2V典型值(R_L=2kΩ)
封装	DIP−8, SO−8

图 3.3　OPA177 拓扑结构和技术指标

OPA177 开环频率特性：图 3.4 所示为 OPA177 频率特性测试，图 3.5 所示为 Gain 带宽测试波形与数据：－3dB 带宽约为 600kHz——与技术手册 0.6megHz 一致、第 1 极点 f_{p1} = 27.7mHz、第 2 极点 f_{p2} = 585.4kHz、直流增益约为 146.6dB。

闭环增益带宽测试：当闭环增益分别为 80dB、60dB、40dB、20dB 和 0dB 时测试增益带宽积；增益大于 20dB 即大于 10 时增益带宽积约为常数 616k；当增益为 0dB 即 1 时增益带宽积误差较大，主要受第 2 极点 f_{p2} 的影响。

开环增益 大信号电压增益	$R_L \geqslant 2k\Omega$ $V_o = \pm 10V^{(5)}$	5110	12000	2000	6000	V/mV
频率响应 摆率	$R_L \geqslant 2k\Omega$	0.1	0.3	*	*	V/μs
闭环带宽	$G=+1$	0.4	0.6	*	*	MHz

a) OPA数据手册中的开环增益与带宽

图 3.4　OPA177 频率特性测试

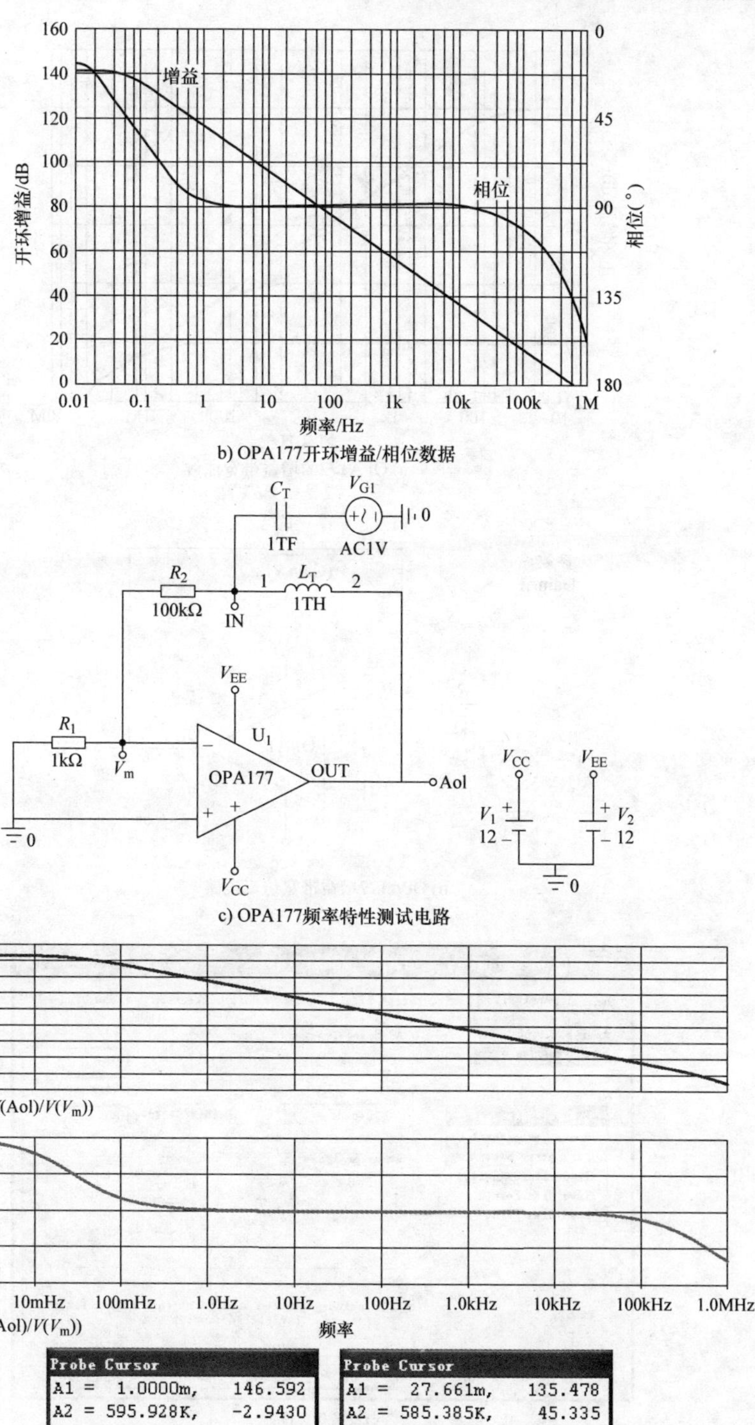

b) OPA177开环增益/相位数据

c) OPA177频率特性测试电路

d) OPA177 频率特性曲线与数据

图 3.4 OPA177 频率特性测试（续）

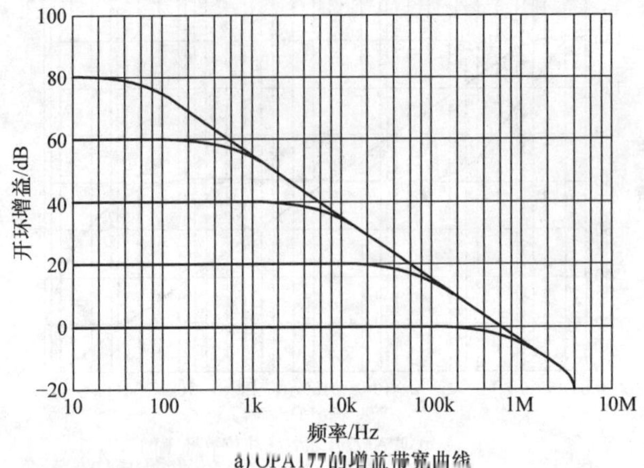

a) OPA177的增益带宽曲线

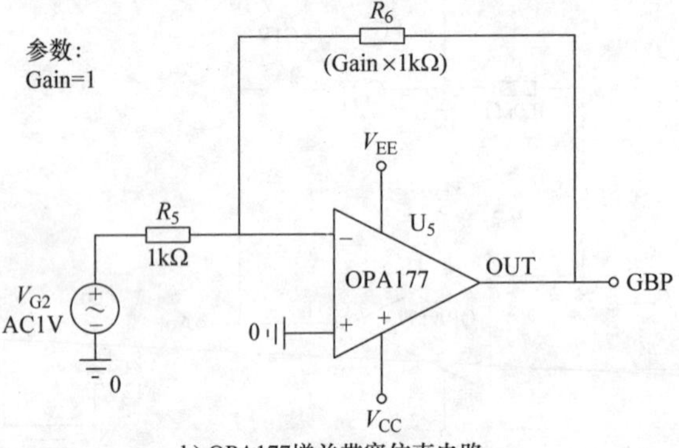

b) OPA177增益带宽仿真电路

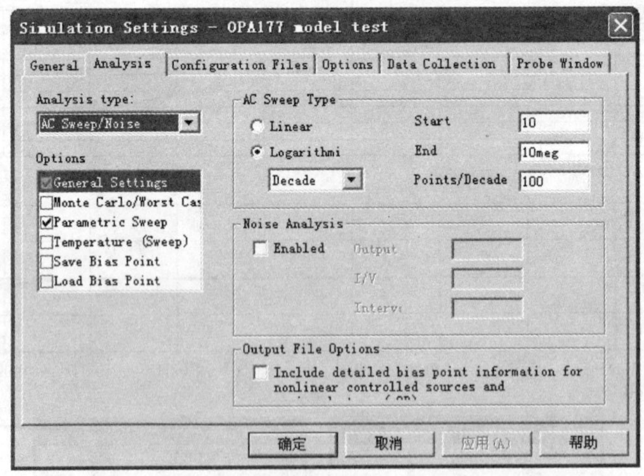

c) 交流仿真设置

图 3.5　Gain 带宽测试

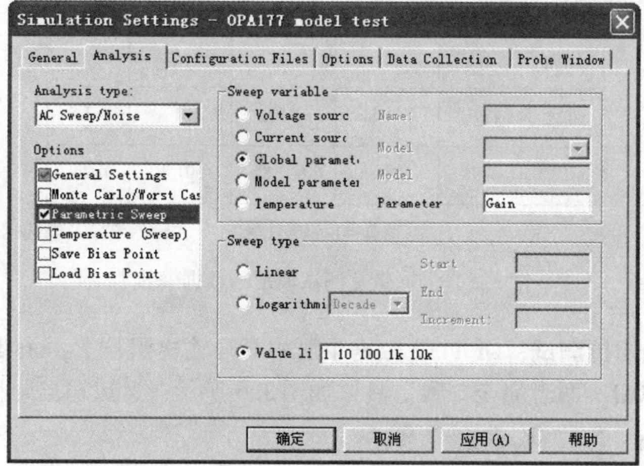

d) Gain增益参数仿真设置

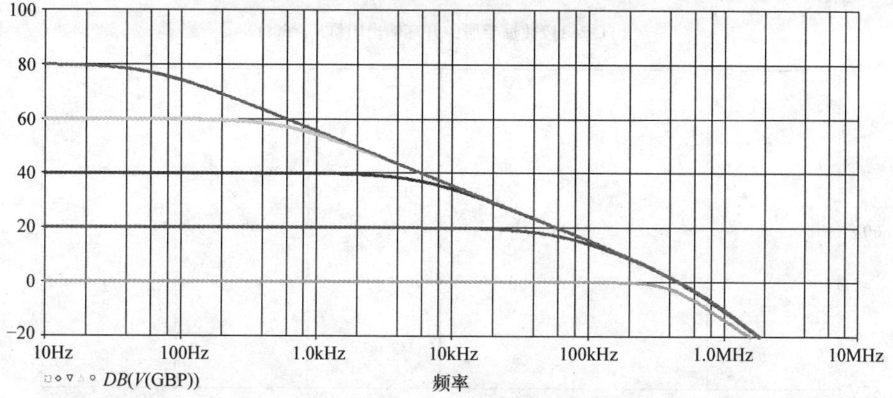

e) Gain带宽仿真曲线

Probe Cursor		
A1 =	10.000,	79.877
A2 =	61.623,	76.860
dif=	-51.623,	3.0169

f1) Gain=80dB时−3dB带宽为61.6Hz

Probe Cursor		
A1 =	10.000,	59.998
A2 =	601.849,	56.966
dif=	-591.849,	3.0329

f2) Gain=60dB时−3dB带宽为601.8Hz

Probe Cursor		
A1 =	10.000,	40.000
A2 =	6.0185K,	36.964
dif=	-6.0085K,	3.0361

f3) Gain=40dB时−3dB带宽为6.018kHz

Probe Cursor		
A1 =	10.000,	20.000
A2 =	59.478K,	16.993
dif=	-59.468K,	3.0067

f4) Gain=20dB时−3dB带宽为59.48kHz

Probe Cursor		
A1 =	10.000,	-1.0300u
A2 =	427.336K,	-3.0215
dif=	-427.326K,	3.0215

f5) Gain=0dB时−3dB带宽为427kHz

波形与数据

增益	1	10	100	1k	10k
带宽	427k	59.48k	6.018k	601.8	61.6
GBP	427k	594.8k	601.8k	601.8k	616k

g) 增益带宽积统计数据

图 3.5　Gain 带宽测试波形与数据（续）

开环输出阻抗测试：OPA117 数据手册中开环输出阻抗 $R_0=60\Omega$，仿真测试数据为 $R_0=60\Omega$，两者完全一致，具体如图 3.6 所示；运放输出阻抗由如下模型语句设置：R_{01}　8 5 60、R_{02}　7 99 60。

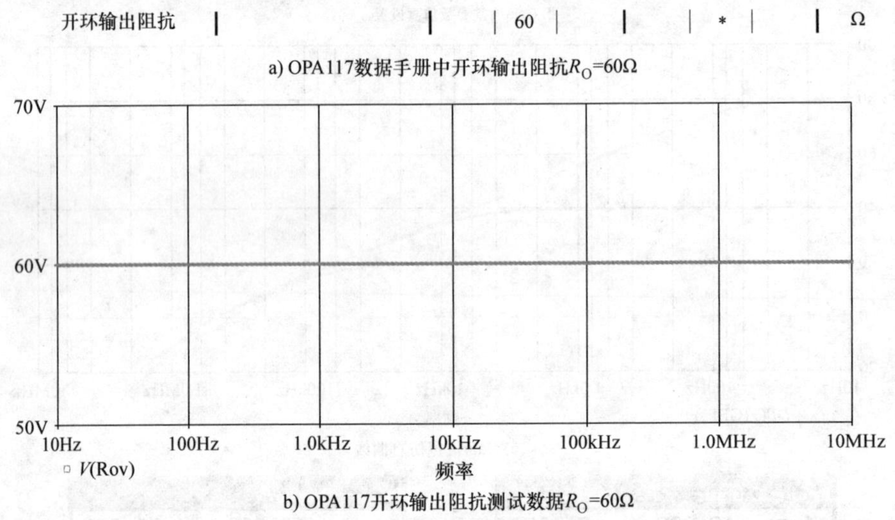

a) OPA117数据手册中开环输出阻抗R_O=60Ω

b) OPA117开环输出阻抗测试数据R_O=60Ω

图 3.6　输出阻抗 R_0 技术指标与测试数据

输出电压摆幅测试：图 3.7 所示为 OPA177 输出摆幅测试，按照数据手册进行设置，当负载电阻 R_{LRail} 参数值分别为 1kΩ、2kΩ 和 10kΩ 时输出电压基本不变；输入电压为 ±15V、输入峰峰值为 30V 时输出电压最大为 14.128V、最小为 −14.125V、输出峰峰值为 28.253V；摆幅差值为 1.747V，与数据手册基本一致。

OPA177 数学模型建立：根据上述数据建立运放 OPA177 的数学模型，测试电路与交流仿真设置、测试波形与数据如图 3.8 所示：运放极点 $f_{p1}=27.7\text{mHz}$、$f_{p2}=578\text{kHz}$，直流增益为 146dB——与设置值基本一致；所以可以利用极点、直流增益和输出阻抗建立运放的数学模型，以便于实际设计时使用。

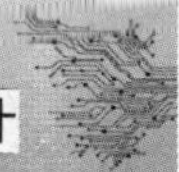

输出电压摆幅	$R_L \geqslant 10k\Omega$	±13.5	±14		*	*		V
	$R_L \geqslant 2k\Omega$	±12.5	±13		*	*		V
	$R_L \geqslant 1k\Omega$	±12	±12.5		*	*		V

a) 供电电源为±15V时输出最大摆幅为±14V

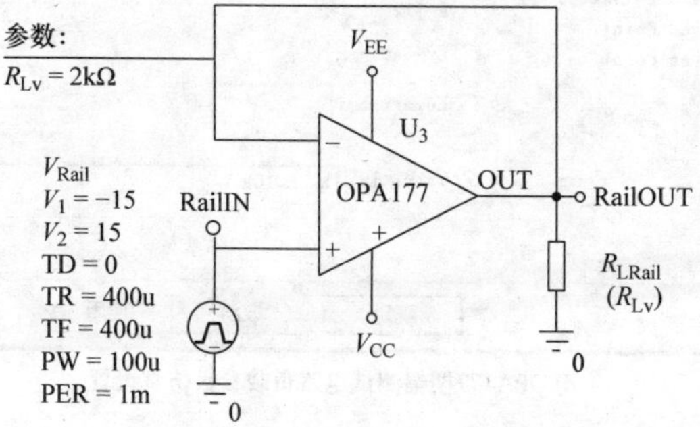

b) OPA177摆幅测试电路——供电电源为±15V

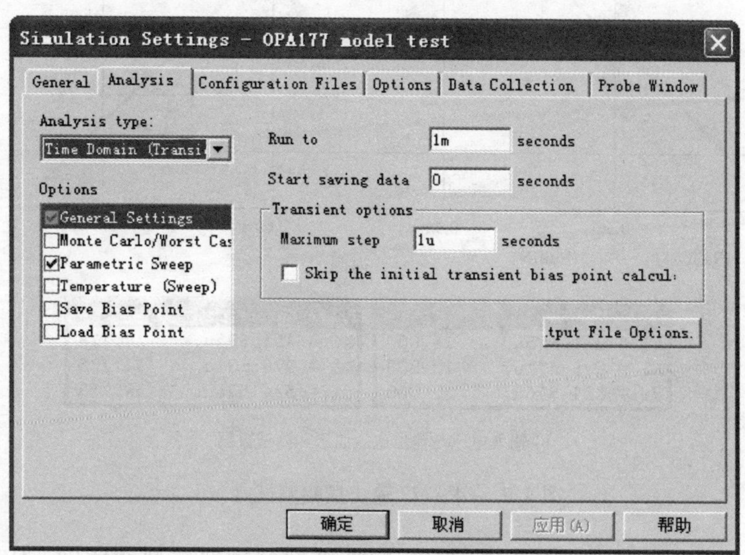

c) OPA177摆幅测试电路瞬态仿真设置

图 3.7　OPA177 输出摆幅测试

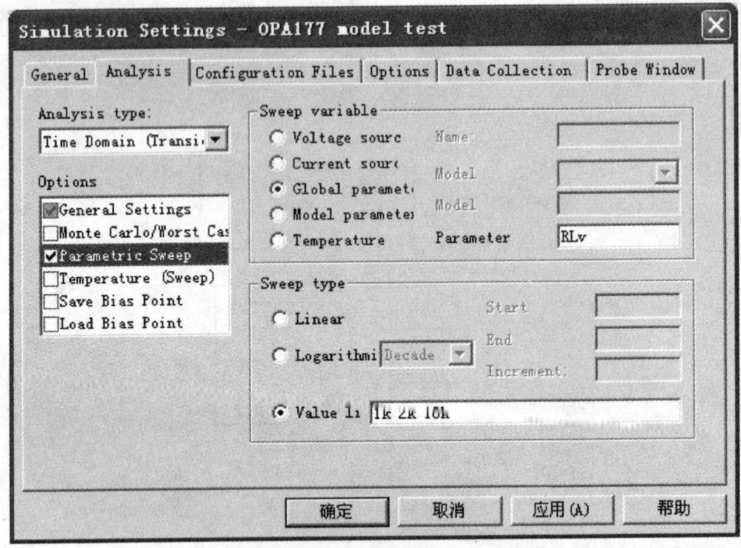

d) OPA177摆幅测试电路负载参数仿真设置

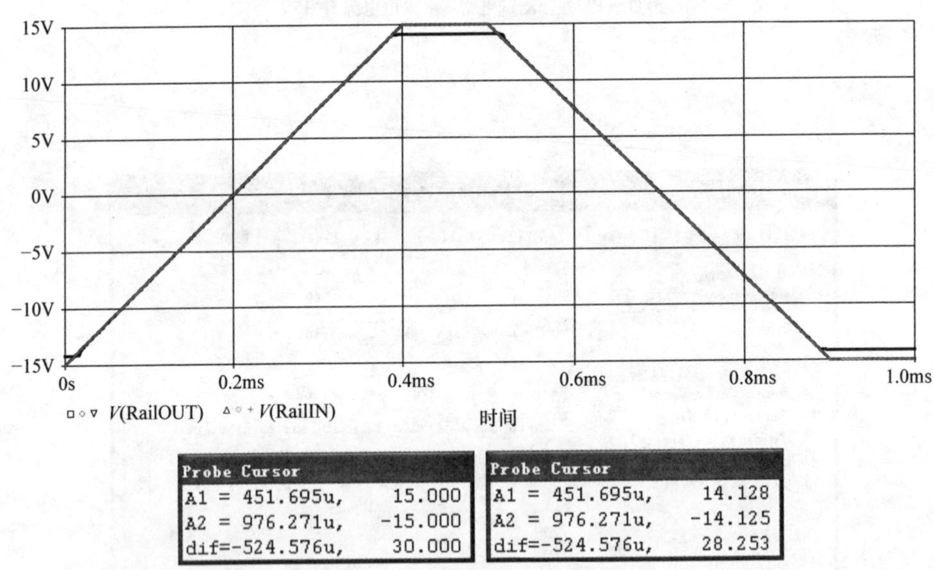

e) 输入电压与输出电压波形和测试数据

图 3.7　OPA177 输出摆幅测试（续）

OPA177 摆率测试：对比 OPA177 数学模型与物理模型的差别，OPA177 摆率测试如图 3.9 所示。

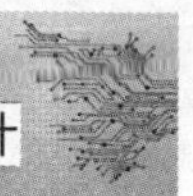

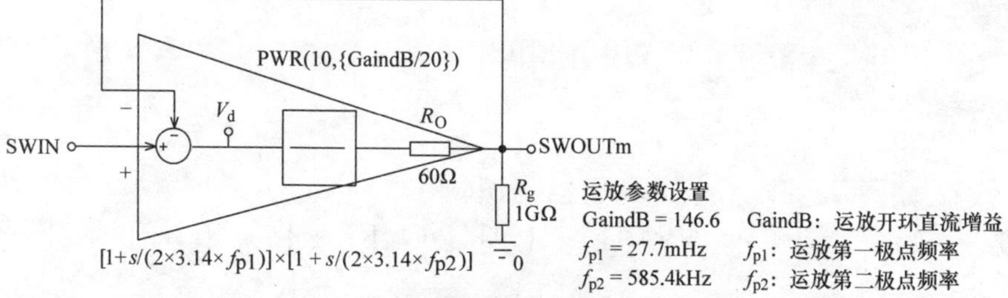

a) OPA177数学模型测试电路

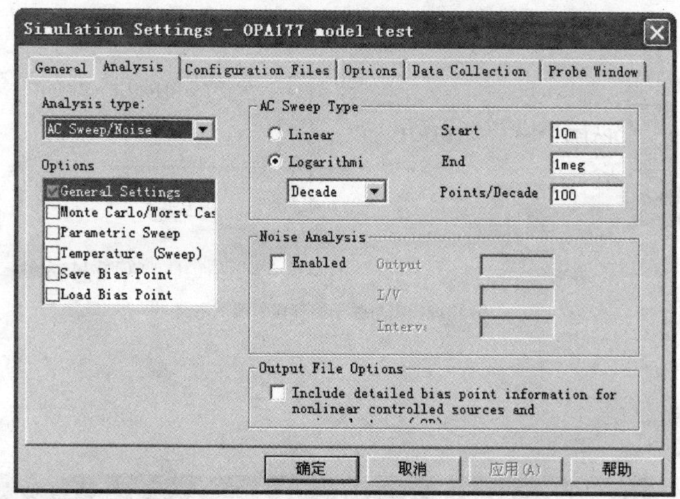

b) 交流仿真设置

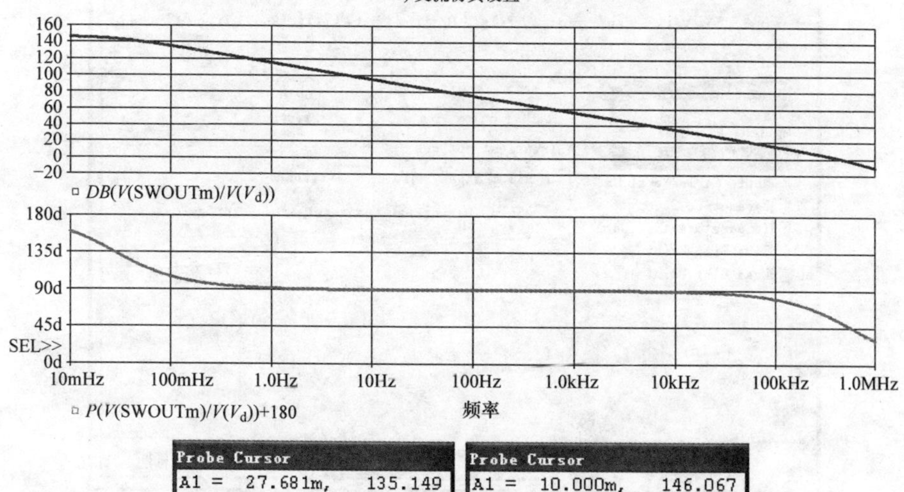

c) 测试波形与数据

图 3.8 OPA177 数学模型建立与测试

摆率	$R_L \geqslant 2k\Omega$	0.1	0.3		*	*		V/μs

a) 数据手册摆率参数——0.3V/μs

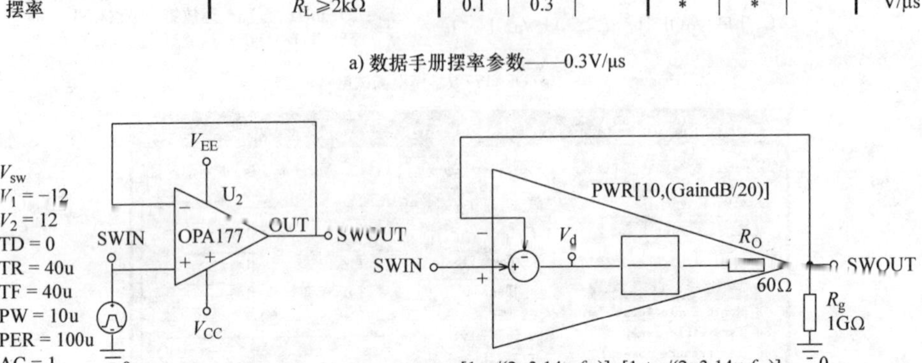

b) 物理模型与数学模型摆率测试电路

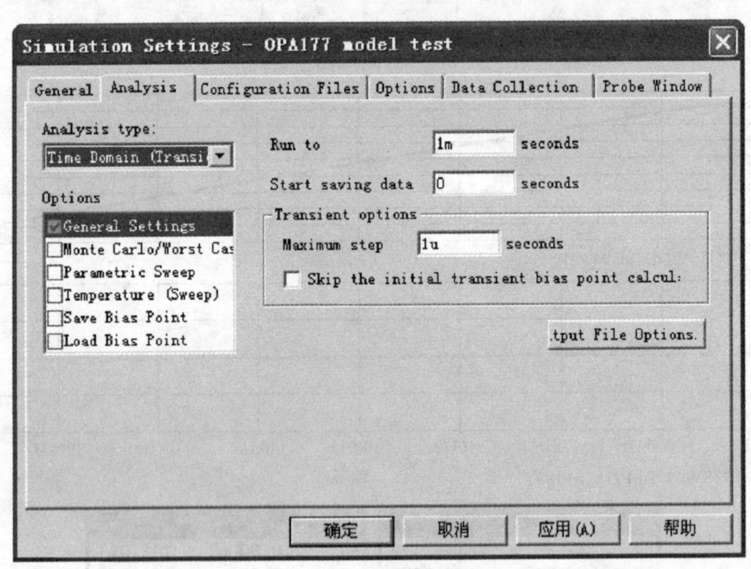

c) 瞬态仿真设置

图 3.9　OPA177 摆率测试——数学模型与物理模型对比

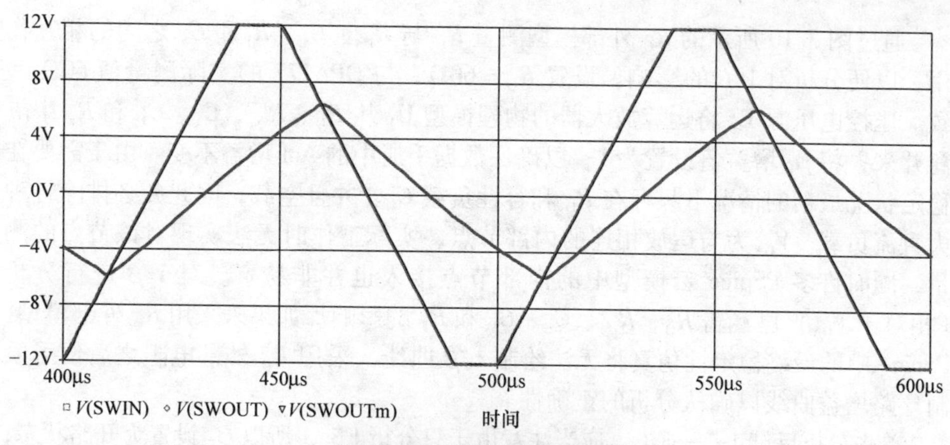

d) 摆率测试波形与数据

图 3.9 OPA177 摆率测试——数学模型与物理模型对比（续）

3.2.2 OPA177 容性负载 R_{iso} 双反馈测试

单反馈稳定性测试：为充分体现 R_O 与 R_{iso}、C_L、C_F、R_F 对反馈 $1/\beta$ 的影响，需将 R_O 从运算模型中分离出来，以便清晰计算各关键频率节点；输出阻抗 R_O 的外部模型如图 3.10 所示，U_1 为 OPA177 的物理模型，与其数据手册的 Aol 曲线频率特性一致，此时输出电压通过 R_{iso}、C_L、C_F 和 R_F 得到缓冲。

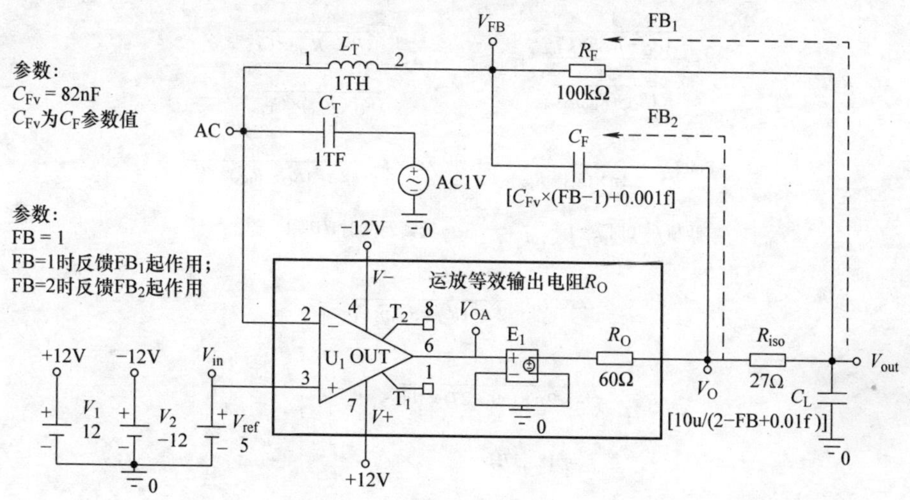

图 3.10 输出阻抗 R_O 的外部模型

通过图 3.10 所示的 R_O 外部模型测量 R_O 与 R_{iso}、C_L、R_F和 C_F 之间的相互作用，以便分析对 $1/\beta$ 的影响。设置 $R_O=60\Omega$，与 OPA177 的实际测量值 60Ω 一致。压控电压源 E_1 将运算放大器的物理模型 U_1 从 R_O、R_{iso}、C_L、C_F 和 R_F 中隔离开来；将 E_1 增益值设置为 1，以确保数据手册中的 Aol 增益不变。由于需要在稳定状况最糟的情况下只存在 R_O 和容性负载 C_L、并且空载，因此务必排除各种大直流负载。V_{OA}为与运放相连的内部节点，实际工作时无法实现对该节点的测量，同时许多 PSpice 宏模型中的内部节点接入也并非易事。对 $1/\beta$ 进行分析（相对于 V_{OA}）已涵盖 R_O、R_{iso}、C_L、C_F 和 R_F 的影响。如果未采用 R_O 外部模型，PSpice 中的最终稳定性仿真将无法绘制 $1/\beta$ 曲线，采用 R_O 外部电阻之后便可绘制环路增益曲线以确认分析的正确性。

首先分析反馈 1——FB_1，应当注意由于只分析 FB_1，所以 C_F 设置为开路状态；然后分析反馈 2——FB_2；最后通过叠加法将两反馈通道合并，以便得到最终的 $1/\beta$。FB_1 的 $1/\beta$ 推导公式如图 3.11 所示，当$f_{zx}\approx 183\text{Hz}$ 时 $1/\beta$ 开始大于 1。

FB#1 β 推导：

$$\beta=\frac{V_{FB}}{V_{OA}}$$

$$\beta=\frac{X_{CL}}{R_O+R_{iso}+X_{CL}}$$

$$\beta=\frac{\frac{1}{S_{CL}}}{R_O+R_{iso}+\frac{1}{S_{CL}}}$$

$$\beta=\frac{1}{(R_O+R_{iso})\times S_{CL}+1}$$

$$\beta=\frac{\frac{1}{(R_O+R_{iso})\times C_L}}{S+\frac{1}{(R_O+R_{iso})\times C_L}}$$

$$\text{Pole: } f_{px}=\frac{1}{2\pi\times(R_O+R_{iso})\times C_L}$$

低频 $f=0$时 $\beta=1$

FB#1 $1/\beta$ 推导：

$$1/\beta=\frac{V_{OA}}{V_{FB}}$$

$$1/\beta=\frac{R_O+R_{iso}+X_{CL}}{X_{CL}}$$

$$1/\beta=\frac{R_O+R_{iso}+\frac{1}{S_{CL}}}{\frac{1}{S_{CL}}}$$

$$1/\beta=\frac{(R_O+R_{iso})\times S_{CL}+1}{1}$$

$$1/\beta=\frac{S+\frac{1}{(R_O+R_{iso})\times C_L}}{\frac{1}{(R_O+R_{iso})\times C_L}}$$

$$\text{Zero: } f_{zx}=\frac{1}{2\pi\times(R_O+R_{iso})\times C_L}$$

低频 $f=0$时$1/\beta=1$

$$\text{Zero: } f_{zx}=\frac{1}{2\pi\times(R_O+R_{iso})\times C_L}$$

$$f_{zx}=\frac{1}{2\pi\times(60+27)\times 10\mu}$$

$$f_{zx}=183.57\text{Hz}$$

低频 $f=0$时$1/\beta=1$

图 3.11　FB_1 的 $1/\beta$ 推导公式

由图3.11可知，由于$1/\beta$为β的倒数，所以FB_1的$1/\beta$计算结果可轻易得到；由计算过程可知β的极点f_{px}变成$1/\beta$的零点f_{zx}。

利用图3.10所示的电路进行交流分析，参数FB=1：通过PSpice求取FB_1的$1/\beta$、OPA177的Aol以及只采用FB_1的环路增益，如此将C_F设置为开路（$C_F=1\times10^{-15}$F）。图3.12所示为交流仿真设置，图3.13所示为FB_1的$1/\beta$和

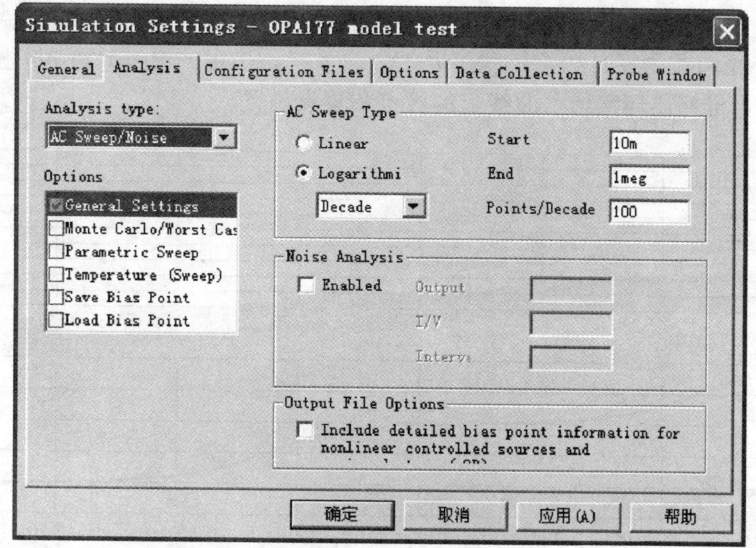

图3.12　交流仿真设置

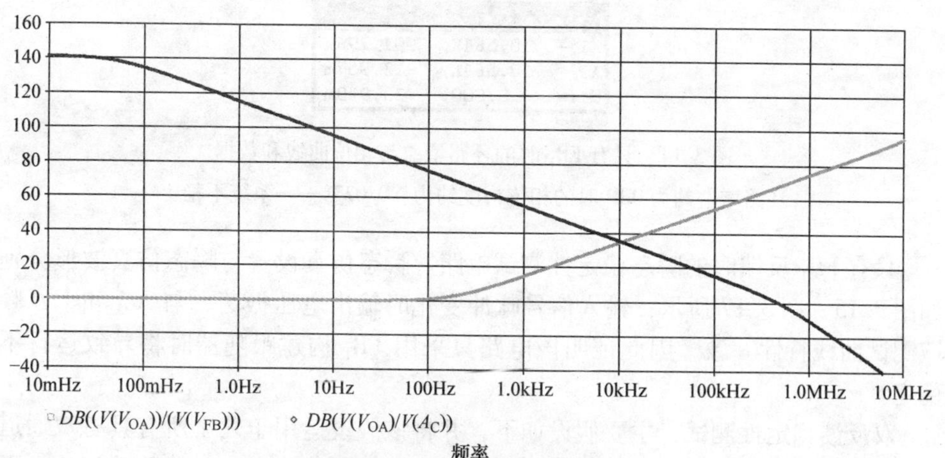

图3.13　FB_1的$1/\beta$和Aol频率特性曲线、FB_1的零点$f_{zx}=185.9$Hz

Aol 频率特性曲线，由图 3.13 可得：FB_1 的 $1/\beta$ 和 OPA177 的 Aol 频率特性曲线在环路增益为零的 f_{cl} 处两曲线闭合速率为 -40dB/dec：-20dB/dec(Aol)-(+20dB/dec(FB_1 的 $1/\beta$))=-40dB/dec，闭合速率经验数据表明该系统存在不稳定性；对 FB_1 分析可得零点频率 $f_{zx}\approx 183\text{Hz}$，低频时 $1/\beta=1$，由仿真数据可得 $f_{zx}=185.9\text{Hz}$，仿真结果与一阶计算结果非常一致。

由图 3.14 所示的只有 FB_1 时的环路增益与相位曲线和数据可知，当只有 FB_1 反馈时环路增益为零时相位裕度接近0°——系统不稳定。通过分析 Aol 和 FB_1 的 $1/\beta$ 曲线可推算出环路增益曲线上的极点和零点位置。

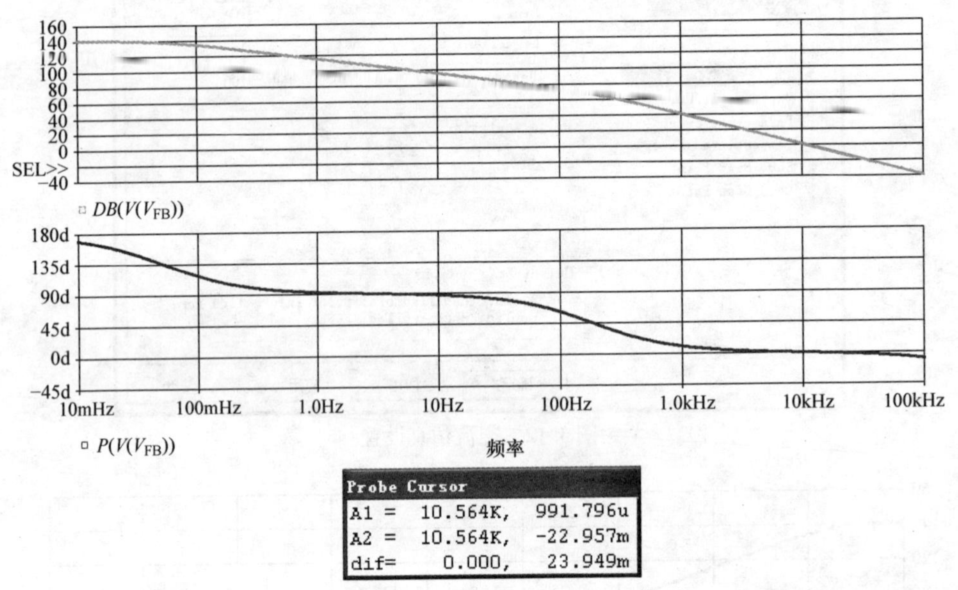

图 3.14　只有 FB_1 时的环路增益与相位曲线和数据

环路增益约为 0dB 时的相位裕度约为 -0.023°——系统不稳定

只有 FB_1 反馈时的瞬态稳定性测试电路、瞬态仿真设置与瞬态仿真波形分别如图 3.15～图 3.17 所示：输入信号脉冲变化时输出电压振荡，与 Aol 和 $1/\beta$ 频域测试曲线特性一致，因此证明该电路只采用 FB_1 构建跟随器时将导致运行不稳定。

双反馈稳定性测试：主要假设如下，并将该假设运用于几乎所有具有双通道反馈的 R_{iso} 电路中：首先假设 $C_L>10C_F$，即高频率时 C_L 早在 C_F 短路前短路，因此将短路 C_L 以排除 FB_1，从而便于单独分析 FB_2；另外假设 $R_F>10R_{iso}$，表明作为 R_{iso} 的负载，该 R_F 几乎完全失效；FB_2 在原点拥有一个极点，由于高频时 C_F 和 C_L 同时处于短路状态，所以 FB_2 高频 $1/\beta$ 部分即为 R_O+R_{iso} 与 R_{iso} 之比；具体计算过程如图 3.18a 所示。

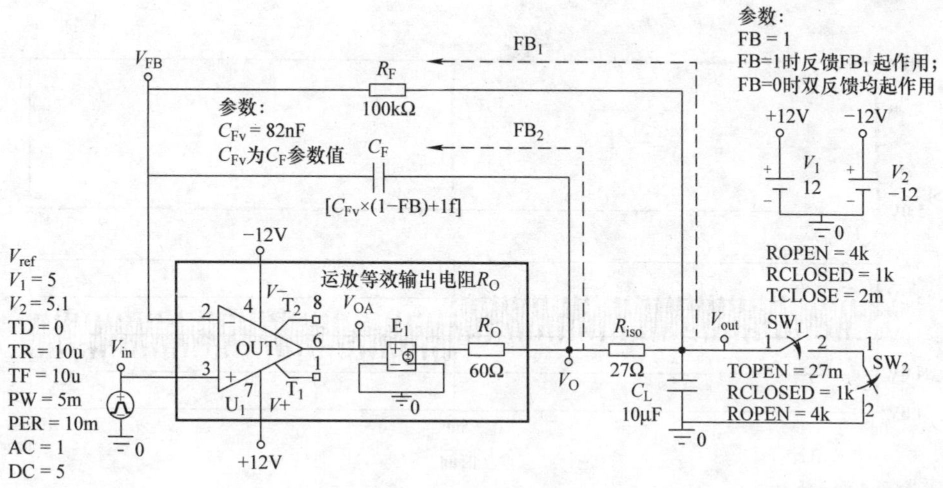

图 3.15 只有 FB_1 反馈时的瞬态稳定性测试电路

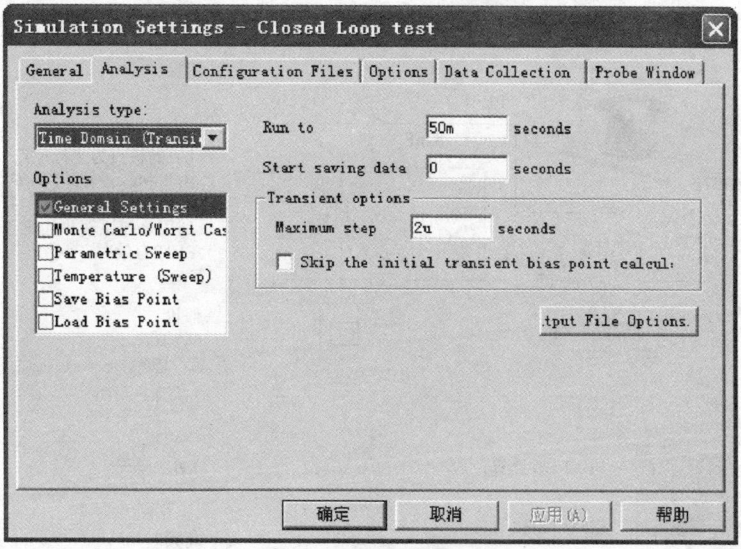

图 3.16 只有 FB_1 反馈时的瞬态仿真设置

对电路进行交流和 FB 参数仿真，交流仿真设置、FB_1 和 FB_2 设置以及 FB_1 和 FB_2 的 $1/\beta$、开环增益曲线与测试数据分别如图 3.19 ~ 图 3.27 所示：由 FB_2 的 β 的推导公式可知，由于 $1/\beta$ 是 β 的倒数，所以 FB_1 的 $1/\beta$ 的计算结果可以轻而易举推导出来；还可发现 β 推导过程中的极点 f_{pa} 变成 $1/\beta$ 推导过程中的零点 f_{za}；由 PSpice 仿真结果可得，FB_2 的 $1/\beta$ 曲线零点 f_{za} = 19.4Hz、高频增益 $1/\beta$ = 10.16dB，与一阶分析结果非常一致。

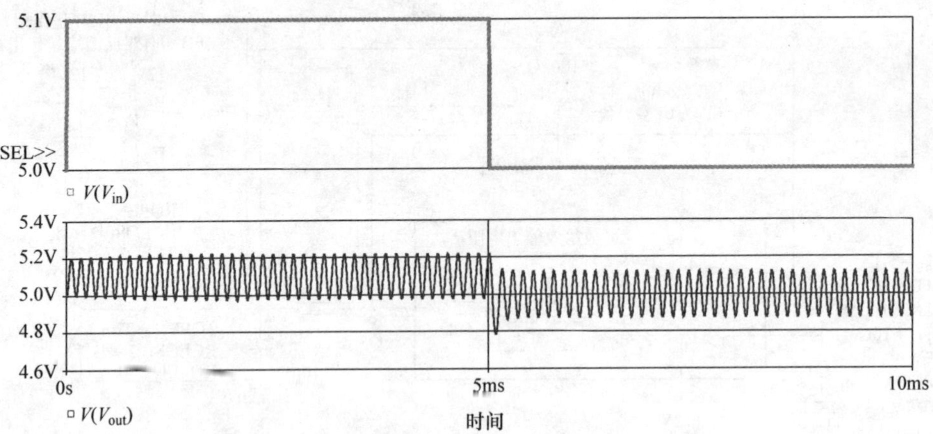

图 3.17　只有 FB_1 反馈时的瞬态仿真波形：
$V(V_{in})$为输入脉冲信号、$V(V_{out})$为输出信号——输出振荡

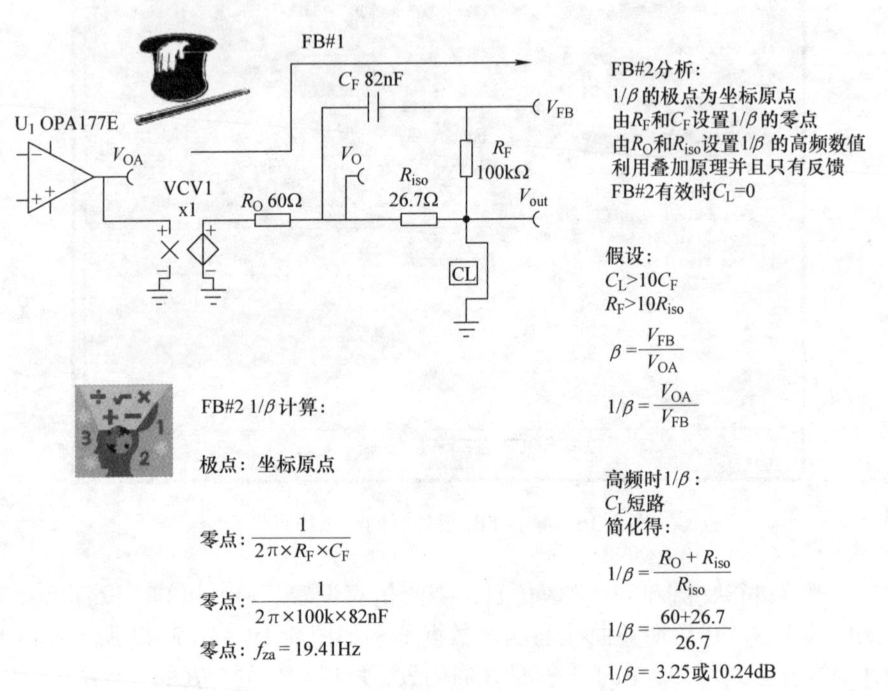

图 3.18　发射极跟随器 FB_2 详细计算公式以及 FB_1 和 FB_2 的 $1/\beta$ 与运放开环增益测试电路

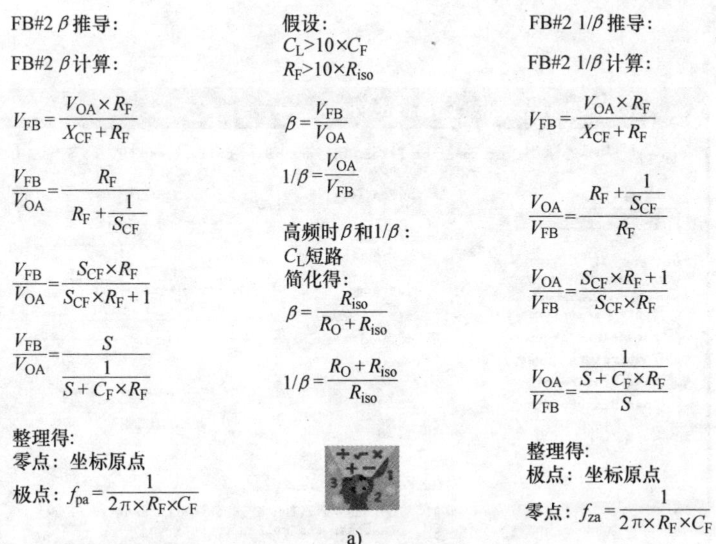

a)

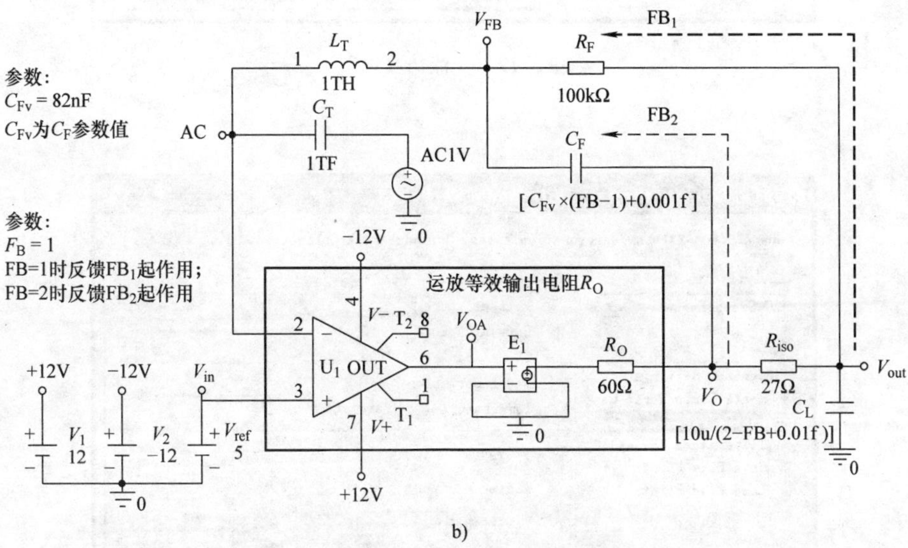

b)

图 3.18 发射极跟随器 FB_2 详细计算公式以及 FB_1 和 FB_2 的 $1/\beta$ 与运放开环增益测试电路（续）

FB_1 和 FB_2 同时起作用时的 $1/\beta$ 与运放开环增益测试波形和环路增益与相位曲线和数据分别如图 3.22 和图 3.23 所示：$1/\beta$ 与运放开环增益的交点 f_{cl} 处的环路增益为零，此时闭合速率为 −20dB/dec，系统稳定工作；由系统环路增益与相位曲线可知当频率为 180kHz 时环路增益为零、相位裕度为 73°，系统稳定工作。

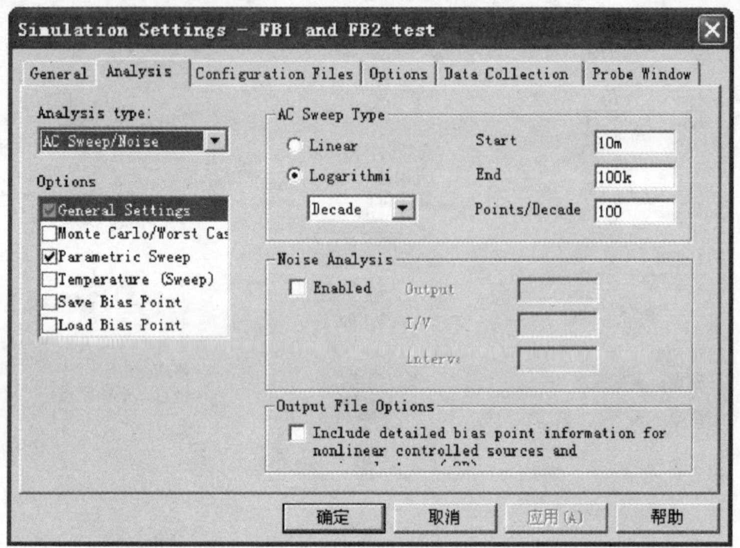

图 3.19　交流仿真设置

图 3.20　FB_1 和 FB_2 设置

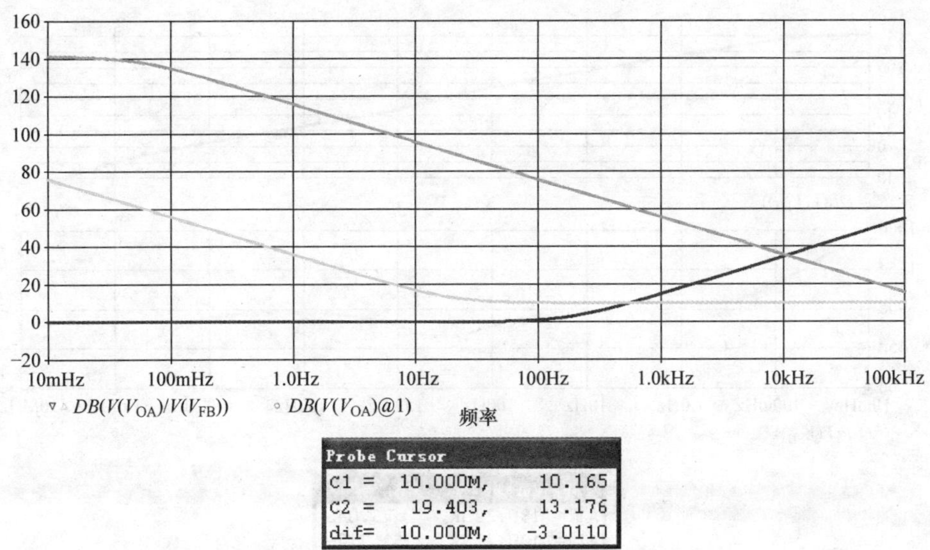

图 3.21 FB_1 和 FB_2 的 $1/\beta$、开环增益曲线与测试数据：FB_2 的零点频率约为 19.4Hz

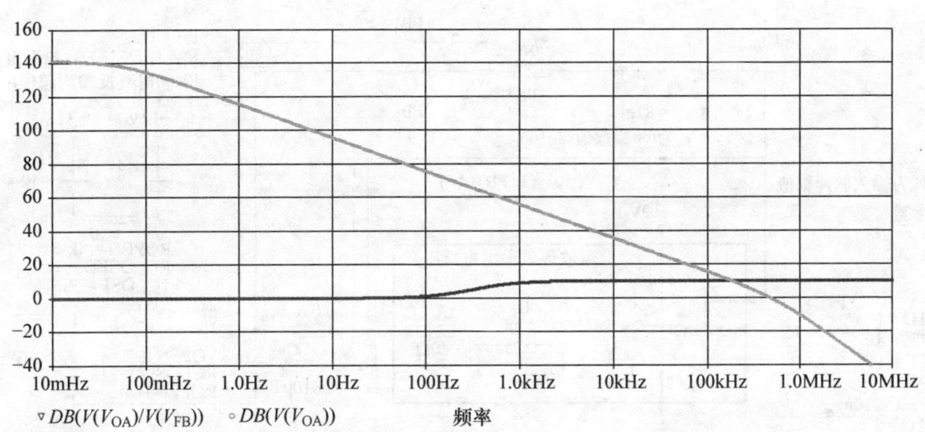

图 3.22 FB_1 和 FB_2 同时起作用时的 $1/\beta$ 与运放开环增益测试波形

双反馈稳定性检验——瞬态稳定性测试：图 3.24 ~ 图 3.26 所示分别为双反馈闭环测试电路、双反馈时输出与输入波形和单反馈时输出与输入波形。双反馈 FB = 0 时系统稳定，输出波形跟随输入，并且输出波形无过冲与振荡，与计算结果一致；单反馈 FB = 1 时系统不稳定，输入信号脉冲变化时输出电压产生高频振荡。

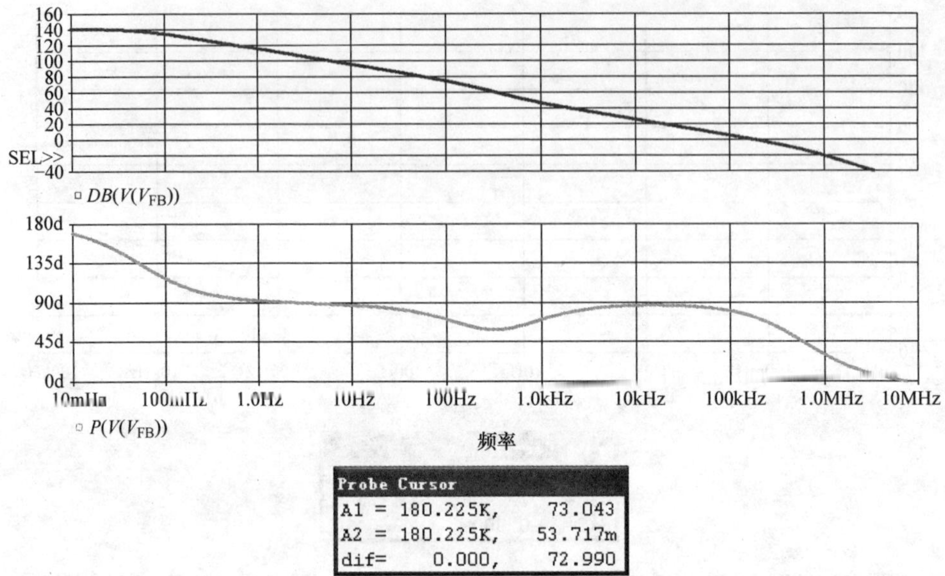

图 3.23 环路增益与相位曲线和数据：相位裕度为 73°

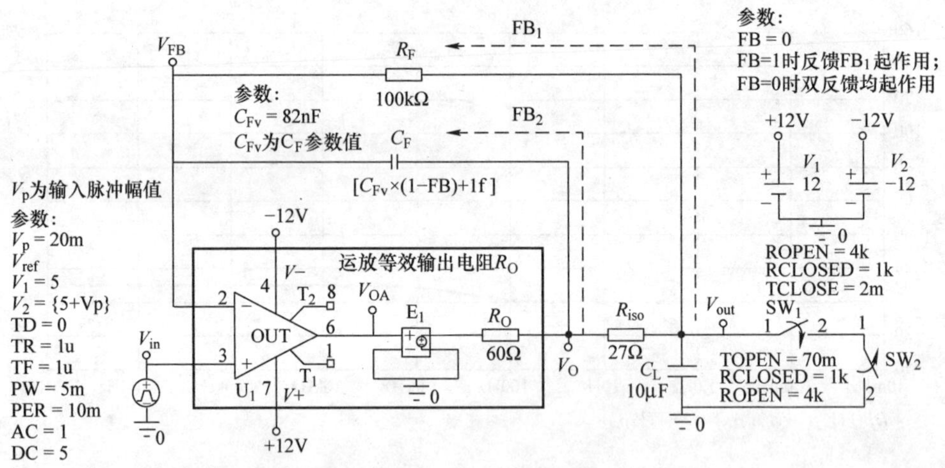

图 3.24 双反馈闭环测试电路

双反馈闭环交流测试：在 10mHz ~ 600kHz 范围进行双反馈闭环增益与相位测试，双反馈闭环交流仿真设置、双反馈闭环增益与相位曲线和 −3dB 带宽分别如图 3.27 和图 3.28 所示，当频率为 609Hz 时增益下降 3dB；当频率约为 151.5kHz 时出现第二极点，此时 FB_2 与 Aol 曲线相交。

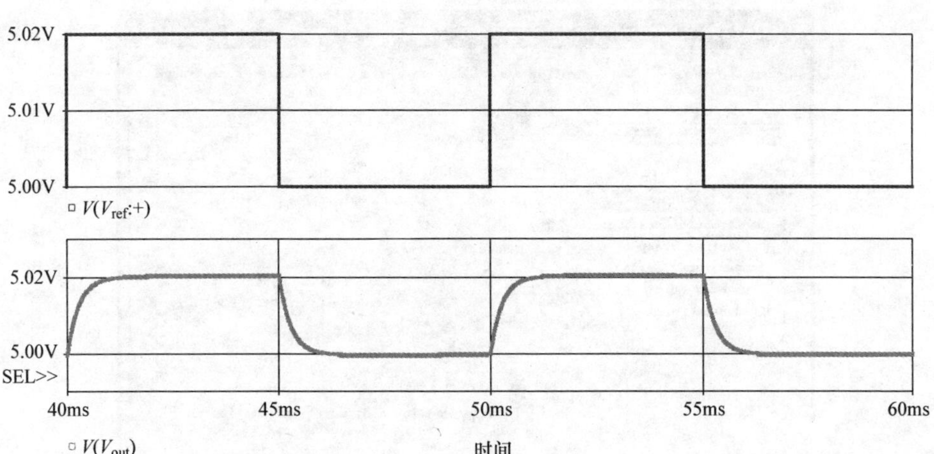

图 3.25　双反馈时输出与输入波形：FB = 0——系统稳定

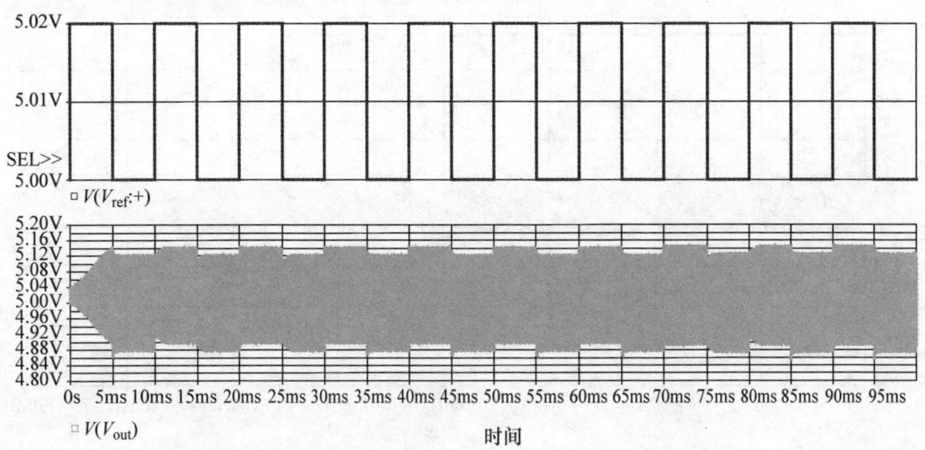

图 3.26　单反馈时输出与输入波形：FB = 1——系统振荡

双反馈 R_{iso} 容性负载双极型运放跟随器补偿电路的设计步骤如下：

FB#2 $1/\beta$ 计算公式：

假设：

$C_L > 10 \times C_F$

$R_F > 10 \times R_{iso}$

极点：坐标原点

零点：$f_{za} = \dfrac{1}{2\pi \times R_F \times C_F}$

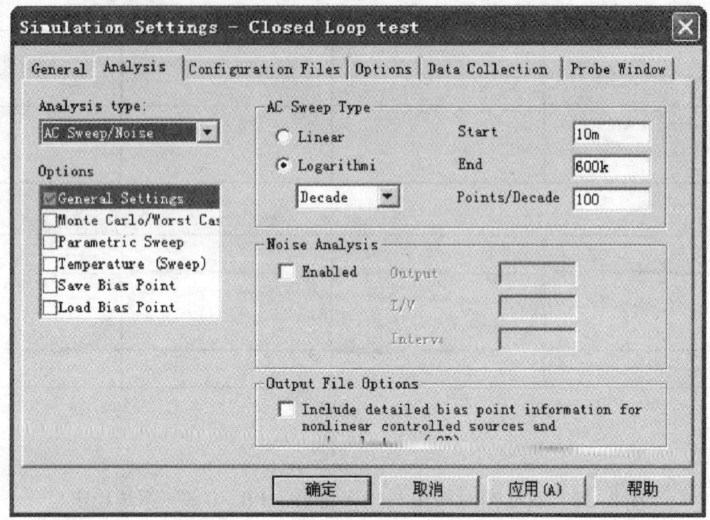

图 3.27　双反馈闭环交流仿真设置

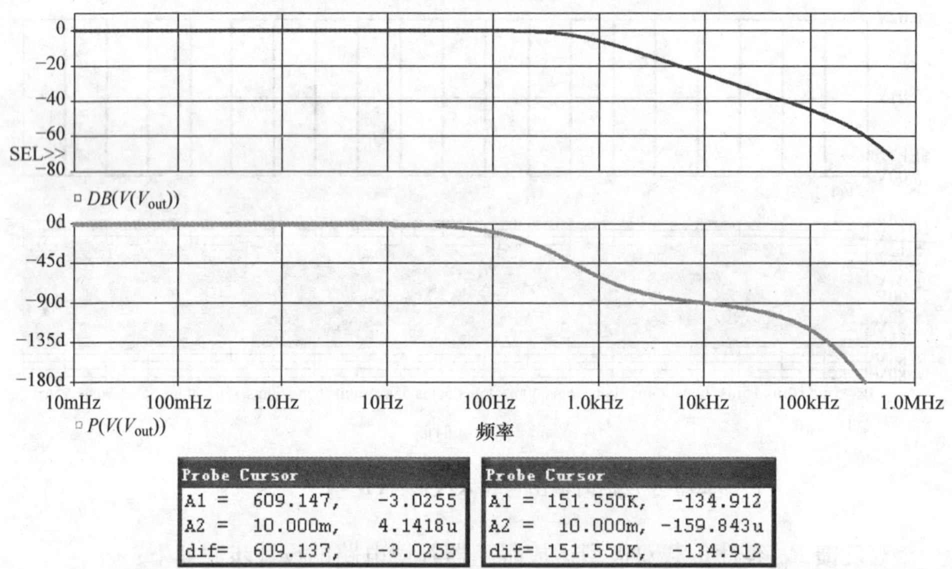

Probe Cursor		
A1 =	609.147,	-3.0255
A2 =	10.000m,	4.1418u
dif=	609.137,	-3.0255

Probe Cursor		
A1 =	151.550K,	-134.912
A2 =	10.000m,	-159.843u
dif=	151.550K,	-134.912

图 3.28　双反馈闭环增益与相位曲线和 -3dB 带宽

FB#1 $1/\beta$ 计算公式：

零点：$f_{zx} = \dfrac{1}{2\pi \times (R_O + R_{iso}) \times C_L}$

低频 $f=0$ 时 $1/\beta = 1$

高频时 $1/\beta$：

C_L 短路

简化得：

$$1/\beta = \frac{R_O + R_{iso}}{R_{iso}}$$

1）测量运算放大器的开环增益 Aol。

2）测量运算放大器的输出阻抗 R_O，并在图上绘制其曲线。

3）确定 R_O。

4）创建 R_O 外部模型。

5）计算 FB_1 低频 $1/\beta$，单位增益电压缓冲器的 $1/\beta = 1$。

6）将 FB_2 高频 $1/\beta$ 设置为比 FB_1 低频 $1/\beta$ 高 +10dB（为获得最佳 V_{out}/V_{in} 瞬态响应并实现环路增益带宽内相移最小）。

7）从 FB_2 高频 $1/\beta$ 中选择 R_{iso} 以及 R_O。

8）从 C_L、R_{iso}、R_O 中计算 FB_1 的 $1/\beta$ 零点 f_{zx}。

9）设置 FB_2 的 $1/\beta$ 的零点 $f_{za} = 1/10f_{zx}$。

10）选择具有实际值的 R_F 和 C_F 以得到 f_{za}。

11）对 Aol、$1/\beta$、环路增益、V_{out}/V_{in}、瞬态波形进行仿真，以验证设计的可行性。

12）核实环路增益相移的下降不得超过 135°（相位裕度 >45°）。

13）低噪声：检查 V_{out}/V_{in} 扁平响应，以避免增益骤增时 V_{out}/V_{in} 中的噪声陡升。

源效应测试——空载、输入信号变化时测试输出响应：输入信号脉冲幅值设置和测试波形与数据分别如图 3. 29a 和图 3. 29b 所示。输入信号脉冲幅值分别为 0. 1V、0. 3V 和 0. 5V 时测试空载输出电压特性；三种状态上升沿时间基本相同，$t_r = 593\mu s \approx 0.35/f_c = 0.35/609 = 575\mu s$——闭环带宽决定源效应响应时间。

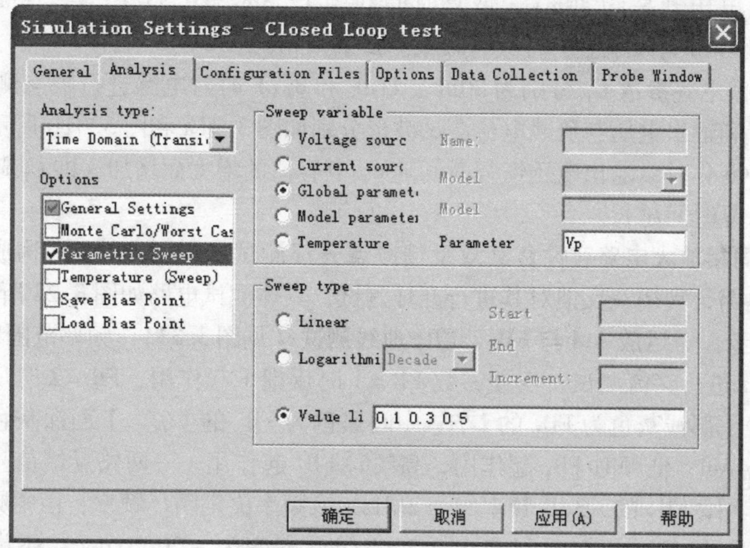

a) 输入信号脉冲幅值设置

图 3. 29　源效应测试

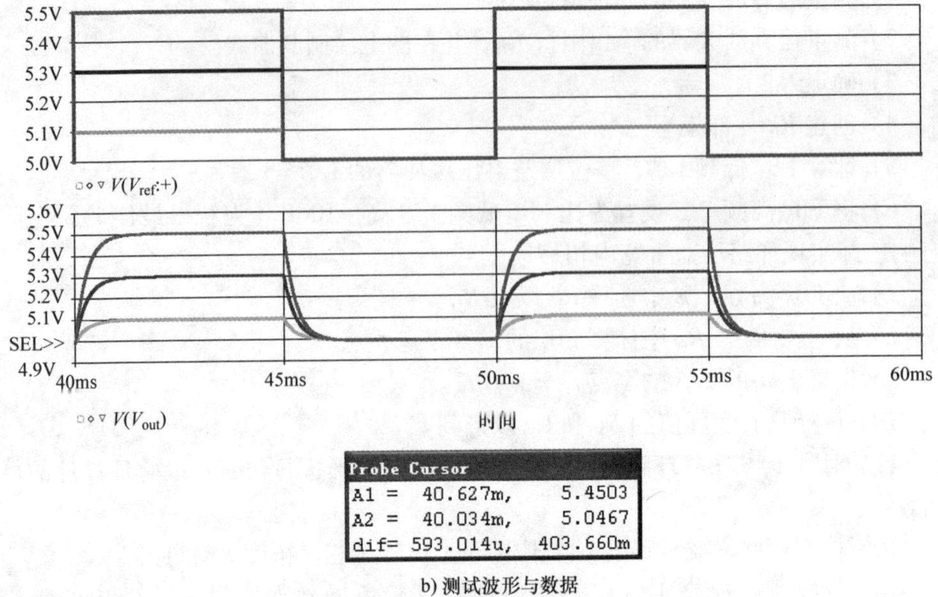

b) 测试波形与数据

图 3.29　源效应测试（续）

负载效应测试——负载电流在 1 ~ 2.5mA 脉冲变化时测试输出电压：负载效应测试电路和测试波形与数据分别如图 3.30a 和图 3.30b 所示。负载电流从 1mA 增大到 2.5mA 的瞬间输出电压降低约 40mV、负载电流从 2.5mA 降低到 1mA 的瞬间输出电压升高约 40mV、恢复时间约为 17.5ms ≈ 0.35/19.4 = 18ms，其中 19.4 为闭环带宽频率值，时域与频域测试效果相同。

当反馈电容参数 C_{Fv} 分别为 20nF、41nF 和 82nF 时对电路进行瞬态测试，C_{Fv} 参数设置和输出电压与负载电流测试波形分别如图 3.31a 和图 3.31b 所示。负载电流脉冲变化时，输出电压恢复时间随 C_{Fv} 电容值的增大而增加，即 C_{Fv} 越大、输出电压恢复时间越长。

4 倍同相放大电路容性负载双反馈频域开环测试：利用 OPA177 构成 4 倍同相放大电路，利用双反馈对其进行开环测试，具体测试电路如图 3.22 所示。

第 1 步——运放 Aol 与 FB_1、FB_2 曲线测试（见图 3.33）：频率范围 10mHz ~ 100megHz 进行交流测试；反馈参数 FB = 1 时反馈 1 起作用、FB = 2 时反馈 2 起作用；最下部浅灰色为 FB_1 的 $1/\beta$、中间黑色为 FB_2 的 $1/\beta$、上面深灰色为运放开环增益 Aol；低频时 FB_1 起作用、高频时 FB_2 起作用——两路反馈信号中幅值大者起作用；FB_2 的 -3dB 频率约为 2kHz，该频率决定闭环频率；由幅频特性曲线可知 FB_1 与 FB_2 相交时斜率由 +20dB/dec 突变为 -20dB/dec，环路相位陡降——系统不稳定。

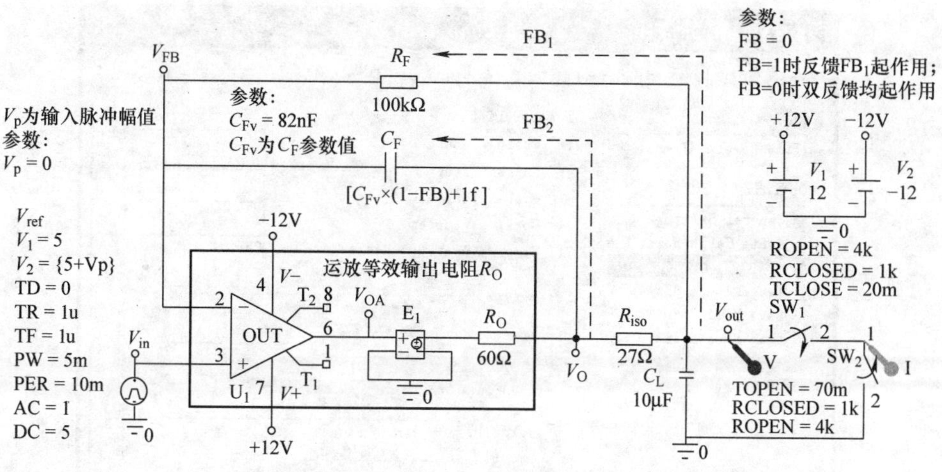

a) 负载效应测试电路

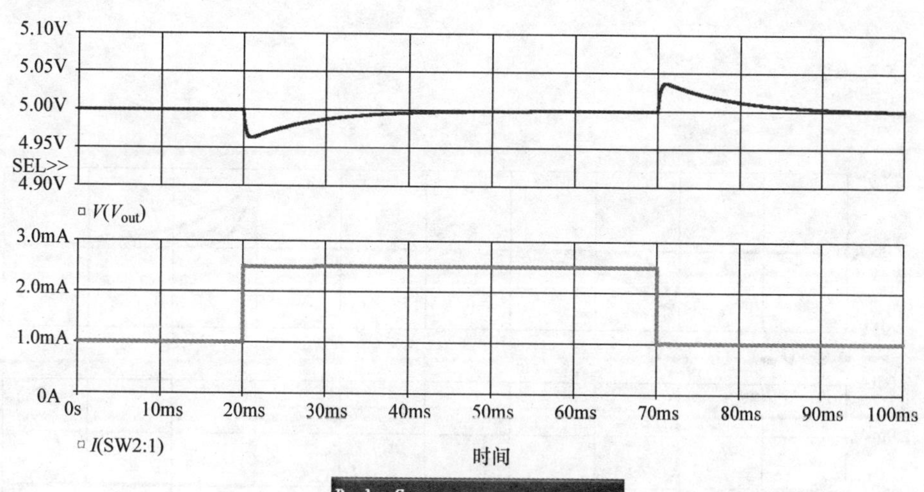

b) 负载效应测试波形与数据

图 3.30 负载效应测试

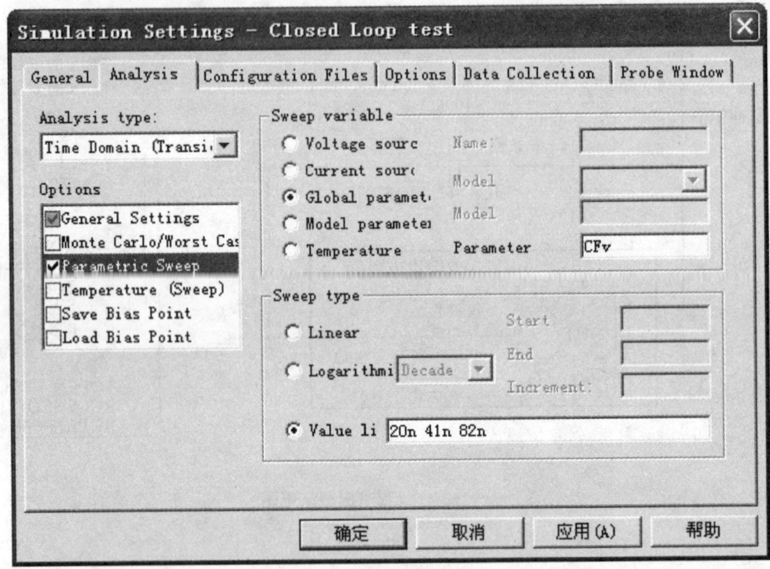

a) C_{Fv}参数设置

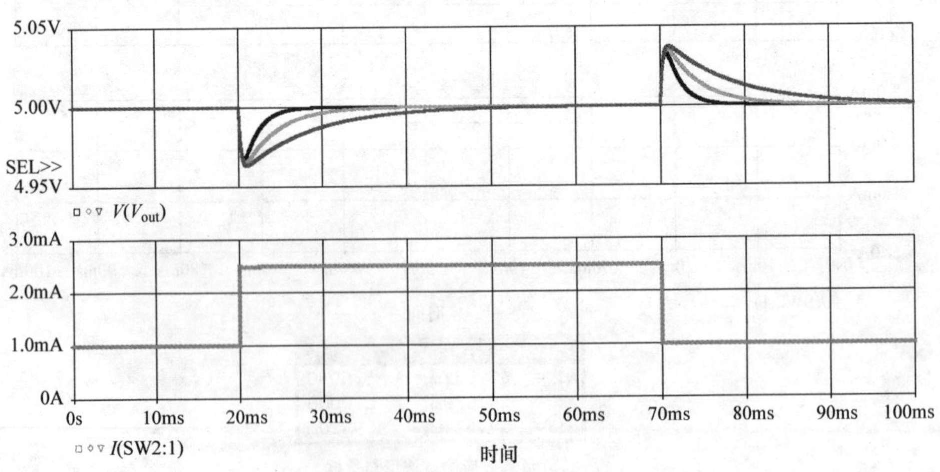

b) 输出电压与负载电流测试波形

图 3.31　反馈电容 C_{Fv} 特性测试

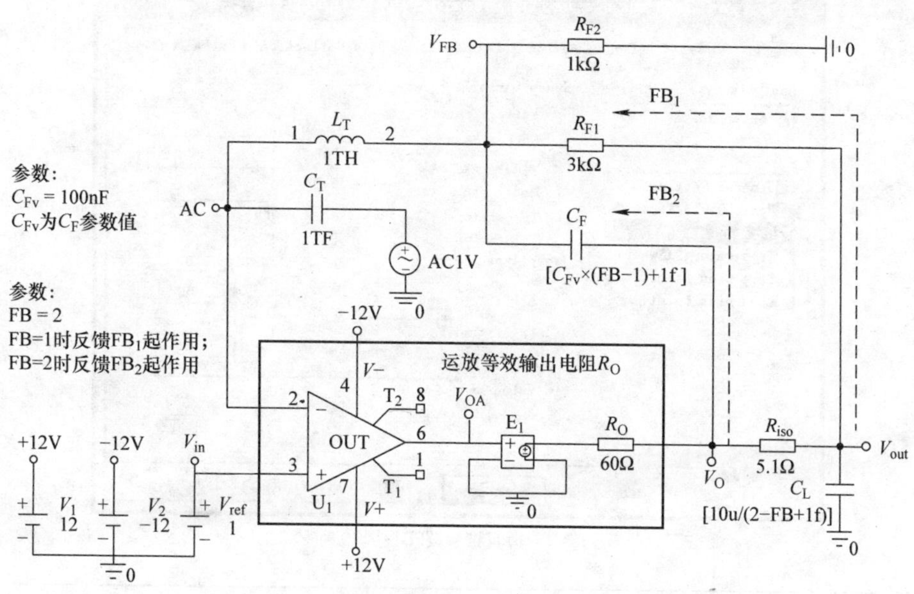

图 3.32　4 倍同相放大电路容性负载双反馈开环测试

Simulation Settings - Design example Open loop test

General | Analysis | Configuration Files | Options | Data Collection | Probe Window

Analysis type: AC Sweep/Noise

Options: General Settings; Monte Carlo/Worst Cas; Parametric Sweep; Temperature (Sweep); Save Bias Point; Load Bias Point

AC Sweep Type: Linear; Logarithmi; Decade; Start 10m; End 1meg; Points/Decade 100

Noise Analysis: Enabled; Output; I/V; Interv

Output File Options: Include detailed bias point information for nonlinear controlled sources and

确定　取消　应用(A)　帮助

a) 交流仿真设置

图 3.33　运放 Aol 与 FB_1、FB_2 曲线测试

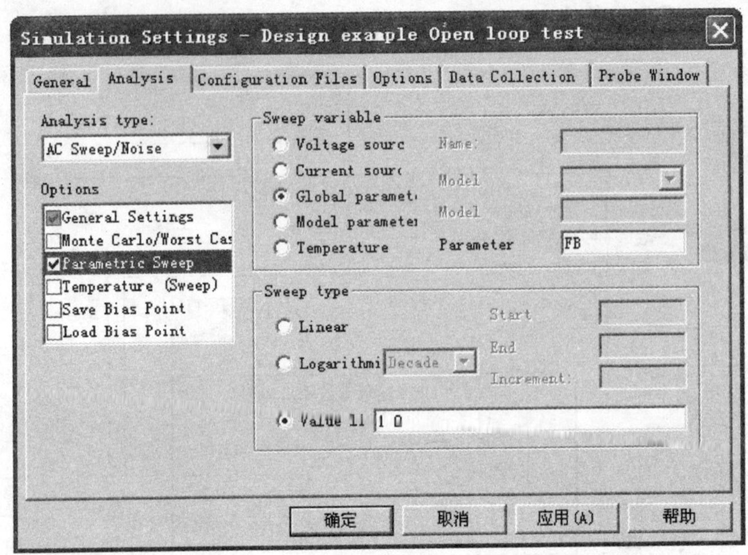

b) 反馈参数FB设置

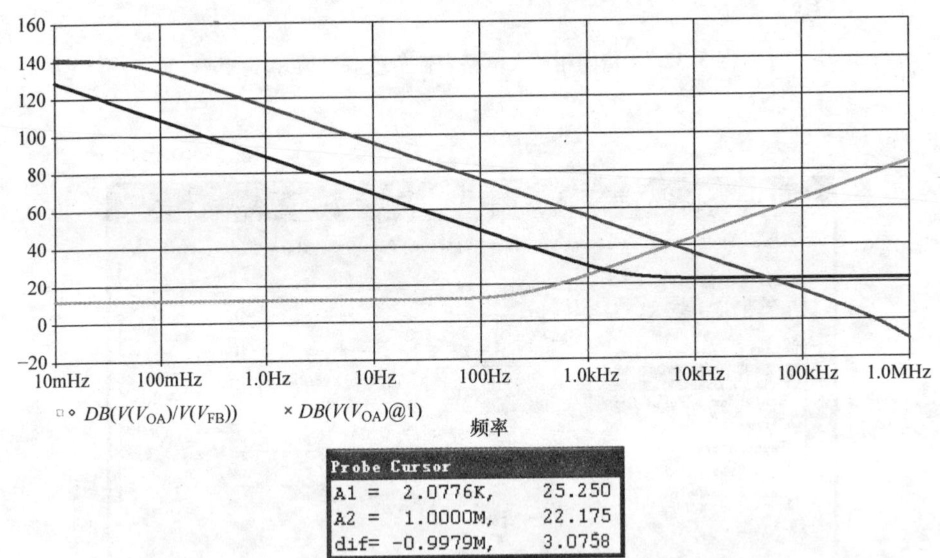

c) Aol与FB_1、FB_2幅频曲线和数据

图 3.33 运放 Aol 与 FB_1、FB_2 曲线测试（续）

第 2 步——反馈电容 C_F 参数变化时的环路增益与相位测试： 双反馈同时起作用时对电路进行开环增益与相位测试，反馈电容参数 C_{Fv} 分别为 10nF、20nF、51nF、100nF，测试电路、C_{Fv} 参数设置、环路增益与相位曲线分别如图 3.34a ~

图 3.34c 所示，图 3.34c 中的深灰色曲线对应 $C_{Fv}=100nF$，此时相位裕度最合适，因为 FB_2 的 $1/\beta$ 的极点相对最低。

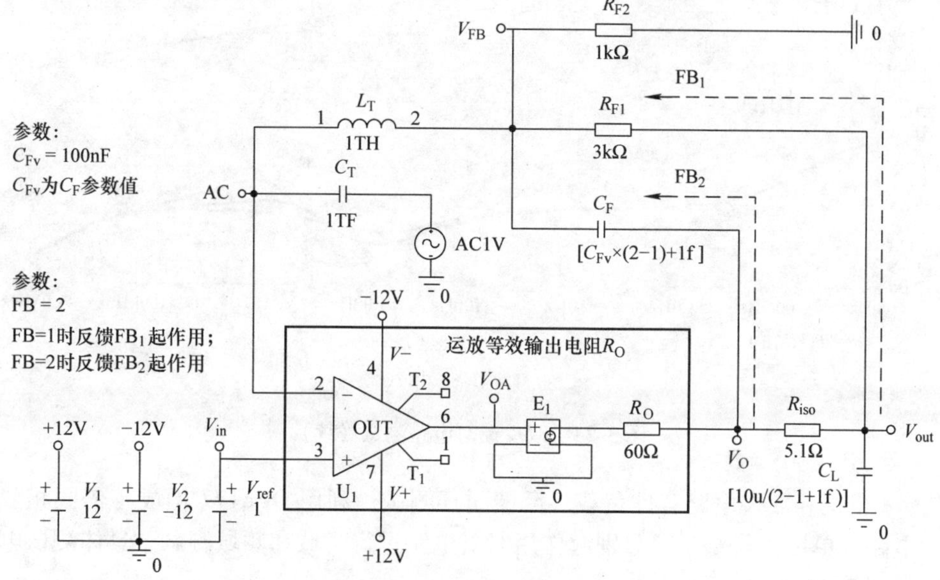

a) 双反馈同时起作用时的测试电路

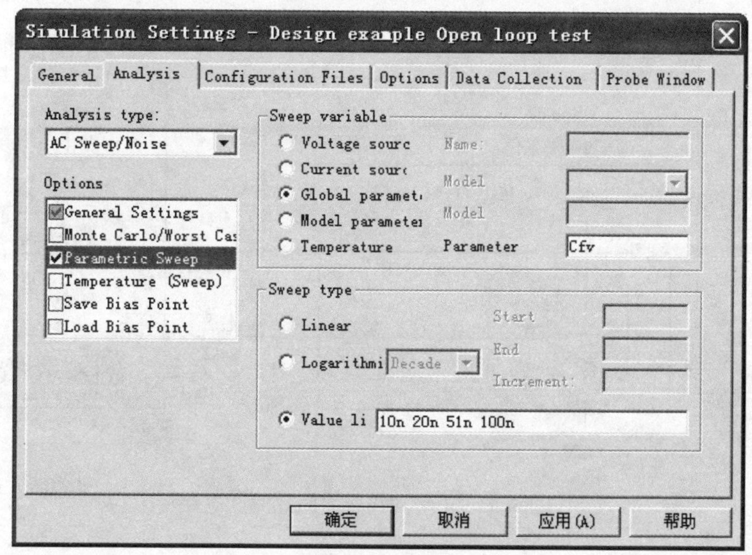

b) C_{Fv} 参数设置

图 3.34　双反馈时电路测试

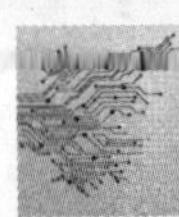

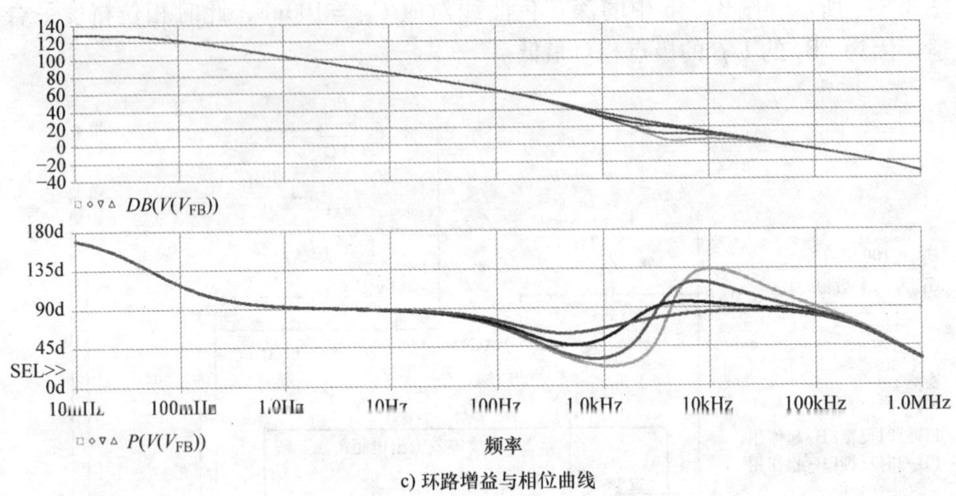

c) 环路增益与相位曲线

图 3.34　双反馈时电路测试（续）

4 倍同相放大电路容性负载双反馈闭环测试：利用 OPA177 构成 4 倍同相放大电路，单反馈与双反馈分别起作用时对电路进行时域和频域测试，具体测试电路如图 3.35 所示。

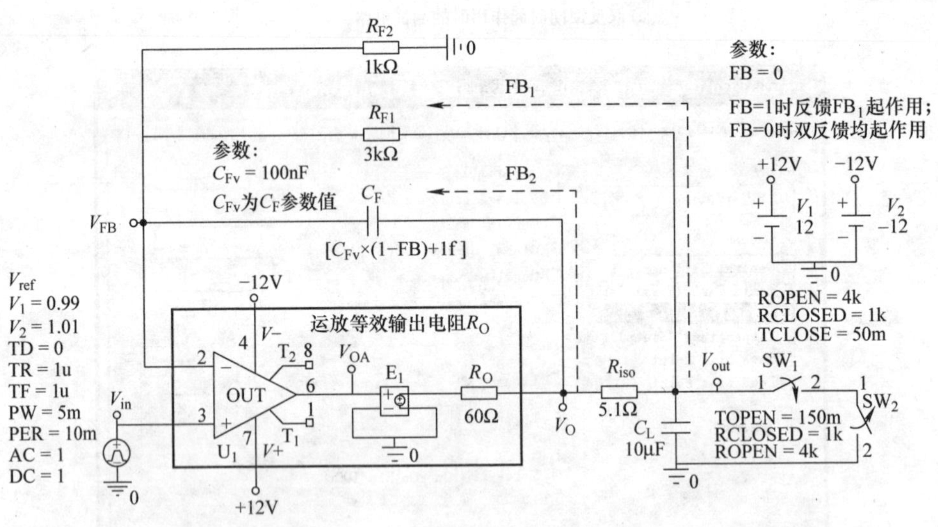

图 3.35　4 倍同相放大闭环测试电路

第 1 步——闭环单反馈与双反馈时域测试 FB = 0、1：输入信号为 0.99 ~ 1.01 变化的脉冲波形对电路进行时域测试，双反馈和单反馈分别作用时的闭环时域测试波形如图 3.36 所示，$V(V_{out})$@1——FB = 0——双反馈时系统稳定，

$V(V_{out})@2$——FB = 1——单反馈时系统振荡。

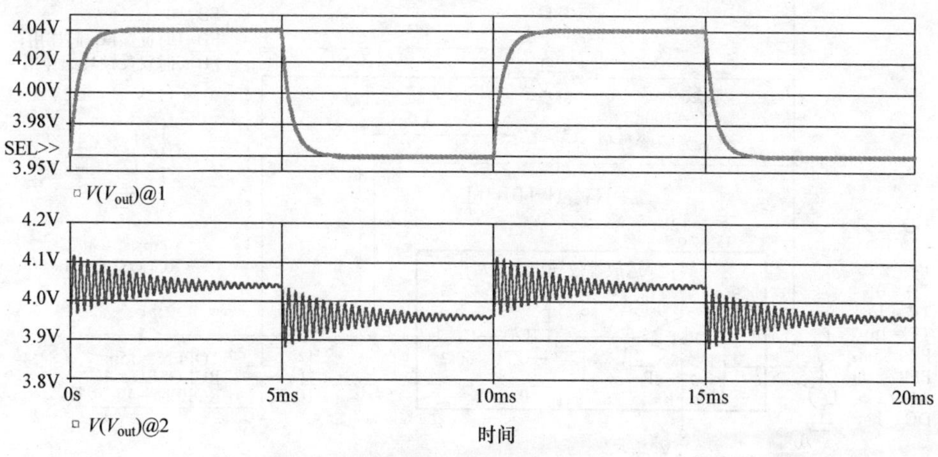

图 3.36　闭环时域测试波形——FB = 0、1

第 2 步——闭环单反馈与双反馈频域测试 FB = 0、1：图 3.37 所示为闭环增益曲线，其中浅灰色曲线为双反馈、深灰色曲线为单反馈，双反馈时增益曲线在极点处平坦下降，单反馈存在巨大尖峰、预示系统存在不稳定隐患。

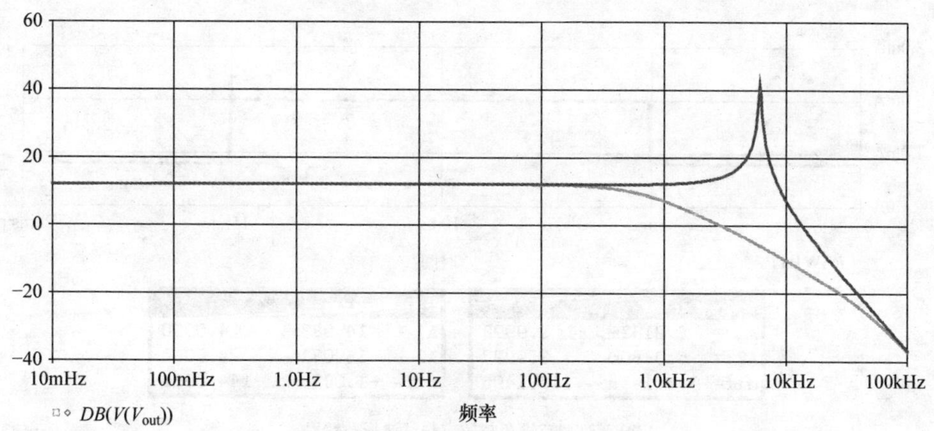

图 3.37　闭环增益曲线——FB = 0、1

第 3 步——闭环双反馈负载效应测试 FB = 0：当负载电流从 1mA 增大到 2mA 时输出电压下降约 5mV，恢复时间约 1ms；当负载电流从 2mA 降低到 1mA 时输出电压上升约 5mV，恢复时间约 1ms；负载变化瞬间系统能够稳定工作；具体测试电路、测试波形与数据分别如图 3.38a 和图 3.38b 所示。

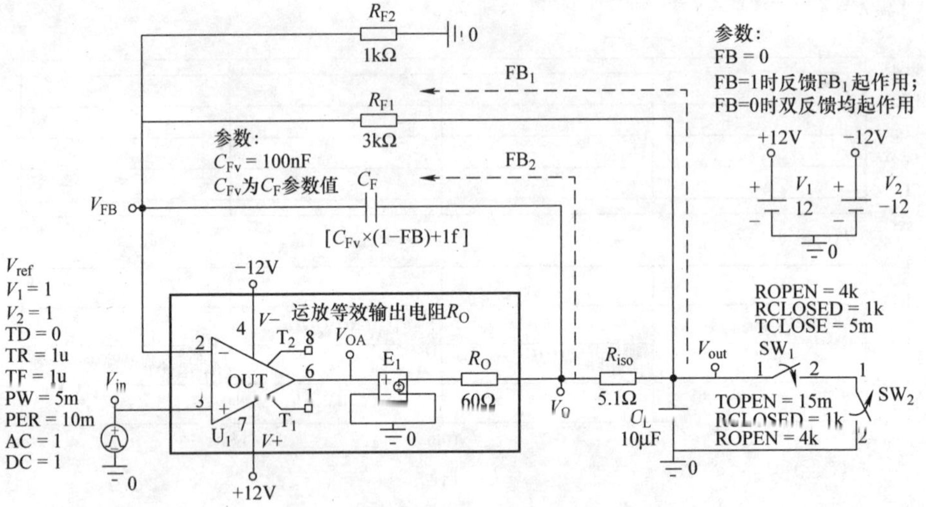

a) 闭环双反馈负载效应测试电路

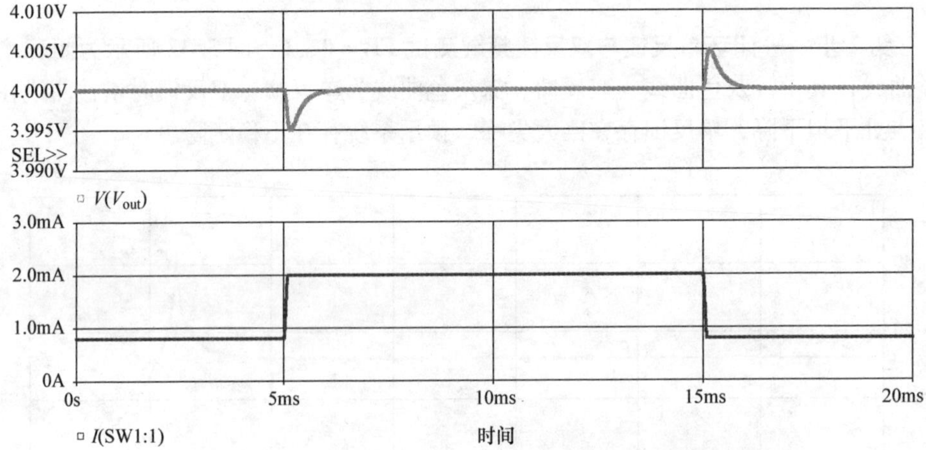

Probe Cursor		
A1 =	6.0182m,	3.9998
A2 =	5.0360m,	3.9997
dif=	982.192u,	110.149u

Probe Cursor		
A1 =	14.983m,	4.0000
A2 =	16.071m,	4.0002
dif=	-1.0878m,	-144.005u

b) 闭环双反馈负载效应测试波形与数据

图 3.38　闭环双反馈负载效应测试

第 4 步——C_{Fv} 分别为 10nF（浅灰线）、20nF（虚线）、51nF（黑线）和 100nF（深灰线）时测试负载变化时的输出特性，FB = 0：反馈电容 C_F 参数 C_{Fv} 变化时对电路进行负载效应测试，其测试波形如图 3.39 所示。当 C_{Fv} 分别为 10nF、20nF 和 51nF 时输出电压存在振荡和超调，当 C_{Fv} = 100nF 时输出电压无振荡但恢复时间较长。

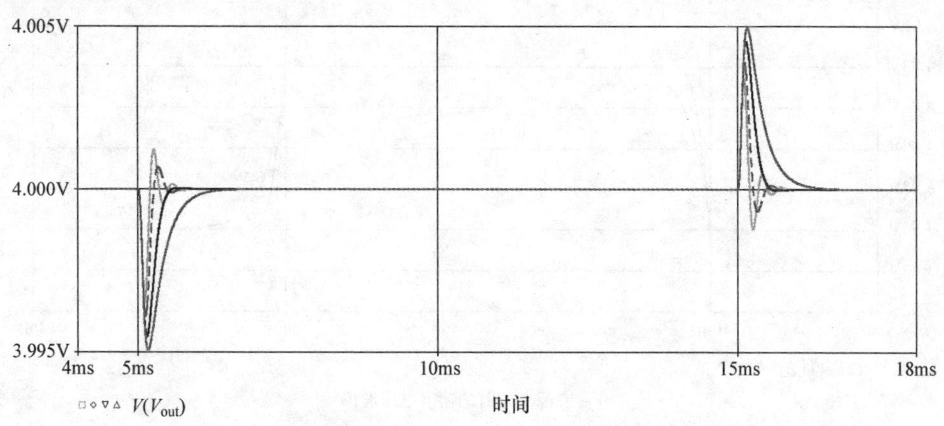

图 3.39　反馈电容 C_F 参数 C_{Fv} 变化时的负载效应测试波形

第 5 步——C_{Fv} 分别为 10nF（浅灰线）、20nF（虚线）、51nF（黑线）和 100nF（深灰线）时测试参考源变化时的输出特性，FB = 0：当参考源在 0.99 ~ 1.01 脉冲变化、C_F 参数变化、负载恒定时测试输出特性，参考源变化时输出特性测试如图 3.40 所示。当 C_{Fv} 分别为 10nF、20nF 和 51nF 时输出电压存在振荡和超调，当 C_{Fv} = 100nF 时输出电压无振荡但恢复时间较长，参考源效应与负载效应非常相似。

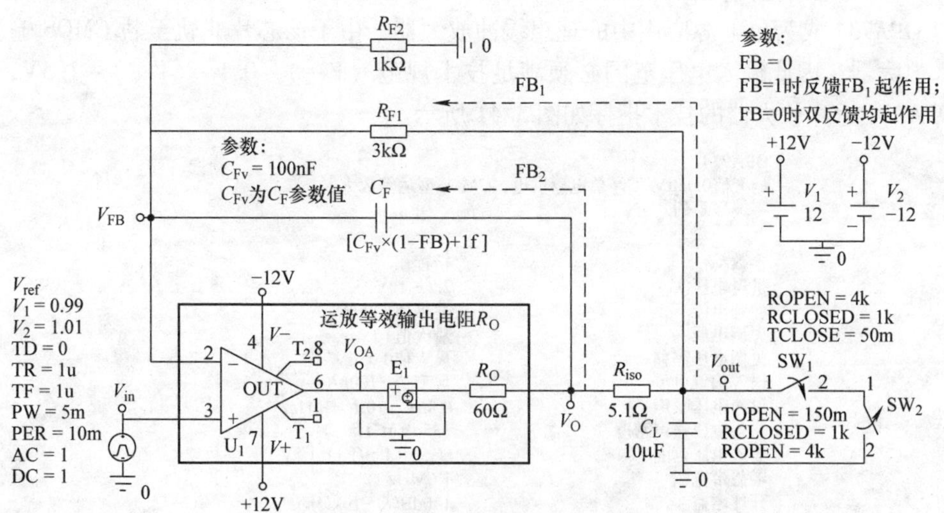

a) 参考源变化时的测试电路

图 3.40　参考源变化时输出特性测试

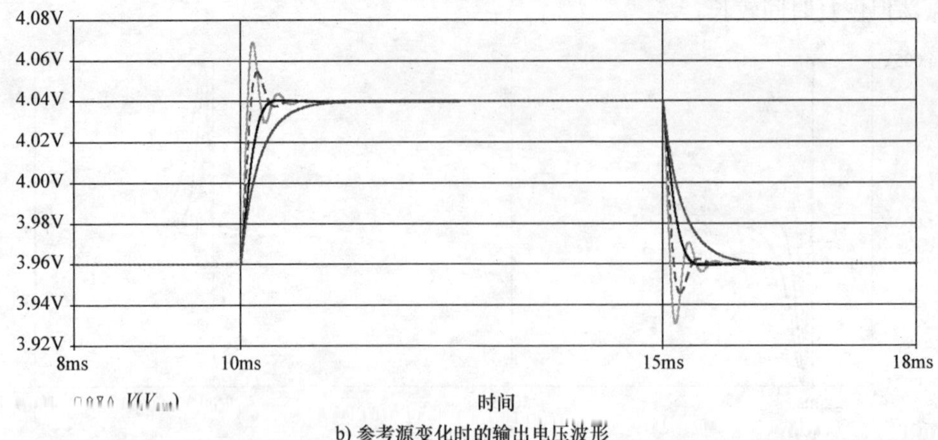

b) 参考源变化时的输出电压波形

图 3.40　参考源变化时输出特性测试（续）

3.3　CMOS 运放容性负载双反馈控制

选择 CMOS 运放 OPA734 用于发射极跟随器设计，并且利用该运放分析 R_{iso} 双反馈控制。OPA734 是一款低漂移、低输入失调电压的运算放大器，能够在 2.7～12V 电压范围内正常工作；0.05μV/℃的超低漂移和 1μV 输入失调电压使得 OPA734 成为单电源应用中的理想缓冲放大器。由于该芯片非轨至轨 CMOS 输入放大器，因此输入电压范围必须满足技术规范（$V-$）-0.1～（$V+$）-1.5V，OPA734 运算放大器的技术指标如图 3.41 所示。

OPA734
最大值0.05μV/°C，单电源供电，CMOS型运算放大器
零偏移系列

参数	指标
供电电压(V_S)	2.7～12V
静态电流	典型值600μA
失调电压	最大值1μV
失调电压漂移	最大值0.05μV/ °C
输入偏置电流	典型值±100pA
输入电压噪声	0.8μV_{p-p}(0.1 ~10Hz)
输入电压噪声密度	135nV/rt-Hz
输入电压范围	(V-)-0.1～(V+)-1.5V
增益带宽积	1.6MHz
开环增益	130dB(R_L=10kΩ)
开环输出阻抗	125Ω @ f=1MHz, I_o=0A
摆率	1.5V/μs
输出电压摆幅	最大值20mV(R_L=10kΩ to V_s/2)
封装	SOT23-5, MSOP-8, SO-8

图 3.41　OPA734 运算放大器的技术指标

典型 CMOS 运算放大器拓扑结构如图 3.42 所示，从图 3.42 中可以看出运算放大器的输出端连接至 MOSFET 漏极，该类漏极输出运算放大器具备输出阻抗 Z_o（同时具有阻性和容性特点）功能，进行双通道反馈 R_{iso} 电路设计时需要运用相对于双极型发射极跟随器不同的分析技术。

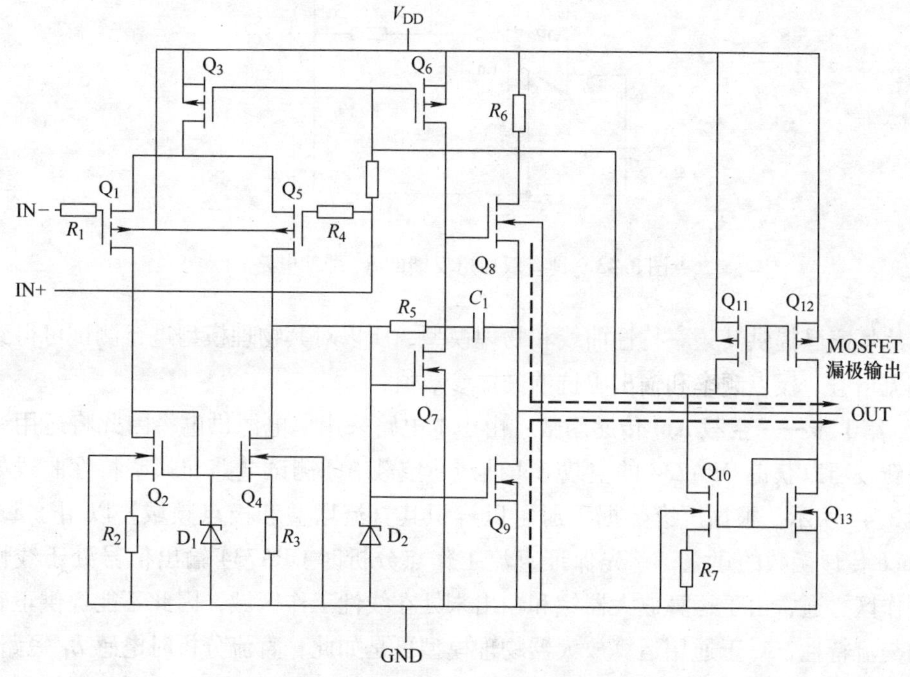

图 3.42 典型 CMOS 运算放大器拓扑结构

CMOS 运放参考缓冲电路结构与双极型发射极跟随器的电路外观一模一样，具有双通道反馈的 R_{iso} 缓冲电路如图 3.43 所示，电路采用 5V 单电源供电，对输入 2.5V 参考电压进行缓冲，该电压值在输入电压范围内：5V − 1.5V = 3.5V，能够对其进行有效缓冲。为了获得良好的稳定性，利用隔离电阻 R_{iso} 使得两条反馈通道单独运行：直流和低频时反馈 FB_1 通过 R_F 使得 C_L 两端电压 V_{OUT} 与输入基准 V_{REF} 一致，高频时反馈 FB_2 通过 C_F 使得电路稳定工作，R_{iso} 提供 FB_1 和 FB_2 两条反馈通道的隔离。

本节首先进行模型建立与测试，并且对 CMOS 运放的输出阻抗进行分析与参数辨识；然后进行容性负载双反馈分析与设计，包括频域和时域测试与对比。

3.3.1 OPA734 CMOS 运放模型建立

利用 Laplace 传递函数 + 输出阻抗 Z_o 模式构建 OPA734 的功能模型，由于该

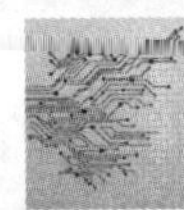

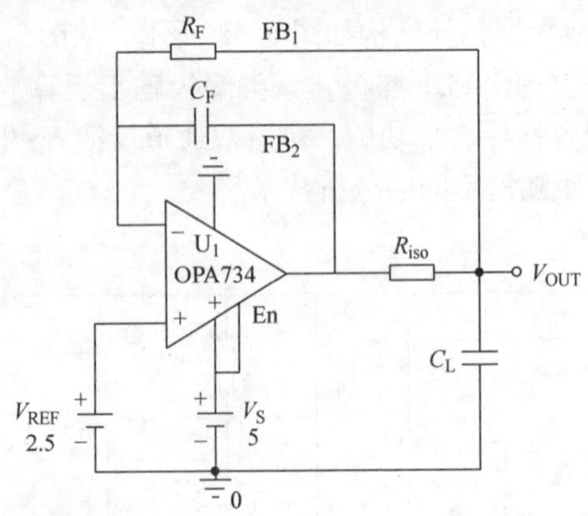

图 3.43　具有双通道反馈的 R_{iso} 缓冲电路

芯片厂家已提供其频率特性曲线和物理模型，所以对其物理模型进行测试可得到直流增益、极点频率和输出阻抗的具体参数值，

第 1 步——空载 Aol 传递函数：由于本电路采用单电源供电，因此将运用一些新技巧以获得 OPA734 的空载 Aol 曲线，空载 Aol 测试电路和频率特性曲线如图 3.44 所示。根据厂家数据手册可以辨识其直流增益和极点频域，以用于 Laplace 传递函数的建立；首先保证直流工作点分析时 OPA734 输出信号处于线性工作区，通常由于运算放大器饱和输出未处在线性工作区域，因此不能提供正确的交流特性，对于通用运算放大器物理模型更是如此；直流分析时电感 L_{T1} 短路、电容 C_{T1} 开路，OPA734 的同相输入端电压为 V_{R1} = 2.5V，因此输出电压为 2.5V；电阻 R_{L1} 的接线方式在运算放大器输出端不存在直流负载，从而求得空载 Aol 频率特性曲线；R_{L1} 与 L_{T1} 构成低通滤波器，提供低频交流通道，如此可在反馈电路中使得电感 L_{T1} 直流时处于短路状态、交流时处于开路状态；务必注意，进行交流分析之前 PSpice 必须首先进行直流闭环分析，以计算电路静态工作点数据；R_{L1} 和 C_{T1} 构成高通滤波器，提供高频交流通道；利用 R_{L1}、L_{T1} 和 C_{T1} 使得直流开路和交流短路一起并入运放输入端；L_{T1} 和 C_{T1} 按大数值量级选用，以确保特定频率交流短路和开路时电路均能正常运行。

根据 OPA734 空载 Aol 频率特性曲线可得第一极点频率 $f_{p1} \approx 1$Hz，对物理模型进行交流测试，相位为 45°时对应的频率 $f_{p2} \approx 4.69$megHz，调节直流增益 GaindB 使得 Laplace 频率特性与数据手册提供的曲线一致，空载 Aol 测试波形与数据如图 3.45 所示：厂家提供的 OPA734 物理模型频率特性与数据手册在高频段非常匹配，但是低频段不准确；Laplace 数学模型与数据手册特性更加一致；由数学模型测试数据可得运放单位增益带宽约为 1.778megHz。

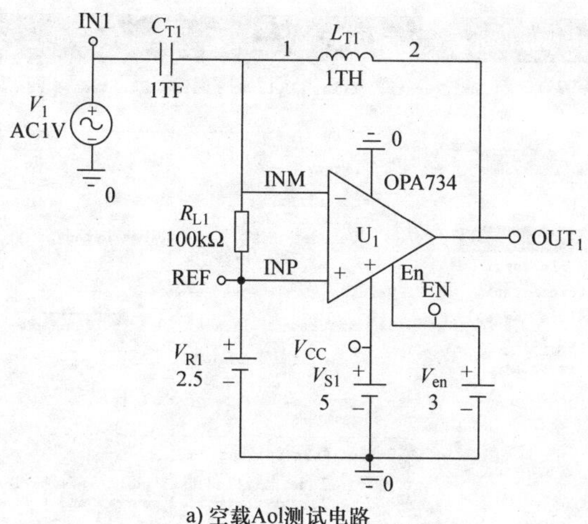

a) 空载Aol测试电路

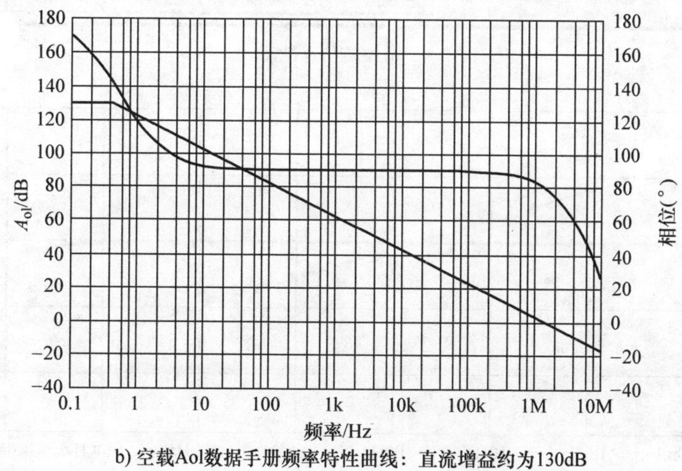

b) 空载Aol数据手册频率特性曲线：直流增益约为130dB

图 3.44　空载 Aol 测试电路和频率特性曲线

第 2 步——开环输出阻抗 Z_o 测试与计算：由于本电路采用单电源供电，因此将运用一些新技巧以获得 OPA734 的空载 Aol 曲线，OPA734 输出阻抗模型、测试波形和数据如图 3.46 所示。输出阻抗主要由 R_O 和 C_O 决定，高频时电容相当于短路，此时输出阻抗即为 R_O；利用输出阻抗测试电路对 Z_O 进行实际测试，由于测试电路采用单电源供电，因此将其输出电压调整至供电电源的一半，以确保运算放大器工作在线性区；R_{L2} 和 L_{T2} 构成低频交流通路，使得直流时 L_{T2} 短路、运放输出电压为供电电源的一半；交流时 L_{T2} 开路，利用 1A 交流电流源（频率为 1Hz ~ 10MHz）对运放输出端进行激励，此时运放输出电压即为阻抗 Z_O。

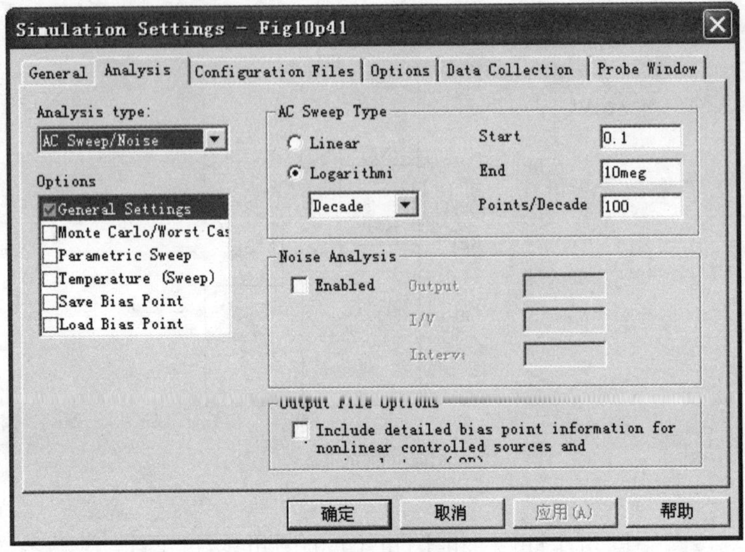

a) 交流仿真设置

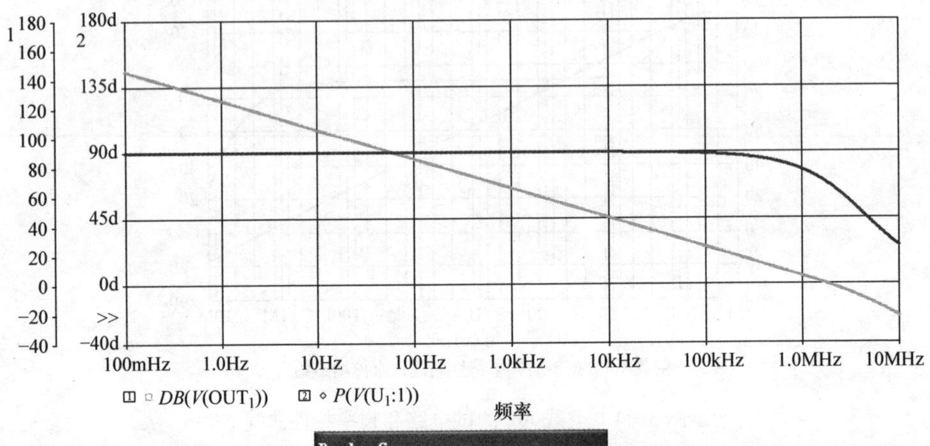

b) 空载Aol频率特性测试曲线和数据：第二极点约为4.69megHz

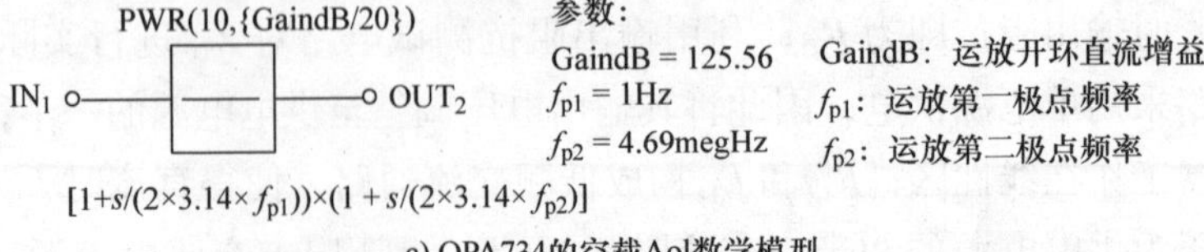

c) OPA734的空载Aol数学模型

图 3.45　空载 Aol 测试波形与数据

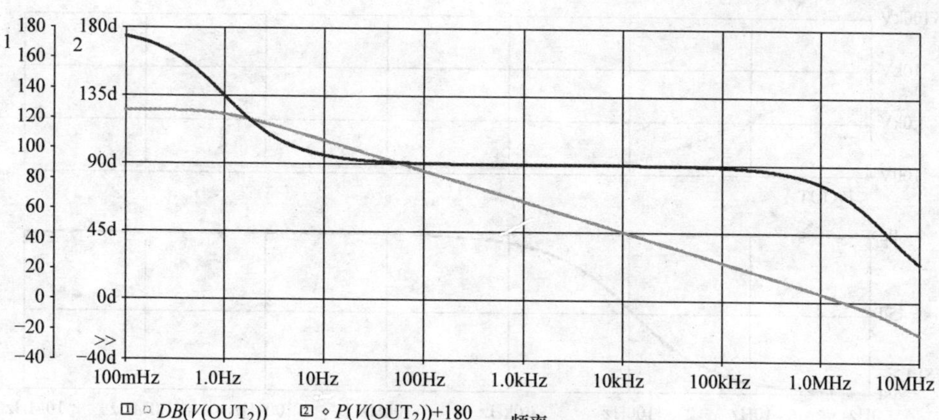

d) 空载Aol数学模型完整测试曲线

图 3.45　空载 Aol 测试波形与数据（续）

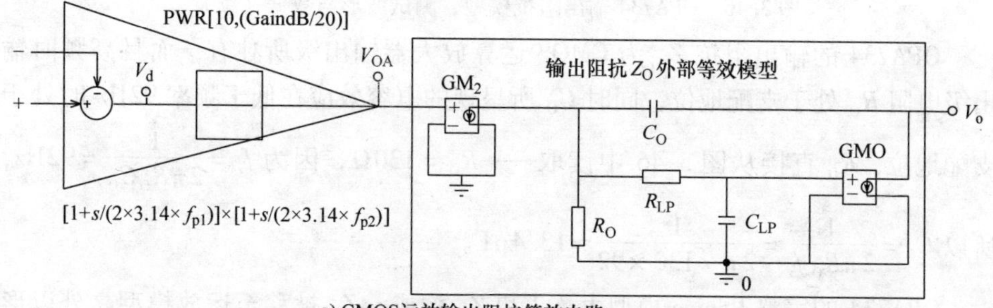

a) CMOS运放输出阻抗等效电路

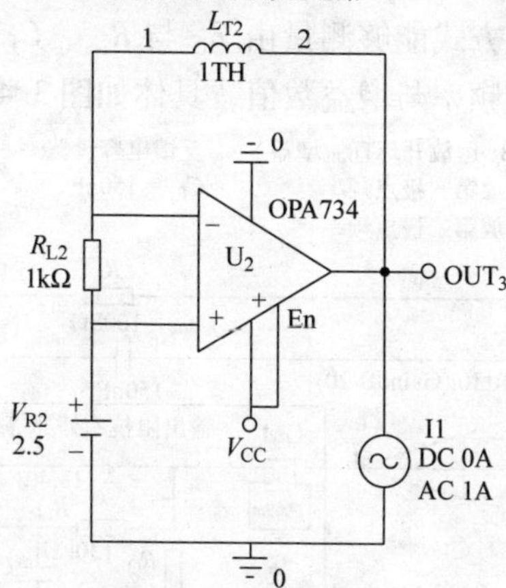

b) 输出阻抗测试电路

图 3.46　OPA734 输出阻抗模型、测试波形与数据

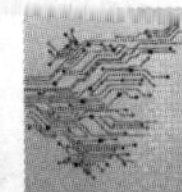

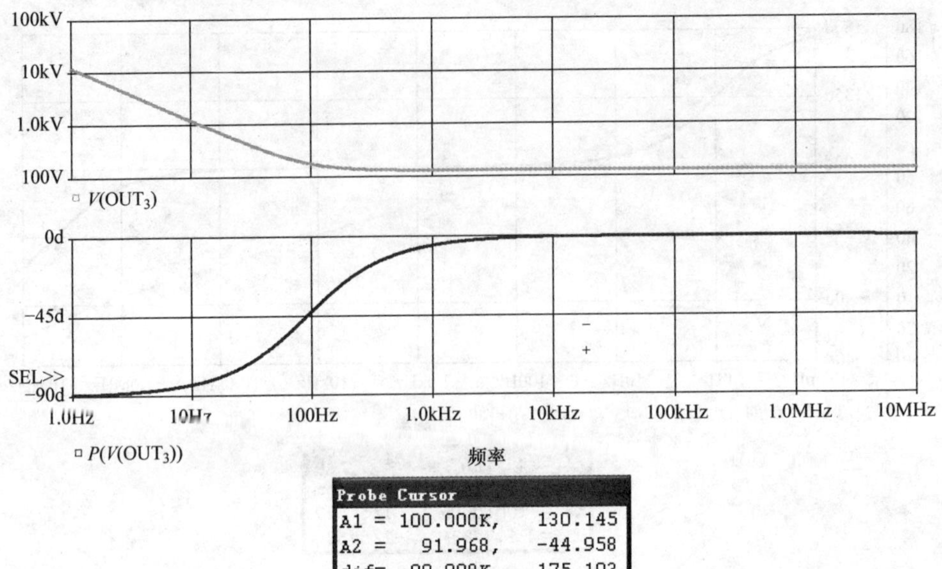

c) 开环输出阻抗：$R_O \approx 130\Omega$、$f_z \approx 92$Hz

图 3.46　OPA734 输出阻抗模型、测试波形与数据（续）

OPA734 的输出阻抗 Z_O 为 CMOS 运算放大器输出级所独有，而且高频时输出级电阻 R_O 处于支配地位，同时 C_O 所呈现的电容效应在低于频率 92Hz 时处于支配地位，R_O 直接从图 3.46 中读取——$R_O = 130\Omega$，因为 $f_z = \dfrac{1}{2\pi R_O C_O} = 92\text{Hz}$，所以 $C_O = \dfrac{1}{2\pi R_O f_z} = \dfrac{1}{2\pi \times 130 \times 92} \approx 13.4\mu\text{F}$。

OPA734 的完整 PSpice 模型由 Aol 和 Z_O 构成，Z_O 被移至运放模型之外以形成新的宏模型，利用该方式能够测量由 Z_O 与 R_{iso}、C_L、C_F、R_F 对反馈 $1/\beta$ 的影响，以计算电路中所需频率与增益数值，具体如图 3.47 所示。利用 Laplace 函数

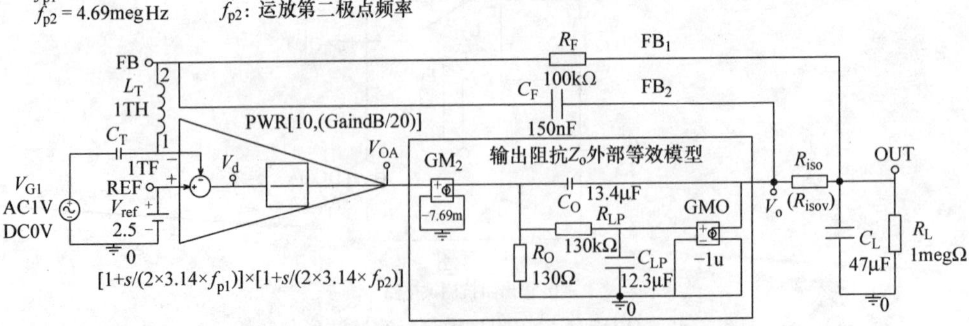

图 3.47　OPA734 完整数学模型及其开环测试电路

拟合 OPA734 数据手册中的 Aol 曲线，并从 R_{iso}、C_L、C_F以及 R_F 的各种影响中得到缓冲。

GM_2 将 OPA734 运算数学模型与 Z_o 外部模型相隔离，将 GM_2 参数设置为 $1/R_O$ 以保持准确的 Aol 增益。PSpice 进行交流分析之前必须进行直流分析，因此需确保扩展后的运算放大器模型具备正确的直流工作点，并且此时运放输出未达到饱和状态，为此在 C_o 两端添加一条低频通道，GMO 控制 R_O 两端的电压（该电压与 V_{OA}相匹配），将 GMO 参数设置为 $1/R_L$ 以维持直流状态时整体增益恒定，并与最初 OPA734 的 Aol 曲线相匹配；另外，R_{LP}和 C_{LP}构成低通滤波器，并且设置截止频率为 $F_{LP}=\dfrac{1}{2\pi\times R_{LP}\times C_{LP}}=0.1\times F_{LOW}$（$F_{LOW}$为最低测试频率）；另外将 R_{LP}设置为 $1000\times R_O$ 以避免 R_O 的负载效应，使得 Z_O 传输函数发生错误。

3.3.2　OPA734 CMOS 运放电路双反馈测试

首先将 FB_1 和 FB_2 分开进行测试，包括交流和时域；然后测试双反馈共同作用时电路的工作特性，包括环路增益与相位、输出超调和负载效应。

反馈 FB_1 测试：只有 FB_1 反馈时对电路进行分析，此时 C_F 开路；低频反馈由 C_O 和 C_L 决定。

$$\text{反馈}\frac{1}{\beta}=\frac{C_L+C_O}{C_O}=\frac{47\mu F+13.4\mu F}{13.4\mu F}=4.5/13\text{dB};$$

$$\text{极点}f_{zx}=\frac{1}{2\pi\times\dfrac{C_O\times C_L}{C_O+C_L}\times(R_{iso}+R_O)}=\frac{1}{2\pi\times\dfrac{13.4\mu F\times 47\mu F}{13.4\mu F+47\mu F}\times(13\Omega+130\Omega)}$$
$$=107.5\text{Hz}。$$

FB_1 交流测试电路和波形数据：增益为 -64mdB 时的相位为 0.8°，穿越频率为 6.72kHz，此时环路增益闭合速度为 -39.997dB/dec——系统不稳定；当只配置 FB_1 时在环路增益为零 f_{cl}处相位裕度接近零——电路存在不稳定性；由测试数据可得$\dfrac{1}{\beta}$的零点 $f_{zx}=107\text{Hz}$，与计算值基本一致。只有 FB_1 时的开环测试电路、测试波形和数据如图 3.48 所示。

FB_1 瞬态测试电路和波形：只有 FB_1 反馈时利用脉冲源对闭环电路进行瞬态测试，当输入信号由 2.49V 增大为 2.51V 时输出电压产生振荡，预示缓冲电路工作不稳定，与交流测试结果一致。只有 FB_1 时的瞬态测试电路和测试波形如图 3.49所示。

反馈 FB_2 测试：增加图 3.47 中的反馈 FB_2 以使系统稳定，FB_2 稳定性分析如图 3.50 所示：必须保证 f_{pc}低于 f_{zx}一个 10 倍频，即 $f_{zx}<f_{pc}<10\times f_{zx}$，以确保频

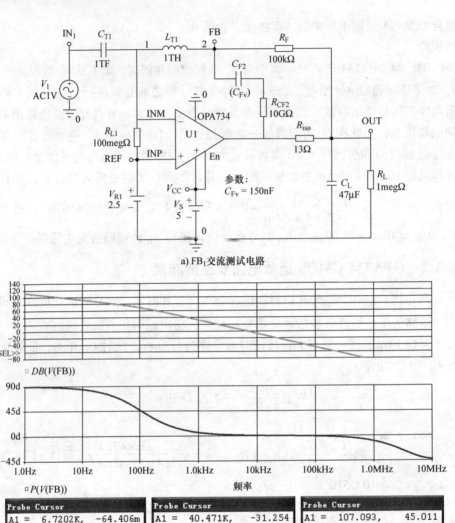

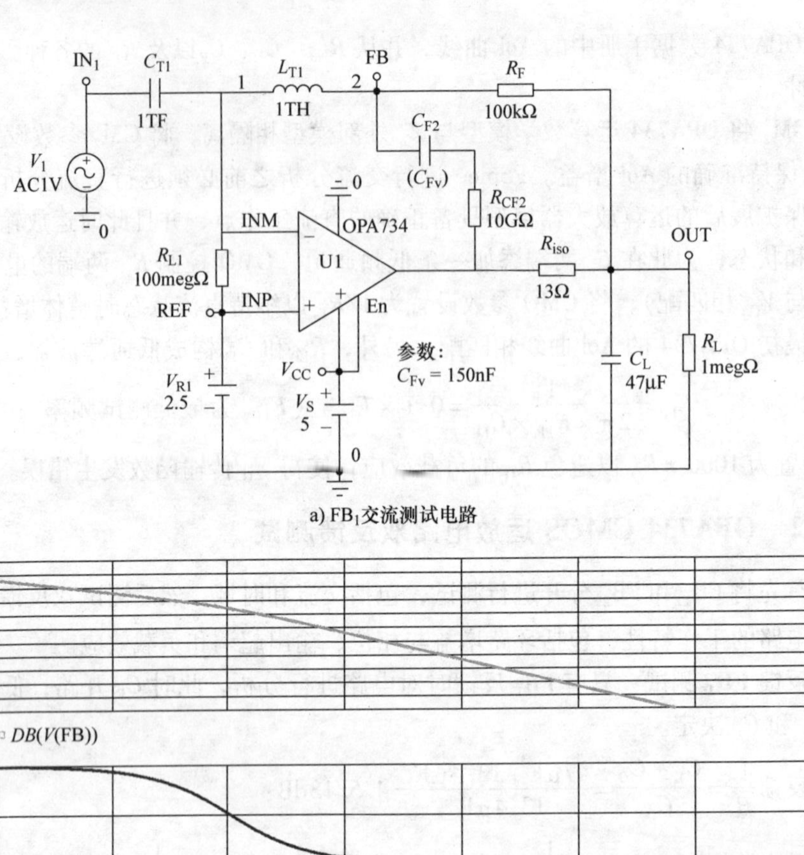

a) FB_1交流测试电路

Probe Cursor		
A1 =	6.7202K,	-64.406m
A2 =	6.7202K,	843.921m
dif=	0.000,	-908.327m

Probe Cursor		
A1 =	40.471K,	-31.254
A2 =	4.0471K,	8.7432
dif=	36.424K,	-39.997

Probe Cursor		
A1 =	107.093,	45.011
A2 =	6.7202K,	-64.406m
dif=	-6.6131K,	45.076

b) FB_1交流测试波形与数据

图 3.48　只有 FB_1 时的开环测试电路、测试波形和数据

率低于f_{cl}时相位裕度优于45°；通过调整 FB_2 的 $1/\beta$ 高频部分使其比 FB_1 低频 $1/\beta$ 高出 +10dB；然后设置f_{za}使其至少低于f_{pc}一个 10 倍频，即$f_{za}<f_{zx}/10$，以确保实际应用中参数变化时能够避免谐振出现，即相位突变；通过观察发现最终的 $1/\beta$ 曲线是在 FB_1 的 $1/\beta$ 曲线和 FB_2 的 $1/\beta$ 曲线中选择最小数值的 $1/\beta$ 通道而形成。

务必谨记，双反馈通道中从运算放大器输出端至负极输入端的最大反馈电压

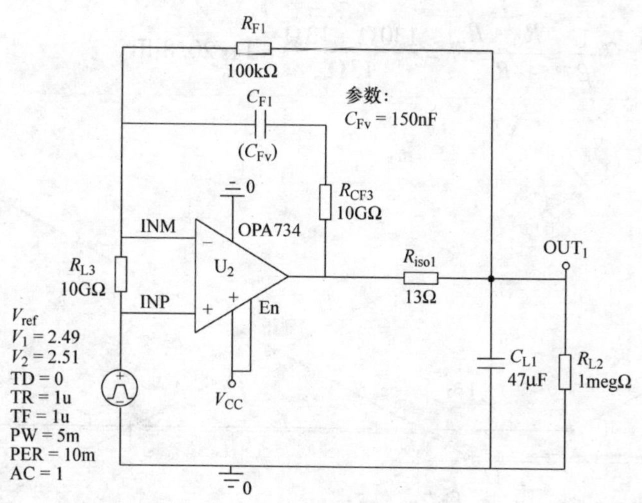

a) FB 瞬态测试电路

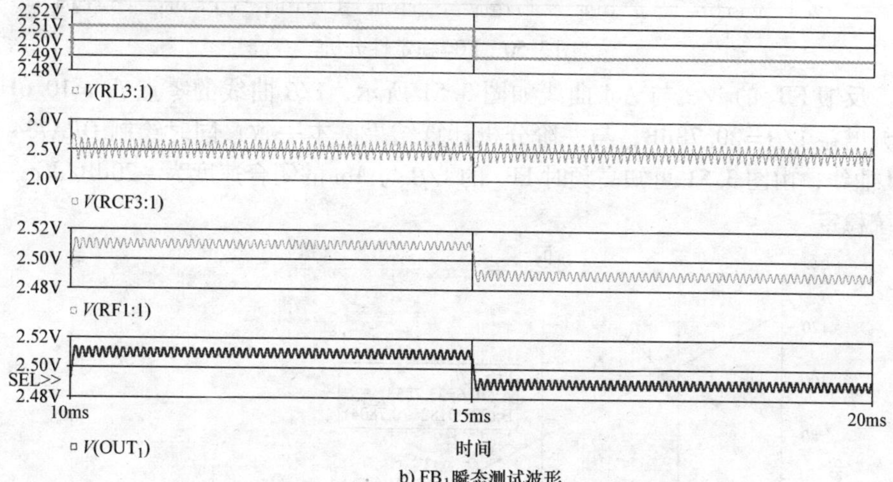

b) FB_1瞬态测试波形

图 3.49　只有 FB_1 时的瞬态测试电路和测试波形

将主导整个反馈电路，最大反馈电压表明 β 值最大或者 $1/\beta$ 值最小。最后在 FB_2 取得支配地位之前 V_{out}/V_{in}的传递函数将随着 FB_1 的变化而变化，此时 V_{out}/V_{in}将会衰减至 −20dB/dec，直至 FB_2 与 Aol 曲线相交，然后随着 Aol 曲线下降。

分析反馈 FB_2 时需要进行如下假设，此类假设几乎可以应用到所有具有双通道反馈的 R_{iso}隔离电路中。首先假设 $C_L > 10 \times C_F$，即高频率时 C_L 早在 C_F 短路之前就已经短路，因此短路 C_L 以排除 FB_1 的影响，从而便于单独分析 FB_2；另外假设 $R_F > 10 \times R_{iso}$，表明作为 R_{iso}的负载，该 R_F 几乎完全失效。

FB_2 的$\dfrac{1}{\beta}$零点频率$f_{za} = \dfrac{1}{2\pi \times R_F \times C_F} = \dfrac{1}{2\pi \times 100\text{k}\Omega \times 150\text{nF}} = 10.6\text{Hz}$；

高频时 FB_2 的$\frac{1}{\beta}=\frac{R_O+R_{iso}}{R_{iso}}=\frac{130\Omega+13\Omega}{13\Omega}=11/20.8\text{dB}$。

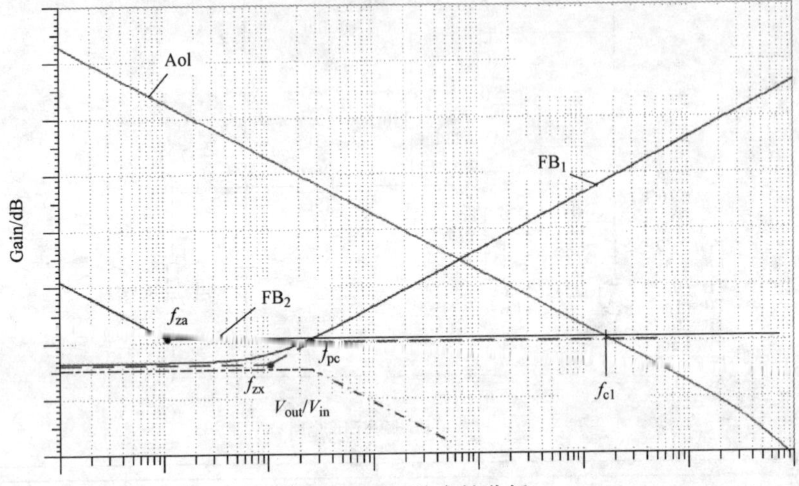

图 3.50 FB_2 稳定性分析

反馈 FB_2 的 $1/\beta$ 与 Aol 曲线如图 3.51 所示，$1/\beta$ 曲线的零点 $f_{za}=10.6\text{Hz}$、高频增益 $1/\beta=20.78\text{dB}$，与一阶分析计算结果基本一致；同时绘制 OPA734 的 Aol 曲线，由图 3.51 可知高频时 FB_2 的 $1/\beta$ 与 Aol 的闭合速度为 -20dB/dec——系统稳定。

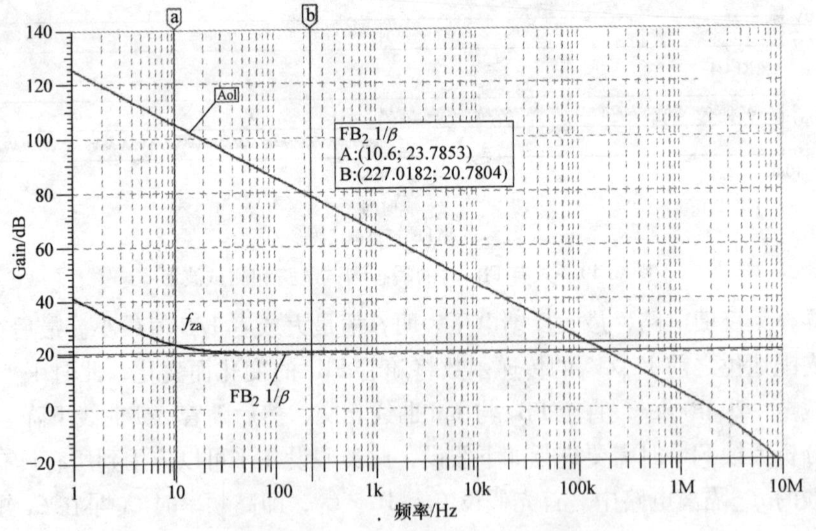

图 3.51 反馈 FB_2 的 $1/\beta$ 与 Aol 曲线

3.3.3 OPA734 运放电路双反馈频域与时域对比

双反馈同时存在时对缓冲电路进行时域和频域测试，并对测试结果进行对比，验证时域和频域的分析结果是否一致。

开环频率特性测试：利用图 3. 47 进行开环频率特性测试，双反馈开环频域测试波形与数据如图 3. 52 所示。$R_{iso}=13\Omega$ 时 $1/\beta$ 的低频为 13. 1dB、高频为 20. 8dB、差值小于 10dB，191. 9Hz 时相位最低为 67°，f_{cl}约为 171kHz、相位裕度为 87. 9°——系统稳定；$R_{iso}=5\Omega$ 时 $1/\beta$ 的低频为 13. 1dB、高频为 28dB、差值

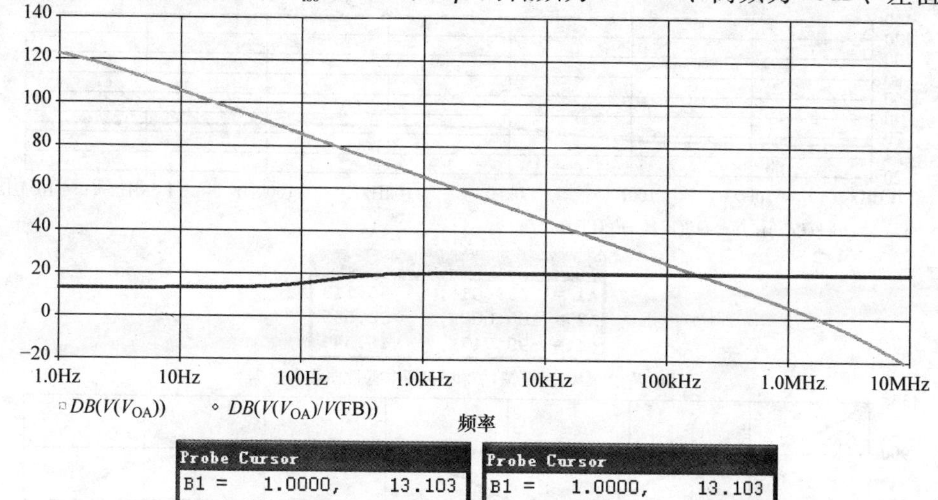

a) $R_{iso}=13\Omega$时双反馈$1/\beta$和Aol频率特性曲线和数据

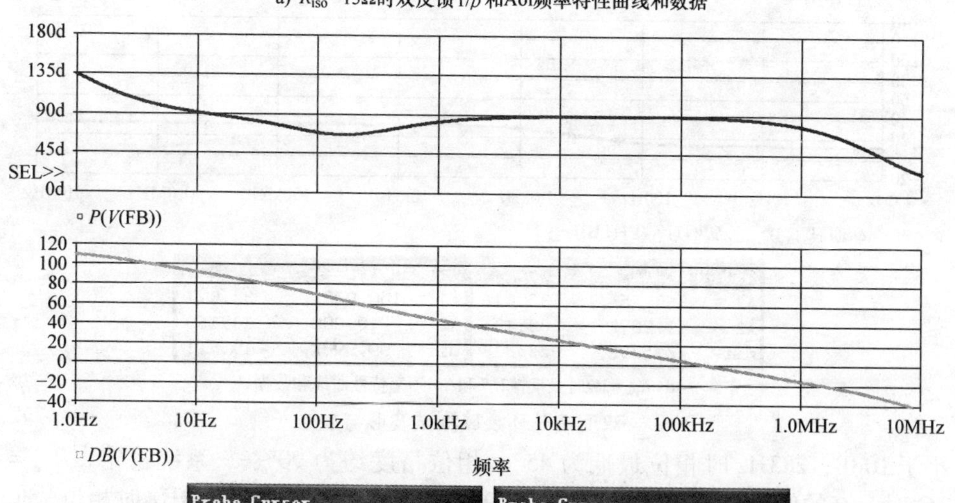

b) $R_{iso}=13\Omega$时双反馈环路增益与相位曲线和数据

图 3. 52 双反馈开环频域测试波形与数据

Probe Cursor		
A1 =	283.014,	45.113
A2 =	100.000K,	28.565
dif=	-99.717K,	16.547

c) R_{iso}=5Ω时双反馈$1/\beta$和Aol频率特性曲线和数据

Probe Cursor		
A1 =	368.354,	35.816
A2 =	42.907K,	88.134
dif=	-42.539K,	-52.318

Probe Cursor		
A1 =	100.000K,	32.871
A2 =	10.000,	13.160
dif=	99.990K,	19.711

d) R_{iso}=3Ω时双反馈$1/\beta$和Aol频率特性曲线和数据

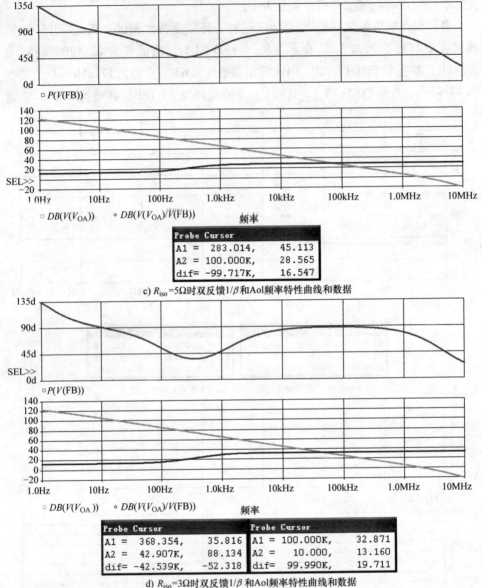

图 3.52　双反馈开环频域测试波形与数据（续）

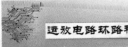

小于 10dB，283Hz 时相位最低为 45°，相位裕度约为 90°——系统稳定；R_{iso} = 3Ω 时 $1/\beta$ 的低频为 13dB、高频为 32.9dB、差值大于 10dB，368Hz 时相位最低为 35.8°，f_{cl} 约为 42.9kHz、相位裕度为 88°——低频时相位裕度太低、存在不稳定隐患，但是相位裕度足够大，脉冲测试时系统仍然稳定。

闭环频域特性测试：负载恒定、R_{iso} 改变时测试闭环带宽，双反馈闭环频域测试如图 3.53 所示。R_{iso} = 13Ω 时 V_{out}/V_{in} 的 −3dB 带宽约为 273.8Hz、f_{cl} =

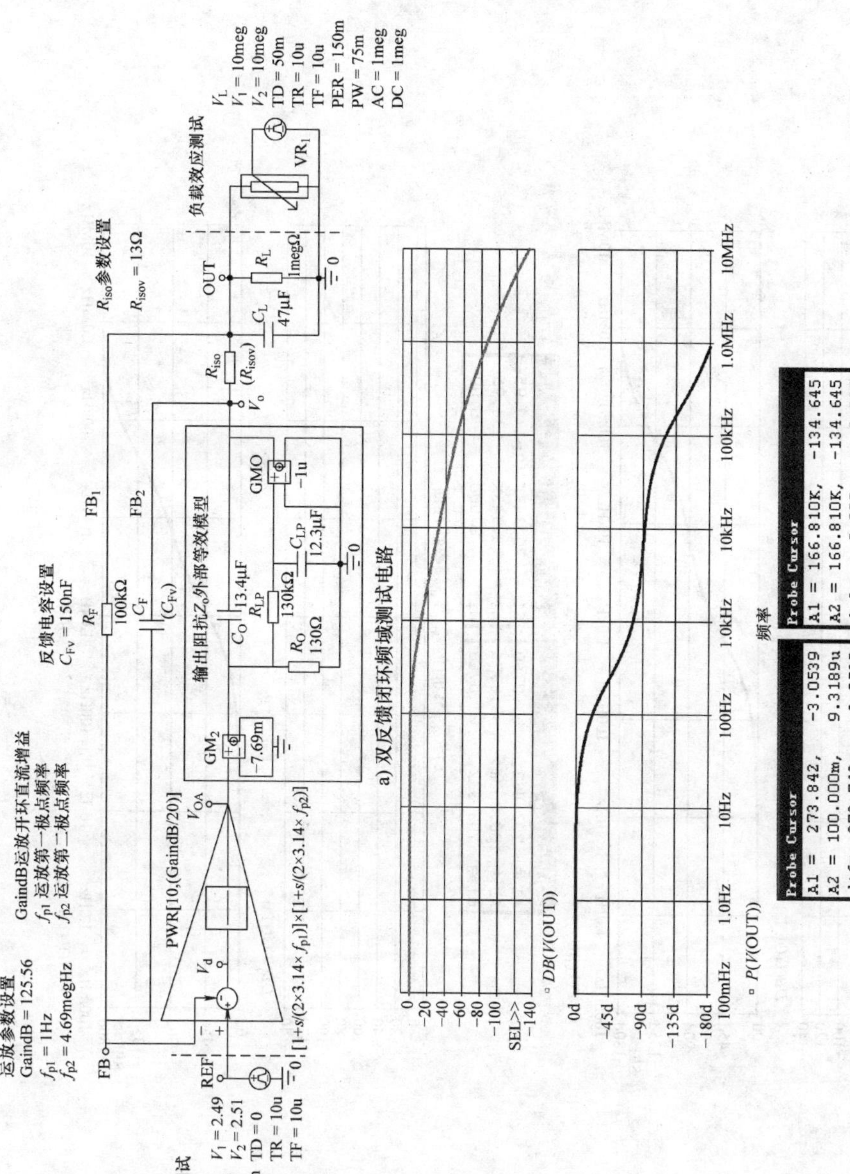

a) 双反馈闭环频域测试电路

b) R_{iso}=13Ω时的V_{out}/V_{in}频率特性曲线

图 3.53 双反馈闭环频域测试

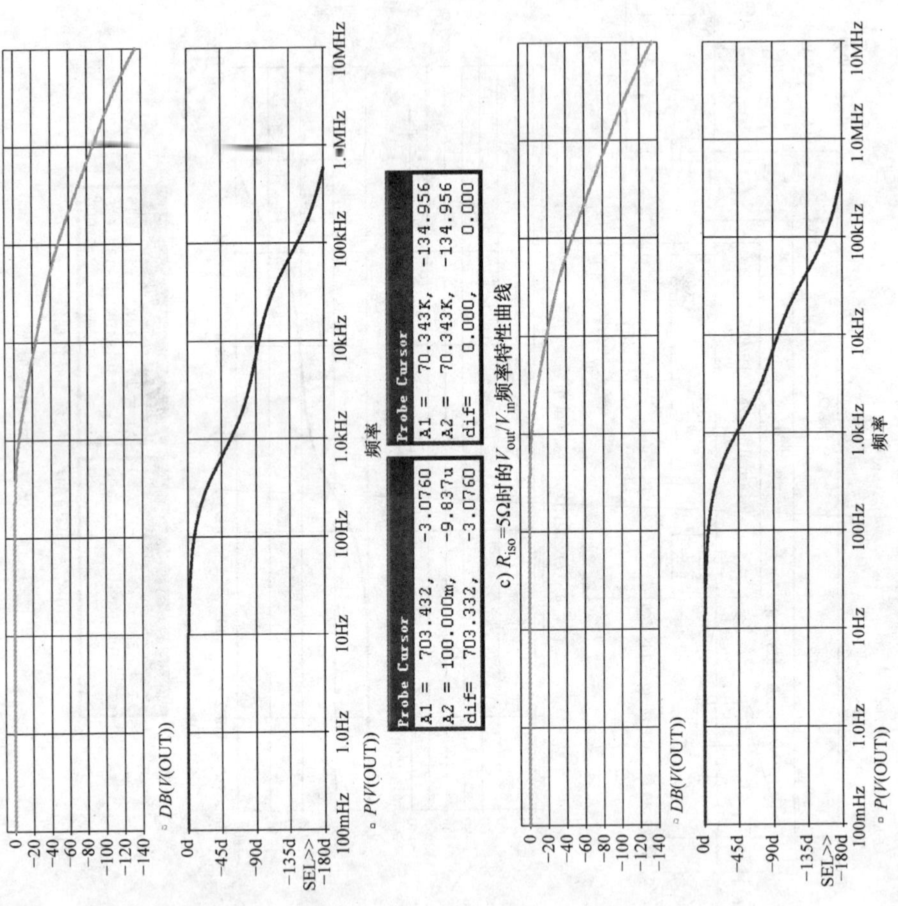

c) R_{iso}=5Ω时的V_{out}/V_{in}频率特性曲线

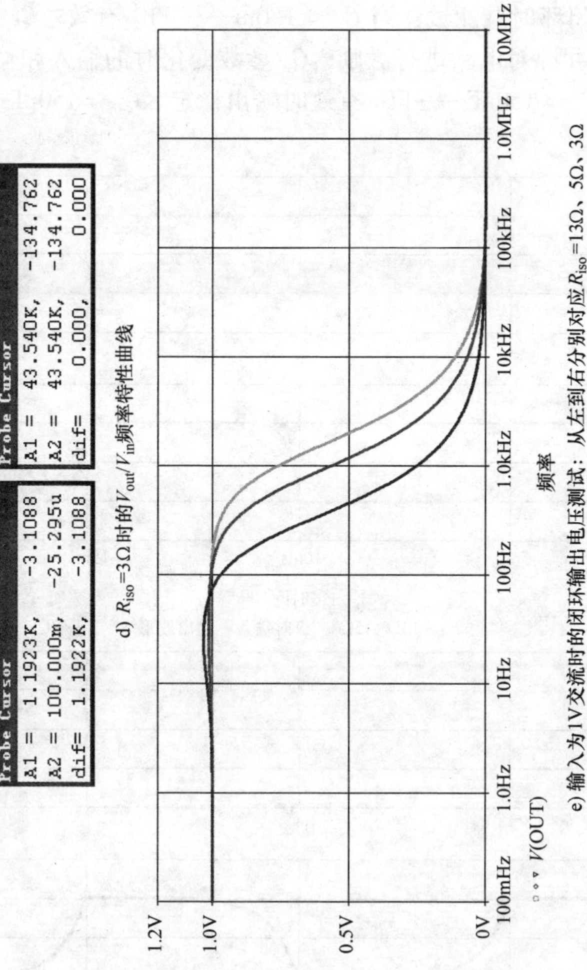

d) R_{iso}=3Ω时的V_{out}/V_{in}频率特性曲线

e) 输入为1V交流时的闭环输出电压测试：从左到右分别对应R_{iso}=13Ω、5Ω、3Ω

图 3. 53　双反馈闭环频域测试（续）

166.8kHz；$R_{iso}=5\Omega$ 时 V_{out}/V_{in} 的 $-3dB$ 带宽约为 703Hz、$f_{cl}=70.3kHz$；$R_{iso}=3\Omega$ 时 V_{out}/V_{in} 的 $-3dB$ 带宽约为 1.19kHz、$f_{cl}=43.5kHz$。

闭环时域特性测试：双反馈闭环时域测试波形如图 3.54 所示，负载恒定、R_{iso} 改变时测试输入为脉冲信号时的输出响应；当输入信号相同时，电阻 R_{iso} 的阻值越小、输出电压上升和下降沿越快，与闭环 $-3dB$ 带宽直接相关——闭环带宽越宽、上升下降沿速度越快。

反馈电容 C_F 闭环时域测试：当 $C_{Fv}=150nF$——FB_2 有效、$C_{Fv}=150pF$——FB_2 无效时利用脉冲源对电路进行激励，C_F 参数变化时的输入和输出电压波形如图 3.55 所示，$C_{Fv}=150nF$——FB_2 有效时输出稳定、$C_{Fv}=150pF$——FB_2 无效时输出振荡。

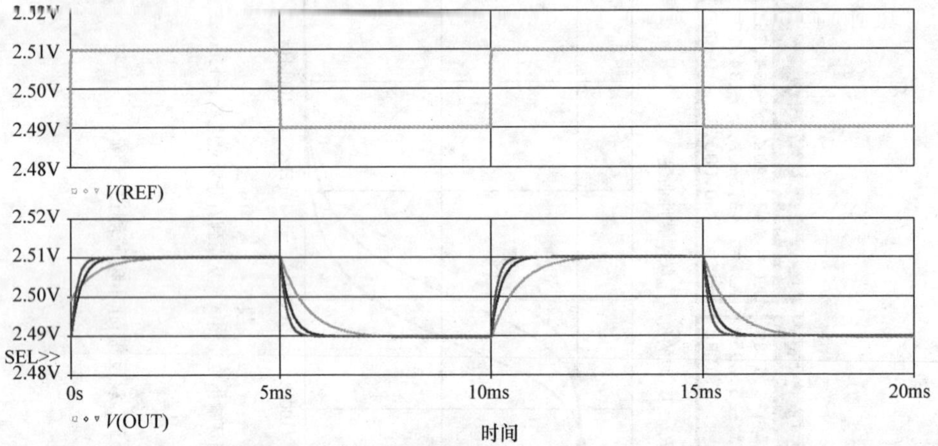

a) $R_{iso}=13\Omega$、5Ω、3Ω 时输入、输出波形

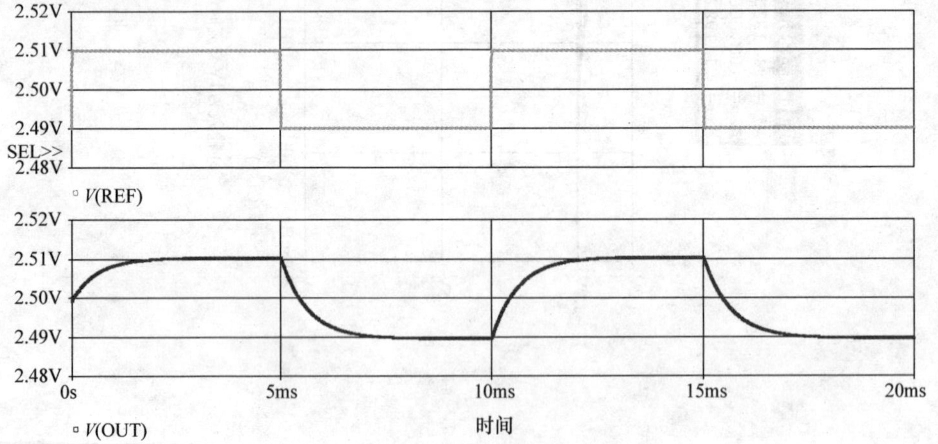

b) $R_{iso}=13\Omega$ 时输入、输出波形

图 3.54　双反馈闭环时域测试波形

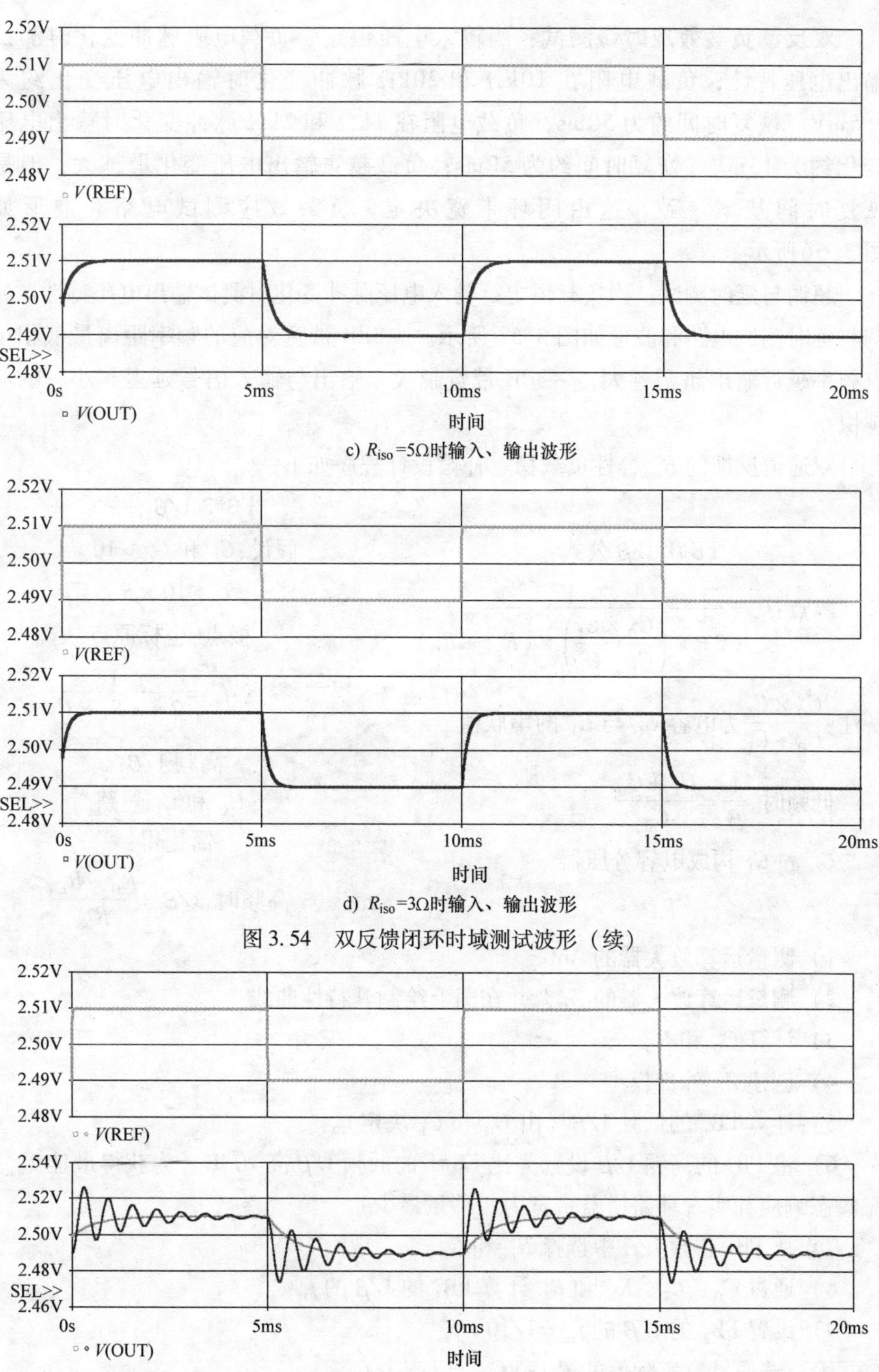

c) R_{iso}=5Ω时输入、输出波形

d) R_{iso}=3Ω时输入、输出波形

图 3.54　双反馈闭环时域测试波形（续）

图 3.55　C_F 参数变化时的输入和输出电压波形

双反馈负载效应时域测试：当输入电压恒定、负载电阻脉冲变化时测试输出电压特性；负载电阻在 10kΩ 和 20kΩ 脉冲变化时输出电压变化约为 1.5mV、恢复时间约为 50ms；负载电阻在 1kΩ 和 2kΩ 脉冲变化时输出电压变化约为 15mV、恢复时间约为 50ms；负载越重输出电压变化量越大，但是恢复时间基本一致，这由闭环带宽决定。负载效应测试电路和波形如图 3.56所示。

超调与延时测试：当负载恒定、输入电压脉冲变化时测试输出电压特性，超调与延时测试电路和波形如图 3.57 所示。-3dB 带宽对应的频率距离最低相位点频率越近输出超调越大，-3dB 带宽越大，输出与输入信号延迟越小、响应越快。

双通道反馈的 R_{iso} 容性负载稳定补偿设计程序如下：

FB#1 1/β 公式：

$$零点:f_{zx}=\frac{1}{2\pi\times\left(\frac{C_O\times C_L}{C_L+C_O}\right)\times(R_{iso}+R_O)}$$

备注：$\frac{C_O\times C_L}{C_O+C_L}$为电容 C_O 与 C_L 的串联值

$$低频时,\frac{1}{\beta}=\frac{C_L+C_O}{C_O}$$

C_O 和 C_L 构成电容分压器

FB#2 1/β 公式：

假设：C_L 和 $C_O>10\times C_F$

$R_F>10\times R_{iso}$

极点：坐标原点

$$零点:f_{za}=\frac{1}{2\pi\times R_F\times C_F}$$

高频 1/β：

C_O 和 C_L 短路

简化得：

$$高频时,1/\beta=\frac{R_O+R_{iso}}{R_{iso}}$$

1）测量运算放大器的 Aol。

2）测量运算放大器的 Z_O，并在图上绘制其特性曲线。

3）计算 C_O 和 R_O。

4）创建 Z_O 外部模型。

5）计算 FB_1 的低频 1/β（由 C_O 和 C_L 决定）。

6）将 FB_2 的高频 1/β 设置为比 FB#1 的低频 1/β 高 10dB（为获得最佳 V_{out}/V_{in}瞬态响应和实现环路增益带宽内相移量最少）。

7）从 FB_2 高频 1/β 中选择 R_{iso}和 R_O。

8）通过 C_O、C_L、R_{iso}和 R_O 计算 FB_1 的 1/β 的 f_{zx}。

9）设置 FB_2 的 1/β 的 $f_{za}=1/10\times f_{zx}$。

10）选择具有实际值的 R_F 和 C_F，以产生 f_{za}。

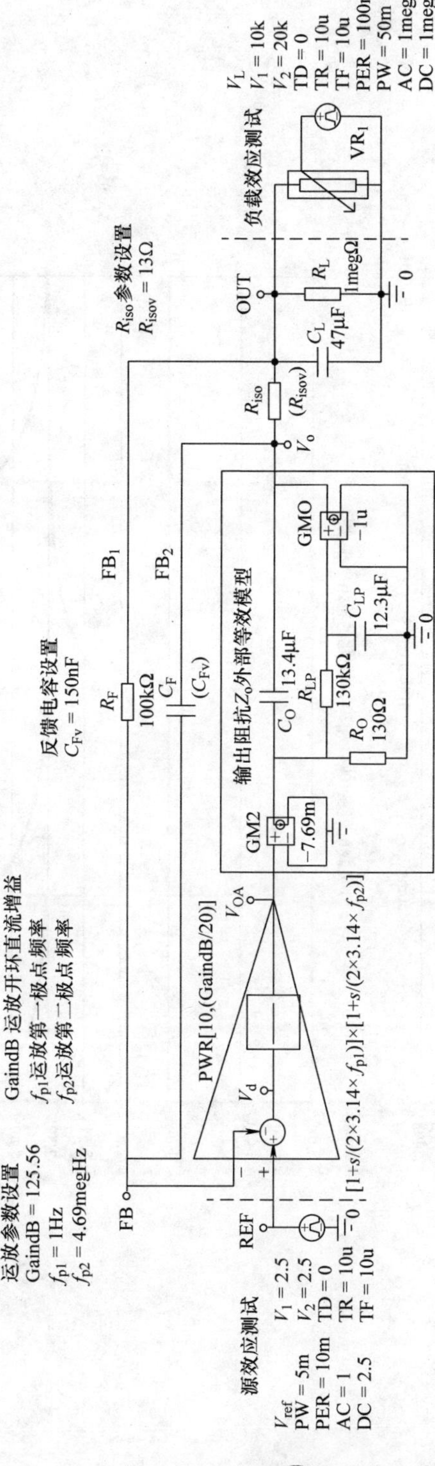

a) 负载效应测试电路

图 3.56 负载效应测试电路和波形

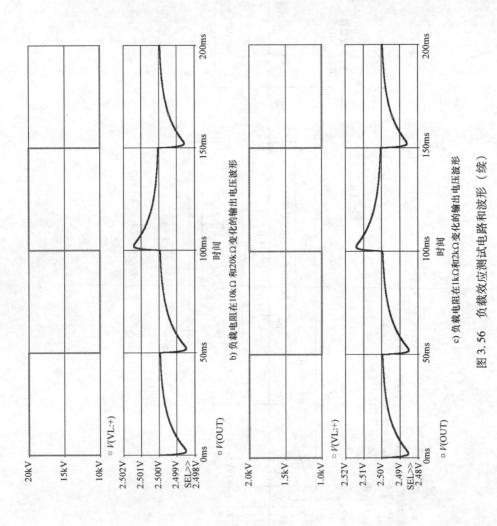

b) 负载电阻在10kΩ 和20kΩ变化的输出电压波形

c) 负载电阻在1kΩ和2kΩ变化的输出电压波形

图 3.56 负载效应测试电路和波形（续）

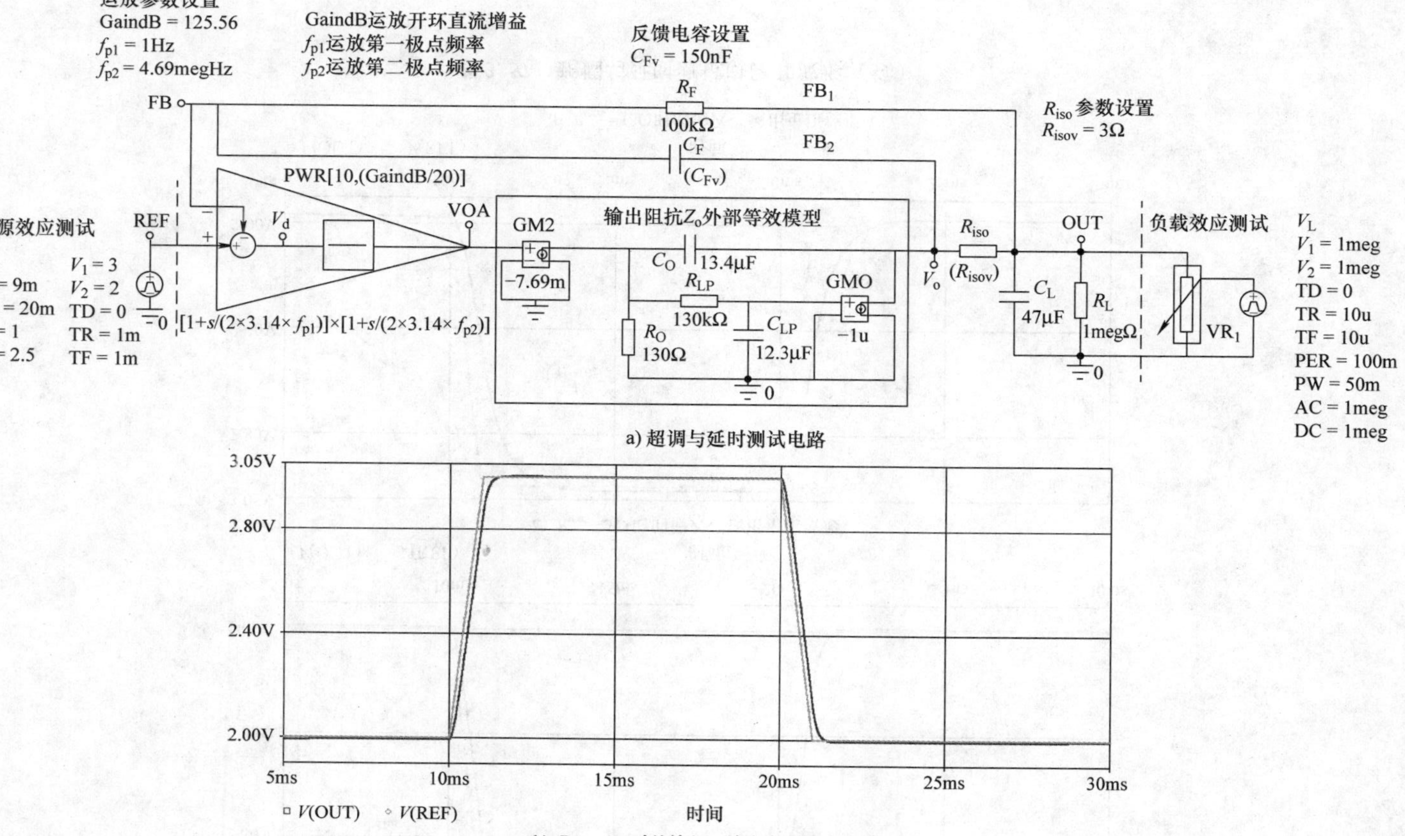

a) 超调与延时测试电路

b) R_{isov}=3Ω时的输入、输出电压波形

图 3.57 超调与延时测试电路和波形

c) R_{isov}=5Ω时的输入、输出电压波形

d) R_{isov}=13Ω时的输入、输出电压波形

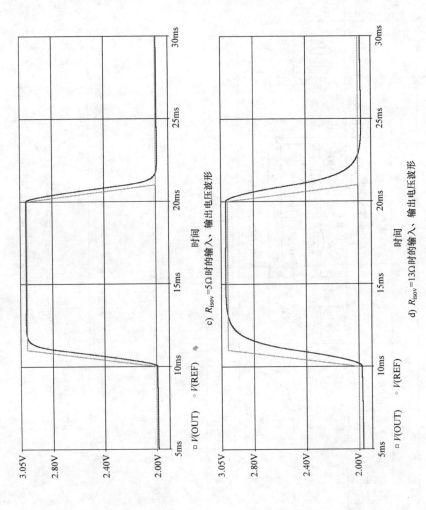

图 3.57　超调与延时测试电路和波形（续）

11）采用 Aol、$1/\beta$、环路增益、V_{out}/V_{in}以及瞬态分析确定最终值，运行仿真以验证设计的可行性。

12）核实环路增益相移下降不超过 135°（>45°相位裕度）。

13）针对低噪声应用：检查 V_{out}/V_{in}的脉冲响应特性，以避免增益骤增时 V_{out}/V_{in}中的噪声陡升。

第 4 章 运放电路设计实例

本章以前 3 章内容为基础，对运放电路设计实例进行工作原理分析、反馈补偿设计、频域稳定性和瞬态测试，包括热电偶变送器、仪用放大电路、复合放大电路、运放 OPAX192 模型建立及性能测试。

4.1 热电偶变送器

本节利用热电偶实现温度－电压转换，首先对变送器电路工作原理进行详细分析，然后利用双反馈进行补偿设计，以及进行频域和时域稳定性测试，最后进行实际应用电路设计。

4.1.1 热电偶变送器工作原理分析

热电偶变送器由两级反相放大电路和输出保护与滤波电路构成，如图 4.1 所

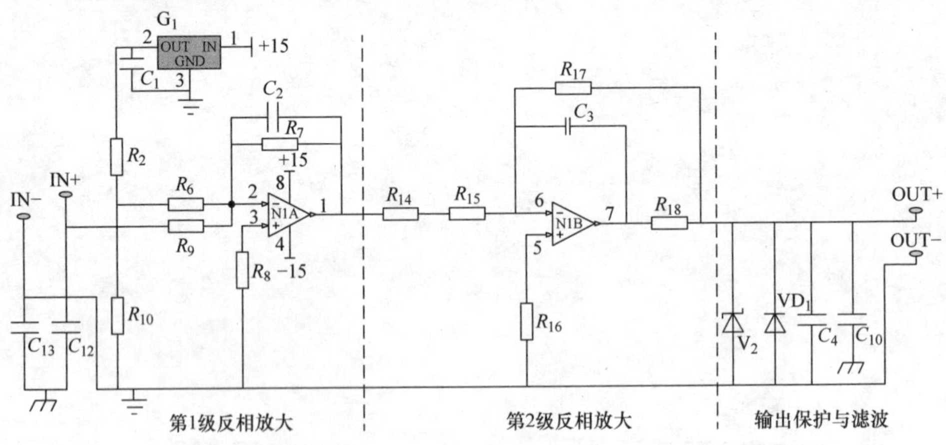

a) 变送器主电路

图 4.1 热电偶变送器电路

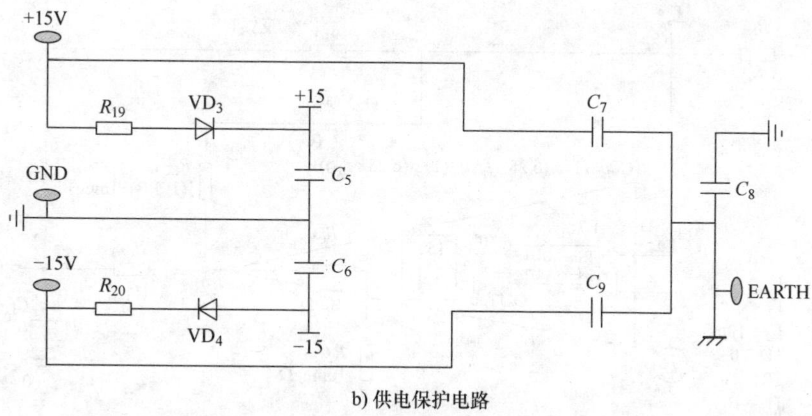

b) 供电保护电路

图 4.1　热电偶变送器电路（续）

示。第 1 级反相放大电路对热电偶输入信号和基准源进行反相放大与求和，以满足输出信号幅度与偏置电压的实际要求，IN＋、IN－分别连接热电偶的两个输入级，并利用电容 C_{12} 和 C_{13} 进行共模滤波；第 2 级反相放大电路利用双反馈对容性负载进行补偿，使得系统能够稳定工作；输出保护与滤波电路主要利用稳压管 V_2 和二极管 VD_1 构成 +6.5 ~ −0.7V 输出电压限幅，利用电阻 R_{18} 构成输出短路时的限流保护，使最大输出电流约为 5mA（供电电源为 ±15V），电容 C_4 和 C_{10} 实现输出差模与共模滤波。本节主要对第 2 级反相放大电路进行环路稳定性分析。

4.1.2　热电偶变送器双反馈补偿设计

热电偶变送器通常精度要求很高，但是闭环带宽要求很窄，因为隔离电阻容性负载补偿电路产生很大误差，所以本节利用双反馈容性负载补偿电路进行设计。

热电偶变送器双反馈容性负载仿真电路如图 4.2 所示，低频时输出电压通过反馈 1 进行反馈，使输出电压与输入电压增益固定，从而降低输出误差、提高精度；高频时通过反馈 2 进行反馈，对容性负载进行补偿，使系统能够稳定工作，各元件具体参数分析与计算请参考第 3 章。利用参数 FB 进行反馈设置：FB = 1 时，反馈 2 起作用，R_{iso} = 100Ω；FB = 0 时，反馈 2 不起作用，R_{iso} = 1mΩ。

4.1.3　热电偶变送器频域稳定性测试

热电偶变送器的频域特性与运放特性息息相关，实际设计时必须首先根据所用运放数据手册建立其传递函数，然后对反馈 1 和反馈 2 分别进行测试，最后进行双反馈开环与闭环测试。

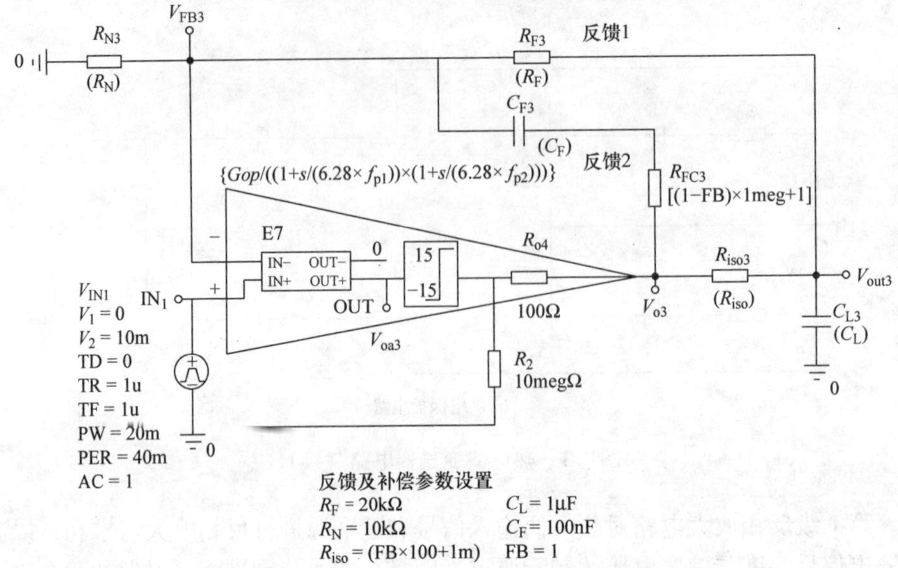

图 4.2　热电偶变送器双反馈容性负载仿真电路

运放 OP200 模型建立：图 4.3a ~ 图 4.3c 所示分别为 OP200 开环与闭环频率特性曲线及其等效数学模型，运放开环 0dB 带宽以内输出阻抗主要为阻性，该模型将其设置为 100Ω；由开环频率特性曲线可知第二极点的频率约为 1megHz，由闭环频率特性曲线可知增益 $A_v = 1$ 时的带宽约为 1megHz，运放 OP200 的开环直流增益约为 1meg；增益与相位仿真测试波形与数据手册基本一致。

OP200 数据手册提供的开环频率特性曲线范围为 10Hz ~ 1megHz，为保证数学模型的准确性，将仿真测试频率范围设置为 0.1Hz ~ 1megHz，交流仿真设置如图 4.4 所示。

OP200 运放传递函数频率特性测试波形如图 4.5 所示：频率为 1Hz 时，增益为 120dB，相位约为 135°；频率为 10Hz 时，增益为 100dB，相位约为 90°；频率为 1megHz 时，增益为 0dB，相位约为 45°。与设置第一极点 $f_{p1} = 1$Hz、第二极点 $f_{p2} = 1$megHz、直流增益 $Gop = 120$dB 完全一致。对于双极点运放，开环相位曲线的 135°和 45°分别对应第一和第二极点频率，可以据此设置极点频率，然后按照 −20dB/dec 计算直流开环增益 Gop，利用上述 3 个参数（即 f_{p1}、f_{p2}、Gop）建立运放的 Laplace 传递函数即数学模型。

双反馈与 Aol 开环测试：由图 4.6 所示的双反馈与 Aol 开环和图 4.7 所示的双反馈与 Aol 开环测试波形测试电路可得反馈 2——$DB(V(V_{oa2})/V(V_{FB2}))$ 与 Aol——$DB(V(V_{OA}))$ 的闭合速度为 −20dB/dec、反馈 2——$DB(V(V_{oa2})/V(V_{FB2}))$ 与反馈 1——$DB(V(V_{oa1})/V(V_{FB1}))$ 的闭合速度为 20dB/dec——电路能够稳定工作。

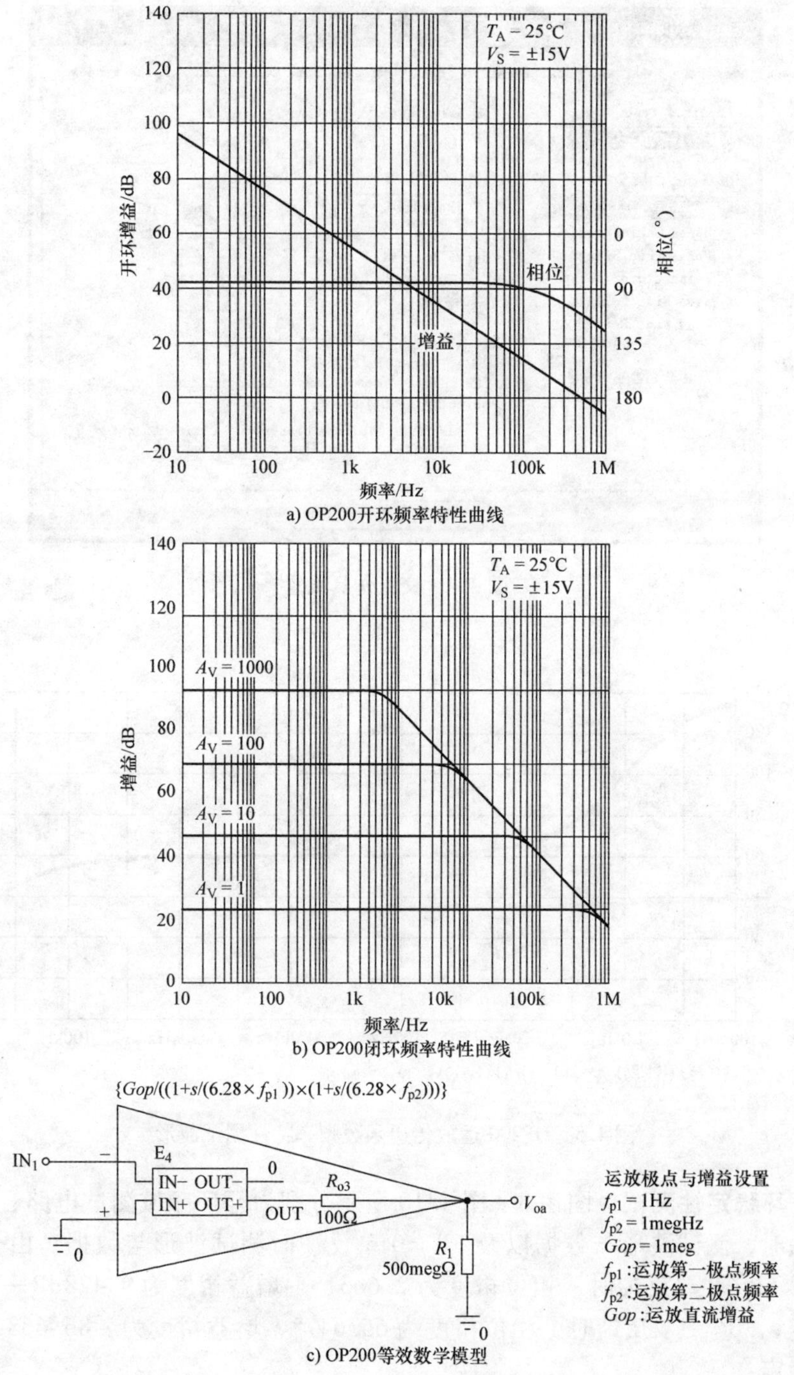

图 4.3　OP200 频率特性曲线与等效数学模型

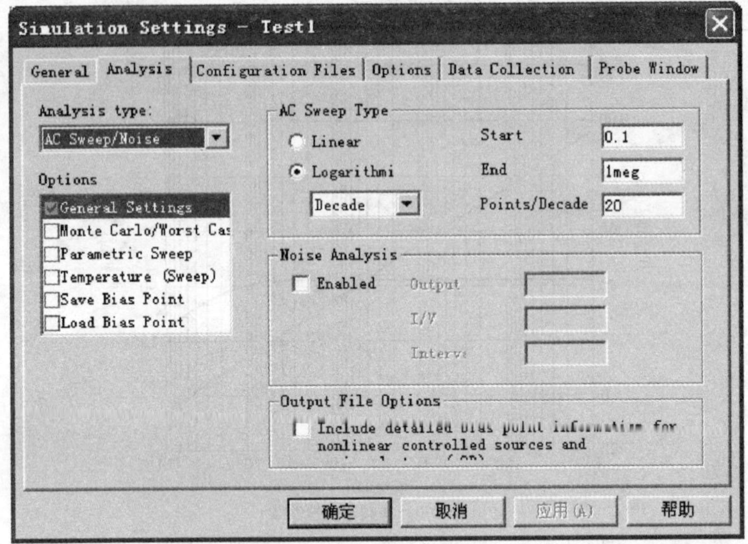

图 4.4　交流仿真设置

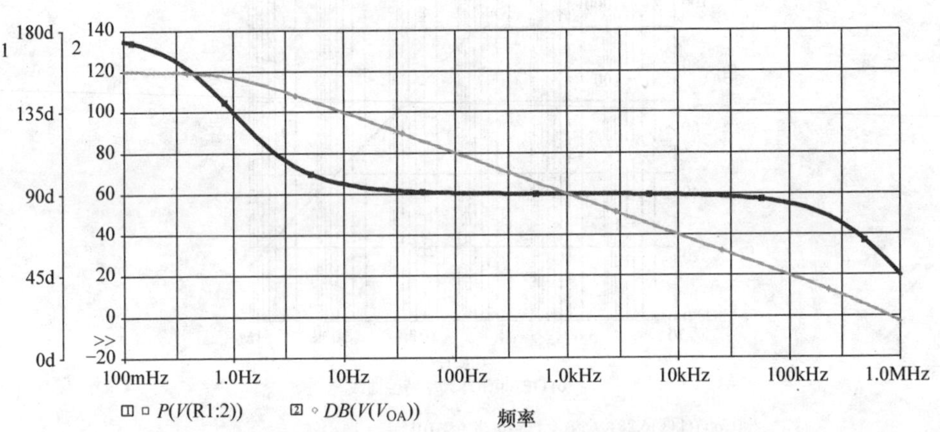

图 4.5　OP200 运放传递函数频率特性测试波形

开环稳定性测试：图 4.8～图 4.10 所示分别为开环频域测试电路、FB＝1 双反馈时，测试波形与数据以及 FB＝0 单反馈时测试波形与数据。由分析结果可得 FB＝0 单反馈时，相位裕度为 2.6631°、增益裕度为 9.428dB——系统不稳定；FB＝1 双反馈时，相位裕度为 65.647°、增益裕度为 －86.668dB——系统稳定。

双反馈闭环频域测试：双反馈闭环频域测试电路如图 4.11 所示，闭环输出

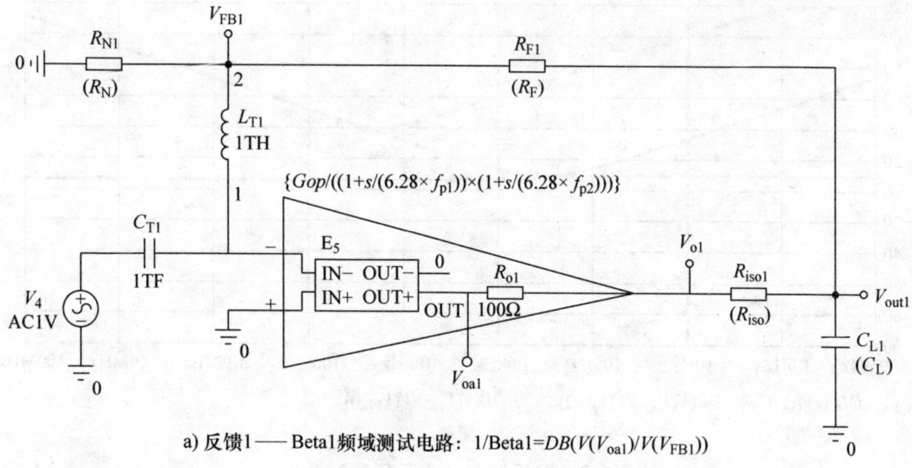

a) 反馈1——Beta1频域测试电路：1/Beta1=$DB(V(V_{oa1})/V(V_{FB1}))$

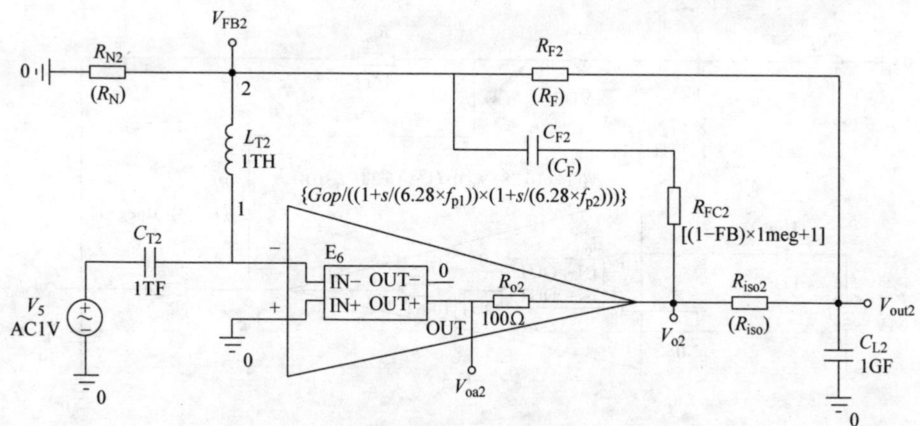

b) 反馈2——Beta2频域测试电路：1/Beta2=$DB(V(V_{oa2})/V(V_{FB2}))$

反馈及补偿参数设置
$R_F = 20\text{k}\Omega$
$R_N = 10\text{k}\Omega$
$R_{iso} = (\text{FB}\times100+1\text{m})$
$C_L = 1\mu\text{F}$
$C_F = 100\text{nF}$
FB = 1
FB=1时Beta2起作用，R_{iso}=100Ω；
FB=0时Beta不起作用，R_{iso}=1mΩ。

c) 参数设置

图 4.6　双反馈与 Aol 开环测试电路

特性曲线如图 4.12 所示。由测试结果可得 −3dB 带宽 f_{-3dB} =96Hz，输出无峰值，闭环电路能够稳定工作。

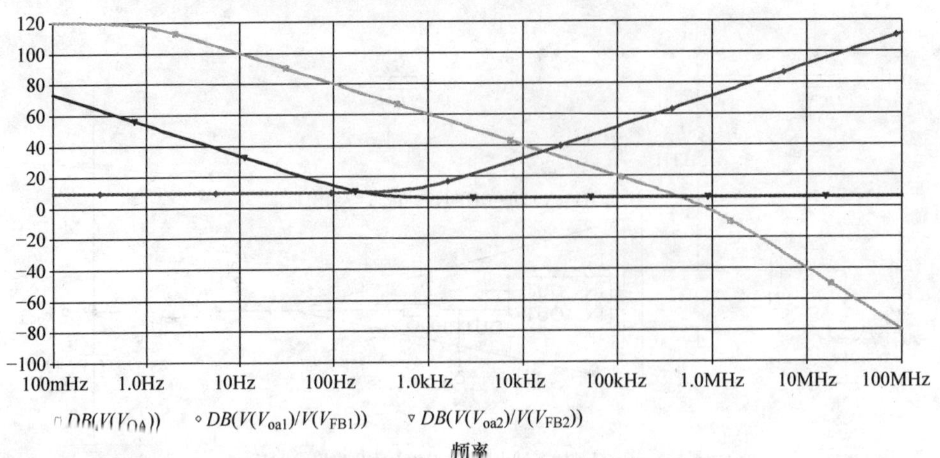

图 4.7　双反馈与 Aol 开环测试波形

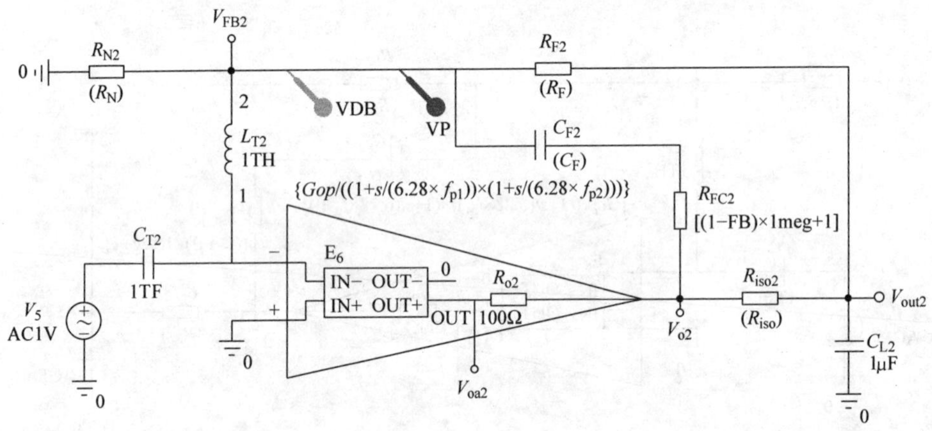

图 4.8　开环频域测试电路

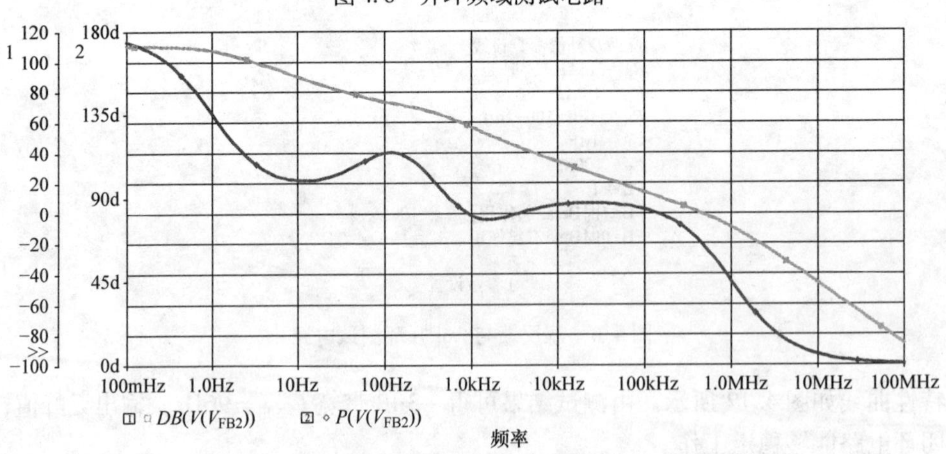

图 4.9　FB = 1 双反馈时测试波形与数据——系统稳定

FB=1 双反馈：幅频与相频特性曲线

```
Probe Cursor
A1 = 450.014K,     65.693
A2 = 450.014K,     45.750m
dif=     0.000,     65.647
```

FB=1 双反馈：相位裕度65.647°

```
Probe Cursor
A1 = 100.000M,   572.328m
A2 = 100.000M,    -86.096
dif=     0.000,    86.668
```

FB=1 双反馈：增益裕度-86.668dB

图 4.9　FB = 1 双反馈时测试波形与数据——系统稳定（续）

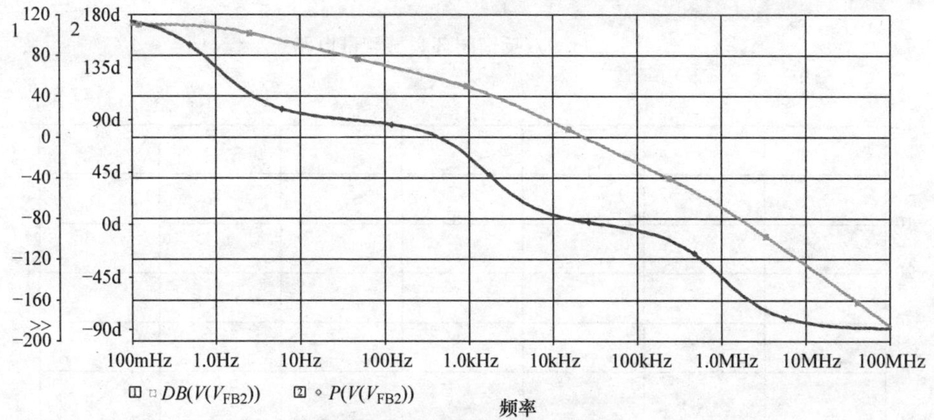

FB=0单反馈：幅频与相频特性曲线

```
Probe Cursor
A1 =   23.220K,      2.6097
A2 =   23.220K,   -53.335m
dif=     0.000,      2.6631
```

FB=0单反馈：相位裕度2.6631°

```
Probe Cursor
A1 =   39.960K,     17.860m
A2 =   39.960K,    -9.4101
dif=     0.000,     9.4280
```

FB=0单反馈：增益裕度9.428dB

图 4.10　FB = 0 单反馈时测试波形与数据——系统不稳定

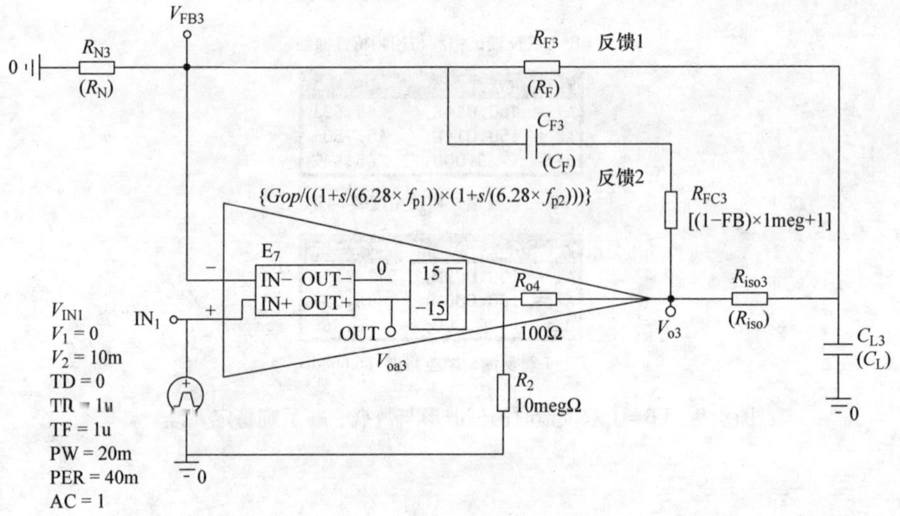

图 4.11　双反馈闭环频域测试电路

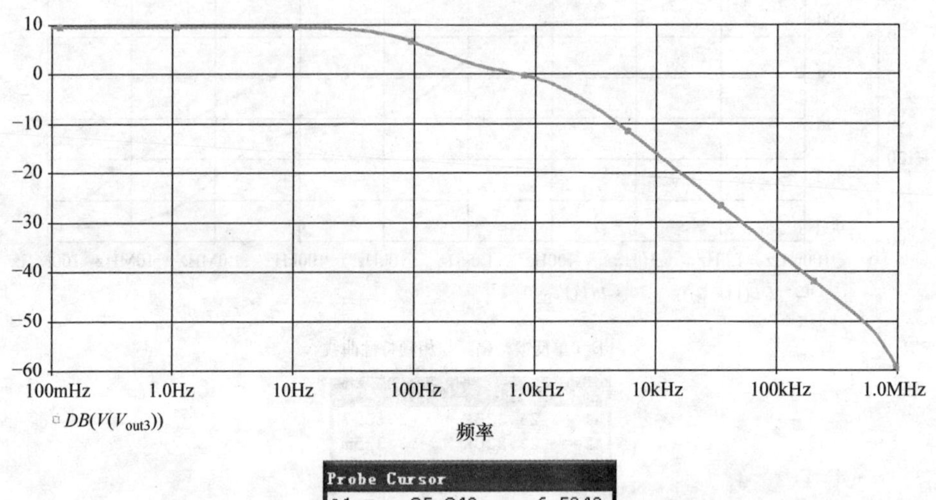

图 4.12　闭环输出特性曲线：f_{-3dB} = 96Hz

4.1.4　热电偶变送器时域稳定性测试

当 FB = 1 双反馈和 FB = 0 单反馈时分别对变送器电路进行闭环时域稳定测试，瞬态仿真设置如图 4.13 所示，为使电路工作于稳定状态，仿真时间设置为

80ms，输入脉冲信号的上升沿与下降沿时间为 1μs，为保证仿真波形不失真，最小步长设置为 0.2μs。

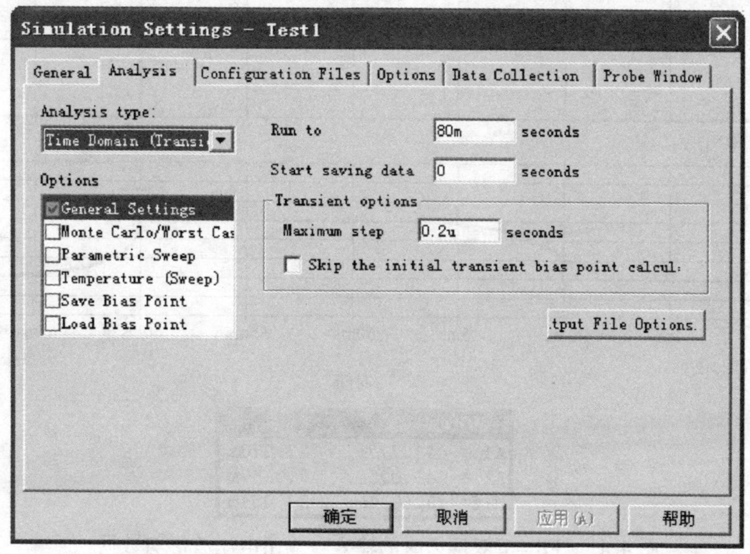

图 4.13　瞬态仿真设置

图 4.14 所示为 FB = 0 单反馈时的输入、输出电压波形：输入为脉冲信号时输出电压超调并振荡。

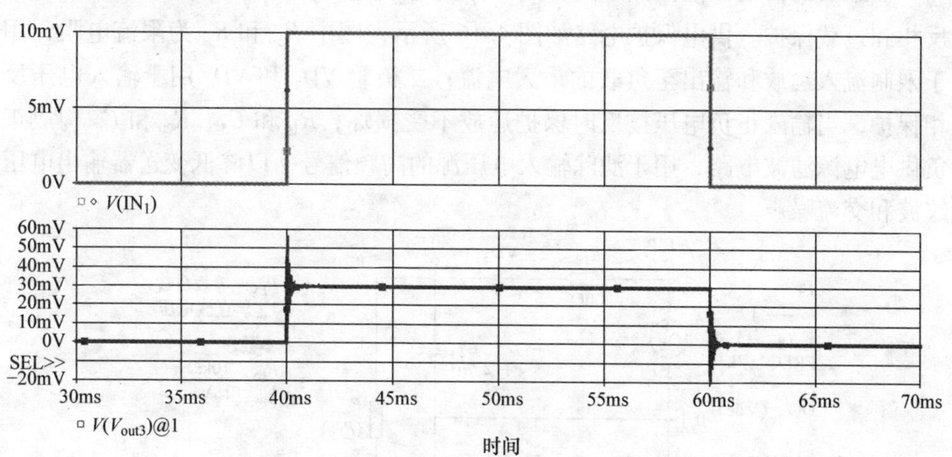

图 4.14　FB = 0 单反馈时的输入、输出电压波形

图 4.15 所示为 FB = 1 双反馈时的输入、输出电压波形与数据：输入为脉冲信号时输出电压无超调、无振荡；输出电压 10% ~ 90% 上升沿时间为 3.68ms ≈

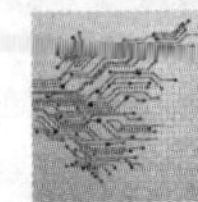

0.35/96Hz = 3.65ms——时域测试与频域计算一致。

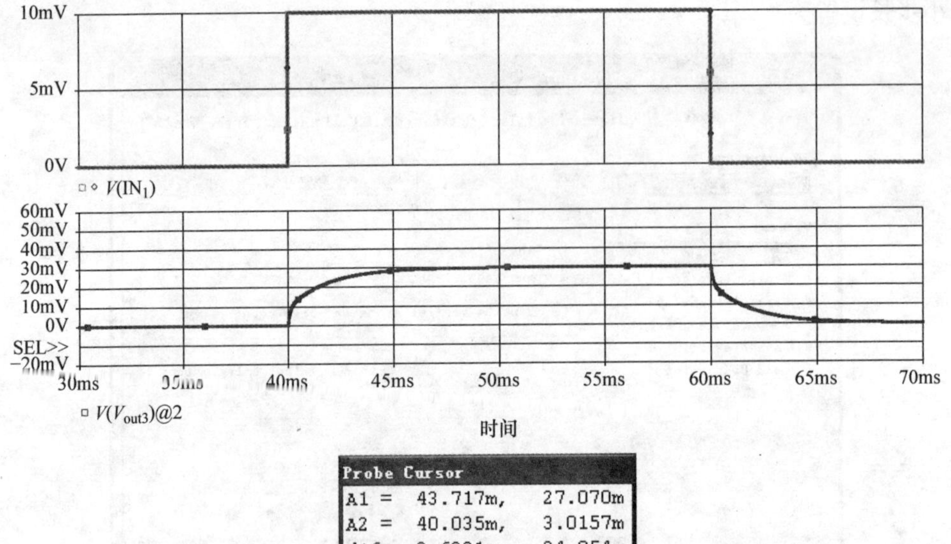

图 4.15　FB = 1 双反馈时的输入、输出电压波形与数据

4.1.5　供电保护电路分析

变送器的传输性能固然重要，然而保护电路依然不可小视，尤其是输入电压反相和过载保护。供电保护电路如图 4.16 所示，图中 R_{19} 和 R_{20} 为限流电阻，用于限制流入运放和输出至负载的最大电流；二极管 VD_3 和 VD_4 用于输入电压反相保护，当输入正负电压接反时保护运放不受损坏；R_{19} 和 C_5、R_{20} 和 C_6 构成正负供电电源滤波电路，用于滤除输入电压源的高频信号，以降低变送器输出电压纹波和交流噪声。

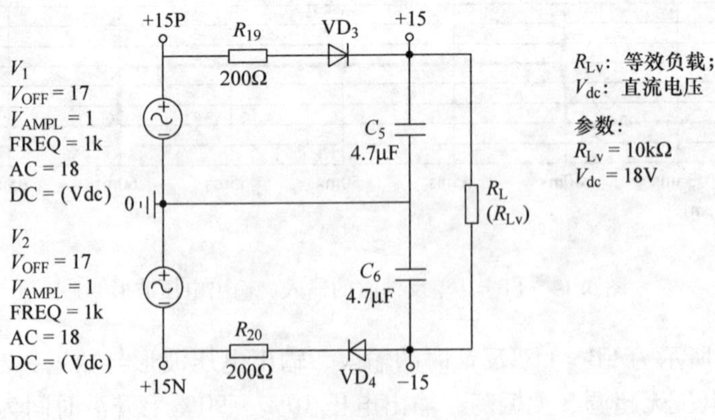

图 4.16　供电保护电路

瞬态测试：图 4.17 所示为瞬态输入、输出电压波形与数据，输入电压纹波峰峰值约为 2V 时的输出电压纹波峰峰值约为 272mV，当等效负载 R_L 的阻值变小时输出直流电压降低、纹波也随之减小。

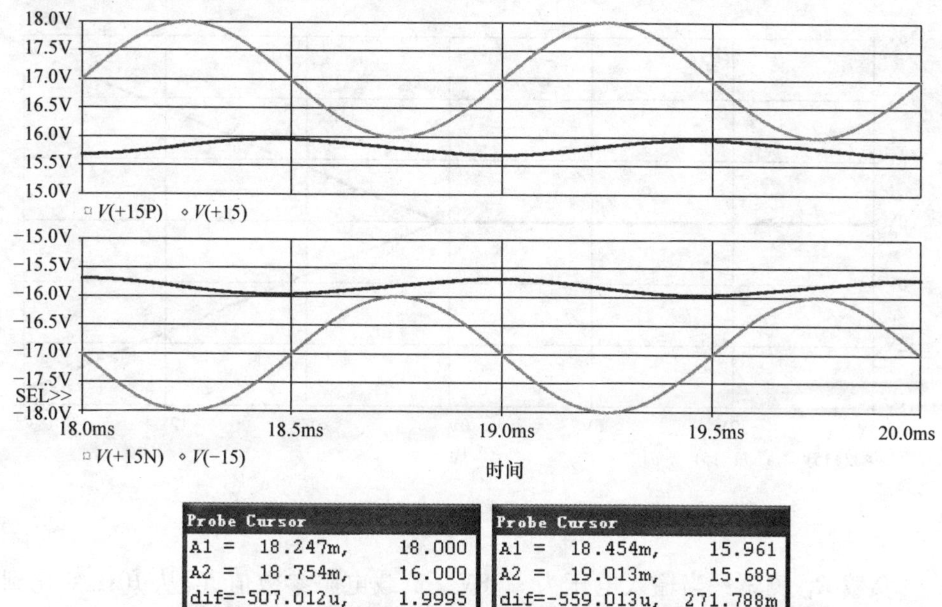

图 4.17 瞬态输入、输出电压波形与数据

输入电压直流测试：当输入电压正负换相并且线性变化时的直流仿真设置和输出电压波形分别如图 4.18 和图 4.19 所示：V_{dc} 从 -18V 线性增大到 +18V，即

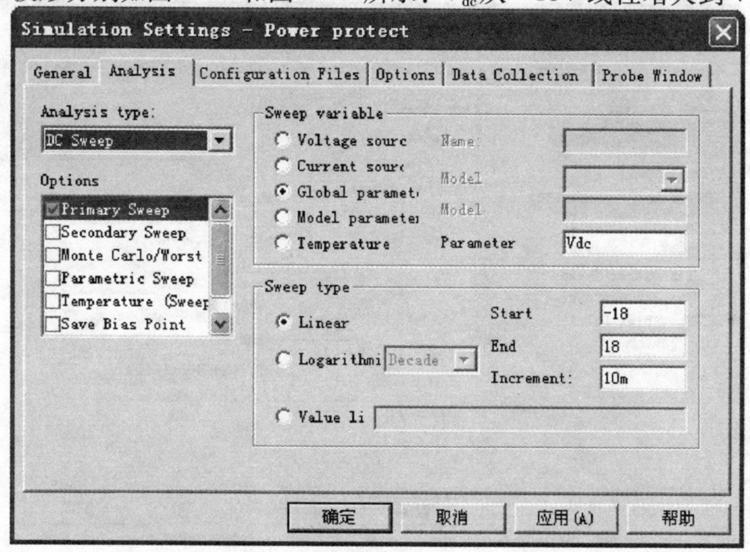

图 4.18 输入电压直流仿真设置

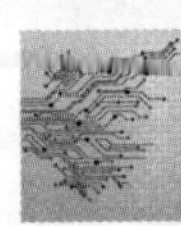

输入电压正负换相；由于反相保护二极管的作用，当输入电压反相即 $V_{dc}<0$ 时输出电压基本保持为0V，实现输入电源反接保护；当输入电压 $V_{dc}>0$ 时输出电压与输入电压基本一致，为负载正常供电。

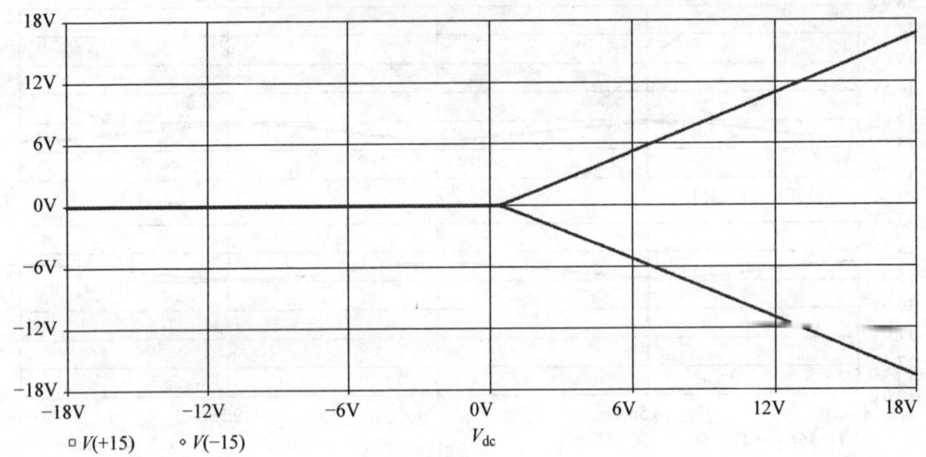

图 4.19　输出电压波形

负载 R_L 测试：当输入电压为 ±18V、负载电阻参数值 R_{Lv} 从 10Ω 变化到 100kΩ 时的直流仿真设置以及输出电压和电流波形分别如图 4.20 和图 4.21 所示。当 $R_{Lv}=10\Omega$ 等效负载短路时的最大电流约为 83mA、输出电压约为 0V；随着 R_{Lv} 的增大，输出电压逐渐增大、输出电流逐渐降低，当 $R_{Lv}>10k\Omega$ 时输出电

图 4.20　负载电阻 R_L 参数直流仿真设置

压基本保持18V恒定，R_{19}和R_{20}的限流电阻值与负载电压特性直接相关，实际设计时应该根据负载范围选择合适的限流值。

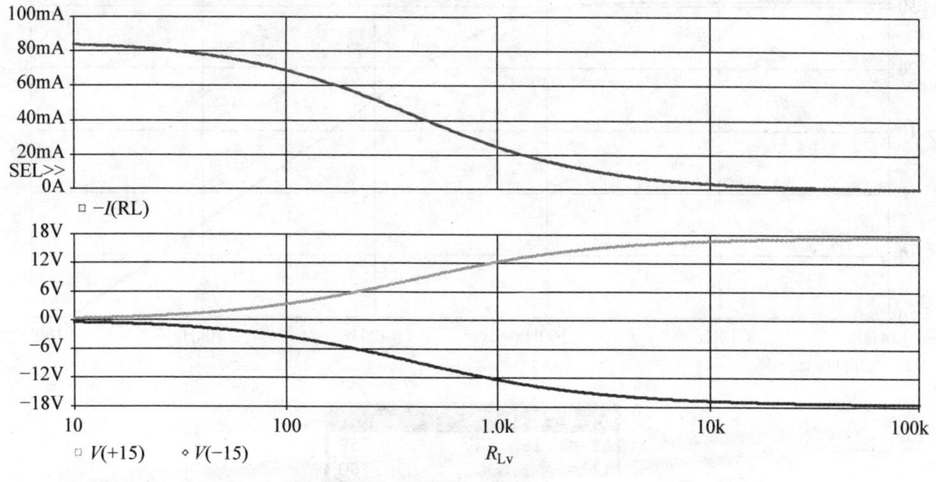

图4.21　负载电阻R_L变化时的输出电压和电流波形

交流测试：对输入供电保护电路进行交流分析，测试其f_{-3dB}带宽，交流仿真设置和输出电压频率特性曲线分别如图4.22和图4.23所示，当负载电阻R_L = 10kΩ时的f_{-3dB}≈162.6Hz，负载R_{Lv}参数值降低时f_{-3dB}将增加但输出电压变小，实际设计时根据负载特性选择合适的滤波电容C_5和C_6，以满足输出电压纹波要求。

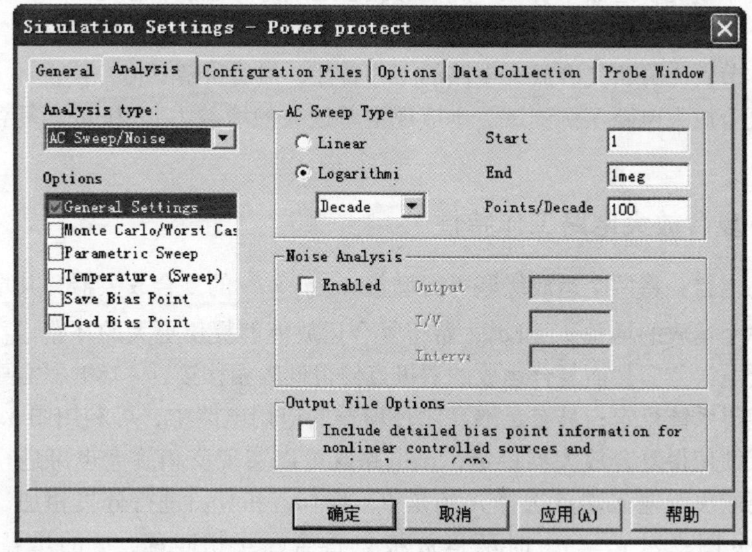

图4.22　交流仿真设置

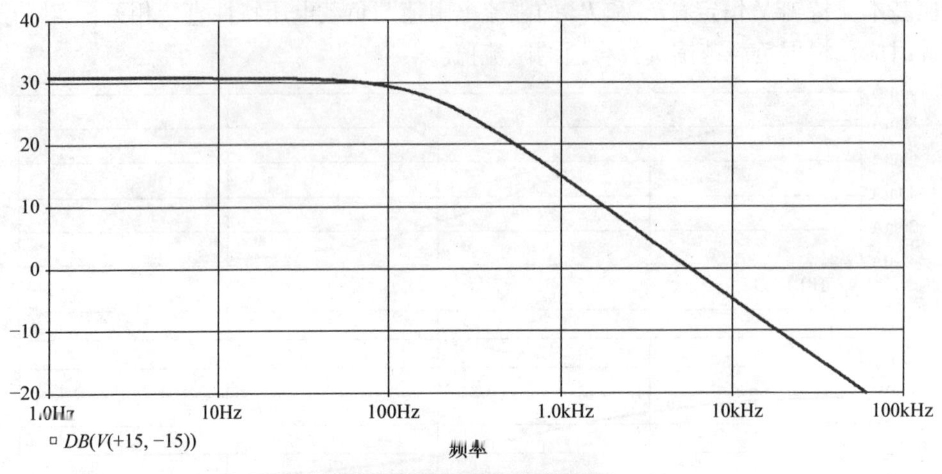

图 4.23　输出电压频率特性曲线

4.2　复合放大电路

将两个或更多运放组合在一起能够改善运放总体性能，但是如果一个运放位于另一个运放的反馈环路时可能出现系统稳定性问题，所以实际设计时需要非常注意。本节首先分析复合放大电路的工作特性，然后讲解具体补偿设计方法，最后进行复合放大电路实例测试。本节规定单运放的增益为 a_1 和 a_2，复合运放的增益为 a。

4.2.1　复合放大电路工作特性

提高增益：将两个运放级联可得增益 $a = a_1 \times a_2$ 的复合放大器，其增益 a 远远高于单个运放的增益 a_1 和 a_2；希望复合运放能够提供更大的环路增益，以降低闭环增益误差，然而复合运放的双极点使得低频相移接近 $-180°$，需要进行补偿才能使得系统稳定；具有足够高闭环增益的应用电路中，可利用图 4.24 所示的超前反馈使得复合放大器稳定，该电路既可以实现反相放大也可进行同相放大，主要取决于输入端点选择 A 还是 B，将 $|a_1|$ 和 $|a_2|$ 进行分贝相加，即可得 $|a|$ 的分贝图，当 $a_1 = a_2$ 时两运放极点重合、互相匹配，a 的增益曲线以 -40dB/dec下降。

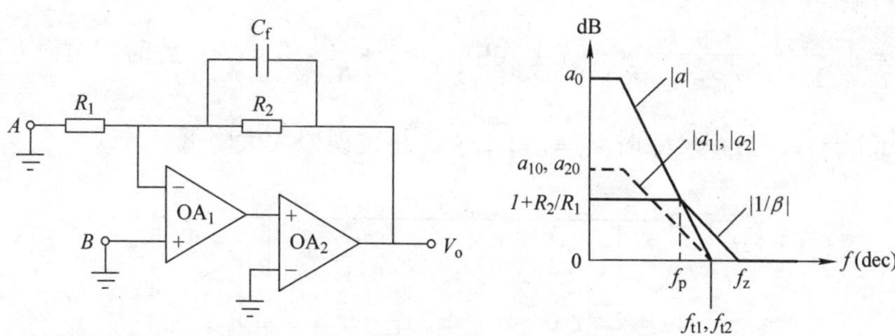

图 4.24　具有超前补偿的复合放大电路及其频率特性曲线

优化直流和交流特性：某些特定应用需要将低失调、低噪声器件的直流特性与高速器件的动态特性相结合，复合放大器设计中的两种工艺相互矛盾；图 4.25中的复合电路中使用具有局部反馈的 CFA 使得 a_1 曲线上移 $|a_2|_{dB}$，因此直流环路增益增加相同值；只要 $f_{B2} >> f_{t1}$，由极点 f_{B2} 引起的相移在 f_{t1} 处将不太明显，此时 VFA 的反馈因子为 1 或最大带宽为 f_{t1}；设置 $1+\dfrac{R_4}{R_3}=1+\dfrac{R_2}{R_1}$同样可使复合放大电路的闭环带宽 f_B 最大，即 $f_B=f_{t1}$。

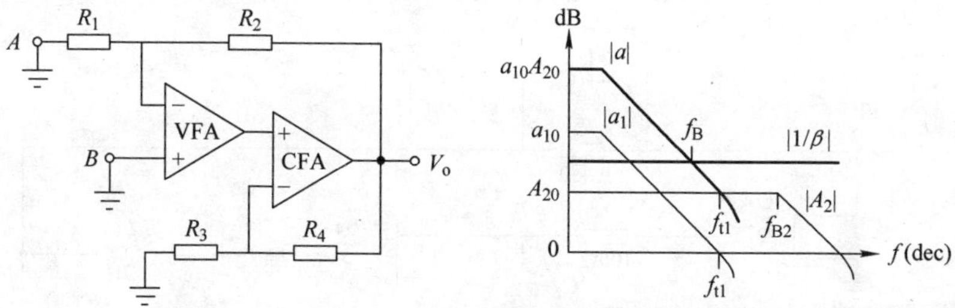

图 4.25　直流和交流优化特性测试电路与曲线

提高相位精度：单极点放大器的误差函数为$\dfrac{1}{1+1/T}=\dfrac{1}{1+jf/f_B}$，其相位误差 $\varepsilon_\phi=-\arctan\left(\dfrac{f}{f_B}\right)$，当$f<<f_B$ 时 $\varepsilon_\phi\cong-\dfrac{f}{f_B}$，当相位精度要求很高时该误差无法接受；图 4.26 所示的高相位精度复合放大电路中 OA_2 围绕 OA_1 提供有源反馈，如此可在更宽频带上均具有低相位误差；令 $\beta=\dfrac{R_1}{R_1+R_2}$、$\alpha=\dfrac{R_3}{R_3+R_4}$，因为 OA_2 构成增益 $A_2=\dfrac{1/\beta}{1+jf/\beta f_{t2}}$的同相放大器，所以围绕 OA_1 的反馈因子 $\beta_1=\beta\times A_2\times\alpha=\dfrac{\alpha}{1+jf/\beta f_{t2}}$；当 OA_1 同样工作于同相放大时可得复合放大器的闭环增益 $A=A_1=\dfrac{a_1}{1+a_1/\beta_1}$，将 $a_1\cong\dfrac{f_{t1}}{jf}$和 $\beta_1=\dfrac{\alpha}{1+jf/\beta f_{t2}}$代入上式，并令 $f_{t1}=f_{t2}=f$，当 $\alpha=\beta$ 时可得

$A(\mathrm{j}f) = A_0 \dfrac{1 + \mathrm{j}f/f_{\mathrm{B}}}{1 + \mathrm{j}f/f_{\mathrm{B}} - (f/f_{\mathrm{B}})^2}$，上式中 $A_0 = 1 + \dfrac{R_2}{R_1}$、$f_{\mathrm{B}} = \dfrac{f_{\mathrm{t}}}{A_0}$；此时相位误差 $\varepsilon_\phi = -\arctan\left(\dfrac{f}{f_{\mathrm{B}}}\right)^3$，当 $f \ll f_B$ 时 $\varepsilon_\phi \cong -\left(\dfrac{f}{f_B}\right)^3$，相位误差大大降低。

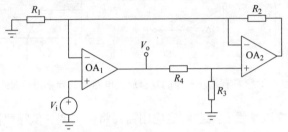

图 4.26　高相位精度复合放大电路

4.2.2　复合放大电路反馈超前补偿设计

下面结合实例对复合放大电路反馈超前补偿设计进行详细分析，反馈超前补偿复合放大器测试电路如图 4.27 所示：利用反馈电容 C_{fv} 进行超前补偿设计，并对其频域开环、闭环和时域闭环电路进行测试。

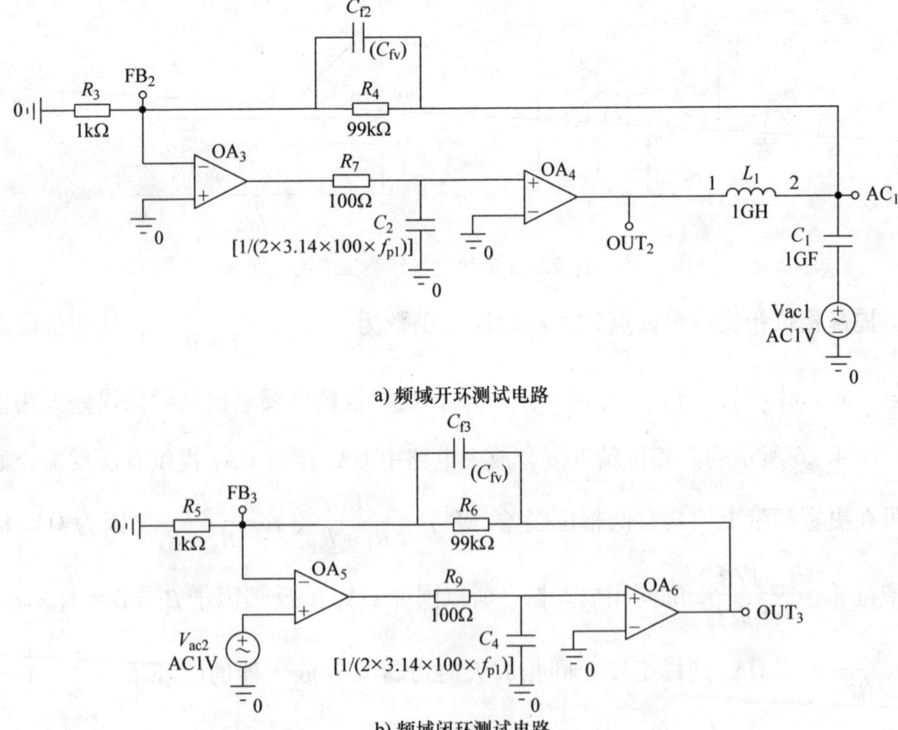

a) 频域开环测试电路

b) 频域闭环测试电路

图 4.27　反馈超前补偿复合放大器测试电路

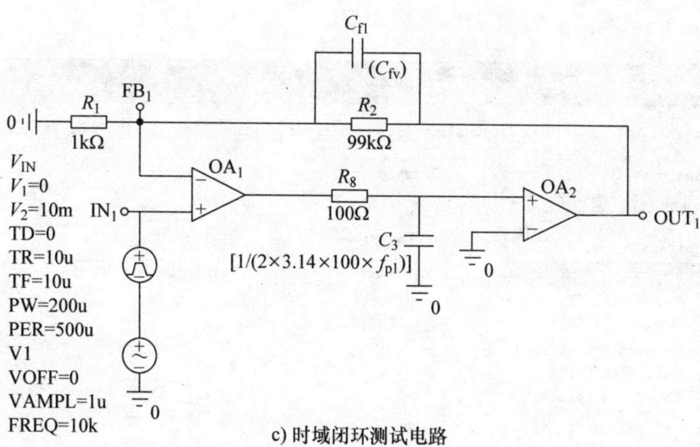

c) 时域闭环测试电路

参数:
Gainv = 2E+5
GBWv = 1E+6
C_{fv} = 16.1pF

备注:
Gainv：直流增益
GBWv：单位增益带宽
C_{fv}：补偿电容参数值

参数:
f_{p1} = 10megHz
备注:
f_{p1}：外部极点频率35kHz

d) 参数设置

图 4.27　反馈超前补偿复合放大器测试电路（续）

反馈超前补偿复合放大器电路测试

第 1 步——频域稳定性仿真测试：从 1Hz ~ 10megHz 对电路进行交流测试，C_{fv} = 16.1pF、f_{p1} = 10megHz 时相位裕度 pm = 50°；C_{fv} = 50.8pF、f_{p1} = 10megHz 时相位裕度 pm = 77°，改变 C_{fv} 参数能够进行相位裕度调节，以实现闭环系统稳定。图 4.28 所示为交流仿真设置与测试波形和数据。

第 2 步——f_{p1} = 10megHz、时域稳定性仿真测试：图 4.29 所示为瞬态和参数仿真设置与测试波形，对电路进行 1ms 瞬态仿真测试，最小步长为 0.2μs，$V(IN_1)$ @1——输入信号、$V(OUT_1)$ 蓝色——C_{fv} = 50.8pF 时输出波形、$V(OUT_1)$ 绿色——C_{fv} = 16.1pF 时输出波形、($V(IN_1)$ @1) ∗100——理想输出波形，频域相位裕度越大、时域输出电压越稳定。

第 3 步——频域稳定性仿真测试：对电路进行交流仿真测试，波形与数据如图 4.30 所示。C_{fv} = 50.8pF、f_{p1} = 35kHz 时相位裕度 = 0，如果 f_{p1} 在 1 ~ 10kHz 之间振荡更加严重，输出饱和，因为此时复合增益 a 与反馈 $\frac{1}{\beta}$ 的闭合速度为 -40dB/dec。

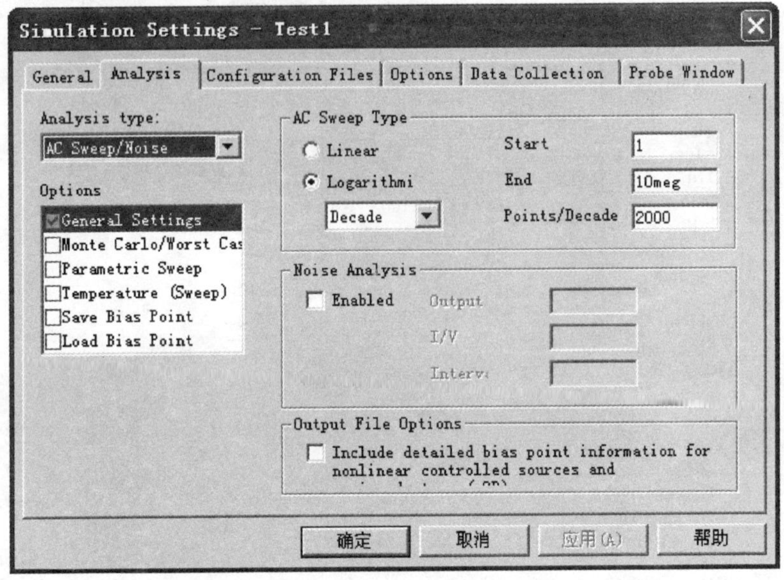

a) 交流仿真设置

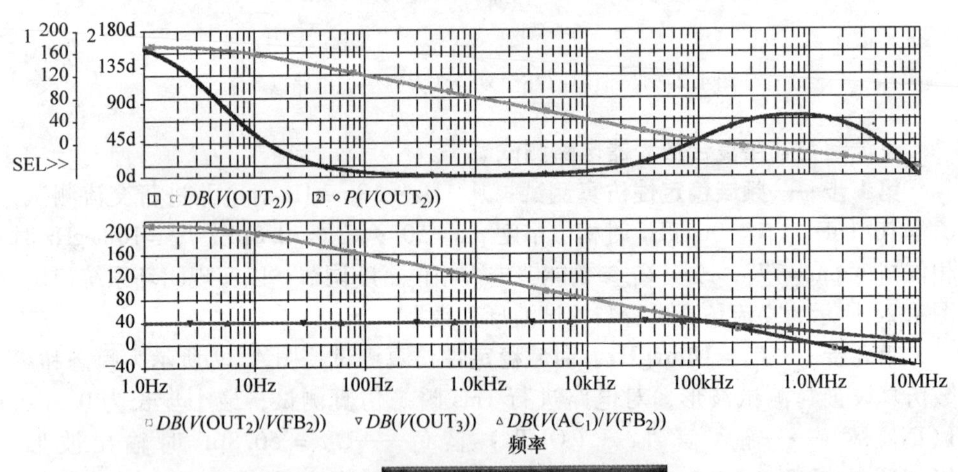

Probe Cursor	
B1 = 126.328K,	50.232
B2 = 126.328K,	89.326m
dif= 0.000,	50.143

b) C_{fv}=16.1pF、f_{p1}=10megHz时相位裕度pm=50°

图 4.28　交流仿真设置与测试波形和数据

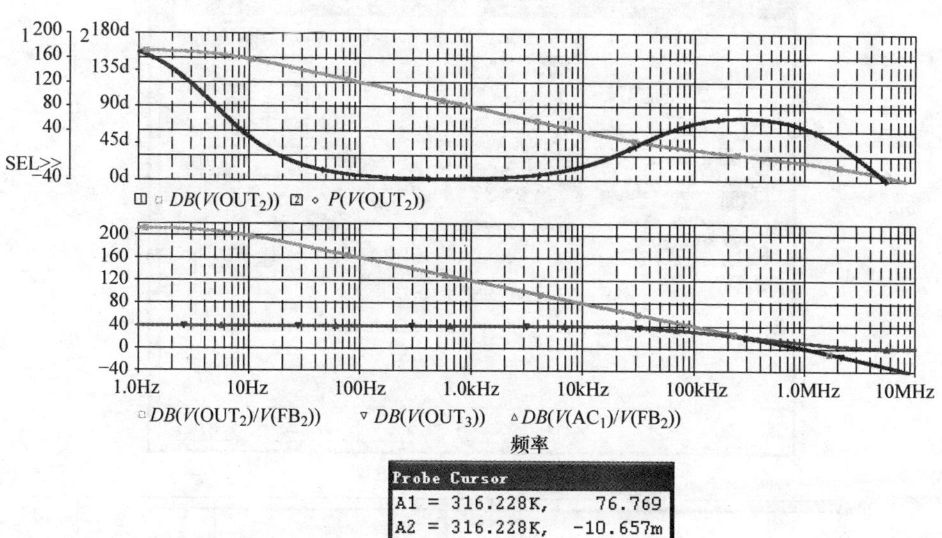

c) C_{fv}=50.8pF、f_{p1}=10megHz时相位裕度pm=77°

图 4. 28　交流仿真设置与测试波形和数据（续）

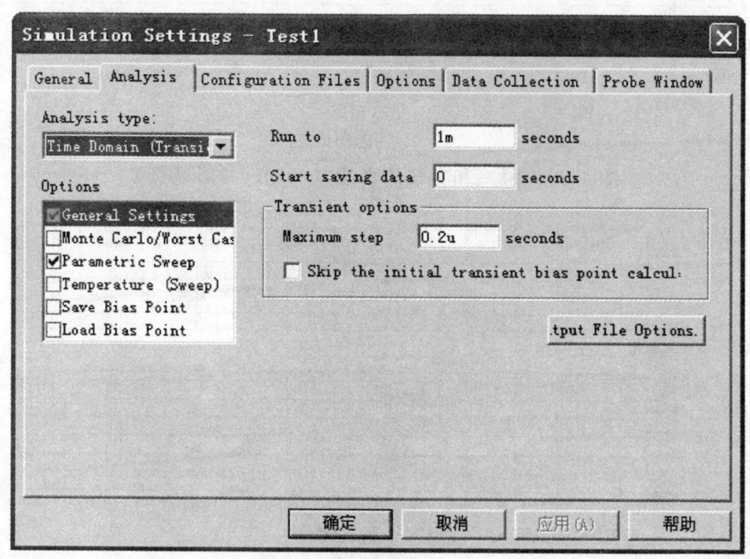

a) 瞬态仿真设置

图 4. 29　瞬态和参数仿真设置与测试波形

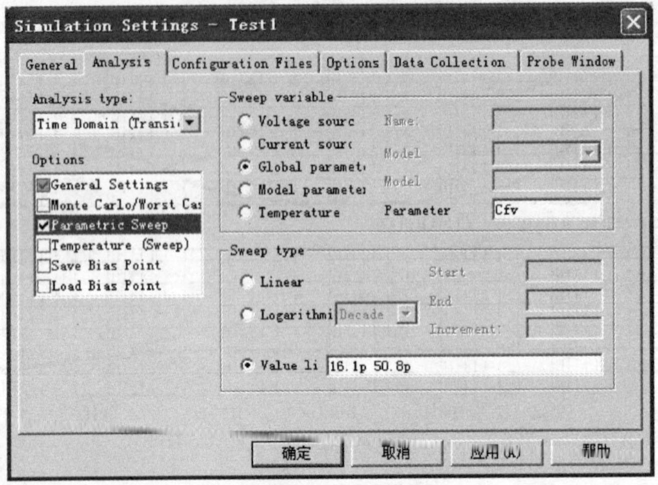

b) 补偿电容C_{fv}参数设置

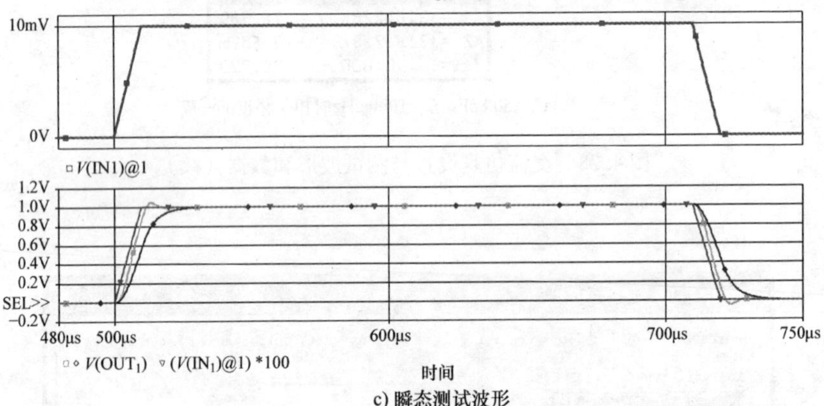

c) 瞬态测试波形

图 4.29　瞬态和参数仿真设置与测试波形（续）

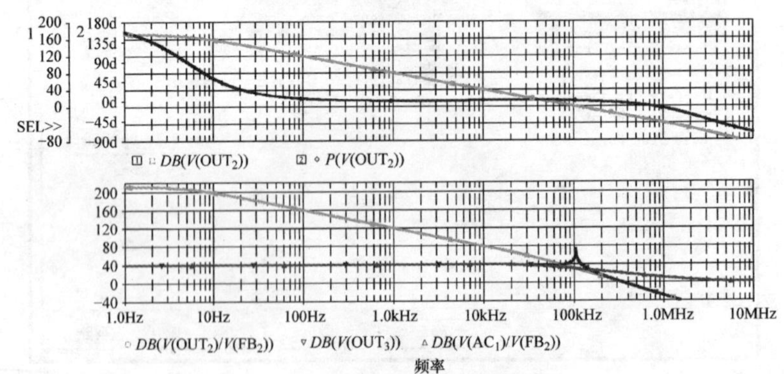

Probe Cursor	
A1 = 104.352K,	-220.909m
A2 = 104.472K,	25.520m
dif= -120.209,	-246.429m

图 4.30　C_{fv} = 50.8pF、f_{p1} = 35kHz 时的交流仿真测试波形与数据

第 4 步——时域稳定性仿真测试：对电路进行 1ms 瞬态仿真测试，最小步长为 0.2μs；$(V(IN_1))$ ∗100——理想输出波形、$V(OUT_1)$——C_{fv} = 50.8pF 的输出波形；f_{p1} = 35kHz、输入信号脉冲变化时输出电压波形产生微小振荡；f_{p1} = 10kHz、输入信号脉冲变化时输出电压波形产生严重振荡并且幅度不断增大，频域与时域测试结果一致。C_{fv} = 50.8pF、f_{p1} = 35kHz 和 10kHz 时的时域测试波形如图 4.31 所示。

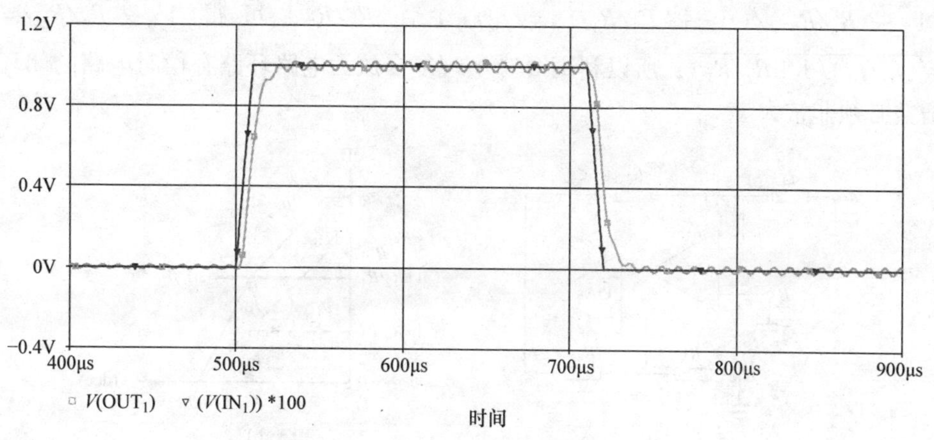

a) f_{p1}=35kHz时的测试波形

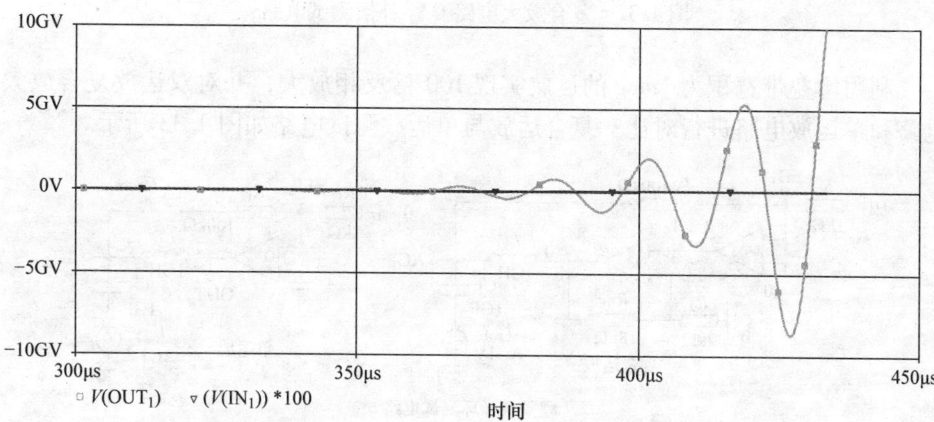

b) f_{p1}=10kHz时的测试波形

图 4.31 C_{fv} = 50.8pF、f_{p1} = 35kHz 和 10kHz 时的时域测试波形

4.2.3 第 2 级运放 OA_2 反馈补偿设计

第 2 级运放提供补偿型复合放大器电路测试：

下面结合实例对复合放大电路利用第 2 级运放 OA_2 实现反馈补偿设计进行

详细分析，复合放大电路 OA_2 补偿测试电路如图 4.32 所示：利用局部反馈控制的 OA_2 极点实现总体环路稳定，复合增益 $a = a_1 A_2$、直流增益 $a_0 = a_{10}(1 + R_4/R_3)$、带宽 $f_{B2} = \frac{f_{t2}}{(1 + R_4/R_3)}$；无 OA_2 时的闭环带宽 $f_{B1} = \frac{f_{t1}}{(1 + R_2/R_1)}$；当 OA_2 放大电路设计合理时复合放大电路带宽 $f_B = (1 + R_4/R_3) f_{B1} = f_{t1}(1 + R_4/R_3)/(1 + R_2/R_1)$；当 $f_B = f_{B2}$ 时闭合速度 ROC = −30dB/dec、相位 $\phi_m = 45°$；根据 $f_{t1}(1 + R_4/R_3)/(1 + R_2/R_1) = f_{t2}(1 + R_4/R_3)$ 可得 $1 + R_4/R_3 = \sqrt{(f_{t2}/f_{t1})(1 + R_2/R_1)}$；所以利用 OA_2 实现复合放大电路环路补偿时电路的闭环增益必须非常大。

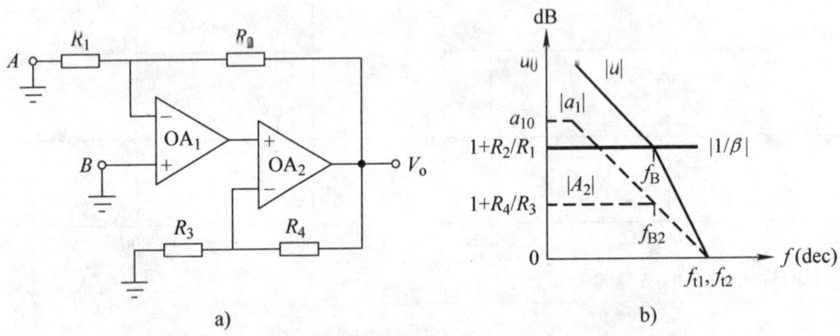

图 4.32　复合放大电路 OA_2 补偿测试电路

利用增益带宽积为 1meg 的运放实现 100 倍反相放大，并对双运放复合放大电路和单运放电路进行对比。复合运放与单运放测试电路如图 4.33 所示。

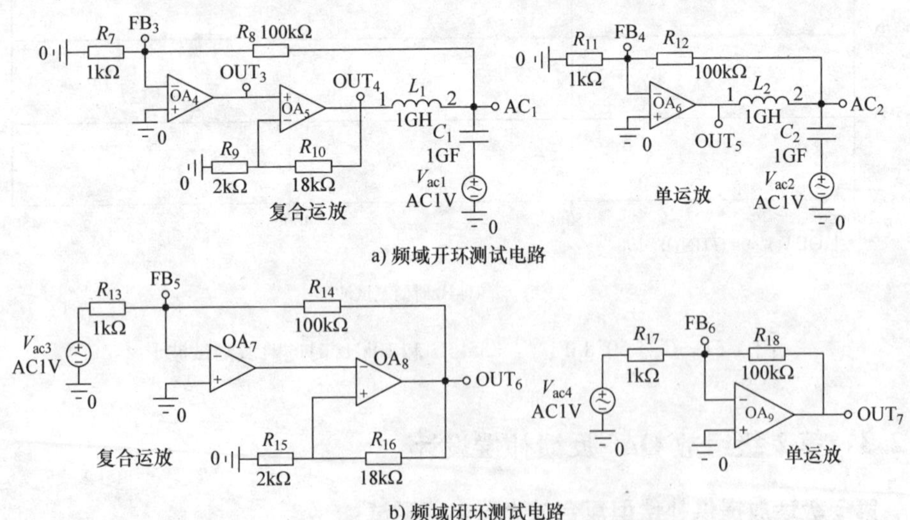

图 4.33　复合运放与单运放测试电路

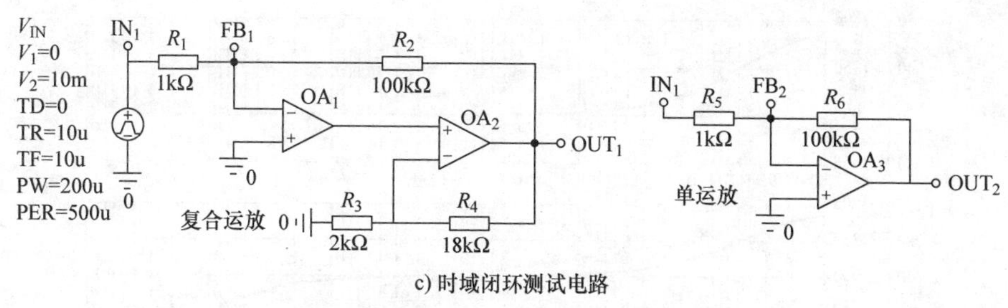

c) 时域闭环测试电路

参数:	备注:
Gainv=2E+5	Gainv：直流增益
GBWv=1E+6	GBWv：单位增益带宽

d) 运放模型参数设置

图 4.33　复合运放与单运放测试电路（续）

第 1 步——频域开环稳定性仿真测试：从 1Hz～1megHz 对电路进行交流测试，复合运放截止频率为 78kHz、相位裕度为 52°，单运放截止频率为 9kHz、相位裕度为 90°，两个放大电路均能稳定工作，但是复合运放的瞬态超调比较大；当 $R_9=2\text{k}\Omega$、$R_{10}=8\text{k}\Omega$ 时复合运放的相位裕度为 76.5°、带宽为 47.8k，所以为了提高相位裕度将以牺牲带宽为代价。交流仿真设置与测试波形和数据如图 4.34 所示。

第 2 步——频域闭环带宽测试：复合运放 –3dB 带宽为 125kHz，单运放 –3dB带宽为 9.6kHz，复合运放带宽大大增加。输出电压频域闭环带宽曲线和数据如图 4.35 所示。

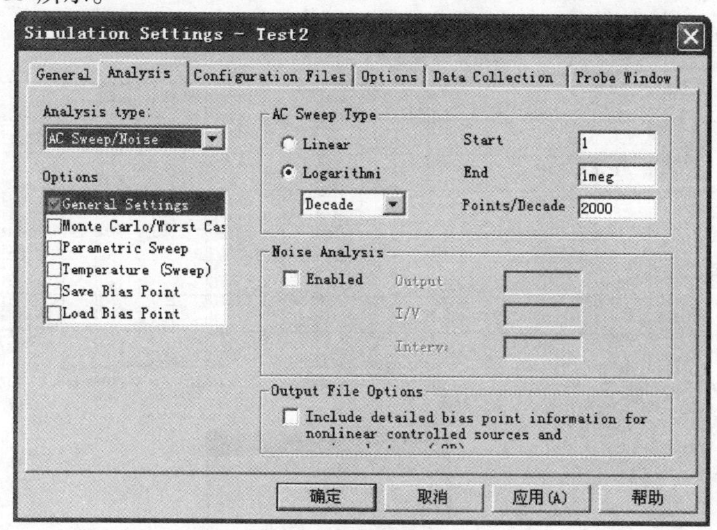

a) 交流仿真设置

图 4.34　交流仿真设置与测试波形和数据

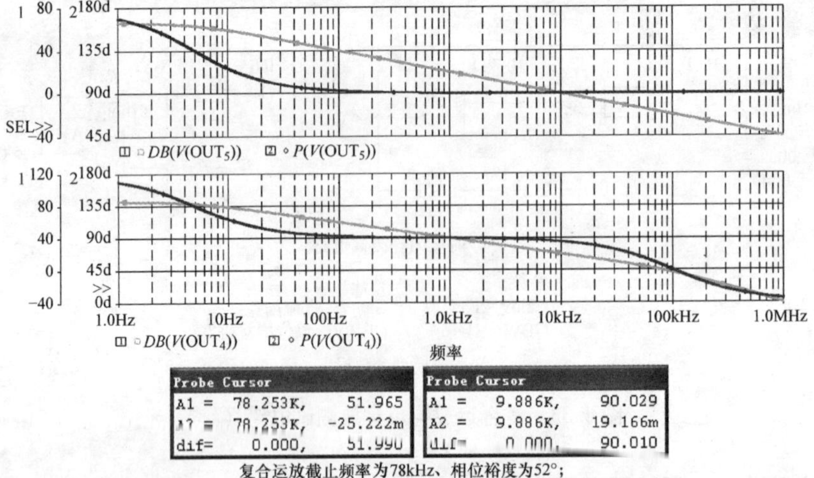

复合运放截止频率为78kHz、相位裕度为52°；
单运放截止频率为9kHz、相位裕度为90°

b) 频率特性曲线与数据

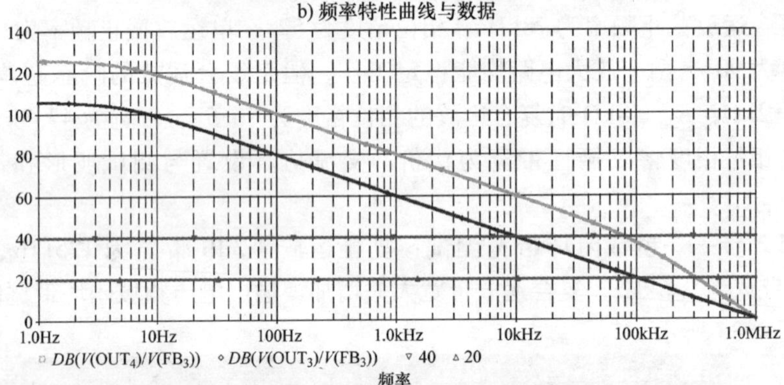

c) ROC穿越速率：−20dB/dec、−40dB/dec

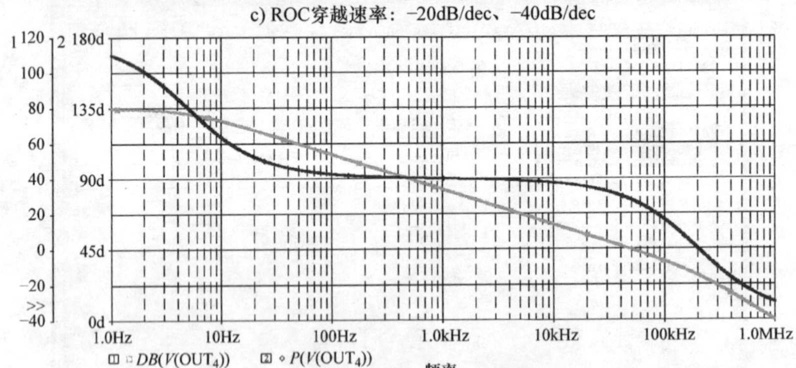

Probe Cursor		
A1 =	47.808K,	76.543
A2 =	47.808K,	56.327m
dif=	0.000,	76.487

d) 当R_9=2kΩ、R_{10}=8kΩ时复合运放的相位裕度为76.5°、带宽为47.8k

图 4.34　交流仿真设置与测试波形和数据（续）

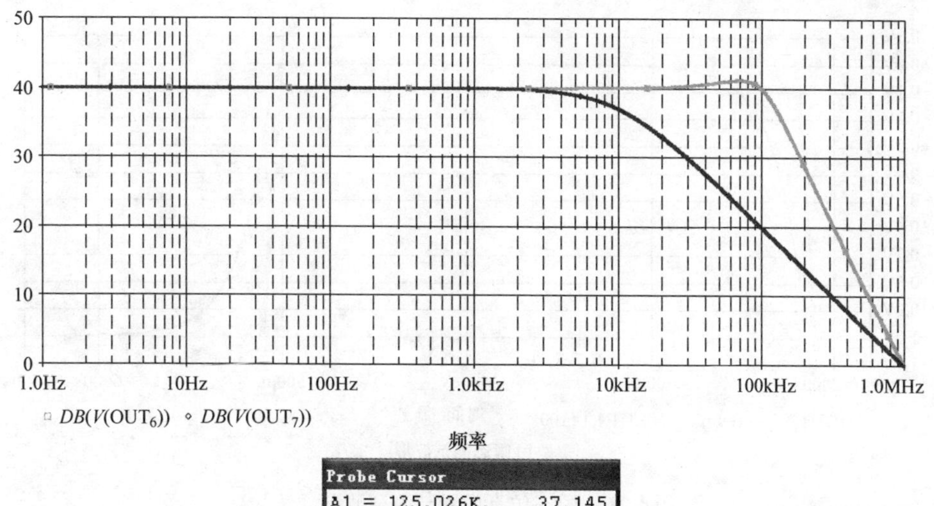

Probe Cursor		
A1 =	125.026K,	37.145
A2 =	9.550K,	37.144
dif=	115.476K,	1.1847m

图 4.35　输出电压频域闭环带宽曲线和数据

第 3 步——闭环时域测试：对电路进行 1ms 瞬态仿真测试，最小步长为 0.2μs；$-V(IN_1)*100$ 红色——理想输出波形，$V(OUT_1)$ 绿色——复合运放输出波形，$V(OUT_2)$ 蓝色——单运放输出波形；带宽越宽上升速度越快、相位裕度越大输出越稳定。瞬态仿真设置与测试波形如图 4.36 所示。

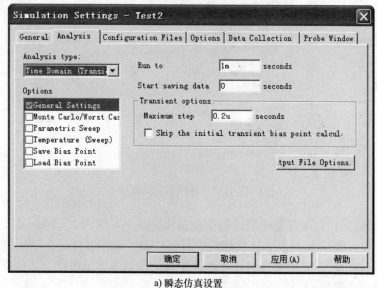

Simulation Settings - Test2

General | Analysis | Configuration Files | Options | Data Collection | Probe Window

Analysis type:
Time Domain (Transi

Options
☑General Settings
☐Monte Carlo/Worst Cas
☐Parametric Sweep
☐Temperature (Sweep)
☐Save Bias Point
☐Load Bias Point

Run to 1m seconds
Start saving data 0 seconds
Transient options
Maximum step 0.2u seconds
☐ Skip the initial transient bias point calcul:
.tput File Options.

确定　取消　应用(A)　帮助

a) 瞬态仿真设置

图 4.36　瞬态仿真设置与测试波形

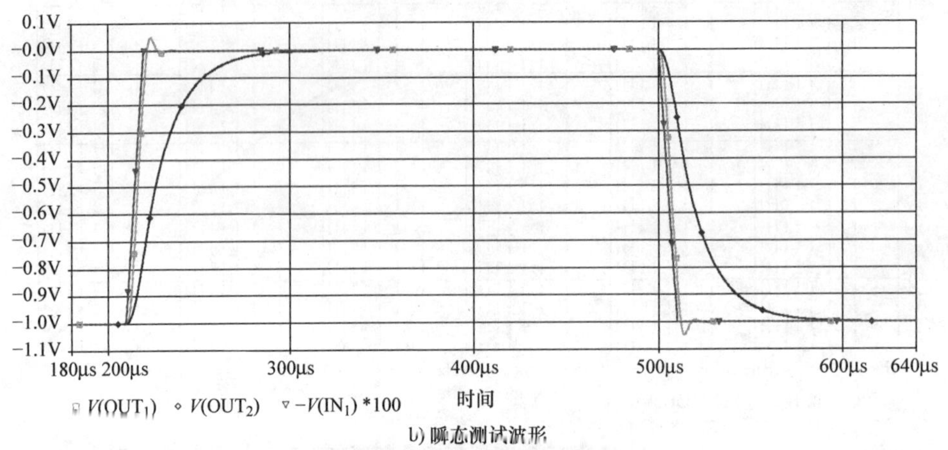

b) 瞬态测试波形

图 4.36 瞬态仿真设置与测试波形（续）

4.2.4 复合运放设计实例

本节通过具体实例对比复合运放与单运放的性能差别，以突出其性能特点。

实例 1——高相位精度电压跟随器：利用双运放构成相位跟随器电路，跟随器测试电路如图 4.37 所示，复合运放中的 U_1 和 U_2 均工作于跟随状态，利用频域和时域测试对比复合运放和单运放跟随器的优缺点。

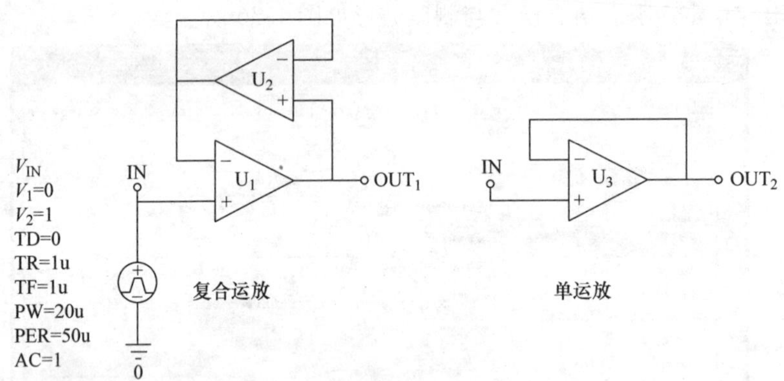

图 4.37 跟随器测试电路

频域测试：对跟随器电路进行交流测试，频率范围为 1 ~ 10megHz、每 10 倍频 2000 点；100kHz 时复合运放相位降低 0.057°、单运放降低 5.7°，复合运放具有更高的相位精度，但高频时产生增益尖峰。跟随器测试电路交流仿真设置和测试波形与数据如图 4.38 所示。

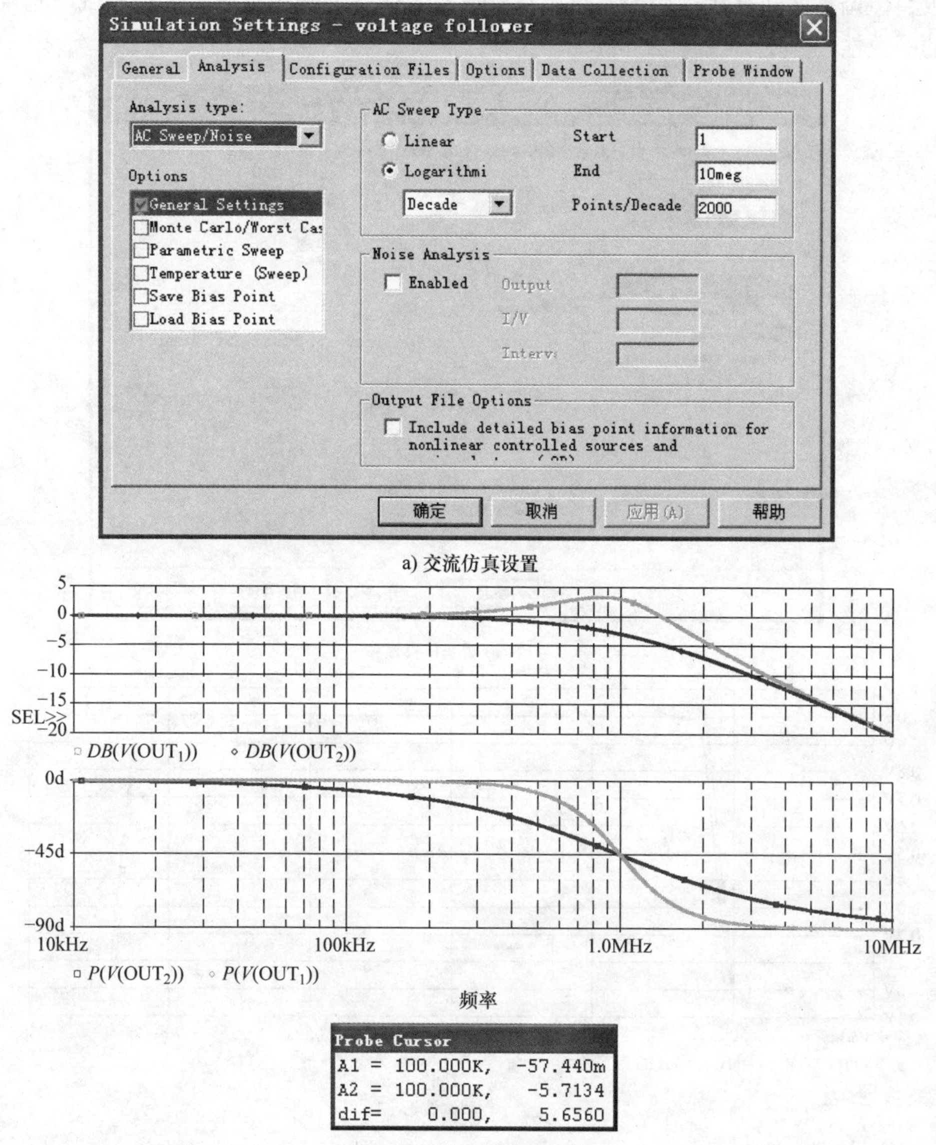

a) 交流仿真设置

b) 测试波形与数据

图 4.38　跟随器测试电路交流仿真设置和测试波形与数据

时域测试：对跟随器进行时域瞬态测试，仿真时间为 100μs、最大步长为 20ns；测试输入信号为脉冲电压时的输出响应，跟随器测试电路瞬态仿真设置与测试波形如图 4.39 所示，V(IN)深灰色——输入波形、$V(OUT_1)$浅灰色——复合运放输出波形、$V(OUT_2)$黑色——单运放输出波形，复合运放与输入信号更加一致，但调整期间存在过冲，与频域复合运放的增益尖峰相对应，体现频域与时域的一致性。

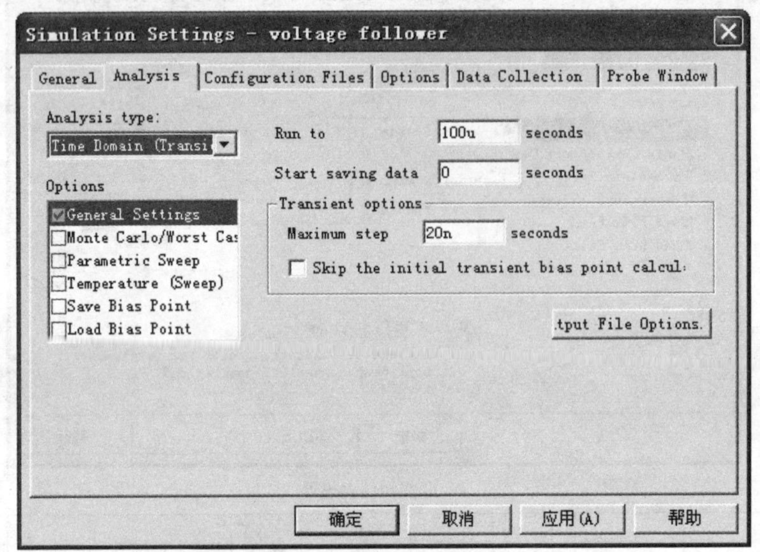

a) 瞬态仿真设置

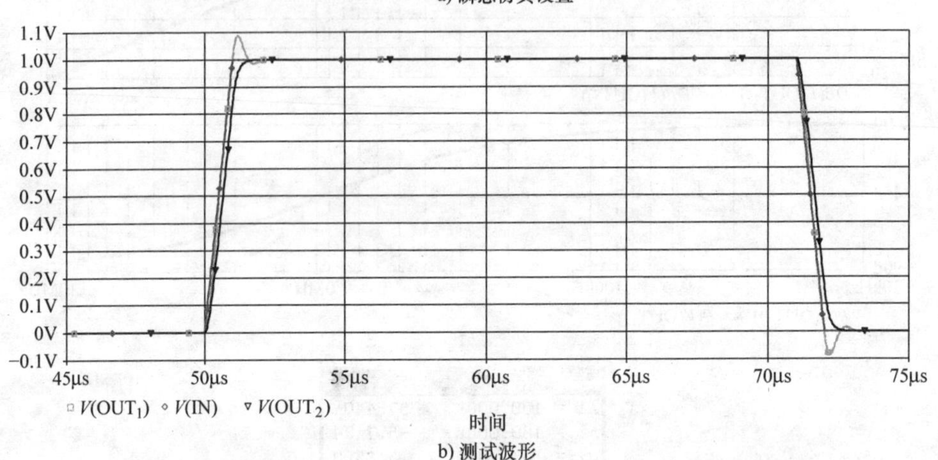

b) 测试波形

图 4.39　跟随器测试电路瞬态仿真设置与测试波形

实例 2——10V/mA 高灵敏度 *I* - *V* 转换器：利用双运放构成复合 *I* - *V* 转换器，并与单运放进行对比，利用频域、时域和直流测试对比两转换器的各自特点。*I* - *V* 转换器测试电路如图 4.40 所示。

频域测试：对转换器电路进行交流测试，频率范围为 1～10megHz、每 10 倍频 2000 点；两个转换器的频域测试波形如图 4.41 所示，单运放无峰值出现，复合运放在 1megHz 附近出现峰值、预示时域测试时复合运放在输入信号转换瞬间将出现过冲。

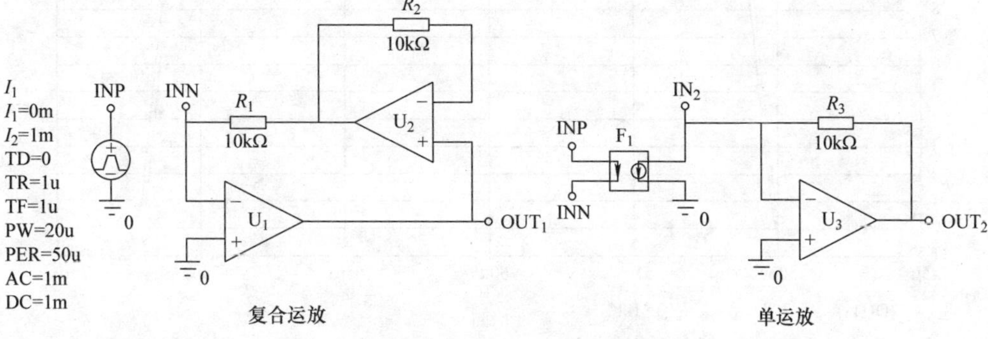

图 4.40　$I-V$ 转换器测试电路

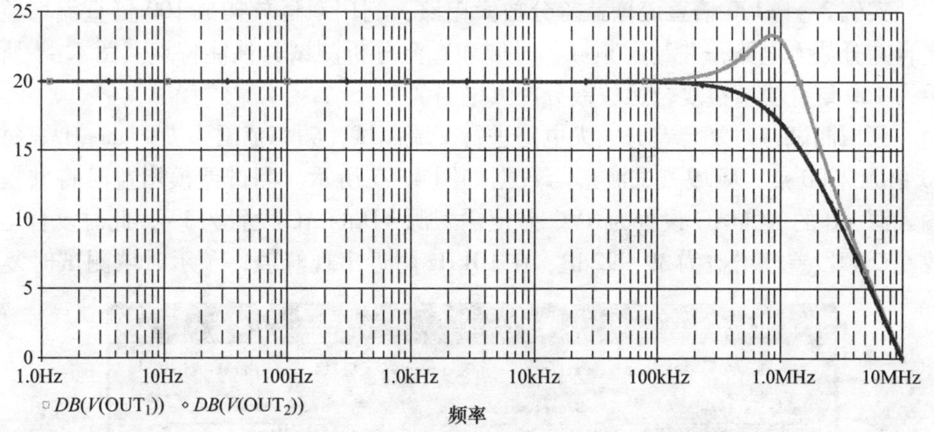

图 4.41　频域测试波形

时域测试：对转换器进行时域瞬态测试，仿真时间为 100μs、最大步长为 200ns；测试输入信号为脉冲电流时的输出响应，转换器瞬态测试波形如图 4.42 所示，$I(I_1)*10k$ 深灰色——理想输出波形、$V(OUT_1)$ 浅灰色——复合运放输出波形、$V(OUT_2)$ 黑色——单运放输出波形，复合运放与理想输出更加一致，但调整期间存在过冲。

直流测试：对转换器进行直流测试，仿真设置和测试波形如图 4.43 所示；输入电流 I_1 从 -1mA 线性增大至 1mA、步长为 10μA；理想输出波形、复合运放输出波形、单运放输出波形三者完全重合，直流工作时复合运放与单运放性能基本一致。

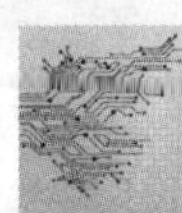

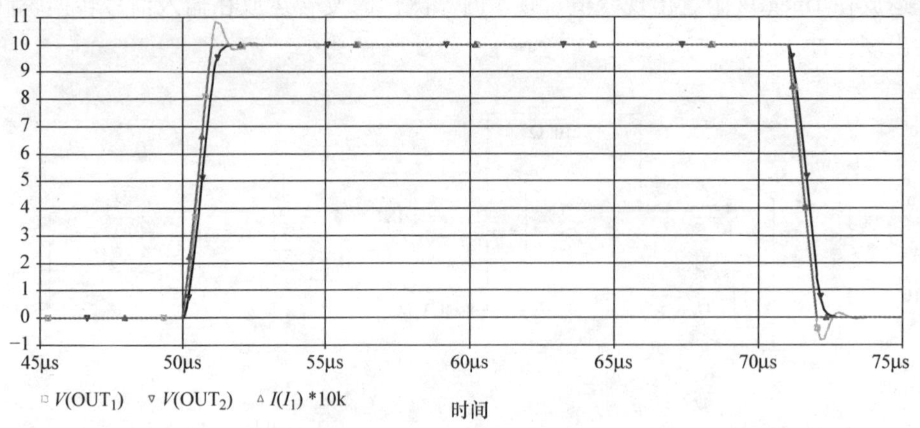

图 4.42 转换器瞬态测试波形

实例 3——100 倍直流增益差分放大电路：利用双运放构成 100 倍直流增益复合差分放大电路，并利用频域、时域和直流分析测试其性能特点。图 4.44 所示为 100 倍直流增益复合运放差分放大电路。

频域测试：对复合差分放大电路进行交流测试，频率范围为 1 ~ 1megHz、每 10 倍频 2000 点；频域测试波形与数据如图 4.45 所示。测试差模增益时将共模输入源 VC 的 ACMAG 设置为 0V、差模输入源 VD 的 AC 设置为 1V，此时复合运放在低频段差模增益为 39.992dB、在 10kHz 附近出现峰值，预示时域测试时复

Simulation Settings - ItoV transfer

General | Analysis | Configuration Files | Options | Data Collection | Probe Window

Analysis type: DC Sweep

Options: Primary Sweep, Secondary Sweep, Monte Carlo/Worst, Parametric Sweep, Temperature (Sweep, Save Bias Point

Sweep variable: Voltage sourc / Current sourc / Global paramet / Model parameter / Temperature; Name: I1; Model; Model; Parameter

Sweep type: Linear / Logarithmi Decade / Value li; Start: -1m; End: 1m; Increment: 10u

确定 取消 应用(A) 帮助

a) 输入电流 I_1 直流仿真设置

图 4.43 转换器直流仿真设置与测试波形

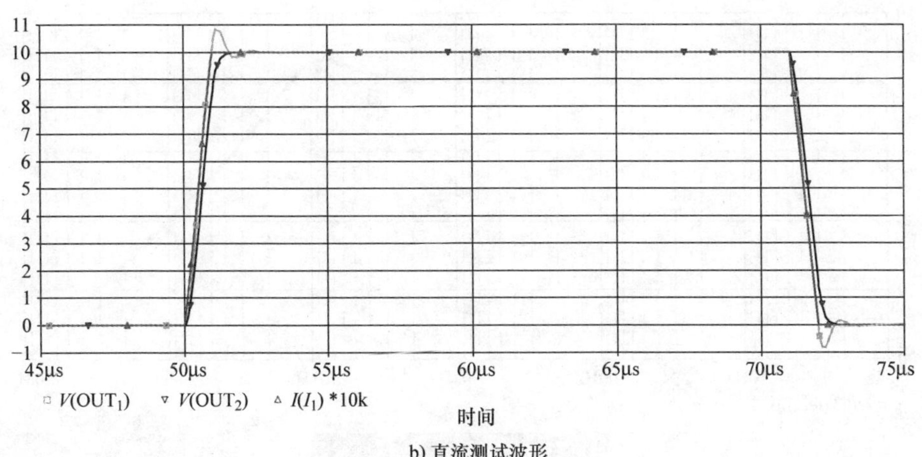

b) 直流测试波形

图 4.43　转换器直流仿真设置与测试波形（续）

合运放在输入信号转换瞬间将出现过冲；测试共模增益时将共模输入源 VC 的 ACMAG 设置为 1V、差模输入源 VD 的 AC 设置为 0V，此时共模增益约为 −60dB，预示复合运放对共模信号具有强大的抑制能力。

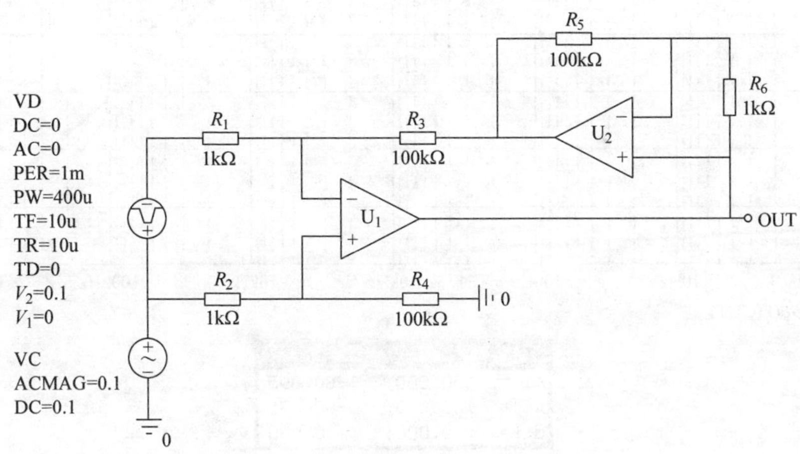

图 4.44　100 倍直流增益复合运放差分放大电路

时域测试：对复合差分放大电路进行时域瞬态测试，仿真时间为 2ms、最大步长为 0.2μs；测试输入信号为脉冲电压时的输出响应，复合差分运放电路时域测试波形如图 4.46 所示，V(VD：+，VD：−) ∗ 100 深灰色——理想输出波形、V(OUT)浅灰色——复合运放输出波形，复合运放与理想输出信号基本一致，但调整期间存在过冲和延迟。

直流测试：输入信号 VD 和 VC 分别线性增加时测试复合差分放大电路的输

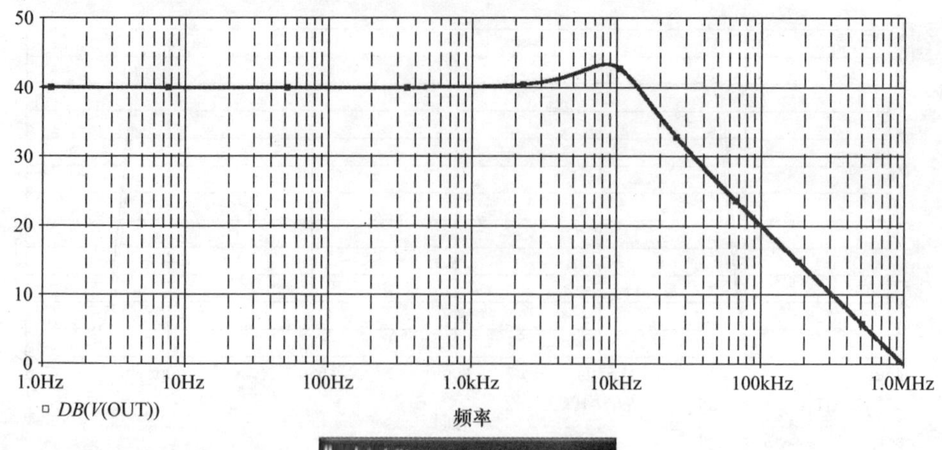

Probe Cursor		
A1 =	100.000,	39.992
A2 =	100.000,	39.992
dif=	0.000,	0.000

a) 差模增益曲线与数据

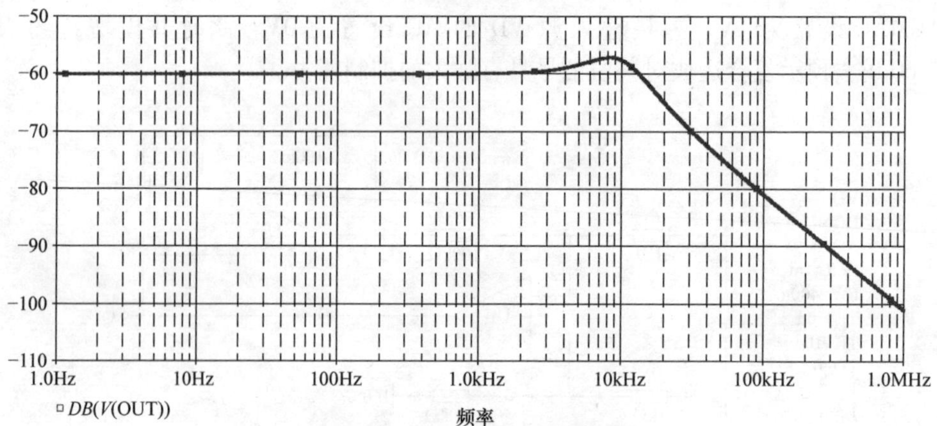

Probe Cursor		
A1 =	100.000,	-60.095
A2 =	100.000,	-60.095
dif=	0.000,	0.000

b) 共模增益曲线与数据

图 4.45　频域测试波形与数据

出特性；当 VC 为 0、VD 按照 1mV 步进从 −0.1V 线性增大至 0.1V 和 VD 为 0、VC 按照 1mV 步进从 −0.1V 线性增大至 0.1V 时输出电压波形与数据分别如图 4.47a 和图 4.47b 所示；VC 为 0、VD 线性增加 100mV 时输出电压线性变化 9.99V，整体误差约为 0.1%；VD 为 0、VC 线性增加 100mV 时输出电压线性变化 99μV，共模信号抑制约为 −60dB。

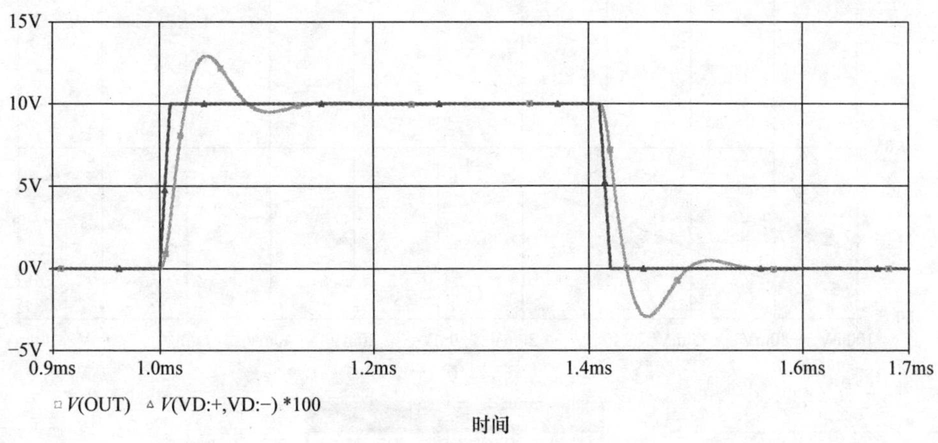

图 4. 46　复合差分运放电路时域测试波形

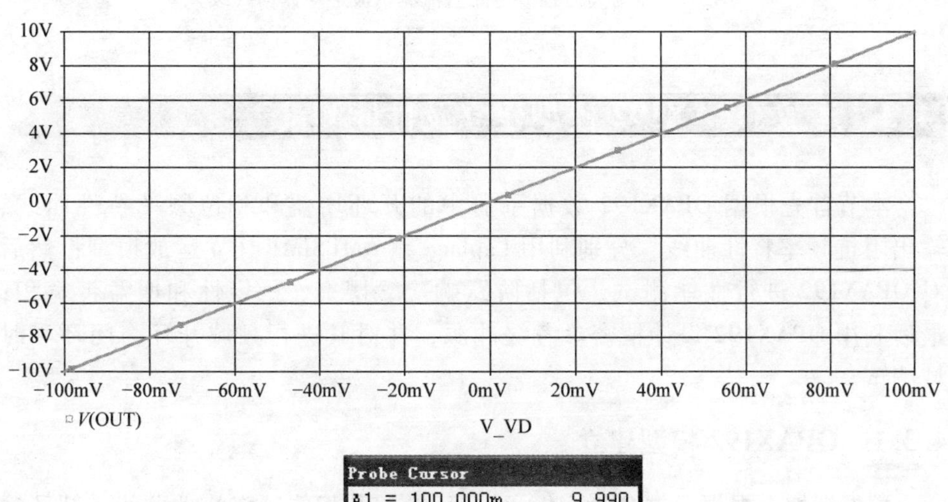

a) VC为0、VD线性增加时输出电压波形与数据

图 4. 47　复合差分运放电路直流测试波形与数据

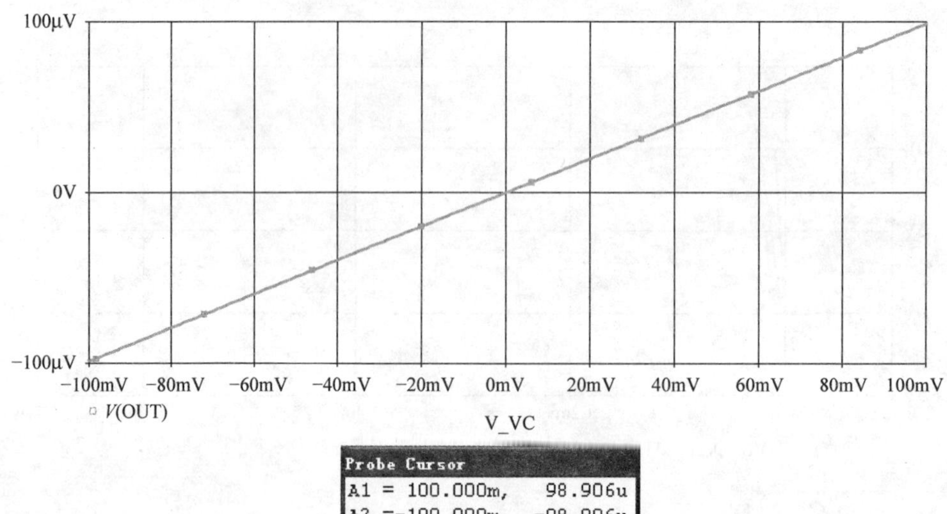

b) VD为0、VC线性增加时输出电压波形与数据

图 4.47　复合差分运放电路直流测试波形与数据（续）

4.3　运放 OPAX192 模型建立及性能测试

本节首先根据 OPAX192 数据手册中的开环增益和相位频率特性曲线、输出阻抗频率特性曲线，分别利用 Laplace 和 AMPSIMP 建立运放模型；然后对 OPAX192 进行性能测试，包括阶跃响应、摆率、稳定性和增益带宽积；最后利用 OPAX192 设计精密参考缓冲源，并对其进行频域开环与闭环和时域测试。

4.3.1　OPAX192 模型建立

数据提取：根据运放 OPAX192 的开环增益和相位频率特性曲线、开环输出阻抗频率特性曲线对其开环直流增益 GaindB、第一极点 f_{p1}、第二极点 f_{p2}、输出阻抗 R_O 进行参数提取；频率低于 2Hz 时 GaindB 近似为 140dB 并保持恒定，所以设置 GaindB = 140；相位为 135°时对应的频率为 1Hz，所以设置 f_{p1} = 1Hz；根据开环输出阻抗曲线可得中频带输出阻抗可等效为纯阻性，所以设置 R_O = 375Ω；由于负载电容 C_{LOAD} 与 R_O 构成附加极点 $f_{pa}=\dfrac{1}{2\pi R_O C_{LOAD}}\approx$ 28megHz，根据频率特性曲线可得相位为 45°时对应频率为 20megHz，该极点

应该为附加极点 f_{pa}，所以设置运放的第 2 极点 f_{p2} = 200megHz 以保证模型的准确性；目前运放主要为单极点，第 2 极点远远低于 0dB 频率点。运放 OPAX192 频率特性曲线如图 4.48 所示。

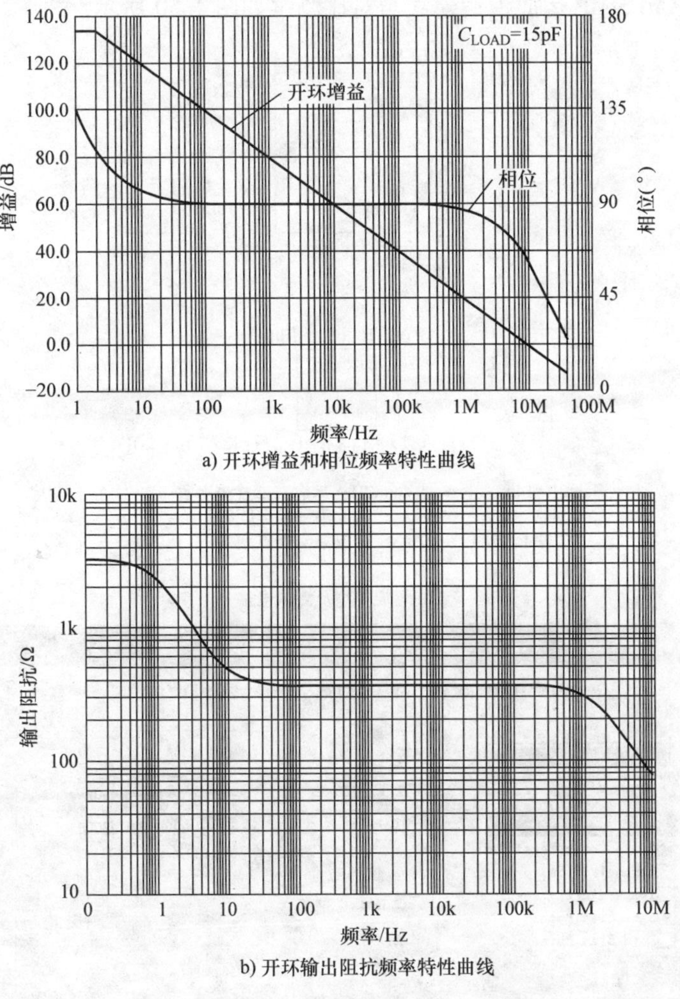

a) 开环增益和相位频率特性曲线

b) 开环输出阻抗频率特性曲线

图 4.48 运放 OPAX192 频率特性曲线

Laplace 运放模型建立与测试：利用传递函数 Laplace 和输出阻抗 R_0 建立 OPAX192 模型，运放模型及测试电路、交流仿真设置、幅度和相位频率特性曲线分别如图 4.49a ~ 图 4.49c 所示，由测试结果可得模型性能与数据手册基本一致，能够体现运放传递函数频率特性。

AMPSIMP 运放模型建立与对比测试：利用子电路建立运放模型 AMPSIMP，通过参数设置确定其直流增益 GAIN、第一极点 POLE、输出高低电压范围 V_{HIGH}、

V_{LOW}和输出阻抗 R_O 等数据，R_O 为运放模型输出阻抗，具体测试时根据所用运放进行正确设置；Laplace 与 AMPSIMP 所得频率特性基本一致：第一极点为 1Hz，与设置值f_{p1}一致；第二极点由运放输出阻抗 R_O 和 15pF 负载电容 C_L 决定——28megHz。AMPSIMP 运放模型建立与对比测试如图 4.50 所示。

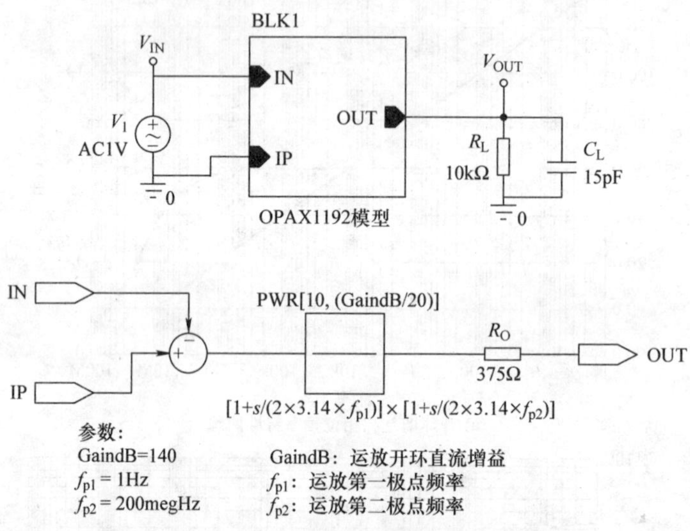

a) 运放模型及测试电路

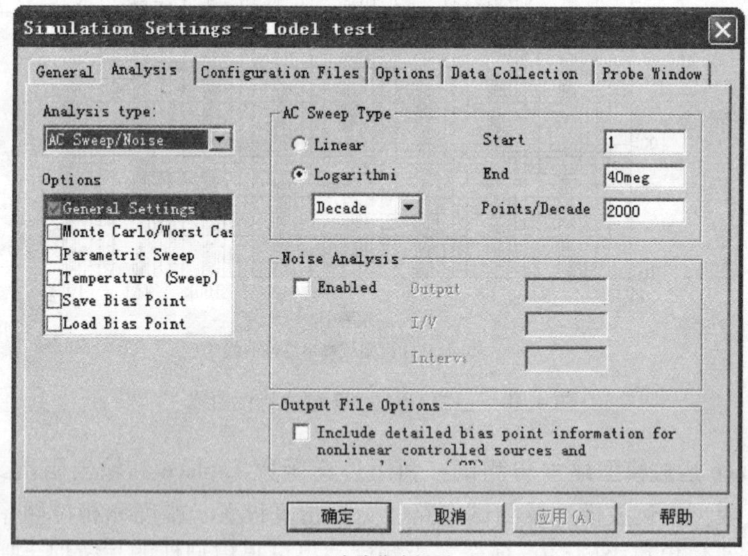

b) 交流仿真设置

图 4.49　Laplace 运放模型建立与测试

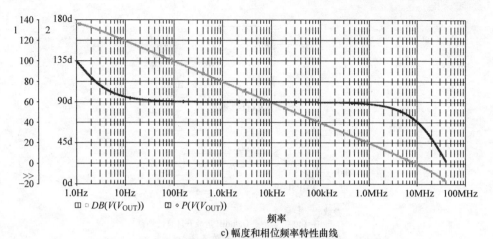

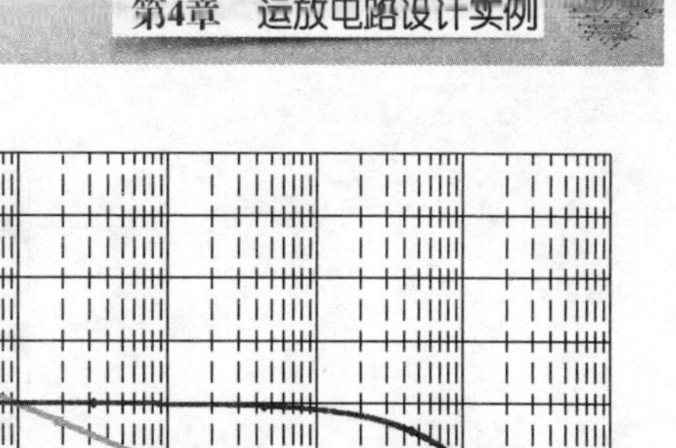

c) 幅度和相位频率特性曲线

图 4.49 Laplace 运放模型建立与测试（续）

	TIDU026 : PAGE1 : U1
BiasValue Power	-156.6μW
Color	Default
Designator	
GAIN	{PWR(10,(GaindB/20))}
Graphic	AMPSIMP_0.Normal
ID	
Implementation	AMPSIMP
Implementation Path	
Implementation Type	PSpice Model
Location X-Coordinate	300
Location Y-Coordinate	420
Name	104095
Part Reference	U_1
PCB Footprint	
POLE	{f_{p1}}
Power Pins Visible	
Primitive	DEFAULT
PSpiceTemplate	X^@REFDES %1 %5 %2 @
Reference	U_1
Source Library	D:\PSD_DATA\ELECTR
Source Package	AMPSIMP_0
Source Part	AMPSIMP_0.Normal
Value	AMPSIMP
VHIGH	{V_{CC}}
VLOW	{V_{EE}}

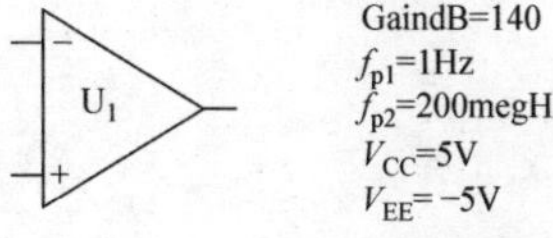

参数：

GaindB=140 GaindB：运放开环直流增益

f_{p1}=1Hz f_{p1}：运放第一极点频率

f_{p2}=200megHz f_{p2}：运放第二极点频率

V_{CC}=5V V_{CC}：正电源电压

V_{EE}=−5V V_{EE}：负电源电压

a) AMPSIMP 模型及参数设置

图 4.50 AMPSIMP 运放模型建立与对比测试

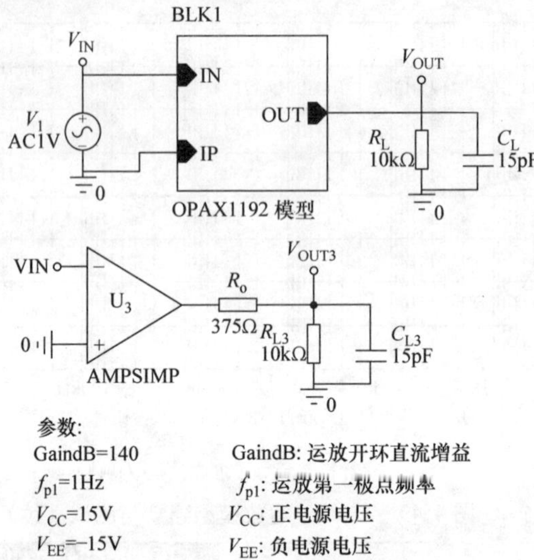

b) Laplace与AMPSIMP 对比测试电路

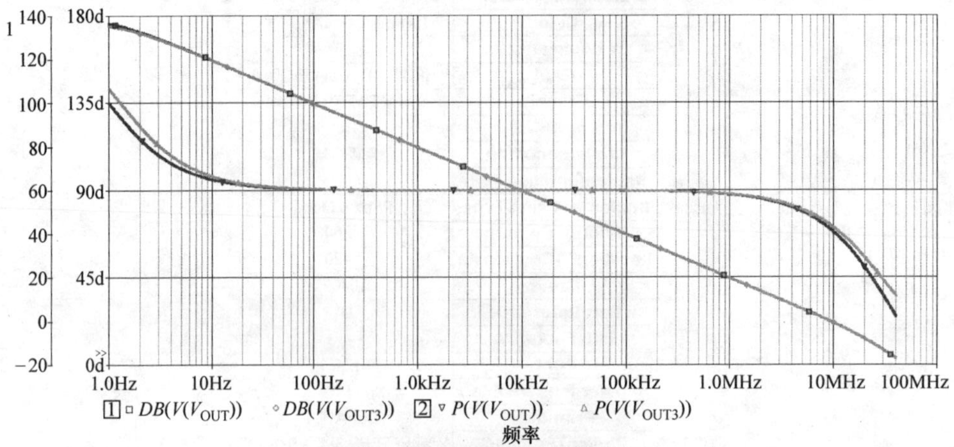

c) 幅频、相频曲线与数据

图 4.50　AMPSIMP 运放模型建立与对比测试（续）

. SUBCKT AMPSIMP 1 5 7 params：POLE = 30 GAIN = 30000 V_{HIGH} = 5V V_{LOW} = 100mV

```
* + - OUT
G1 0 4 1 5 100u
R1 4 0 {GAIN/100u}
C1 4 0 {1/（6.28 *（GAIN/100u） * POLE）}
```

```
E1 2 0 4 0 1
R_O 2 7 10
*R_O 为运放模型输出阻抗，实际测试时根据实际电路进行正确设置。
V_low 3 0 DC = {V_LOW}
V_high 8 0 DC = {V_HIGH}
Dlow 3 4 DCLP
Dhigh 4 8 DCLP
.MODEL DCLP D N=0.01
.ENDS
```

4.3.2 OPAX192 性能测试

大信号阶跃响应测试：利用 -1 倍反相放大电路进行大信号阶跃响应测试，输入信号为0 ~-10V 电压脉冲信号，为保证频带宽度特将上升沿和下降沿设置为 10ns，脉冲周期为 4.4μs、-10V 宽度为 1.8μs；大信号阶跃响应仿真电路、瞬态仿真设置、输入与输出电压波形和测试电路与波形分别如图 4.51a ~图 4.51d 所示，负载电容为 10pF、负载电阻相当于 $R_F=1k\Omega$；输出电压仿真和测试波形基本一致，上升沿和下降沿瞬间输出电压存在微小过冲。

阶跃响应稳定时间测试：利用跟随电路测试阶跃响应稳定时间，阶跃响应稳定时间仿真电路、瞬态仿真设置、输入与输出电压波形、测试波形与数据如图 4.52 所示。负载电容为 100pF；当输入信号由 0V 变为 10V 并且经过 1.4μs 之后，输出与输入误差 $ABS(V(V_{OUT1})-V(V_{IN1}))$ 优于 1mV，正负阶跃响应稳定时间基本一致，当输入信号幅值降低时阶跃响应稳定时间同时减小；本章只对 10V 正阶跃进行仿真测试，建议读者自己进行 5V 正阶跃和 10V 负阶跃电路进行测试，以便理解更加深刻。

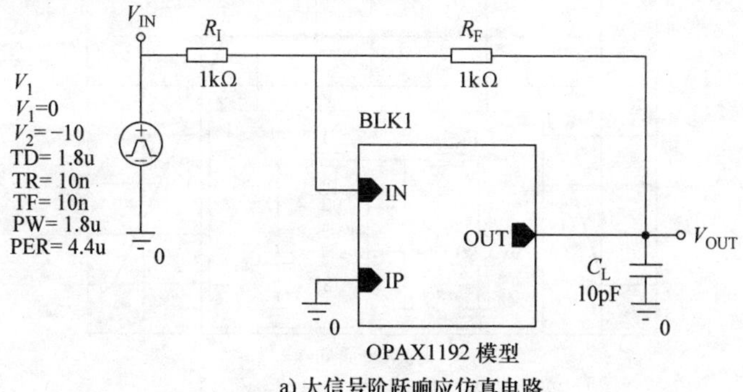

a) 大信号阶跃响应仿真电路

图 4.51 大信号阶跃响应仿真电路、瞬态仿真设置、输入与输出电压波形和测试电路与波形

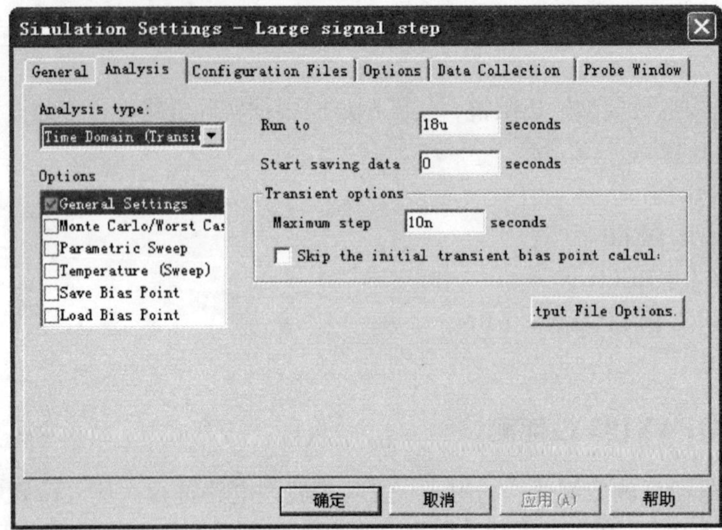

b) 瞬态仿真设置

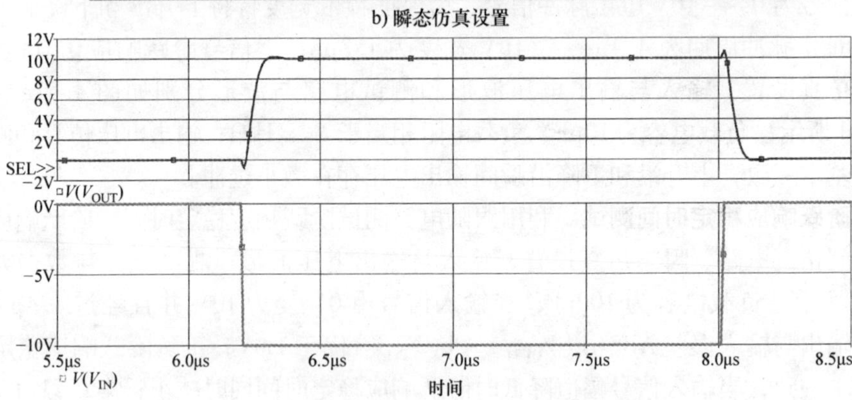

c) 大信号阶跃响应输入与输出电压波形

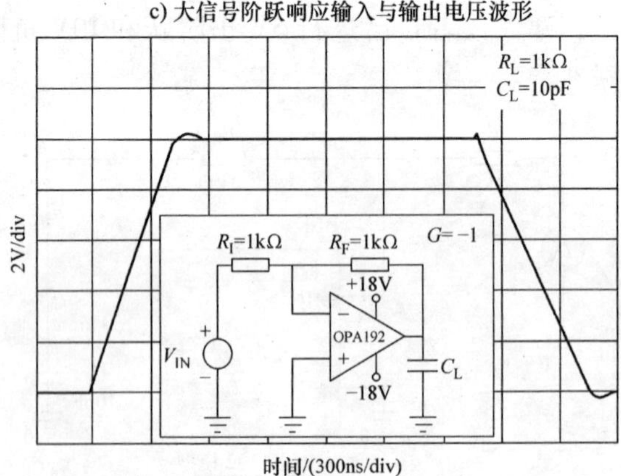

d) 大信号阶跃响应测试电路与波形

图 4.51 大信号阶跃响应仿真电路、瞬态仿真设置、输入与输出电压波形和测试电路与波形（续）

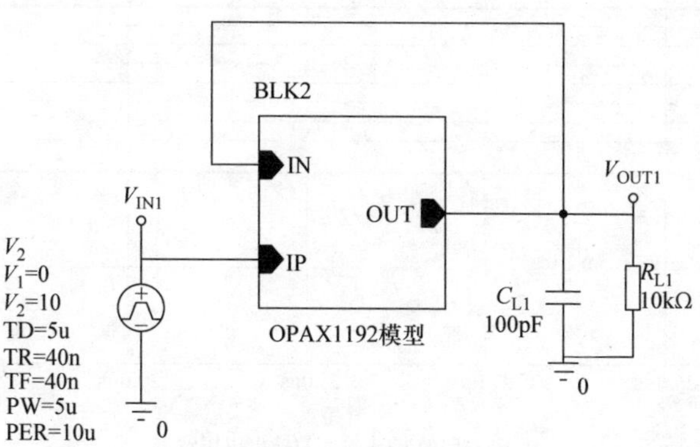

a) 正阶跃10V稳定时间仿真电路

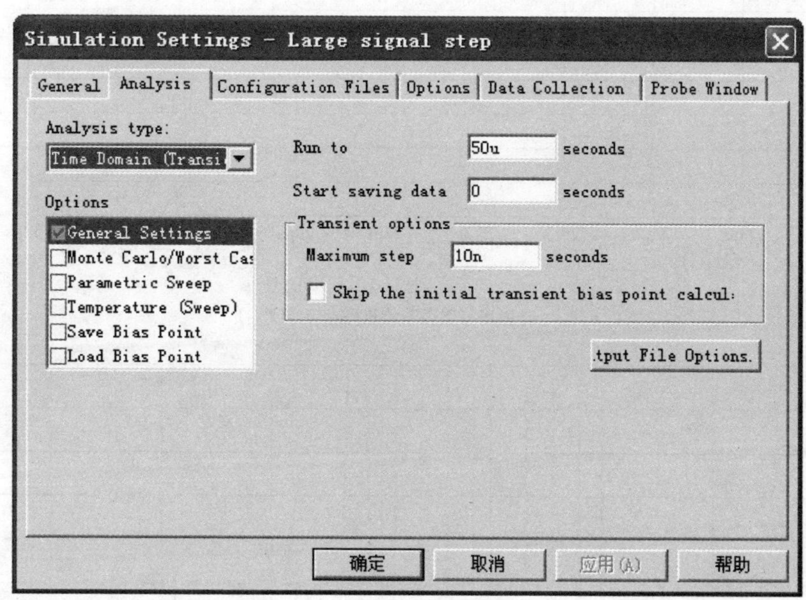

b) 瞬态仿真设置

图 4.52　阶跃响应稳定时间仿真电路、瞬态仿真设置、输入与输出电压波形、测试波形与数据

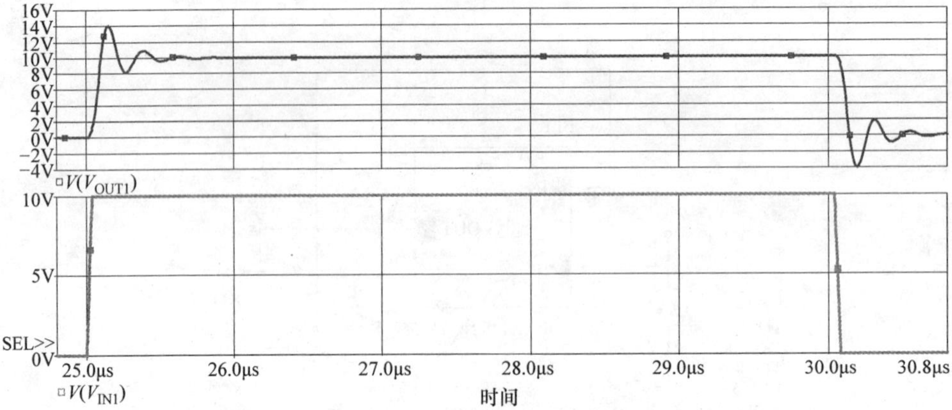

c) 正阶跃10V响应输入与输出电压波形

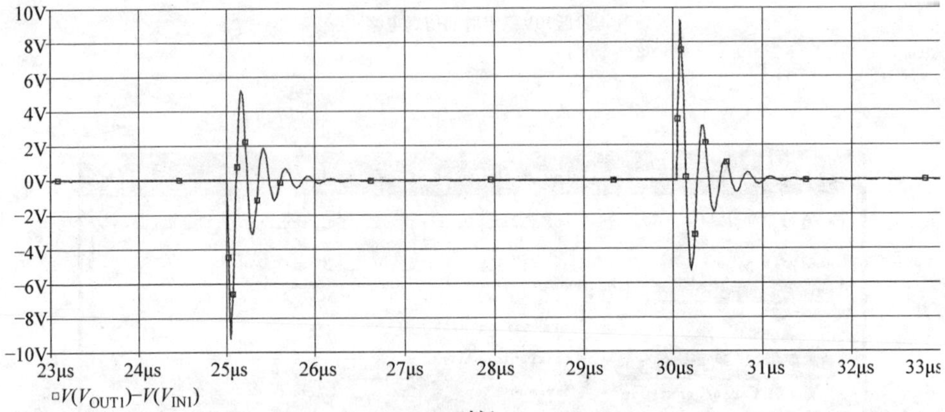

d) 输出与输入差值$V(V_{OUT1})-V(V_{IN1})$

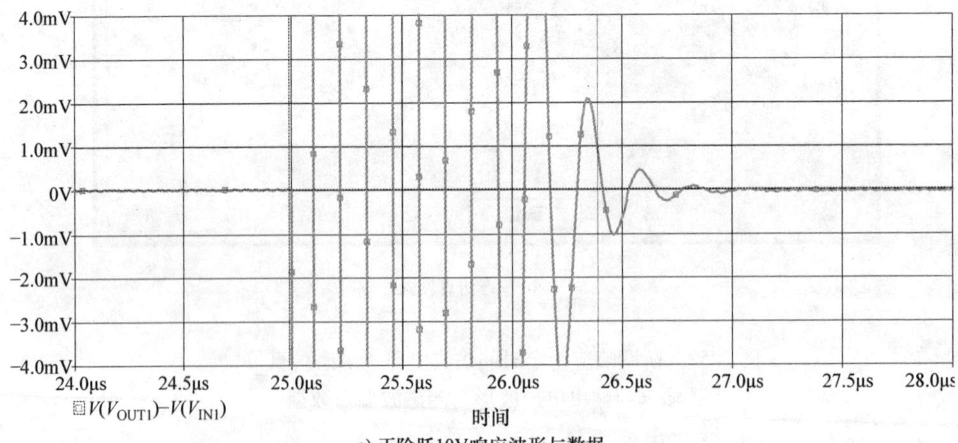

e) 正阶跃10V响应波形与数据

图 4.52　阶跃响应稳定时间仿真电路、瞬态仿真设置、

Probe Cursor

B1 =	26.387u,	987.740u
B2 =	24.990u,	20.680u
dif=	1.3963u,	967.060u

e) 正阶跃10V响应波形与数据(续)

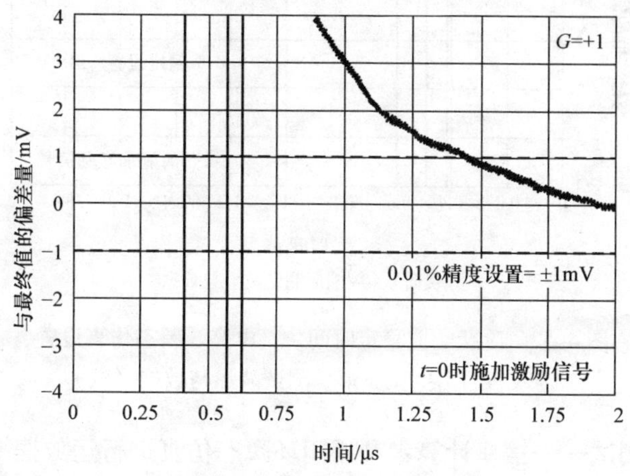

f) 正阶跃10V响应测试波形与数据

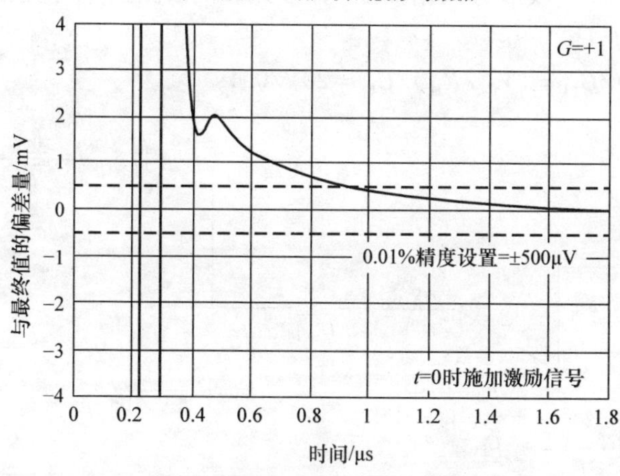

g) 正阶跃5V响应测试波形与数据

输入与输出电压波形、测试波形与数据（续）

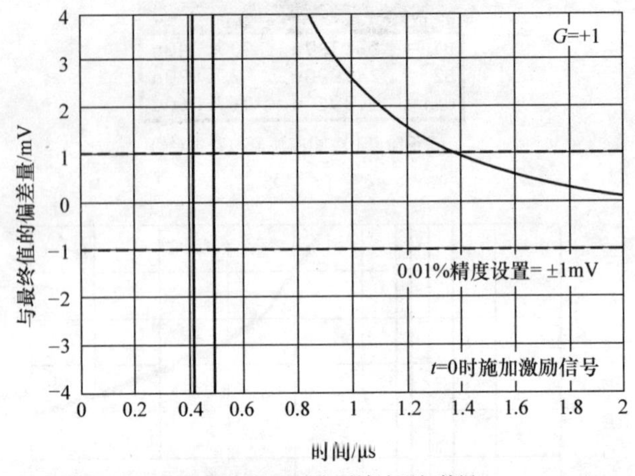

h) 负阶跃10V响应测试波形与数据

图 4.52　阶跃响应稳定时间仿真电路、瞬态仿真设置、输入与输出电压波形、测试波形与数据（续）

摆率限制测试——摆率计算：利用闭环瞬态仿真进行运放摆率测试，测试电路、瞬态仿真设置、波形与数据如图 4.53 所示，根据摆率计算公式求得该电路输出电压摆率为

$$SR = I(C_{F1})/C_{F1} = (V_{CC}/R_{I1})/C_{F1} = 20\text{V}/0.1\text{s}$$

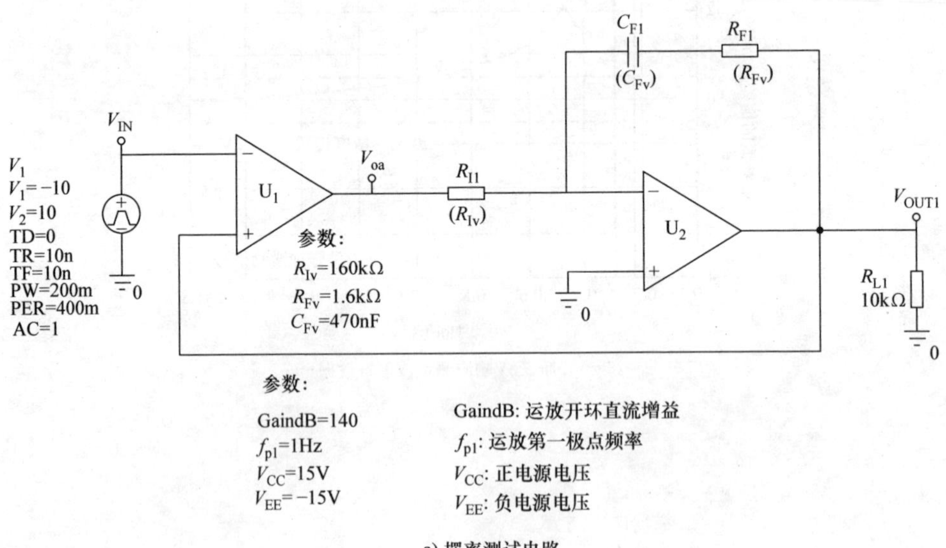

a) 摆率测试电路

图 4.53　摆率测试电路、瞬态仿真设置、波形与数据

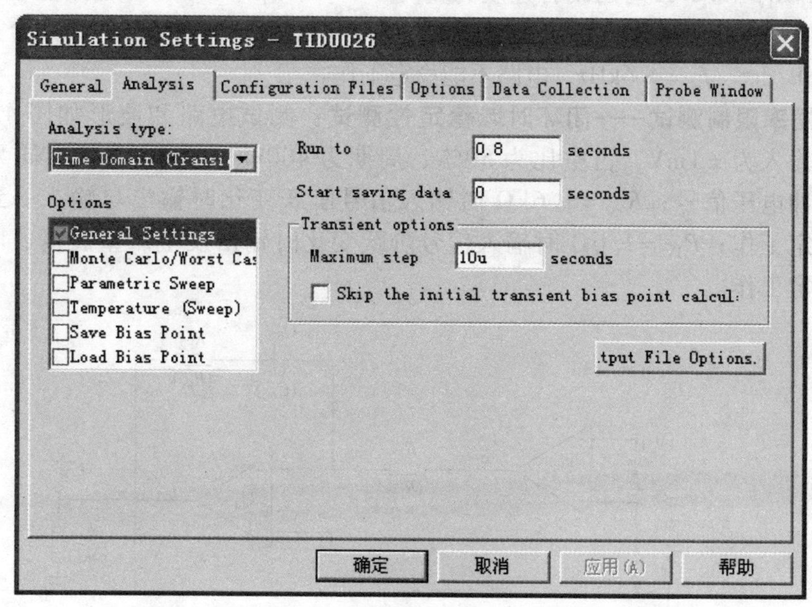

b) 瞬态仿真设置

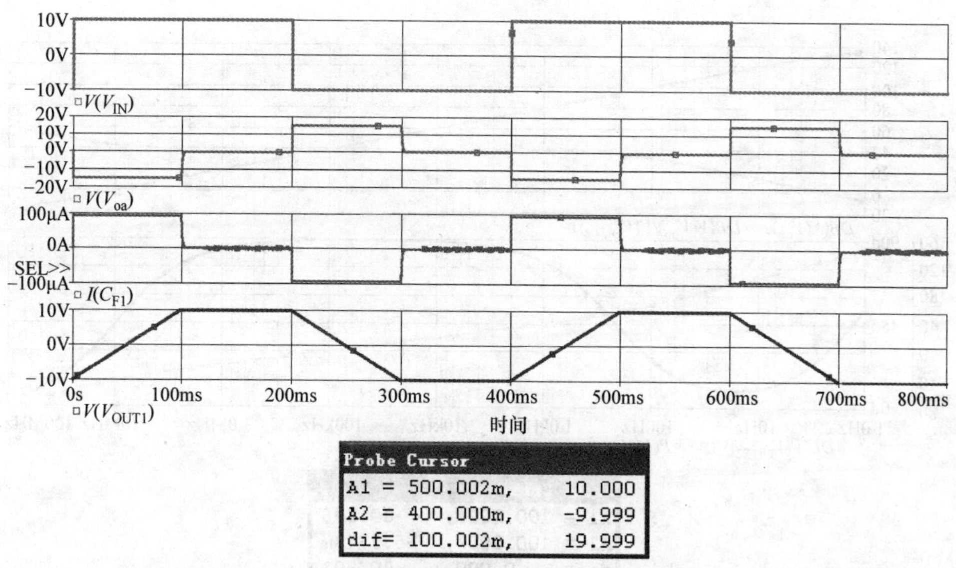

c) 各点测试波形及摆率测试数据:20V/0.1s

图 4.53　摆率测试电路、瞬态仿真设置、波形与数据（续）

摆率限制测试——开环频域稳定性测试：测试电路、波形与数据如图 4.54

所示；$R_{Fv}=1.6k\Omega$ 时的闭合速度为 -20dB/dec、$f_{cl}=100kHz$，电路能够稳定工作，但是在低频 20Hz 时相位裕度太低，存在隐患；$R_{Fv}=1.6\Omega$ 时的闭合速度为 -40dB/dec、$f_{cl}=4.6kHz$，电路不能稳定工作。

摆率限制测试——闭环时域稳定性测试：测试电路和波形如图 4.55 所示，输入为 ±1mV、占空比为 50%、周期为 400ms、上升/下降沿同为 10ns 的脉冲电压信号；$R_{Fv}=1.6k\Omega$ 时输入信号阶跃变化时输出与输入一致，电路稳定工作；$R_{Fv}=1.6\Omega$ 时输入信号阶跃变化时输出发生严重震荡，电路不能稳定工作。

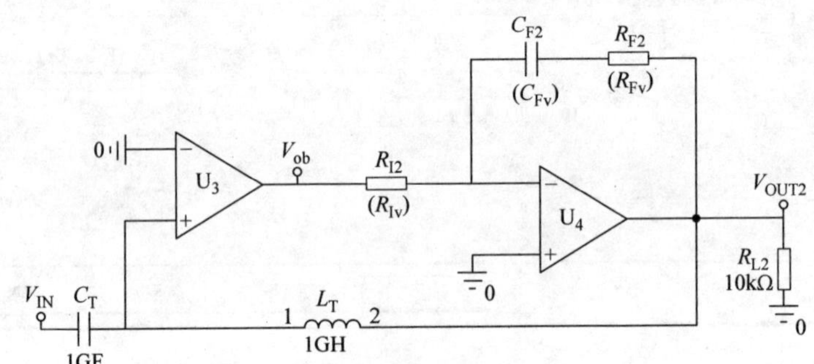

a) 开环频域稳定性测试电路

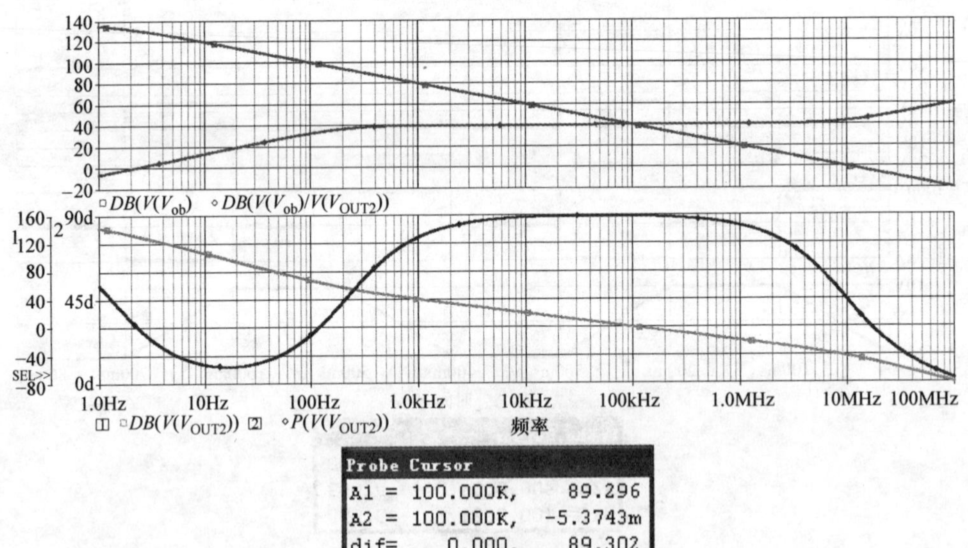

b) $R_{Fv}=1.6k\Omega$ 时的测试波形与数据：闭合速度为-20dB/dec、$f_{cl}=100kHz$

图 4.54　开环频域稳定性测试电路、波形与数据

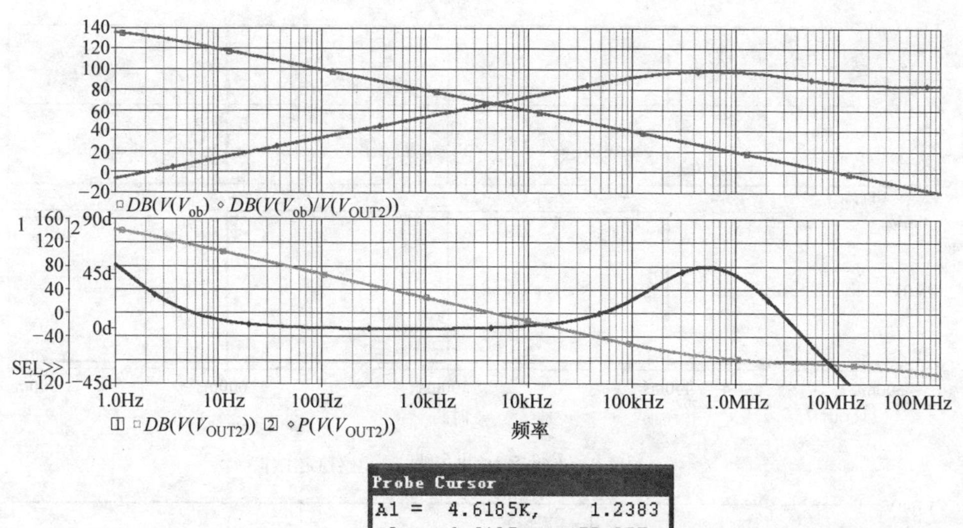

c) R_{Fv}=1.6Ω时的测试波形与数据：闭合速度为−40dB/dec、f_{c1}=4.6kHz

图 4.54 开环频域稳定性测试电路、波形与数据（续）

摆率限制测试——闭环频域稳定性测试：测试电路、波形与数据如图 4.56 所示，利用 AC1V 交流信号对电路进行激励；R_{Fv} = 1.6kΩ 时闭合速度为 −20dB/dec、电路能够稳定工作、−3dB 带宽约为 101kHz；R_{Fv} = 1.6Ω 时闭合速度为 −40dB/dec、电路不能稳定工作，在 4～5kHz 之间存在双极点，相位发生 180°突变。

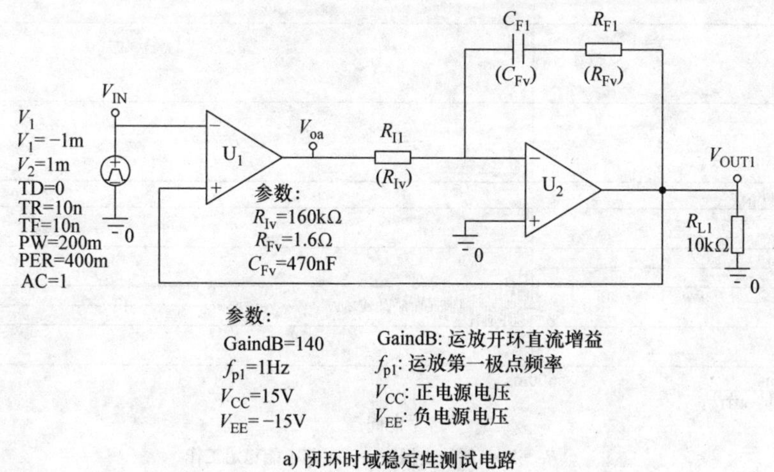

a) 闭环时域稳定性测试电路

图 4.55 闭环时域稳定性测试电路和波形

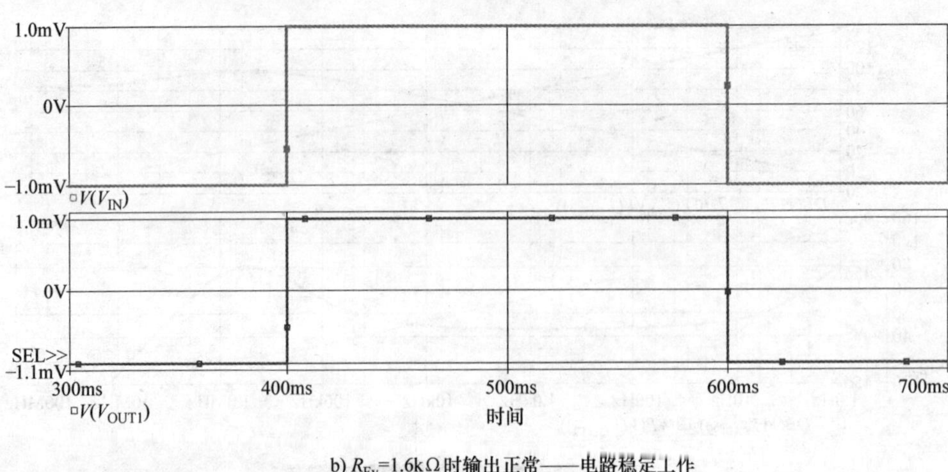

b) R_{Fv}=1.6kΩ时输出正常——电路稳定工作

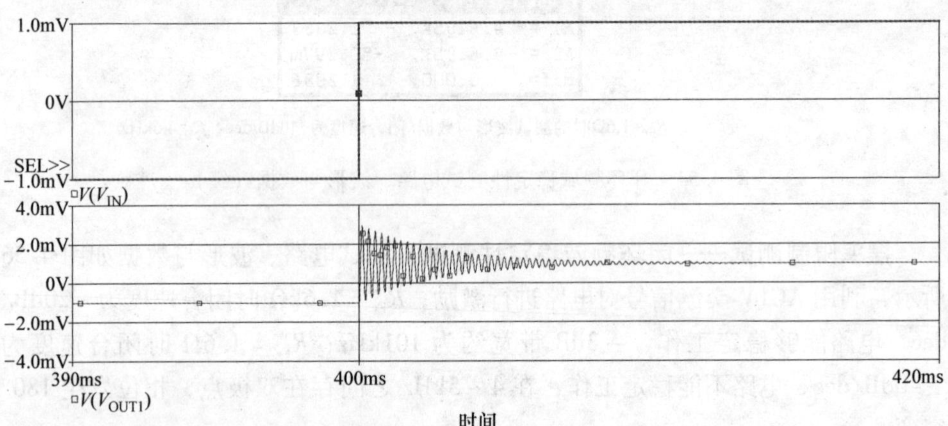

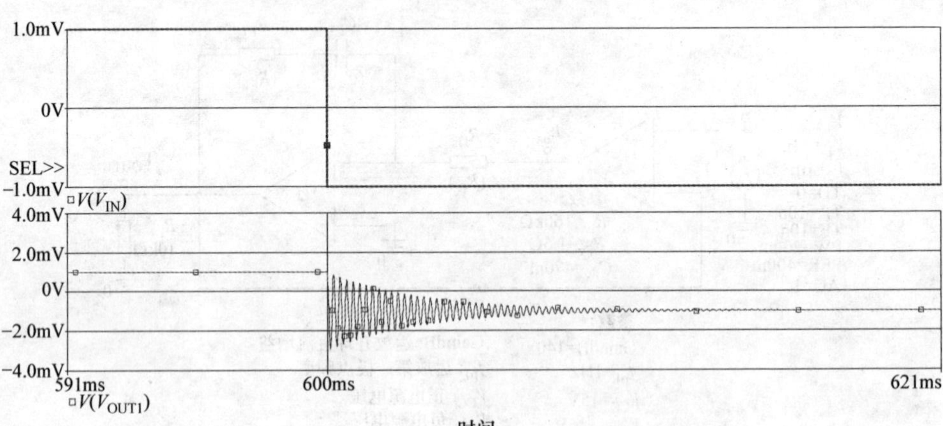

c) R_{Fv}=1.6Ω时输出振荡——电路不能稳定工作

图 4. 55　闭环时域稳定性测试电路和波形（续）

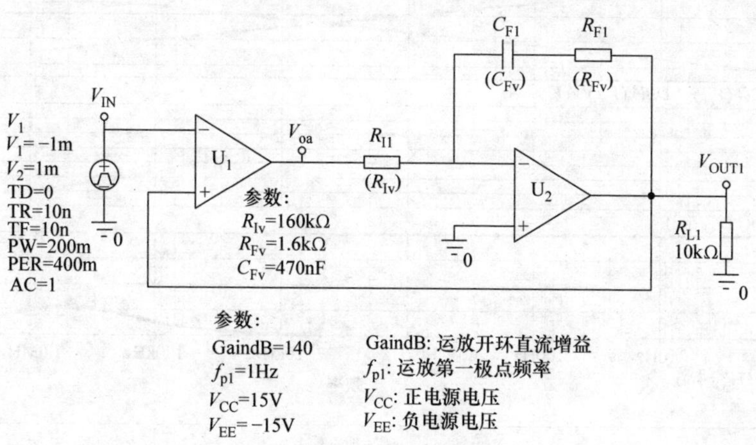

a) 闭环频域测试电路

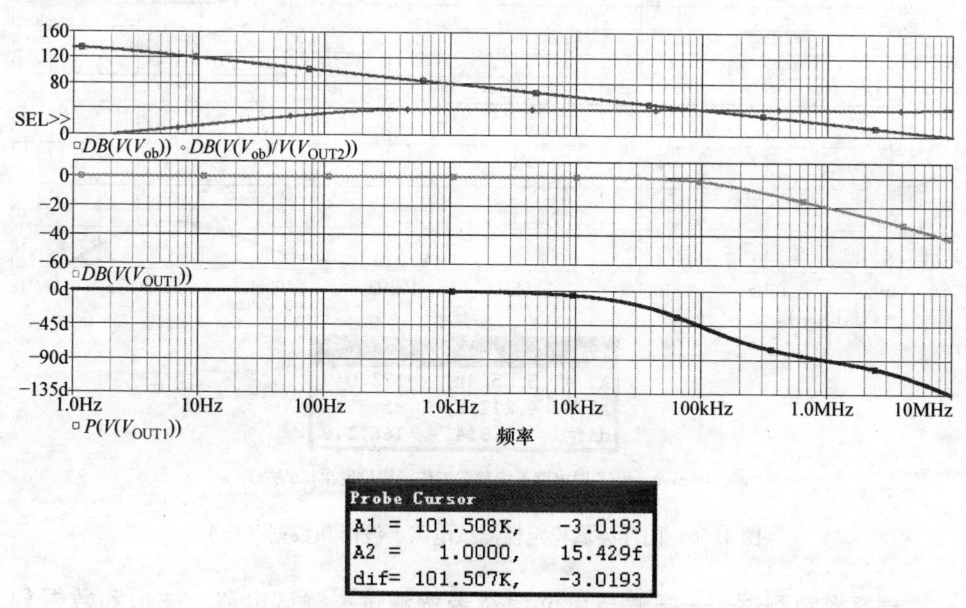

Probe Cursor		
A1 =	101.508K,	-3.0193
A2 =	1.0000,	15.429f
dif=	101.507K,	-3.0193

b) R_{Fv}=1.6kΩ 时电路稳定工作、−3dB带宽约为101kHz

图 4.56　闭环频域稳定性测试电路、波形和数据

□ $DB(V(V_{ob}))$ ◇ $DB(V(V_{ob})/V(V_{OUT2}))$

□ $DB(V(V_{OUT1}))$

□ $P(V(V_{OUT1}))$

频率

□ $DB(V(V_{OUT1}))$

□ $P(V(V_{OUT1}))$

频率

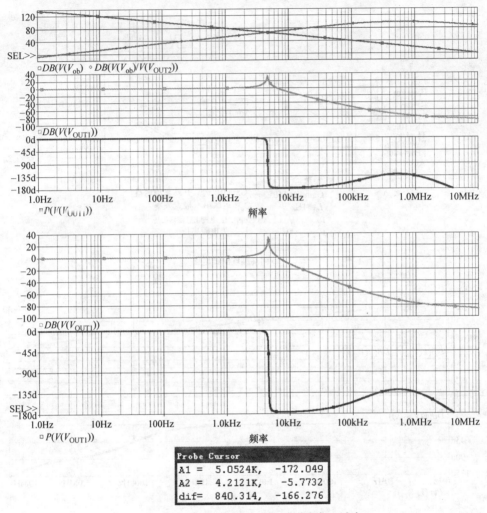

Probe Cursor		
A1 =	5.0524K,	-172.049
A2 =	4.2121K,	-5.7732
dif=	840.314,	-166.276

c) R_{Fv}=1.6Ω时电路不能稳定工作，相位发生180°突变

图4.56　闭环频域稳定性测试电路、波形和数据（续）

摆率限制测试——摆幅与单位增益带宽测试：测试电路、波形和数据如图4.57所示；输入信号为100Hz、0.3V时输入与输出波形一致；输入信号为100Hz、0.5V时输出波形发生严重畸变，摆率受限——最大摆率20V/0.1s = 200V/s；输入信号为100Hz、0.4V时的总谐波失真为4.13%、基波幅值为389mV；测试带宽时应使输出信号摆幅小于其限制值，以便交流输出信号无失真。

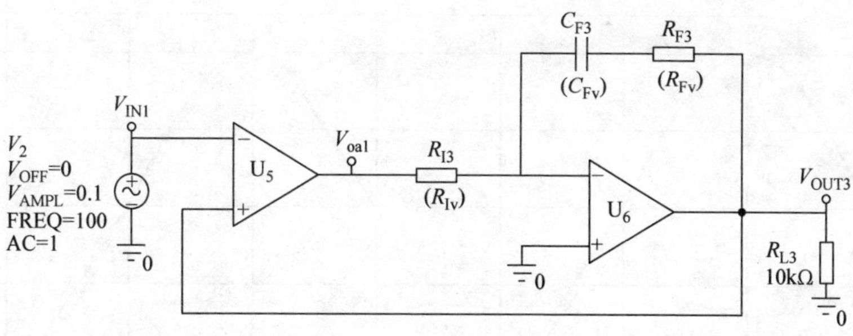

a) 摆幅与单位增益带宽测试电路

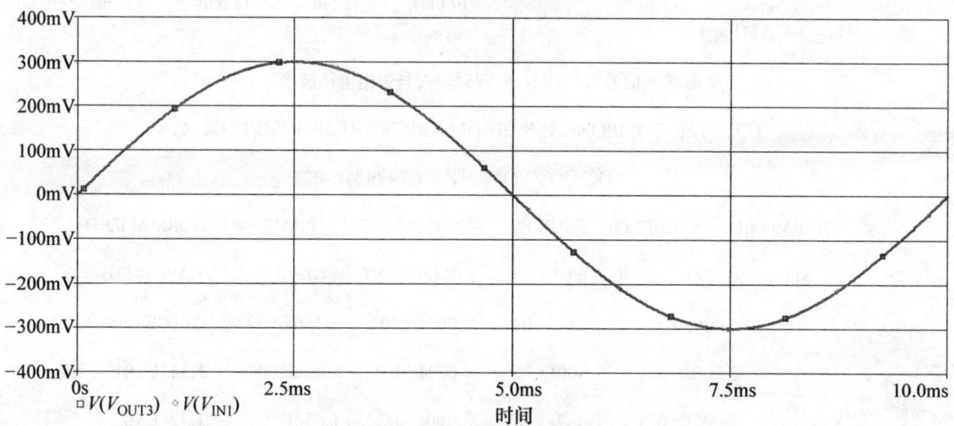

b) 输入信号为100Hz、0.3V时输入与输出波形一致

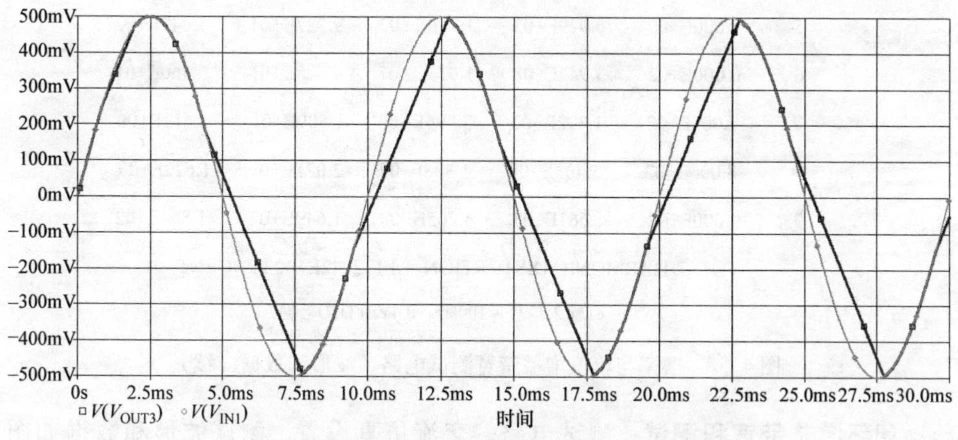

c) 输入信号为100Hz、0.5V时输出波形发生严重畸变

图 4. 57　摆率与单位增益带宽测试电路、波形和数据

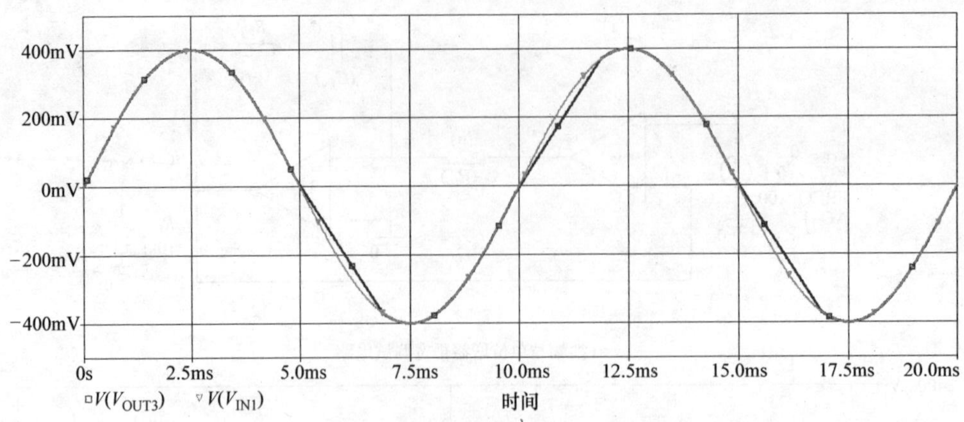

d) 输入信号为100Hz、0.4V时输入与输出电压波形

FOURIER COMPONENTS OF TRANSIENT RESPONSE $V(V_{OUT3})$

DC COMPONENT = 1.747924E-07

HARMONIC NO	FREQUENCY (HZ)	FOURIER COMPONENT	NORMALIZED COMPONENT	PHASE (DEG)	NORMALIZED PHASE (DEG)
1	1.000E+02	3.894E-01	1.000E+00	-2.386E+00	0.000E+00
2	2.000E+02	1.800E-07	4.621E-07	8.658E+00	1.343E+01
3	3.000E+02	1.437E-02	3.690E-02	1.656E+02	1.728E+02
4	4.000E+02	6.723E-08	1.727E-07	-5.043E+01	-4.089E+01
5	5.000E+02	6.929E-03	1.780E-02	9.227E+01	1.042E+02
6	6.000E+02	3.944E-08	1.013E-07	4.028E+01	5.460E+01
7	7.000E+02	1.322E-03	3.396E-03	-1.509E+01	1.612E+00
8	8.000E+02	5.403E-08	1.388E-07	-2.071E+01	-1.622E+00
9	9.000E+02	1.661E-03	4.265E-03	1.649E+02	1.864E+02

TOTAL HARMONIC DISTORTION = 4.132942E+00 PERCENT

e) 输入信号为100Hz、0.4V时THD数据

图 4.57　摆率与单位增益带宽测试电路、波形和数据（续）

闭环增益带宽积测试：测试电路、交流仿真设置、测试波形和数据如图 4.58 所示；利用同相放大电路进行闭环增益带宽积测试，频率范围为 1kHz ~ 40megHz、增益分别为 1、10、100 时的 -3dB 带宽分别约为 9.3megHz、1.2megHz、98.7kHz，基本满足增益带宽积为常数；闭环增益仿真波形与实测数

据曲线基本一致——运放模型与实际器件特性十分匹配。

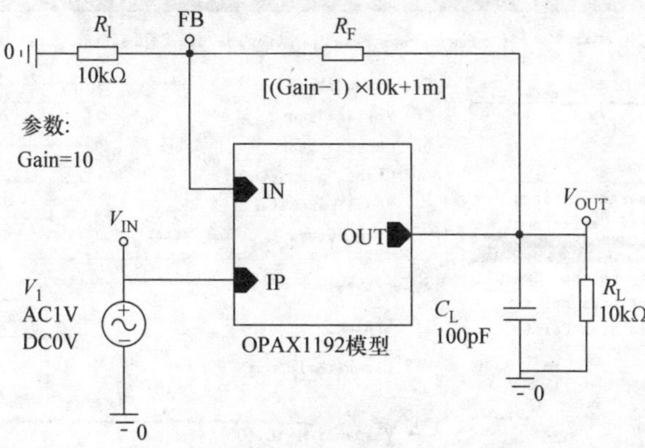

a) 增益带宽积测试电路

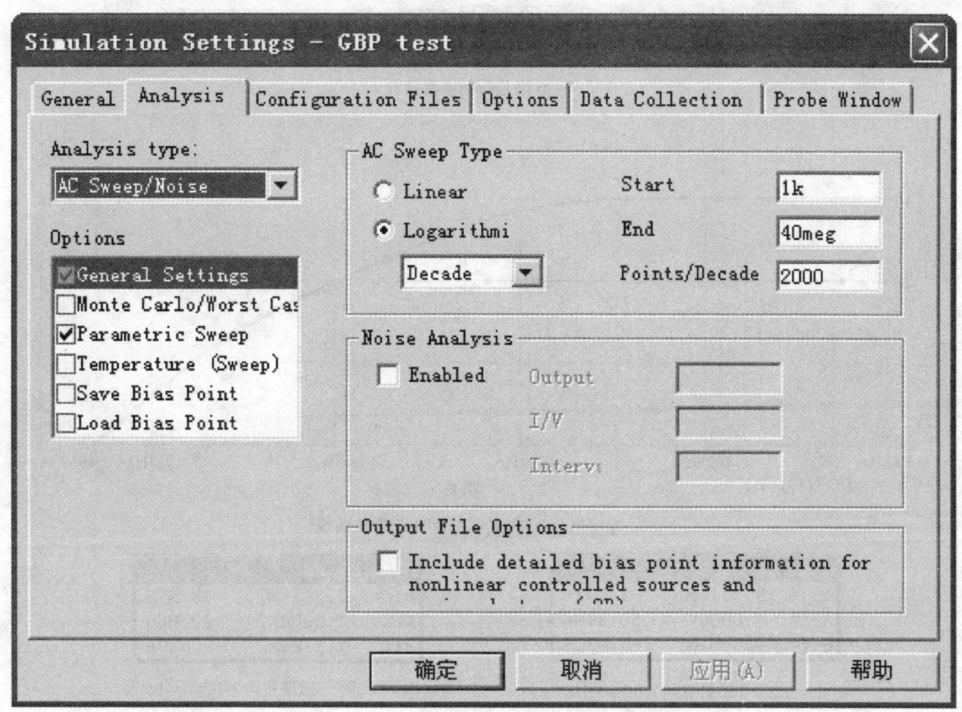

b) 交流仿真设置

图 4.58　闭环增益带宽积测试电路、交流仿真设置、测试波形和数据

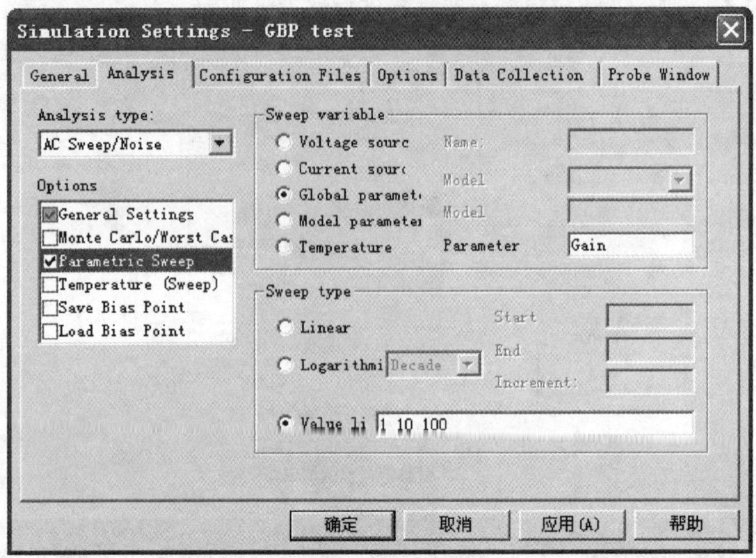

c) 增益Gain参数设置

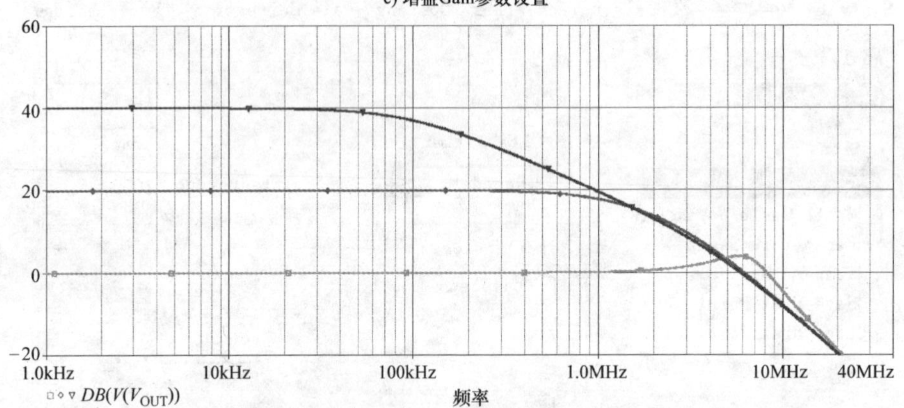

输出电压$DB(V(V_{OUT}))$即闭环增益曲线

Probe Cursor		
A1 =	9.3111M,	-3.0326
A2 =	1.0000K,	50.239n
dif=	9.3101M,	-3.0326

Gain=1时-3dB带宽约为9.3megHz

Probe Cursor		
A1 =	1.2134M,	16.970
A2 =	1.0000K,	20.000
dif=	1.2124M,	-3.0296

Gain=10时-3dB带宽约为1.2megHz

Probe Cursor		
A1 =	98.742K,	36.984
A2 =	1.0000K,	40.000
dif=	97.742K,	-3.0153

Gain=100时-3dB带宽约为98.7kHz

d) 闭环增益曲线与仿真数据

图 4.58　闭环增益带宽积测试电路、交流仿真设置、测试波形和数据（续）

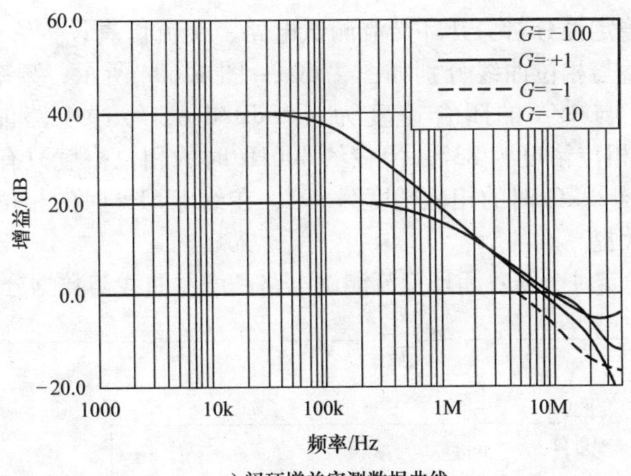

e) 闭环增益实测数据曲线

图 4.58 闭环增益带宽积测试电路、交流仿真设置、测试波形和数据（续）

4.3.3 OPAX192 精密参考源缓冲电路

利用双反馈实现精密参考源缓冲电路设计，使得电路具有充足驱动电流用于负载瞬态变化，OPA192 精密参考源缓冲电路如图 4.59 所示：10μF 陶瓷电容和运放输出阻抗构成低通滤波电路；电阻 R_{iso} 对双反馈路径实现隔离以使得容性负载能够稳定；反馈 1 通过电阻 R_F 直接连接到输出端 V_{OUT}，使得直流输出电压与输入信号无误差；反馈 2 通过 R_{Fx} 和 C_F 连接到运算输出端，对高频进行频率补偿、使得系统稳定。

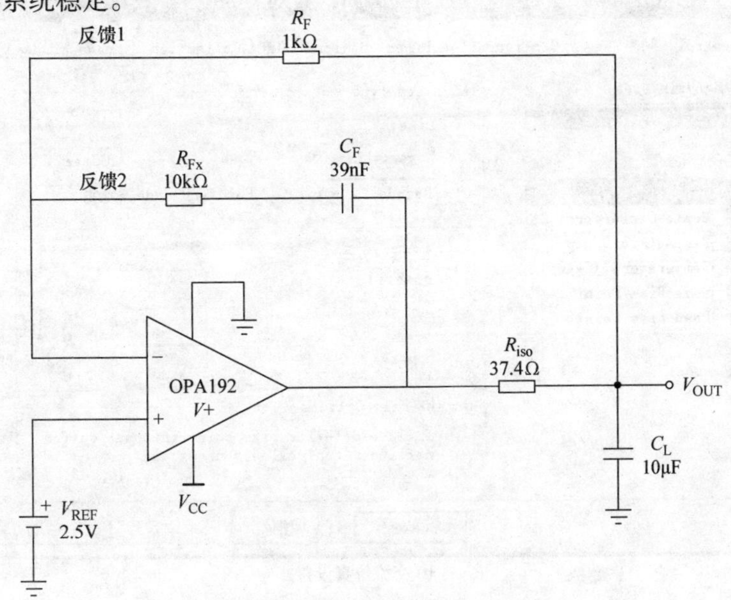

图 4.59 OPA192 精密参考源缓冲电路

开环交流稳定性分析：开环交流测试电路、交流仿真设置、Aol 与 $1/\beta$ 测试曲线，环路增益与相位曲线分别如图 4.60a ~ 图 4.60e 所示；频率范围为 1Hz ~ 100megHz；Aol 与 $1/\beta$ 的闭合速度为 -20dB/dec，缓冲电路能够稳定工作；$R_{F1}=1k\Omega$ 时的相位裕度为 83°，但在约 400Hz 时的相位裕度只有 8°，存在低频稳定隐患；$R_{F1}=20k\Omega$ 时的相位裕度为 89°，在约 135Hz 时的相位裕度为 22.2°，系统稳定度大大提高。

闭环交流稳定性分析：闭环交流测试电路、增益曲线与数据分别如图 4.61a ~

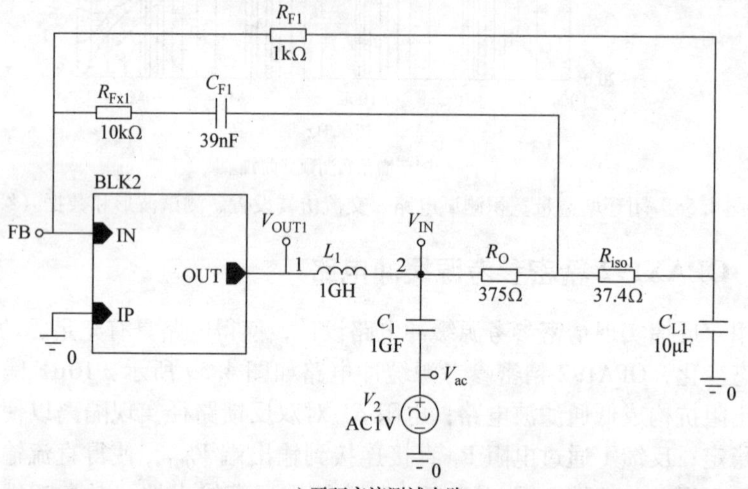

a) 开环交流测试电路

Simulation Settings - Precision reference source

General | Analysis | Configuration Files | Options | Data Collection | Probe Window

Analysis type:
AC Sweep/Noise

Options
General Settings
Monte Carlo/Worst Cas
Parametric Sweep
Temperature (Sweep)
Save Bias Point
Load Bias Point

AC Sweep Type
Linear
Logarithmi
Decade
Start 1
End 100meg
Points/Decade 2000

Noise Analysis
Enabled
Output
I/V
Interv

Output File Options
Include detailed bias point information for nonlinear controlled sources and

确定 取消 应用(A) 帮助

b) 交流仿真设置

图 4.60 精密参考源开环交流测试

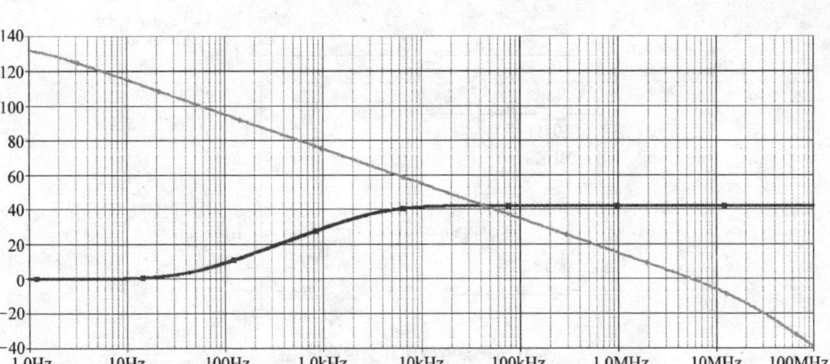

c) Aol与1/β测试曲线——闭合速度为-20dB/dec

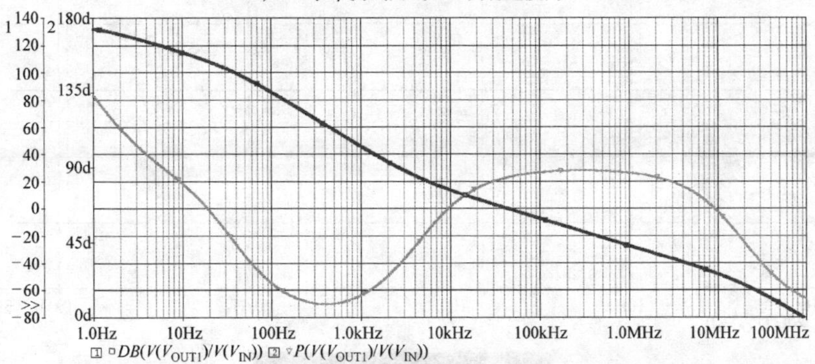

频率

Probe Cursor		
A1 =	42.560K,	84.116
A2 =	42.560K,	254.728m
dif=	0.000,	83.861

Probe Cursor		
A1 =	398.107,	8.0944
A2 =	398.107,	8.0944
dif=	-122.611p,	-19.540f

d) R_{F1}=1kΩ时的环路增益与相位曲线——相位裕度为83°

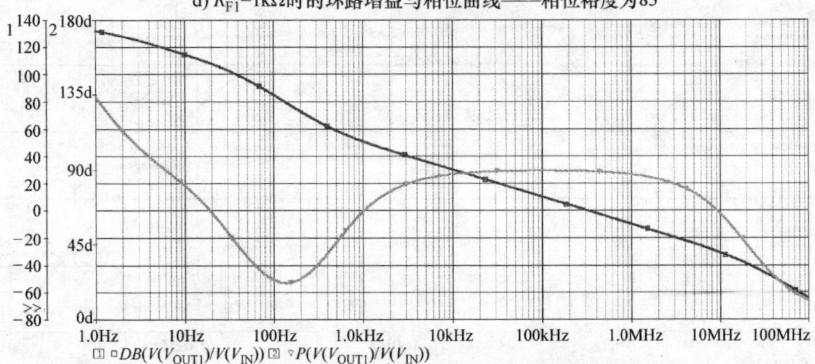

频率

Probe Cursor		
A1 =	321.736K,	88.996
A2 =	321.736K,	-37.384m
dif=	0.000,	89.033

Probe Cursor		
A1 =	134.586,	22.208
A2 =	134.586,	22.208
dif=	0.000,	0.000

e) R_{F1}=20kΩ时的环路增益与相位曲线——相位裕度为89°

图 4.60　精密参考源开环交流测试（续）

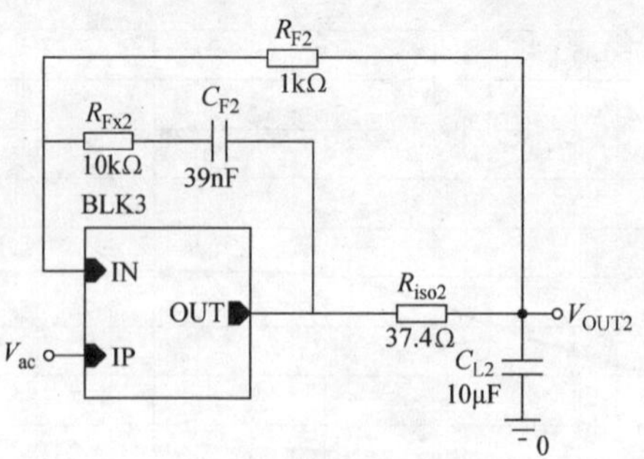

a) 精密参考源闭环交流测试电路

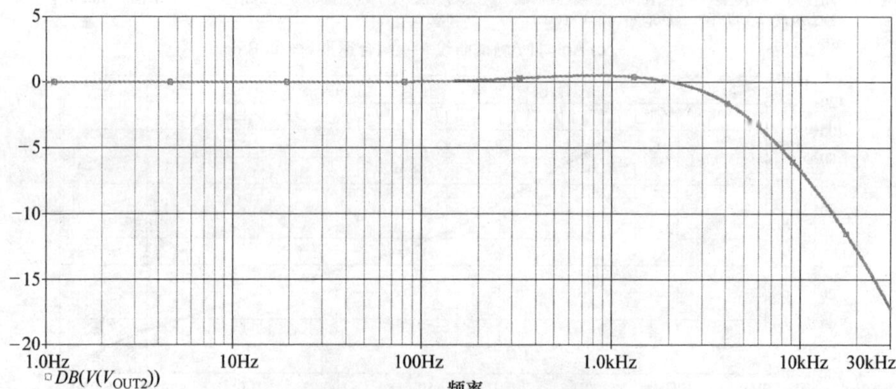

Probe Cursor		
A1 =	5.6299K,	-3.0359
A2 =	1.0000,	3.1063u
dif=	5.6289K,	-3.0359

b) R_{F1}=1kΩ时增益曲线与数据——闭环-3dB带宽约为5.6kHz

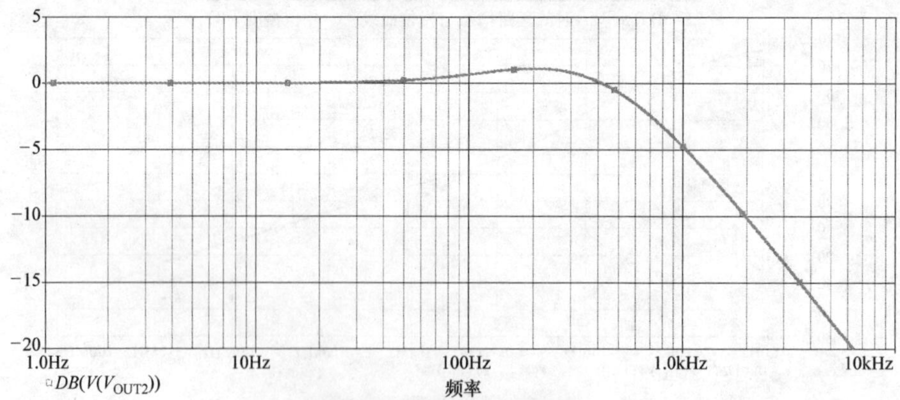

Probe Cursor		
A1 =	777.141,	-3.0488
A2 =	1.0000,	98.366u
dif=	776.141,	-3.0489

c) R_{F1}=20kΩ时增益曲线与数据——闭环-3dB带宽约为776Hz

图 4.61 精密参考源闭环交流测试

图4.61c所示；$R_{F1}=1k\Omega$ 时闭环 $-3dB$ 带宽约为5.6kHz，$R_{F1}=20k\Omega$ 时闭环 $-3dB$ 带宽约为776Hz，所以提高相位裕度需以牺牲闭环带宽为代价。

时域测试：输入参考源为2.5V阶跃电压信号时测试输出响应，时域测试电路、瞬态仿真设置，输入、输出电压波形与数据分别如图4.62a~图4.62c所示；当输入参考信号从0V突变为2.5V时输出电压跟随输入变化，但在变化瞬间存在微小过冲，约2ms之后输出与输入误差优于1mV。

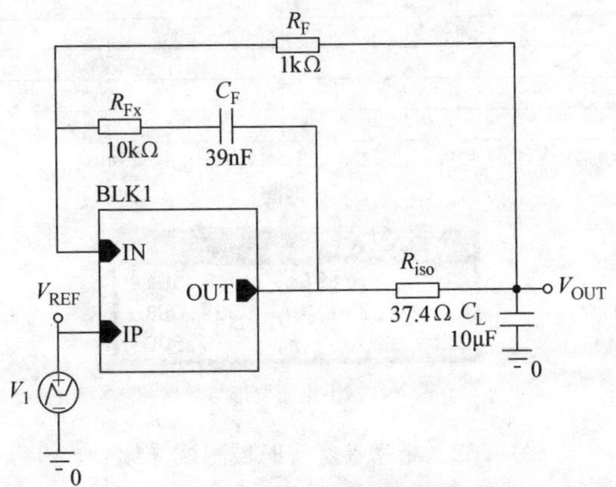

a) 精密参考源时域测试电路

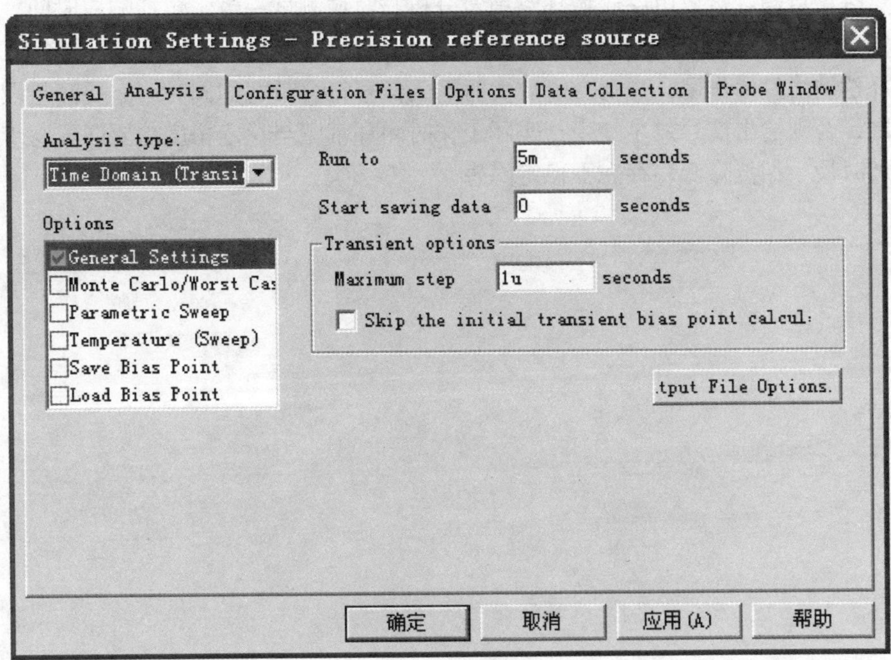

b) 瞬态仿真设置

图4.62　精密参考源时域测试

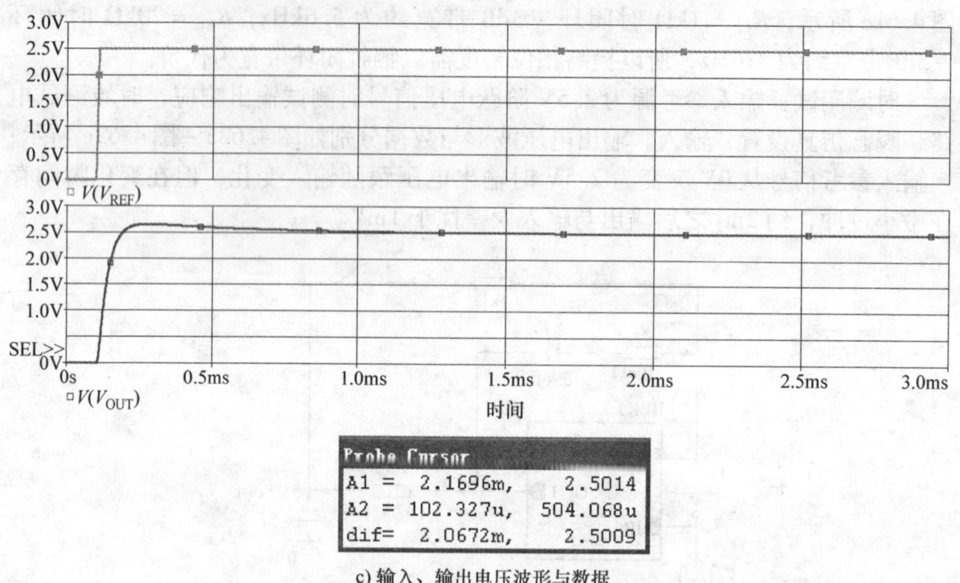

c) 输入、输出电压波形与数据

图 4.62　精密参考源时域测试（续）

分析总结：运放电路频域环路稳定分析与时域测试一致，包括响应时间、过冲等；OPA192 运放作为精密参考缓冲电路时负载电容可设置为 10μF，此时双反馈补偿网络发挥作用；进行交流放大时输入信号符合带宽的同时一定要满足摆率限制，否则输出信号发生畸变；实际工作时闭环带宽与稳定裕度需要匹配，带宽增加时最小相位降低，存在不稳定隐患。

第5章 运放电路扩展设计

5.1 单电源供电缓冲电源设计

本节主要讲解通用单电源缓冲电路，将0.5～4.5V控制信号转换为供电电源，由5V单电源供电，并且控制信号与供电输出电压能够线性工作，要求输出电流大于13mA、小信号带宽为80kHz、大信号摆率大于1V/μs。

5.1.1 缓冲电源工作原理分析

利用运放和PNP型晶体管构成缓冲电源，单电源供电缓冲电路如图5.1所示：由于供电电压为5V，运放的输出电压最大约为4.5V，如果采用NPN型晶体管进行电流放大输出，由于PN结电压约为0.7V，则输出电压最大值约为

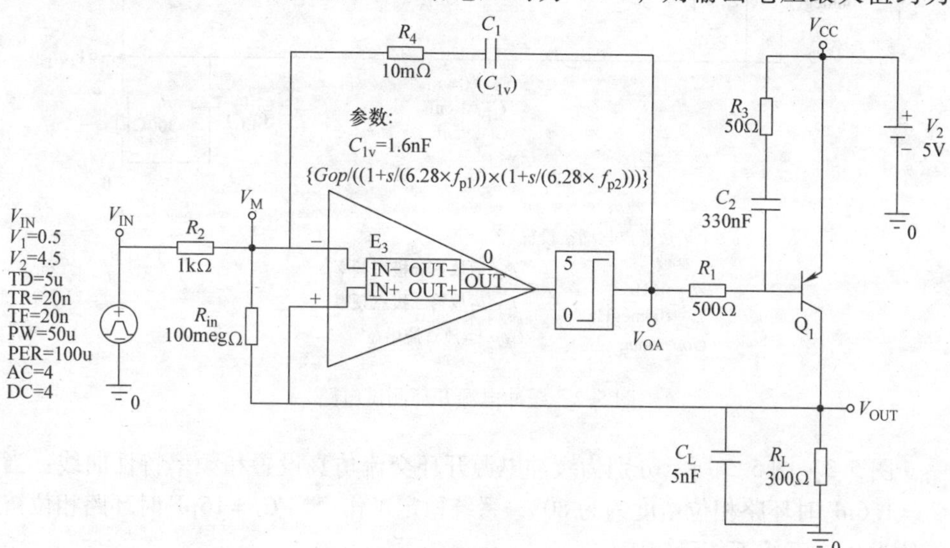

图5.1 单电源供电缓冲电路

4.5 - 0.7 = 3.8V，不能满足输出电压最大为 4.5V 的要求，所以本设计采用 PNP 型晶体管；为满足负反馈要求，运放的负输入端接输入参考信号 V_{IN}、正输入端接反馈信号；本设计的负载为半导体，通常具有电容特性，故将负载等效为 C_L 与 R_L 并联，并且将等效电容设置为 5nF，因为最大电流约为 13mA，故将 R_L 设置为 300Ω；容性负载通常产生附加极点，使得系统不稳定，故增加补偿网络 C_1、R_2 和 C_2、R_3 以满足系统相位裕度要求，使得瞬态响应时系统能够稳定工作。

5.1.2 缓冲电源开环测试

首先对缓冲电源进行开环频率测试，具体电路如图 5.2 所示：运放由传递函数进行等效，包括双极点和直流增益；V_1 = 4V 提供直流工作点，应正确设置，否则频率特性不正常；FB_1 和 FB_2 均为负反馈，通过设置电容 C_1 参数值进行环路相位调节。

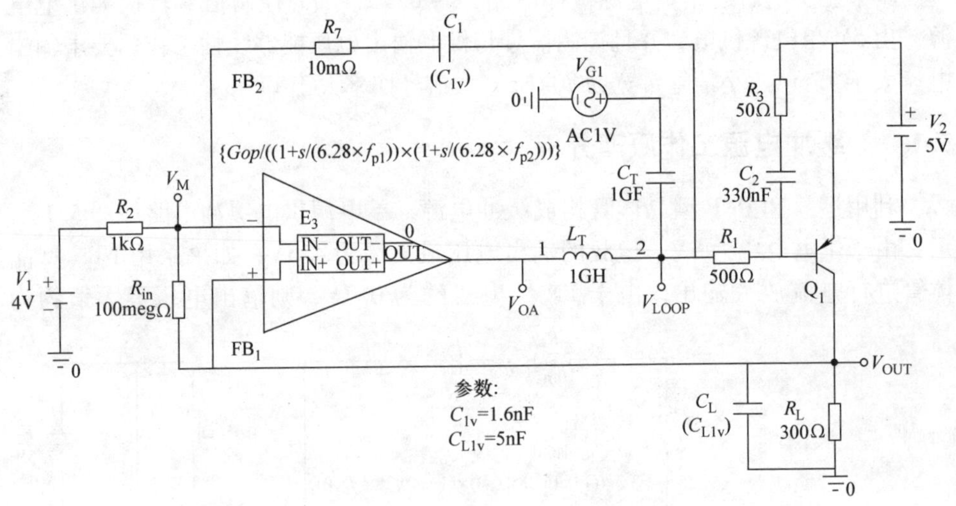

图 5.2 缓冲电源开环测试电路

图 5.3 ~ 图 5.5 所示分别为缓冲电源开环交流仿真设置和频率特性曲线：当 C_1 = 1.6nF 时环路相位裕度约为 80°，系统稳定工作；当 C_1 = 16pF 时环路相位裕度约为 0°，系统不能稳定工作。

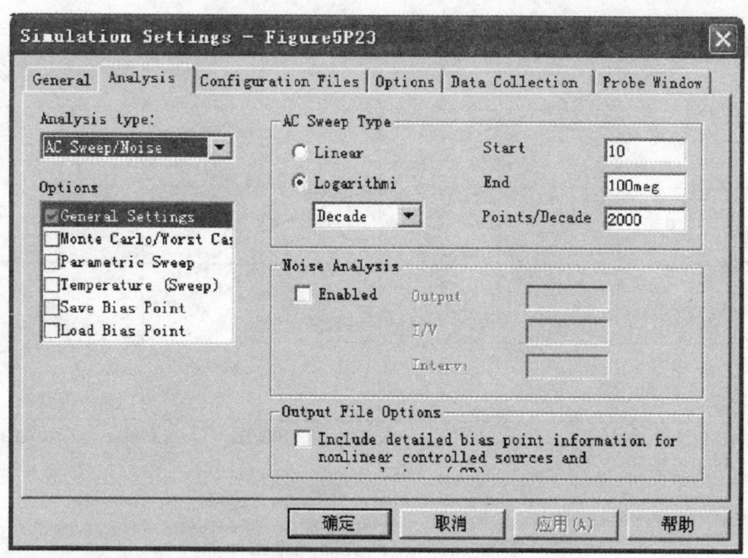

图 5.3 交流仿真设置

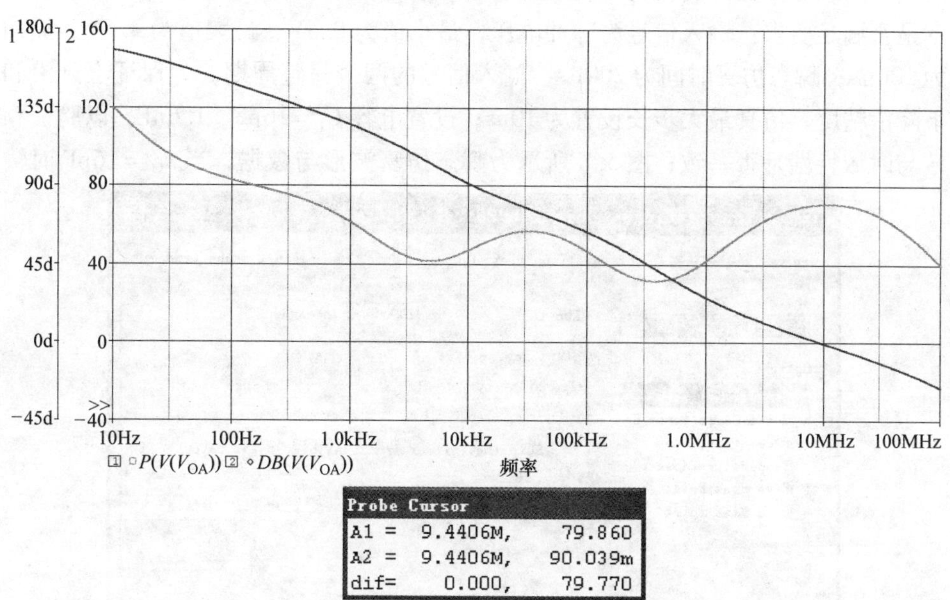

图 5.4 $C_1 = 1.6\text{nF}$ 时环路频率特性曲线与相位裕度

5.1.3 缓冲电源闭环测试

稳定性与摆率测试：缓冲电源闭环测试电路与图 5.1 所示的电路一致，对电

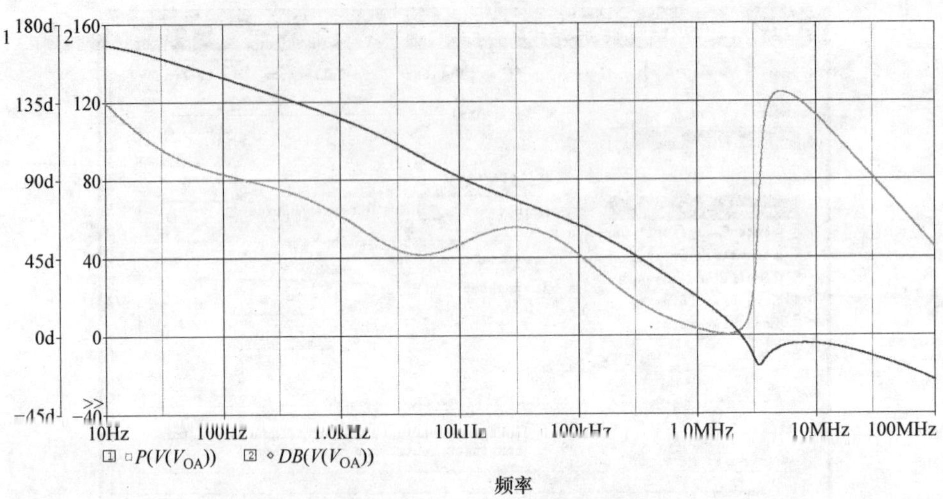

图 5.5　$C_1=16\text{pF}$ 时环路频率特性曲线

路进行瞬态和参数仿真设置（见图 5.6 和图 5.7），以测试其时域工作特性与摆率是否满足要求：输入信号为脉冲电压，最小值为 0.5V、最大值为 4.5V，周期为 100μs；瞬态仿真时间为 200μs，输入信号的两个完整周期，为保证上升沿和下降沿精度，仿真最大步长设置为 10ns；设置电容 $C_1=16\text{pF}$、1.6nF，以验证频域与时域特性是否一致；图 5.8 所示为瞬态仿真波形与数据，当 $C_1=16\text{pF}$ 时输

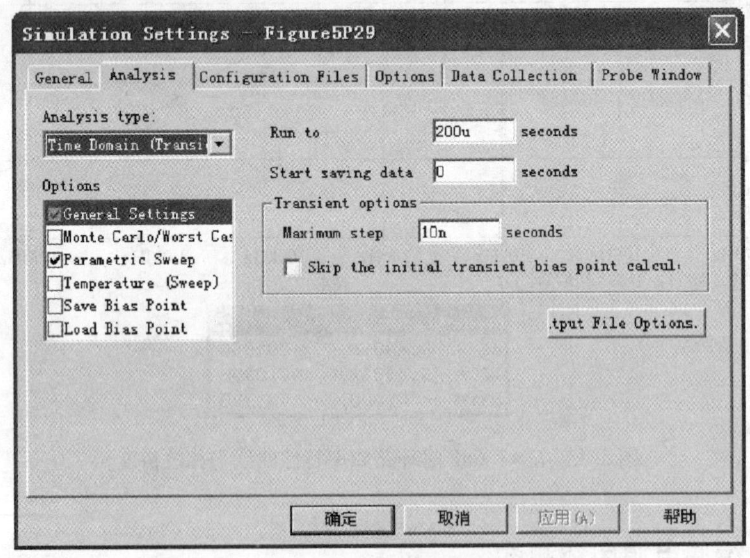

图 5.6　瞬态仿真设置

出电压振荡，当 $C_1 = 1.6\text{nF}$ 时输出电压稳定、实现输入信号缓冲，并且时域与频域稳定特性一致；当输出电压变化约 3.15V 时需要时间约为 3.14μs，满足大信号摆率 1V/μs 的要求。

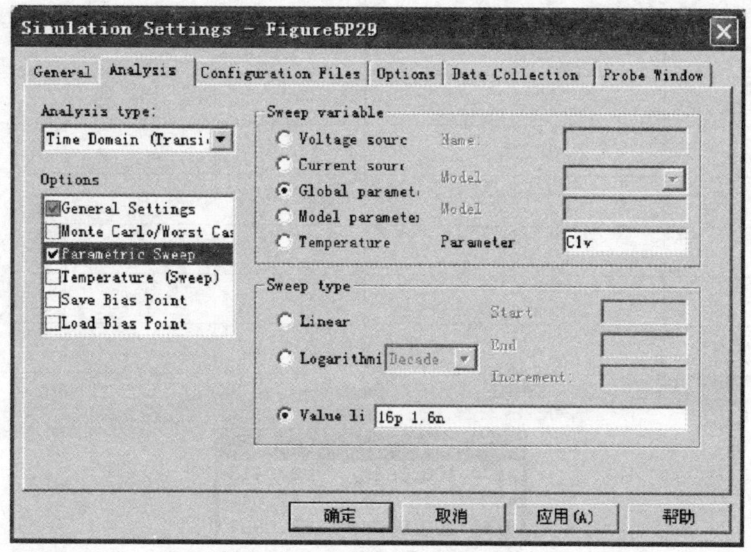

图 5.7 电容 C_1 参数仿真设置

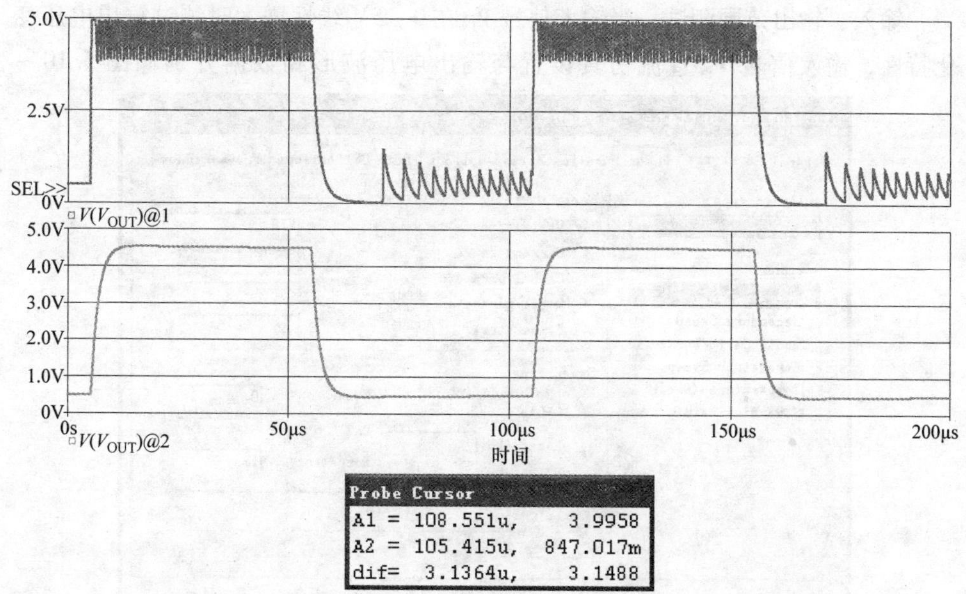

图 5.8 瞬态仿真波形与数据

闭环带宽测试：闭环输出曲线波形与数据如图 5.9 所示，－3dB 带宽约为 100kHz，满足 80kHz 带宽要求。

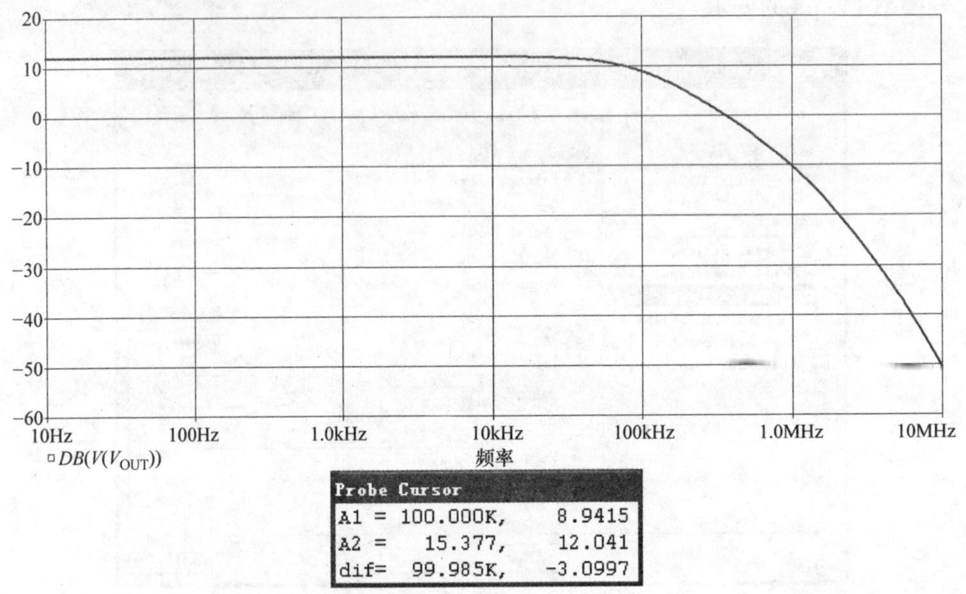

图 5.9　闭环输出曲线波形与数据

输入、输出范围测试：当输入信号 V_{IN} 在 0 ~ 5V 线性增大时测试输出电压变化特性，输入信号 V_{IN} 直流仿真设置与输出电压波形和数据分别如图 5.10 ~

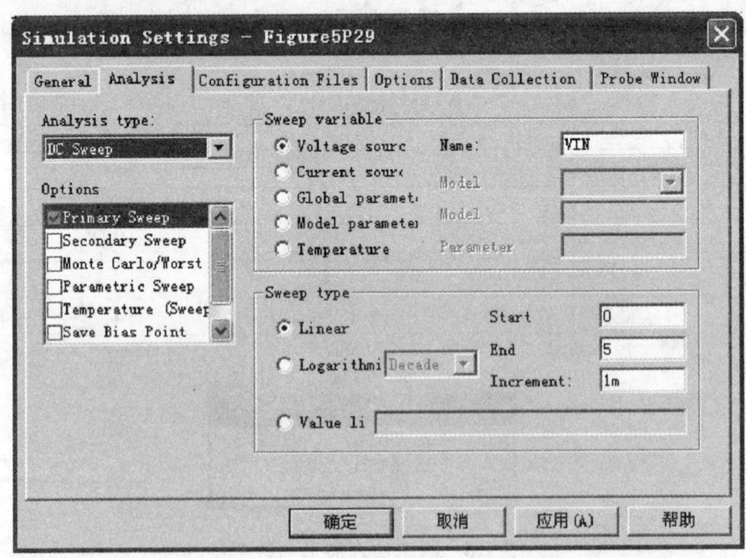

图 5.10　输入信号 V_{IN} 直流仿真设置

图5.11所示：当V_{IN}在0~4.928V线性增大时输出与输入一致，电源满足0.5~4.5V缓冲功能；当输入V_{IN}大于4.928V时输出电压保持4.928V恒定，此时由于输出电流大于13mA，PNP型晶体管的V_{ec}存在饱和电压，所以输出电压不能跟随输入信号继续增大。

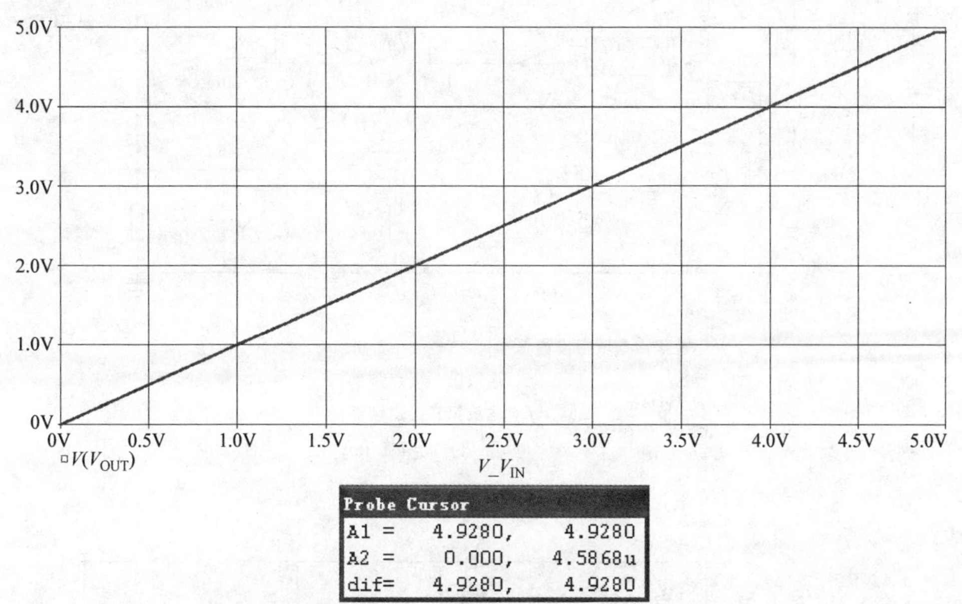

图5.11　输出电压波形和数据

5.1.4　10V/100mA缓冲电源设计

设计指标：输入信号为0~5V、输出电压为0~10V，最大电流为100mA，按照上述设计思路对电路进行改进，使得电路实现2倍同相放大功能。

频域稳定性测试：10V/100mA缓冲电源频域测试电路如图5.12所示，频率特性曲线及数据如图5.13所示：$DB(V(V_{OA})/V(V_M,V_P))$——运放Aol曲线、$DB(V(V_{LOOP})/V(V_M))$——FB_2反馈增益曲线、$DB(V(V_{LOOP})/V(V_P))$——FB_1反馈增益曲线、$DB(V(V_{LOOP})/V(V_M,V_P))$——总反馈曲线、$DB(V(V_{OUT1}))$——闭环增益曲线、$DB(V(V_{OA}))$——整体环路增益曲线、$P(V(V_{OA}))$——整体环路相位曲线，相位裕度为84°。$FB_1$与$FB_2$谁强谁起作用，即$DB(V(V_{LOOP})/V(V_P))$与$DB(V(V_{LOOP})/V(V_M))$谁低谁起作用；最终运放Aol曲线$DB(V(V_{OA})/V(V_M,V_P))$与总反馈曲线$DB(V(V_{LOOP})/V(V_M,V_P))$交越增益为-20dB/dec——环路稳定工作、相位裕度约为84°；R_2、C_1构成的零点频率与R_L、C_L构成的极点频率互相抵消，因为此时$DB(V(V_{LOOP})/V(V_M))$增益比较小，所以C_2补偿不起作用；直流时DB

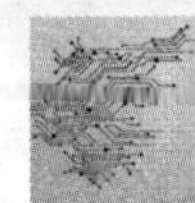

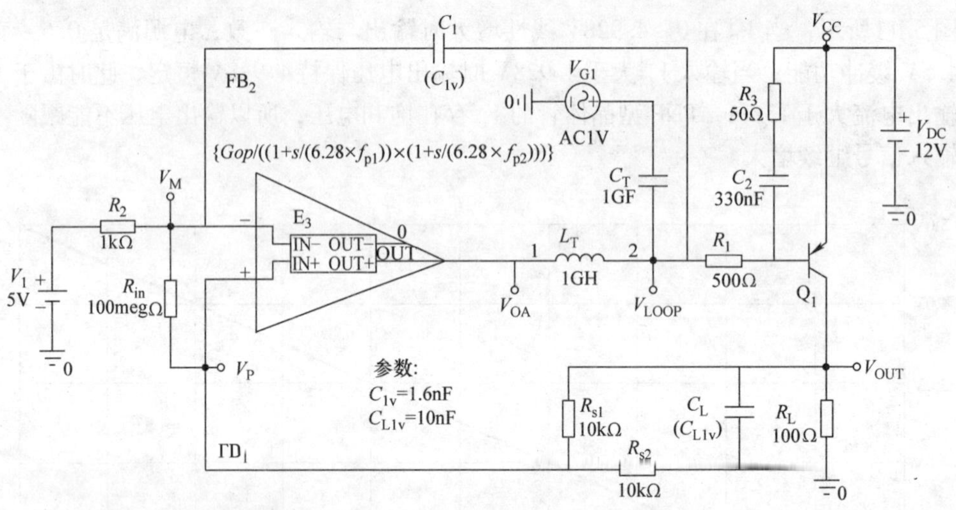

a) 开环频率测试电路

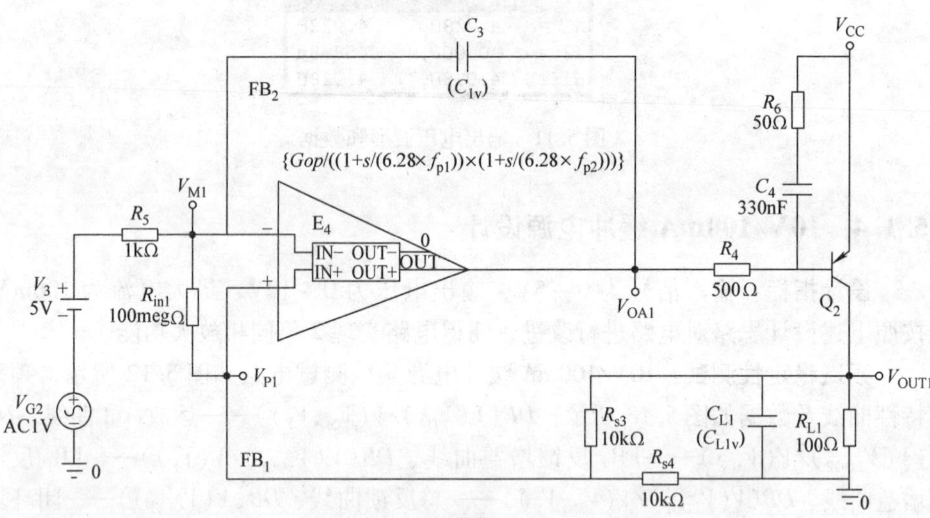

b) 闭环频域测试电路

图 5.12　10V/100mA 缓冲电源频域测试电路

$(V(V_{\text{LOOP}})/V(V_{\text{M}})) = 20 \times \log\left(\frac{0.81}{5}\right) = -15.81$，即输出电压从 0V 增大到 10V（100mA）时运放输出电压 V_{OA} 的变化量与反馈量之比：$\left(\frac{11.43-10.62}{5}\right)=\left(\frac{0.81}{5}\right)$，所以直流增益为 −15.81dB，仿真测试值为 −14.5dB，两者基本一致。

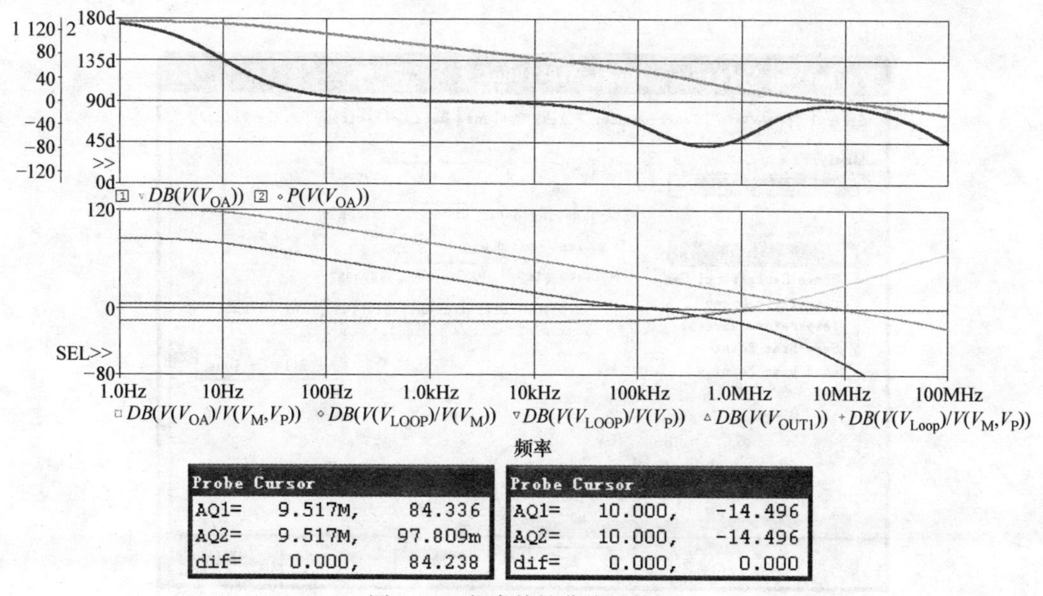

图 5.13 频率特性曲线及数据

正常工作时域测试：正常工作时域测试电路、瞬态仿真设置与输出电压和电流波形分别如图 5.14 ~ 图 5.16 所示，当供电 V_{DC}、输入信号 V_{IN} 以及负载 R_L 恒定时输出电压为 10V、输出电流为 100mA。

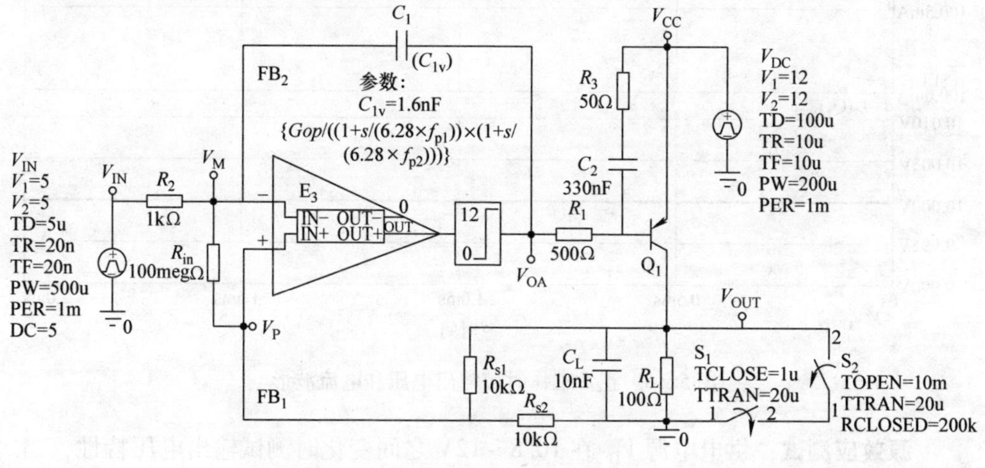

图 5.14 正常工作时域测试电路

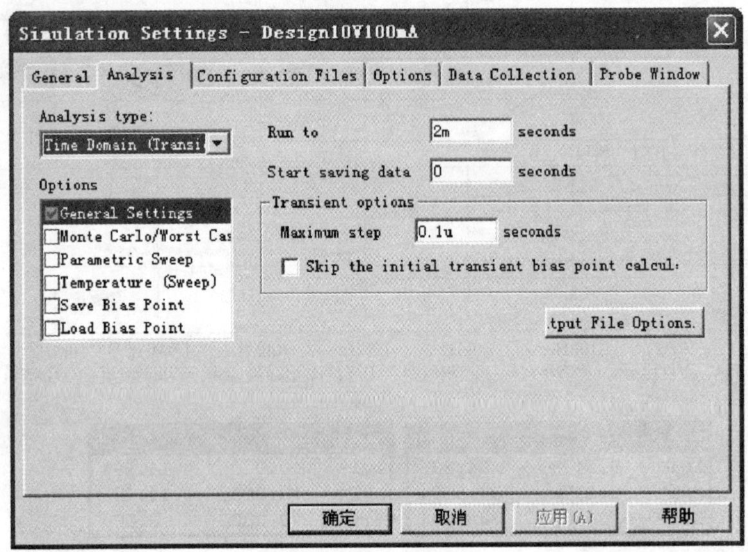

图 5.15　瞬态仿真设置

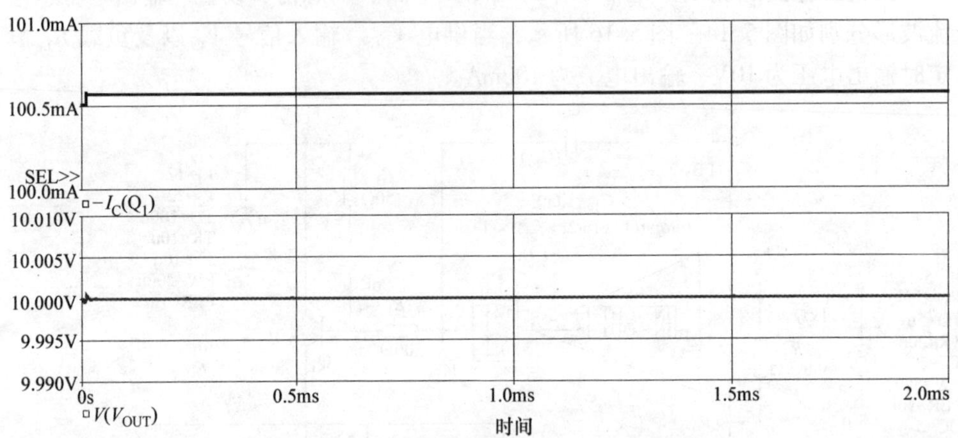

图 5.16　正常工作时域输出电压和电流波形

源效应测试：供电电源 V_{DC} 在 10.8～12V 之间变化时测试输出电压特性；当供电电源 V_{DC} 的 T_R 和 T_F 为 100μs 时输出电压瞬间变化约 40mV，稳定后输出电压恢复至 10V；当供电电源 V_{DC} 的 T_R 和 T_F 为 10μs 时输出电压瞬间变化约 400mV，稳定后输出电压恢复至 10V——输出过冲与上升沿、下降沿的速度息息相关。源效应测试电路如图 5.17 所示，源效应测试波形如图 5.18 所示。

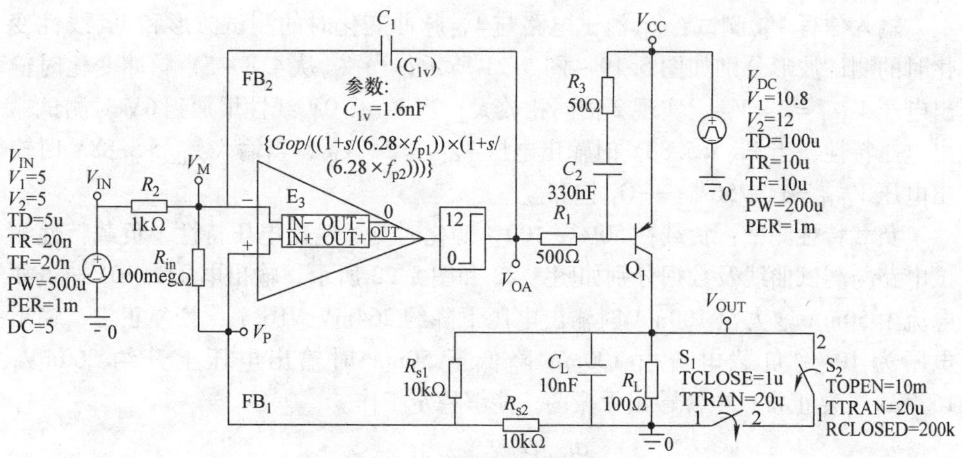

图 5.17　源效应测试电路

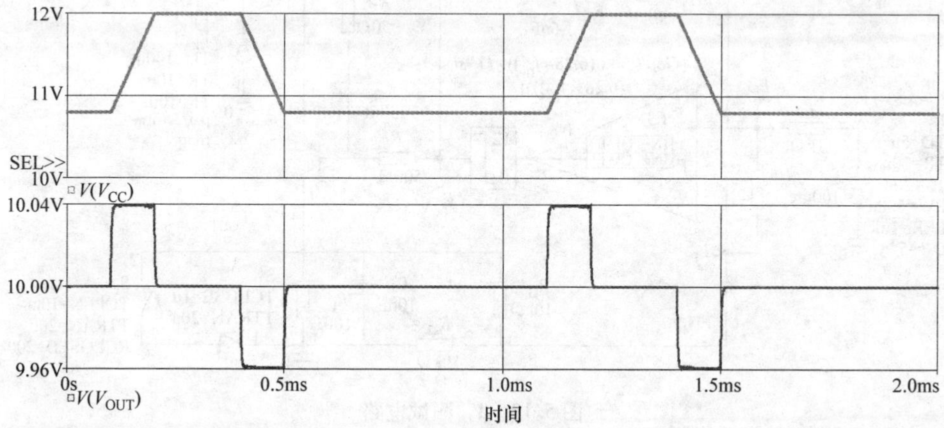

a) V_{DC}的T_R和T_F为100μs

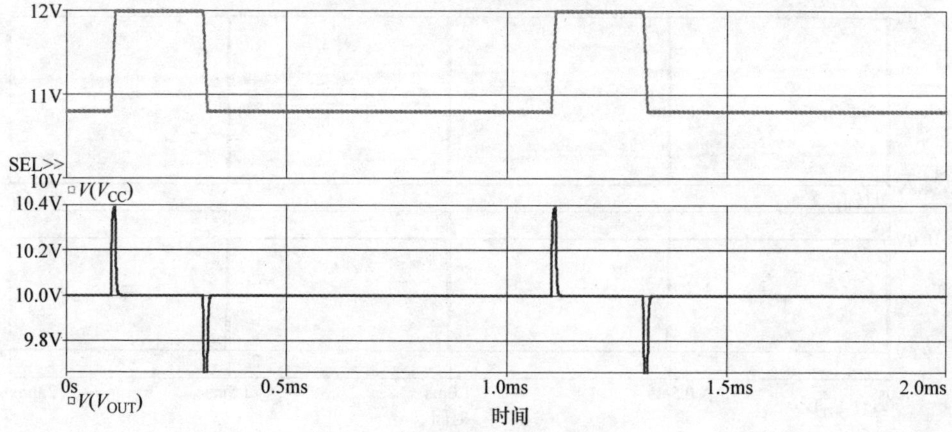

b) V_{DC}的T_R和T_F为10μs

图 5.18　源效应测试波形

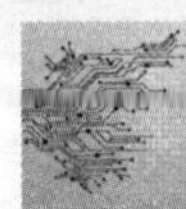

输入信号 V_{IN} 测试：V_{IN} 测试电路与 V_{IN} 脉冲变化时的测试波形和 V_{IN} 线性变化时的测试波形分别如图 5.19～图 5.21 所示；当 V_{IN} 从 4.8～5V 脉冲变化时输出电压 $V_{OUT}=2\times V_{IN}$，实现 2 倍同相放大；当 V_{IN} 从 0V 线性增加到 6V 时测试输出电压特性，当 $V_{IN}<5.88V$ 时输出电压 $V_{OUT}=2\times V_{IN}$，当输入 $V_{IN}>5.88V$ 时输出电压 $V_{OUT}=11.756V$——Q_1 饱和。

负载特性测试：负载在 50%～100% 变化时测试输出电压特性，负载特性测试电路与测试曲线及数据分别如图 5.22 和图 5.23 所示；输出电压为 10V，负载电流由 50mA 增大至 100mA 时输出电压下降约 264mV，16.7μs 恢复正常；输出电压为 10V，负载电流由 100mA 降低至 50mA 时输出电压上升约 260mV，16.7μs 恢复正常；电源输出无振荡，能够稳定工作。

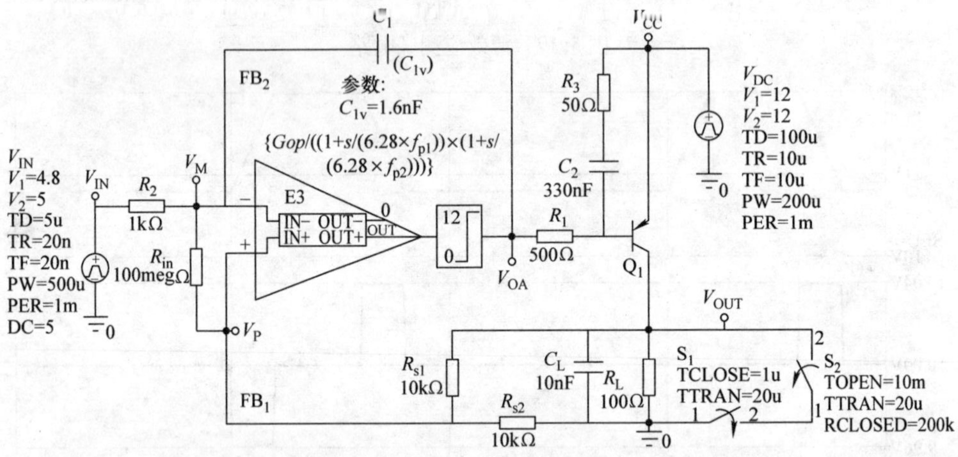

图 5.19　V_{IN} 测试电路

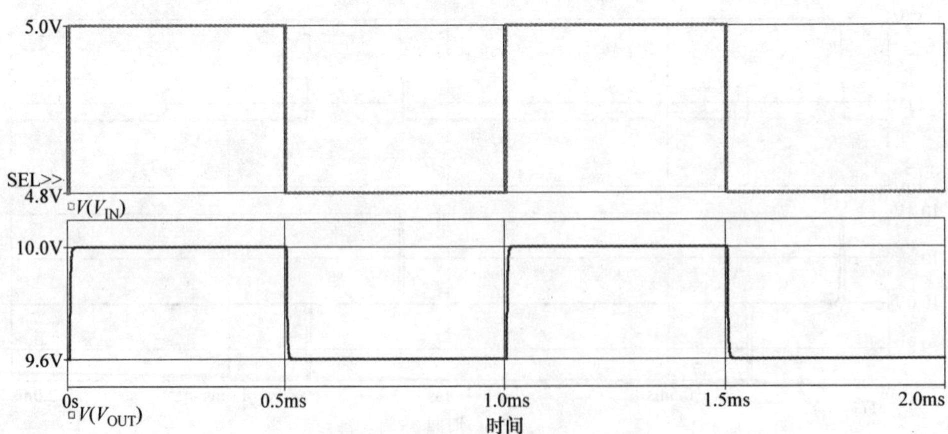

图 5.20　V_{IN} 脉冲变化时的测试波形

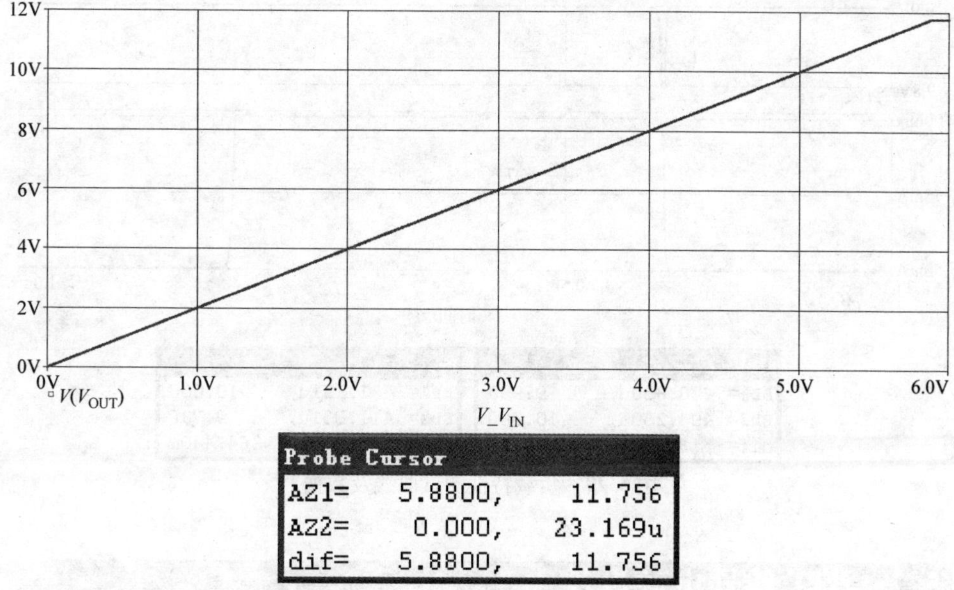

图 5.21 V_{IN}线性变化时的测试波形

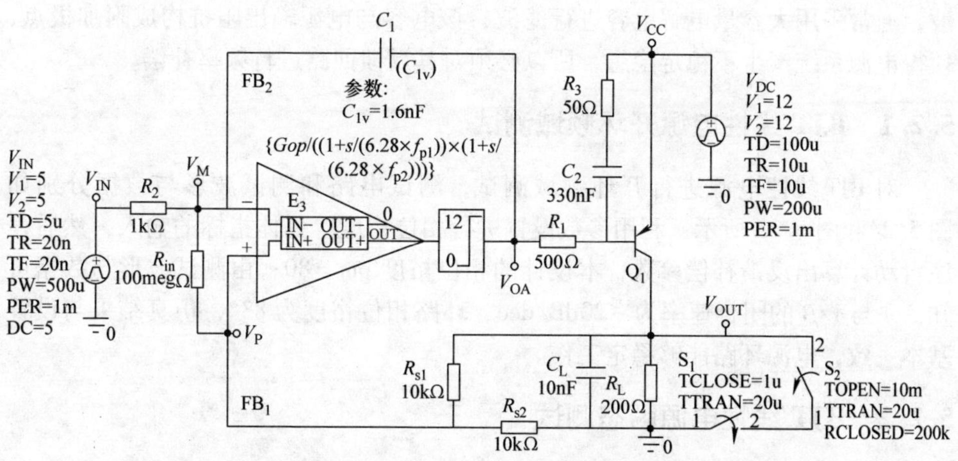

图 5.22 负载特性测试电路

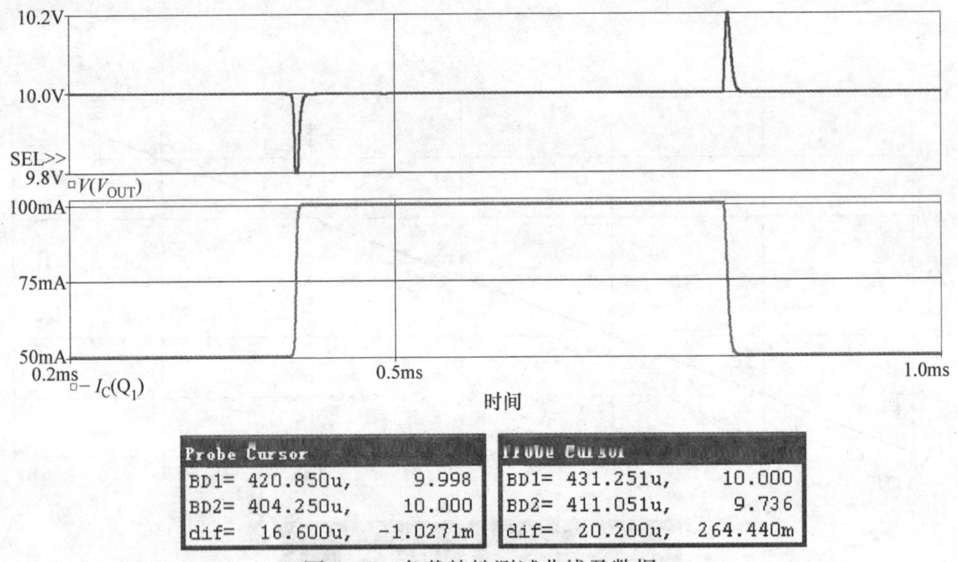

图 5.23　负载特性测试曲线及数据

5.2　BJT 线性电源设计

利用运放与晶体管可以构成线性直流恒压源，当输出电流增大时利用晶体管达林顿结构以降低运放驱动电流，提供系统的稳定性与快速性；为降低输出端纹波，通常采用大容量电解电容进行滤波，该电容与电源输出阻抗构成附加极点，使得电源系统产生不稳定隐患，所以必须对其反馈回路进行频率补偿。

5.2.1　BJT 线性电源开环频域测试

对 BJT 线性电源进行开环频域测试，测试电路和测试波形与数据分别如图 5.24和图 5.25 所示：利用参数设置进行相位裕度等具体指标的输入，然后程序自动计算出反馈补偿参数，本设计的相位裕度 pm = 80；由测试波形与数据可知 Aol 与 $1/\beta$ 的闭合速率为 −20dB/dec、环路相位裕度为 83°，仿真结果与设置基本一致，电源环路能够稳定工作。

5.2.2　BJT 线性电源瞬态测试

稳定工作时域测试：电源稳定工作时域测试电路、瞬态仿真设置、输出电压波形与数据分别如图 5.26 ~图 5.28 所示：输出为 5V/1A、负载电容为 1mF；输出电压从 0 到达稳态 5V 约 0.2ms；电压过冲约 155mV，恢复时间约 110μs；输出电压纹波峰峰值优于 1mV。

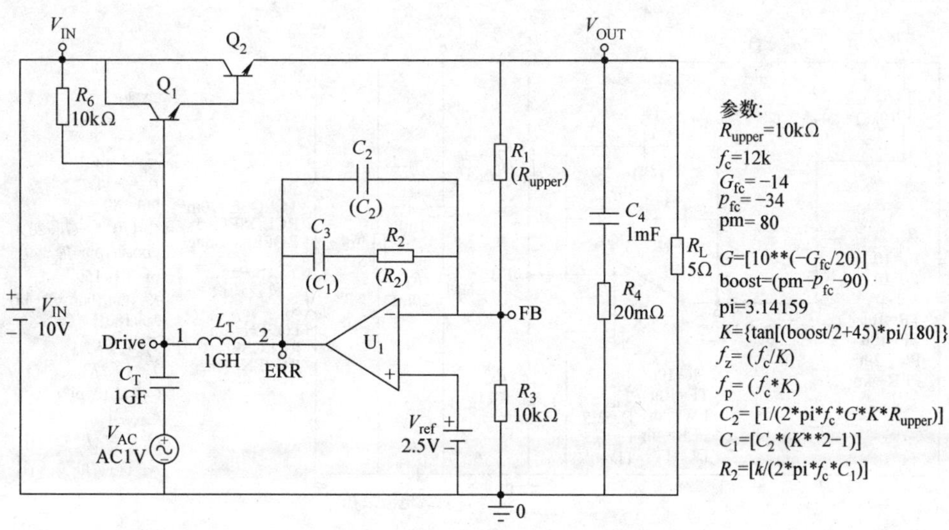

图 5.24 BJT 线性电源开环频域测试电路

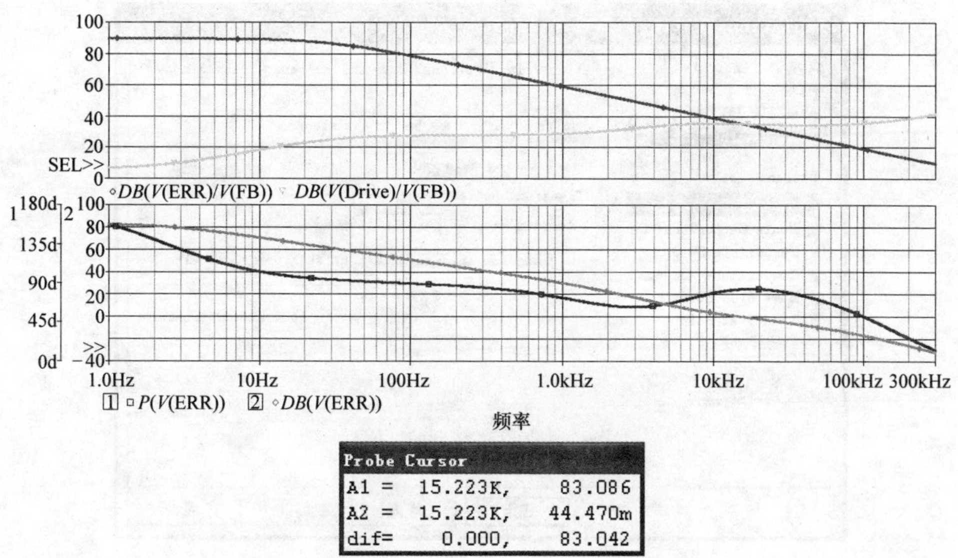

图 5.25 BJT 线性电源开环频域测试波形与数据

V_{IN}
Q_2
Q_1
R_6
10kΩ
C_2
(C_2)
C_3
(C_1)
R_2
(R_2)
V_{OUT}
R_1
(R_{upper})
C_4
1mF
R_L
5Ω
R_4
20mΩ
R_3
10kΩ
FB
U_1
Drive
V_{IN}
V_1=10
V_2=10
TD=0
TR=10u
TF=10u
PW=2m
PER=4m
TR=10u
TF=10u
PW=2m
PER=4m
DC=1
V_{ref}
V_2=2.5
V_1=2.5
TD=0
0
I_S
I_S:负载电流采样
S_1
TCLOSE=10m
RCLOSED=5
ROPEN=1meg
S_1、S_2:
负载切换
S_2
TOPEN=3m
RCLOSED=0.01
ROPEN=1meg
参数:
R_{upper}=10kΩ
f_c=12k
G_{fc}=−14
P_{fc}=−34
pm= 80
G=[10**(−G_{fc}/20)]
boost=(pm−p_{fc}−90)
pi=3.14159
K={tan[(boost/2+45)
*pi/180]}
f_z=(f_c/K)
f_p=(f_c*K)
C_2=[1/(2*pi*f_c*G*K*
R_{upper})]
C_1=[C_2*(K**2−1)]
R_2=[k/(2*pi*f_c*C_1)]

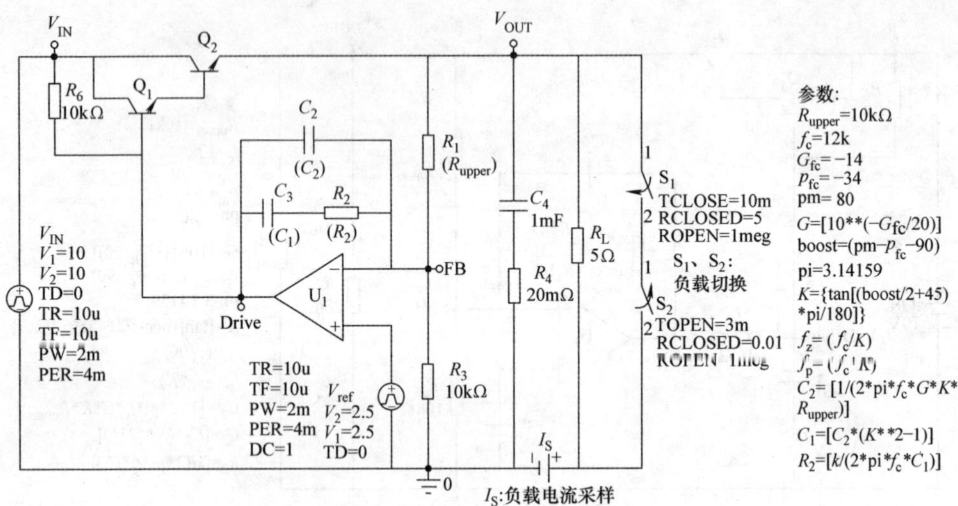

图 5.26　稳定工作时域测试电路

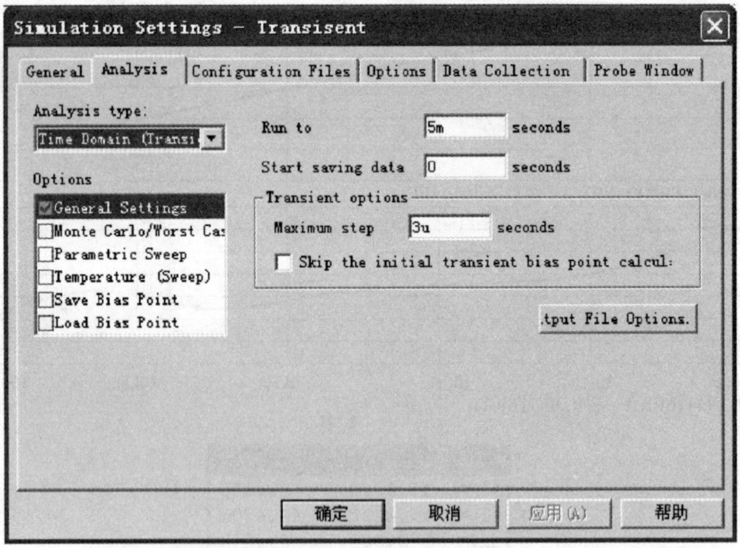

Simulation Settings - Transient
General
Analysis
Configuration Files
Options
Data Collection
Probe Window
Analysis type:
Time Domain (Transi
Options
General Settings
Monte Carlo/Worst Cas
Parametric Sweep
Temperature (Sweep)
Save Bias Point
Load Bias Point
Run to
5m
seconds
Start saving data
0
seconds
Transient options
Maximum step
3u
seconds
Skip the initial transient bias point calcul:
.tput File Options.
确定
取消
应用(A)
帮助

图 5.27　瞬态仿真设置

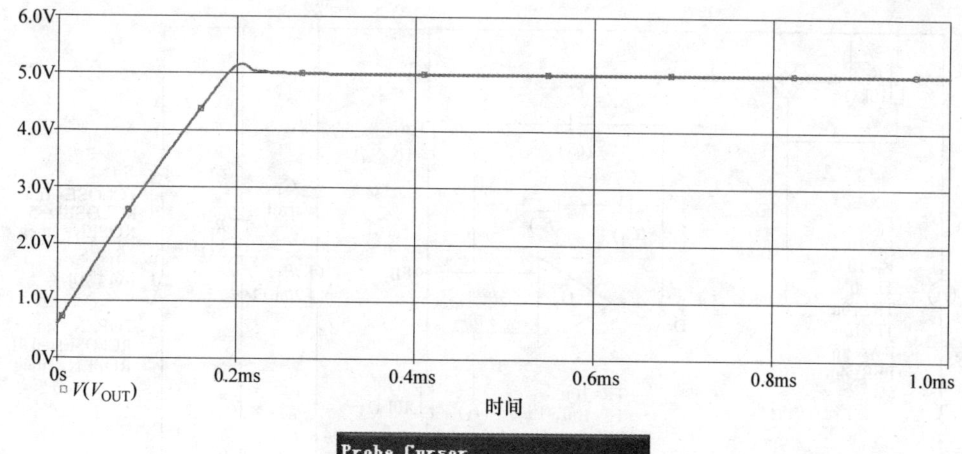

a) 起动时输出电压波形

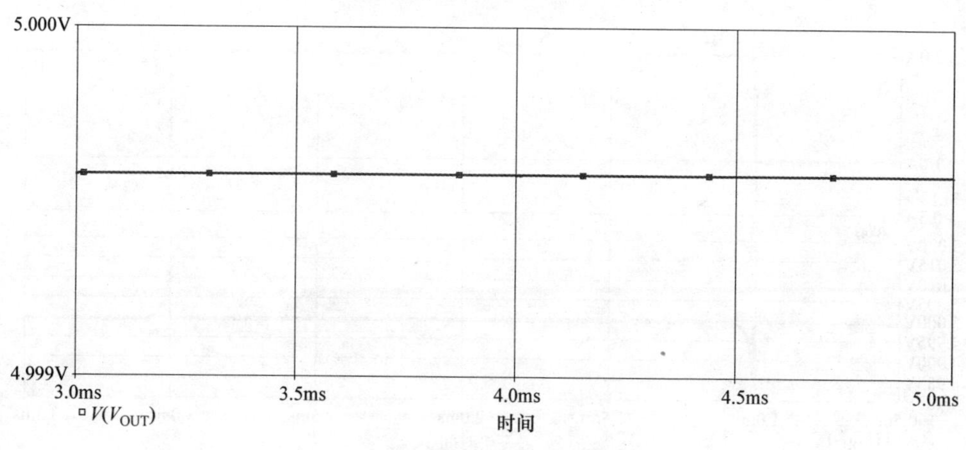

b) 稳定时输出电压波形

图 5. 28 输出电压波形与数据

负载特性测试：当负载电流为 1A—2A—1A 变化时测试电源输出电压特性，测试电路以及输出电压与负载电流波形和数据分别如图 5. 29 和图 5. 30 所示：负载由 1A 增大至 2A 时输出电压瞬间下降约 15. 9mV，恢复时间约 163μs；负载由 2A 减小至 1A 时输出电压瞬间上升约 13. 9mV，恢复时间约 136μs；输出电压无振荡，电源能够稳定工作。

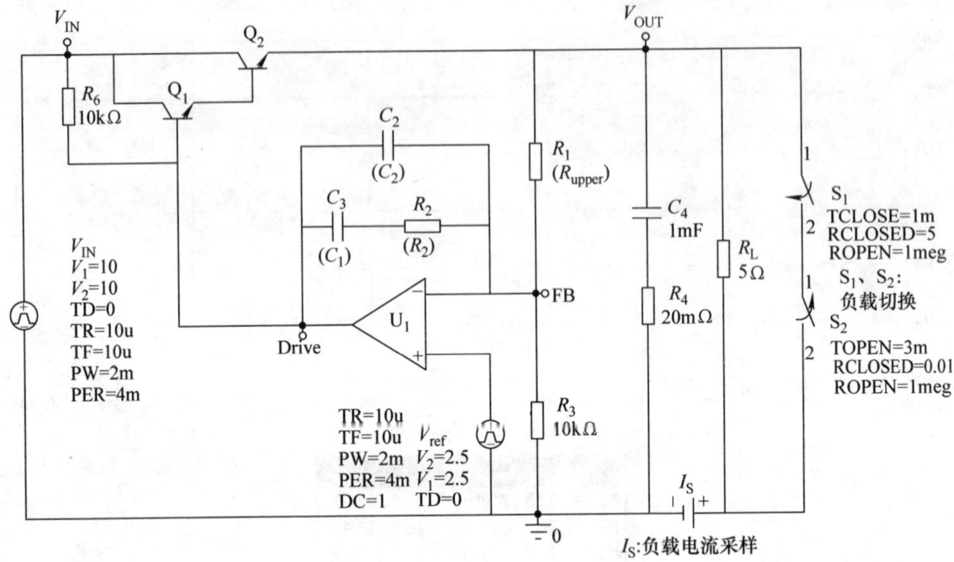

图 5.29　负载特性测试电路

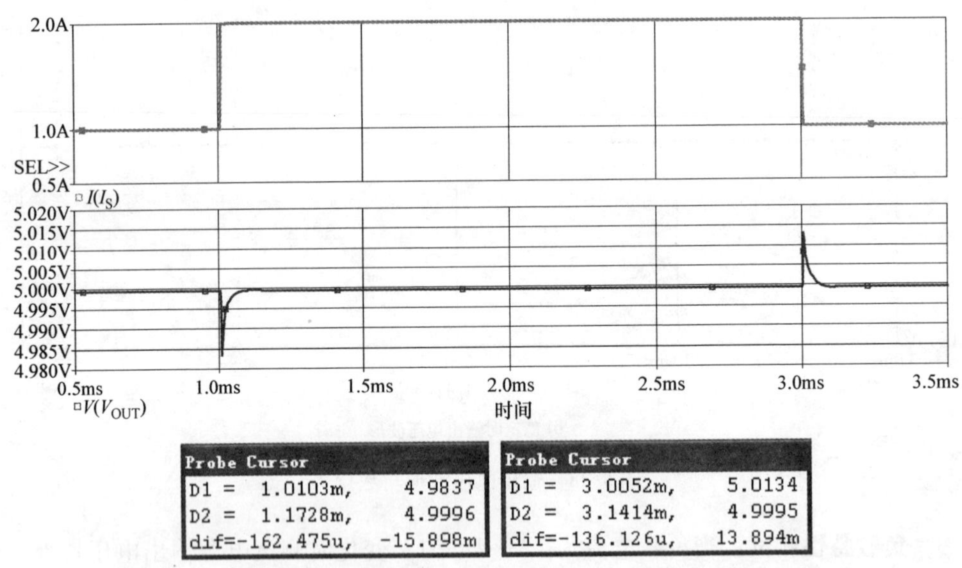

图 5.30　输出电压与负载电流波形和数据

输入源效应测试：当 V_{IN} 输入电源电压在 10V—9V—10V 变化时对输出电压进行测试，此时负载电阻恒为 5Ω，测试电路以及输入电压与输出电压波形和数据分别如图 5.31 和图 5.32 所示：输入电压上升和下降时间为 10μs，输入电压由 10V 降低为 9V 时输出电压瞬间下降约 1mV，恢复时间约 76μs；输入电压由 9V 升高为 10V 时输出电压瞬间上升约 1mV，恢复时间约 66μs；输出电压无振荡，电源能够稳定工作。

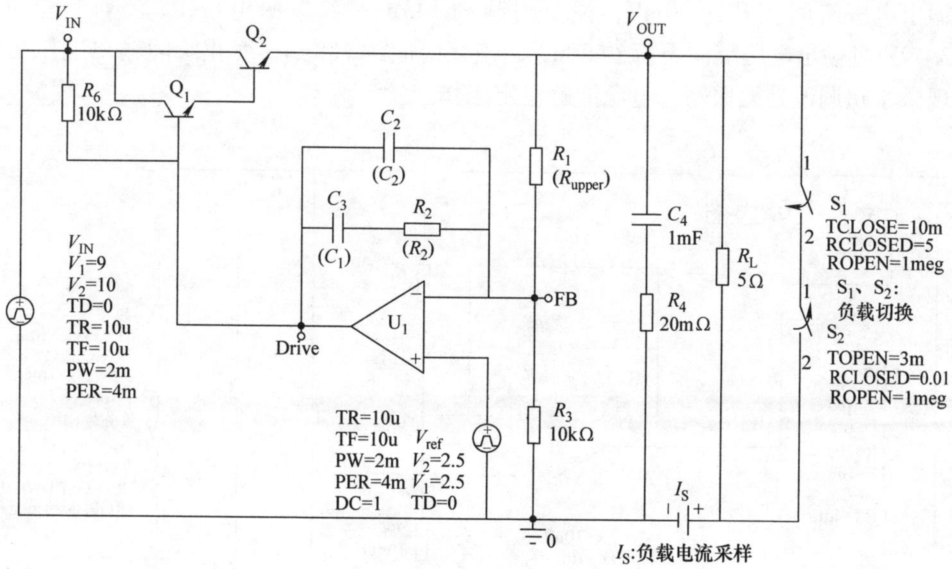

图 5.31 V_{IN}输入源效应测试电路

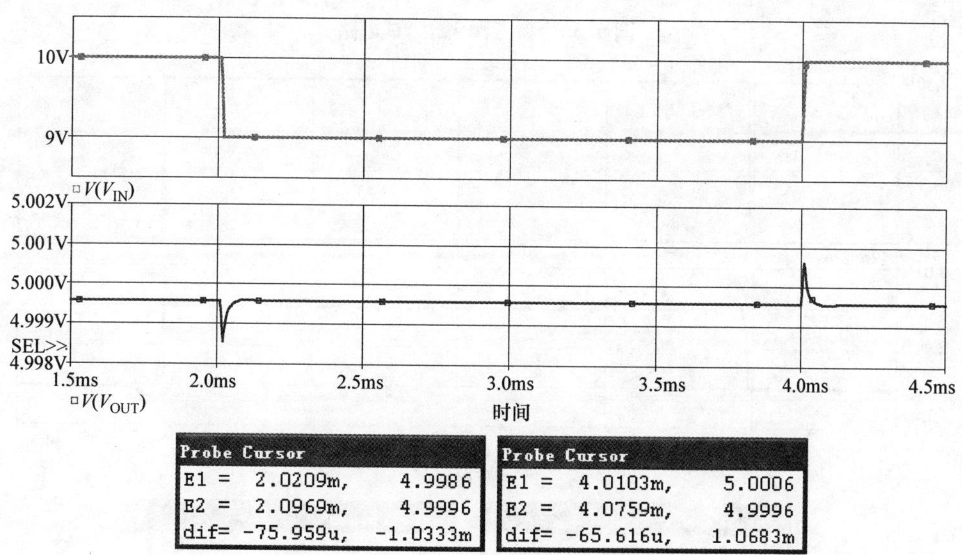

Probe Cursor		
E1 =	2.0209m,	4.9986
E2 =	2.0969m,	4.9996
dif=	-75.959u,	-1.0333m

Probe Cursor		
E1 =	4.0103m,	5.0006
E2 =	4.0759m,	4.9996
dif=	-65.616u,	1.0683m

图 5.32 输入电压与输出电压波形和数据

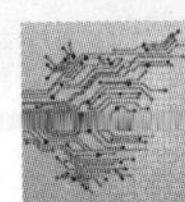

参考源 V_{ref} 测试：当参考源 V_{ref} 电压按照 2.49V—2.5V—2.49V 变化时对输出电压进行测试，此时负载电阻恒为 5Ω，测试电路以及参考源 V_{ref} 与输出电压波形和数据分别如图 5.33 和图 5.34 所示：参考源电压由 2.49V 升高为 2.5V 时输出电压瞬间上升约 20mV，恢复时间约 143μs；参考源电压由 2.5V 下降为 2.49V 时输出电压瞬间下降约 20mV，恢复时间约 158μs；变化瞬间输出电压出现微小超调但是无振荡，电源能够稳定工作。

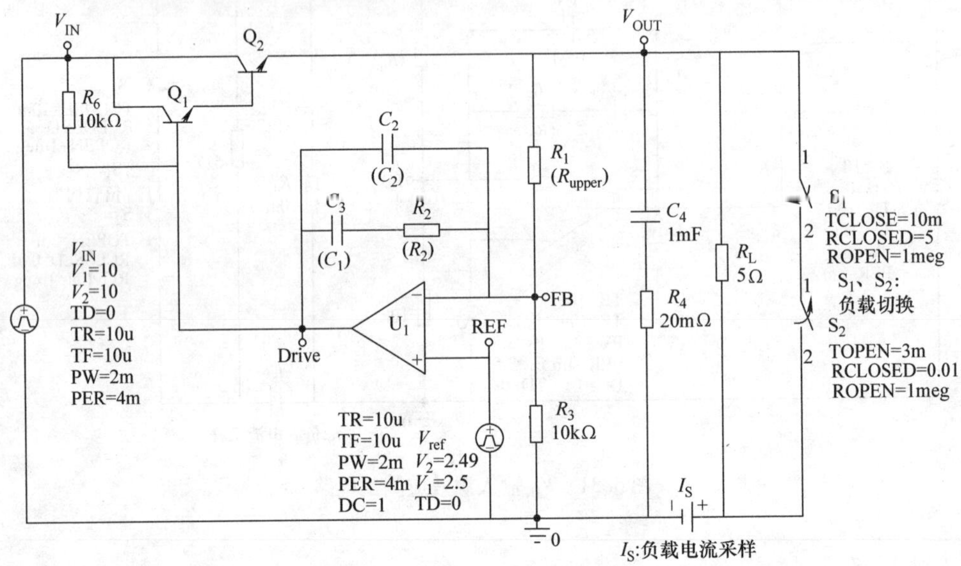

图 5.33　参考源 V_{ref} 测试电路

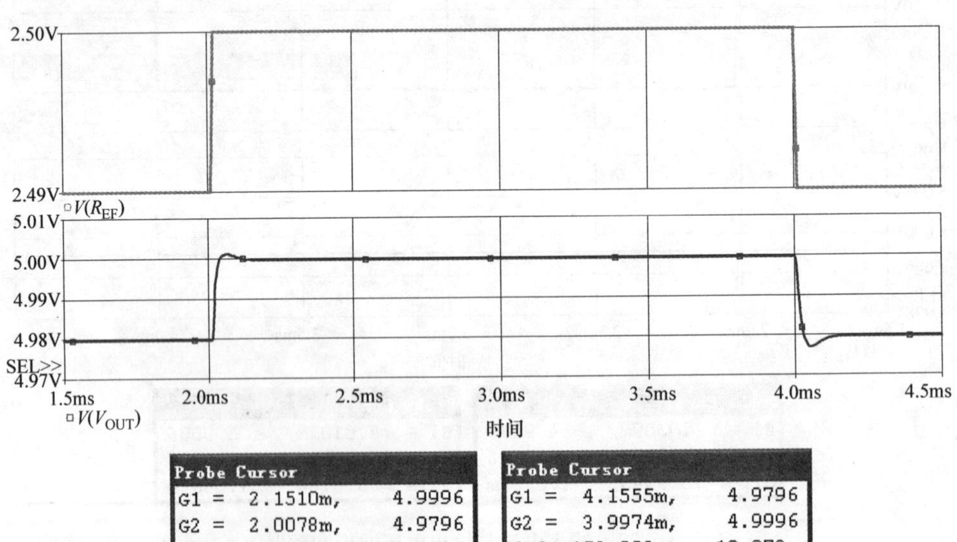

Probe Cursor		
G1 =	2.1510m,	4.9996
G2 =	2.0078m,	4.9796
dif=	143.229u,	20.042m

Probe Cursor		
G1 =	4.1555m,	4.9796
G2 =	3.9974m,	4.9996
dif=	158.098u,	-19.973m

图 5.34　参考源 V_{ref} 与输出电压波形和数据

V_{ref}与输出电压线性测试：参考源 V_{ref}电压由 2V 线性增大为 5V 时测试V_{IN} = 10V、负载电阻为5Ω 时的输出电压特性，参考源 V_{ref}直流仿真设置以及参考源 V_{ref}与输出电压波形和数据分别如图 5.35 和图 5.36 所示：输出电压最大值为 9.22V，参考源电压在 2.5～4.63V 时输出电压线性增加；当参考源电压大于 4.63V 时输出电压恒定不变，此时 Q_2 饱和导通。

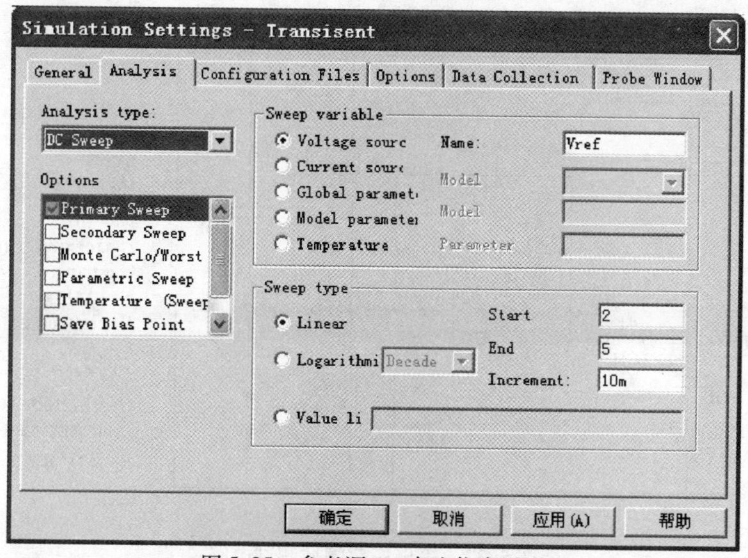

图 5.35 参考源 V_{ref}直流仿真设置

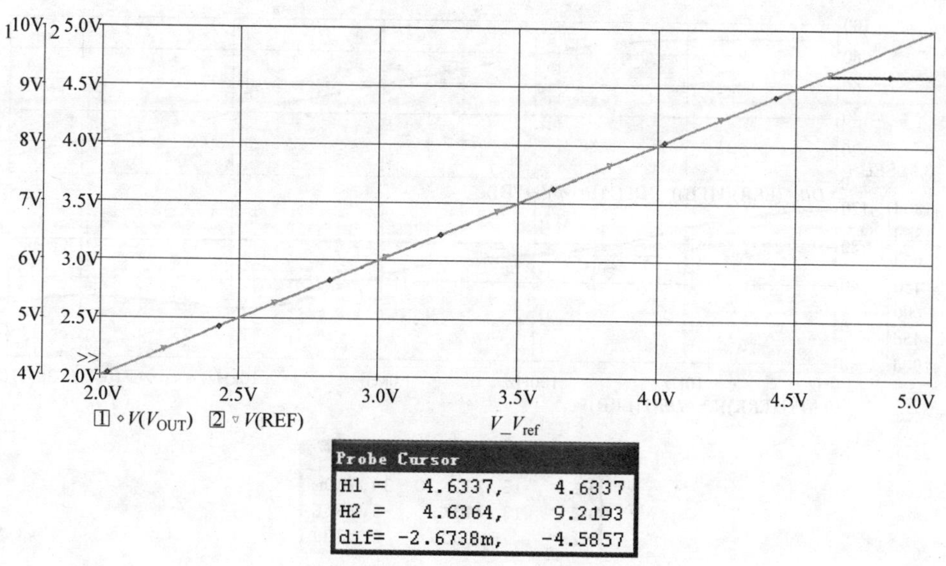

图 5.36 参考源 V_{ref}与输出电压波形和数据

输出振荡频域与时域联合测试：对相同电路进行开环频域与闭环时域联合测试，测试电路和测试波形与数据分别如图 5.37 ~ 图 5.40 所示：Aol 与 $1/\beta$ 的闭合速率为 -40dB/dec、环路相位裕度为 -2.3°；时域负载电流为 1A 时纹波约为 437mV，而且输出电压纹波大大超出稳定工作时的 1mV，并且呈现逐渐增大趋势——频域相位裕度与时域振荡特性一致。

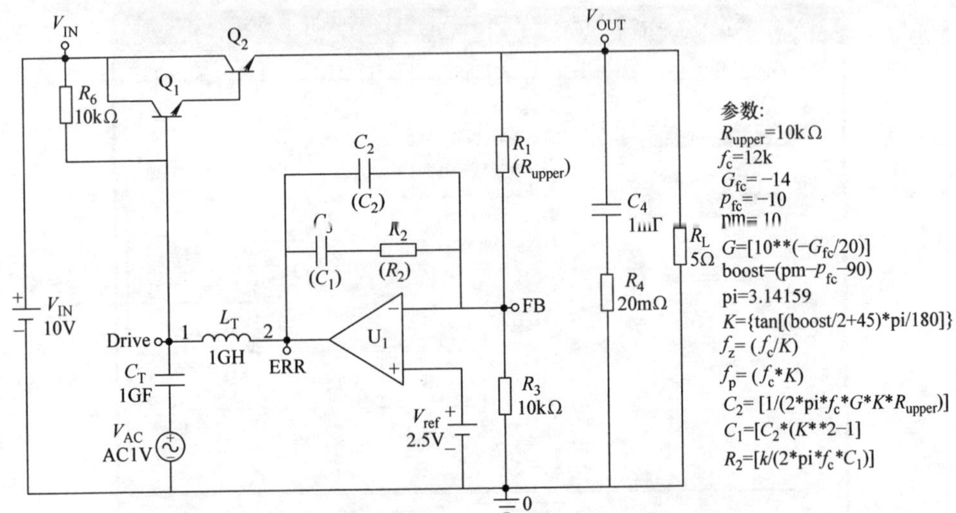

图 5.37　输出振荡频域测试电路

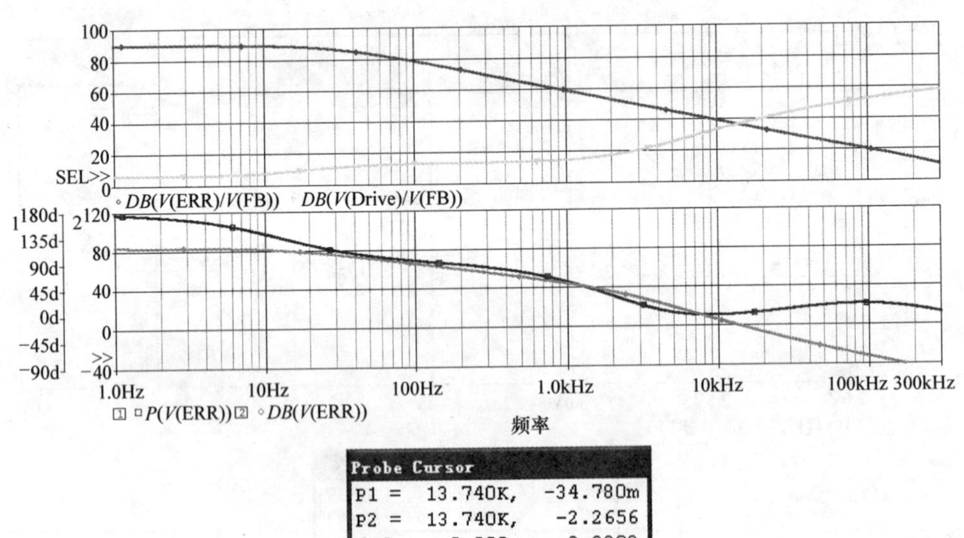

图 5.38　输出振荡频域测试波形与数据

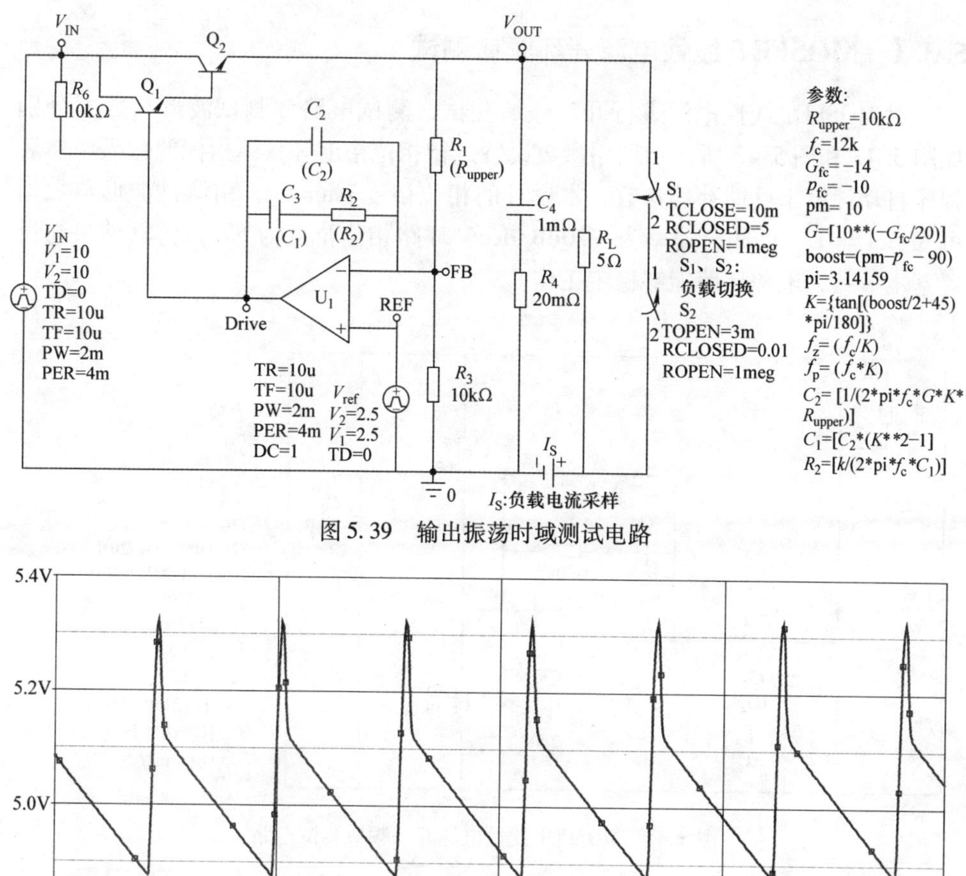

图 5.39 输出振荡时域测试电路

Probe Cursor		
S1 =	4.0712m,	5.3148
S2 =	4.3288m,	4.8776
dif=	-257.627u,	437.219m

图 5.40 输出振荡时域测试波形与数据

5.3 MOSFET 线性电源设计

利用运放与 PMOS 和 NMOS 可以构成线性直流恒压源，当输出电流增大时利用 MOSFET 可以降低运放驱动电流，提供系统的稳定性与快速性；为降低输出端纹波，通常采用大容量电解电容进行滤波，该电容与电源输出阻抗构成附加极点，使得电源系统产生不稳定隐患，所以必须对其反馈回路进行频率补偿。

5.3.1 MOSFET 线性电源开环频域测试

对 MOSFET 线性电源进行开环频域测试，测试电路和测试波形与数据分别如图 5.41 和图 5.42 所示：利用参数设置进行相位裕度等具体指标的输入，然后程序自动计算出反馈补偿参数，本设计的相位裕度 pm = 80；由测试波形与数据可知 Aol 与 $1/\beta$ 的闭合速率为 -20dB/dec、环路相位裕度为 65°，仿真结果与设置基本一致，电源环路能够稳定工作。

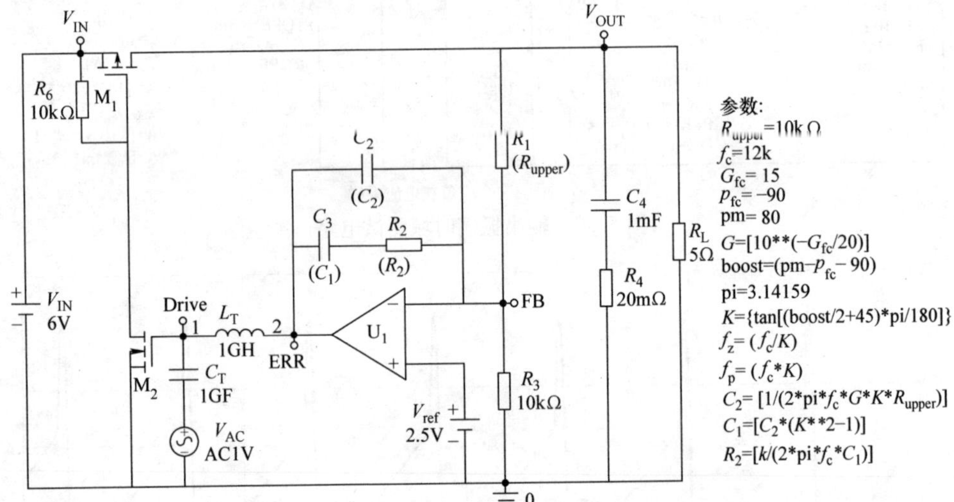

图 5.41　MOSFET 线性电源开环频域测试电路

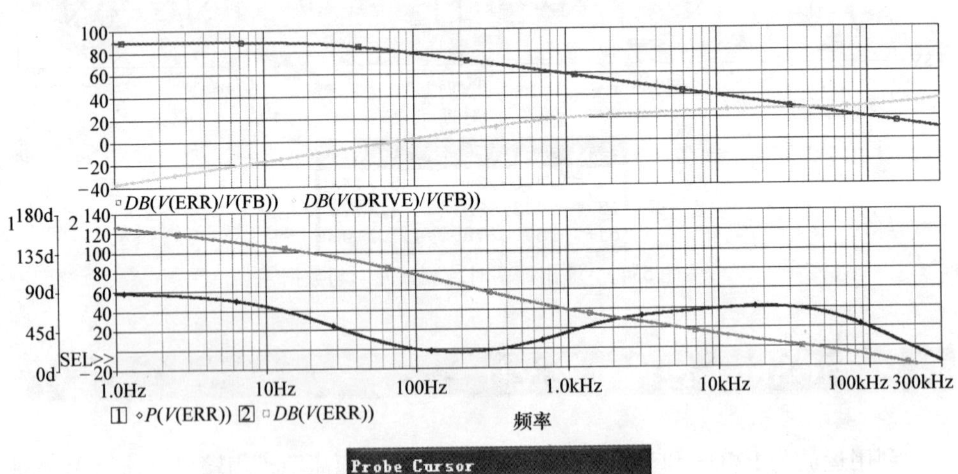

Probe Cursor		
D1 =	38.860K,	64.921
D2 =	38.860K,	47.089m
dif=	0.000,	64.874

图 5.42　MOSFET 线性电源开环频域测试波形与数据

5.3.2　MOSFET 线性电源瞬态测试

稳定工作时域测试：电源稳定工作时域测试电路和输出电压波形与数据分别如图 5.43 和图 5.44 所示：输出为 5V/1A、负载电容为 1mF；输出电压从 0 到达稳态 5V 约 0.35ms；电压过冲约 101mV，恢复时间约 53μs；输出电压纹波峰峰值优于 1mV。

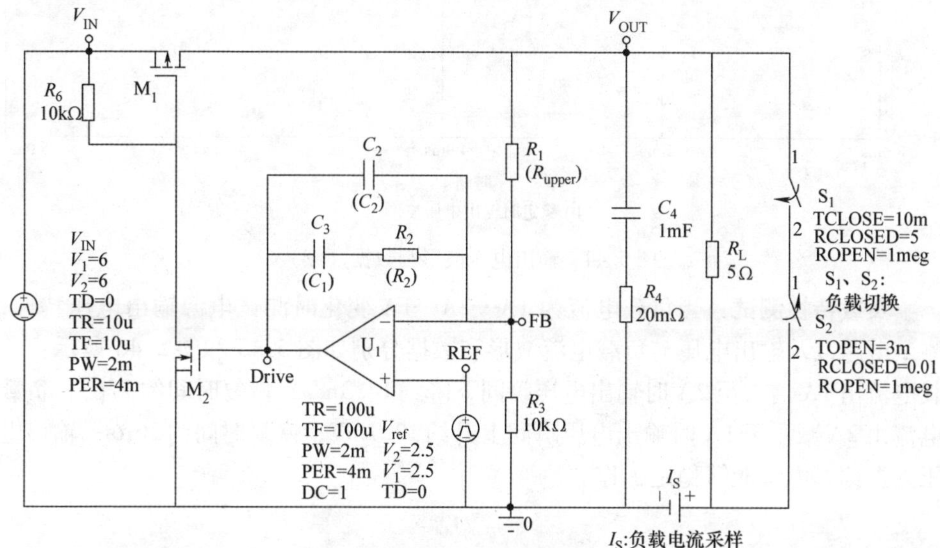

图 5.43　稳定工作时域测试电路

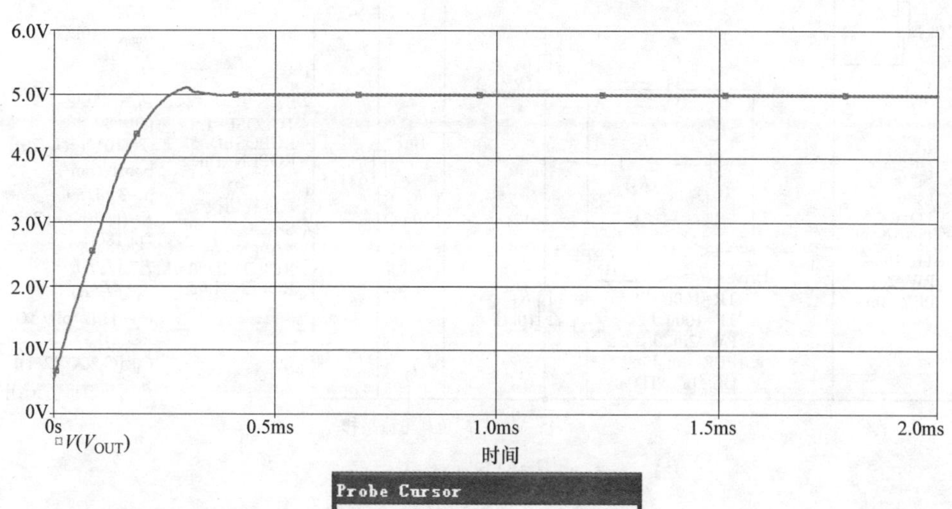

a) 起动时输出电压波形

图 5.44　输出电压波形与数据

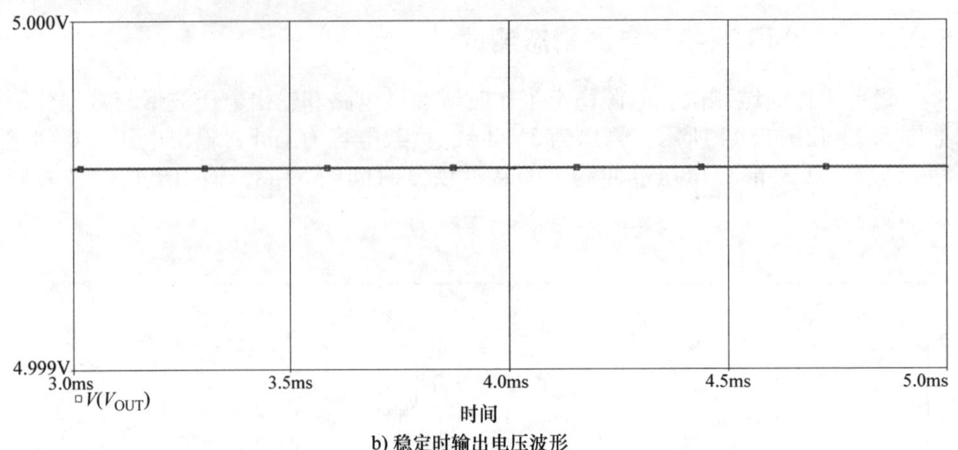

b) 稳定时输出电压波形

图 5.44　输出电压波形与数据（续）

负载特性测试：当负载电流为 1A—2A—1A 变化时测试电源输出电压特性，测试电路以及输出电压与负载电流波形和数据分别如图 5.45 和图 5.46 所示：负载电流由 1A 增大至 2A 时输出电压瞬间下降约 14.3mV，恢复时间约 77μs；负载电流由 2A 减小至 1A 时输出电压瞬间上升约 17.7mV，恢复时间约 26μs；输出电压无振荡，电源能够稳定工作。

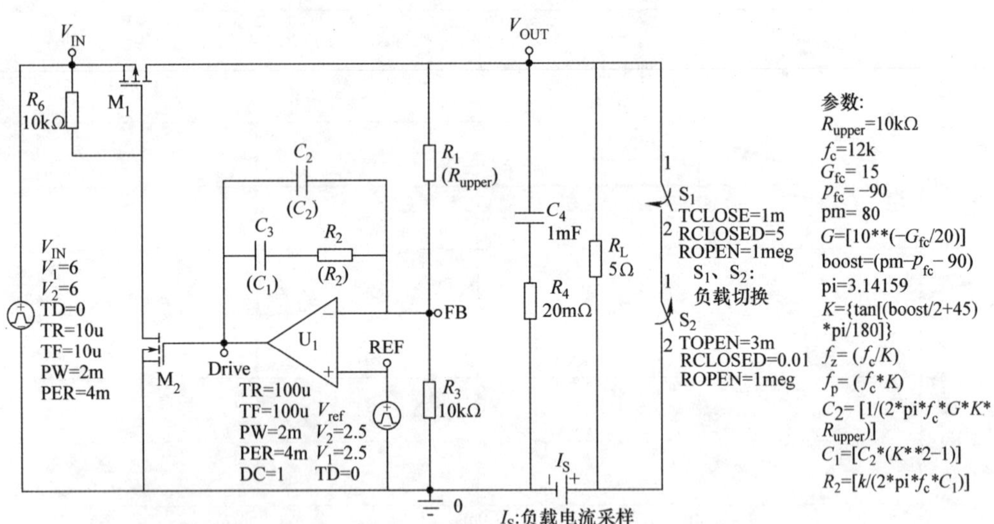

图 5.45　负载特性测试电路

输入源效应测试：当 V_{IN} 输入电源电压在 7V—6V—7V 变化时对输出电压进行测试，此时负载电阻恒为 5Ω，测试电路以及输入电压与输出电压波形和数据分别如图 5.47 和图 5.48 所示：输入电压上升和下降时间为 10μs；输入电压由

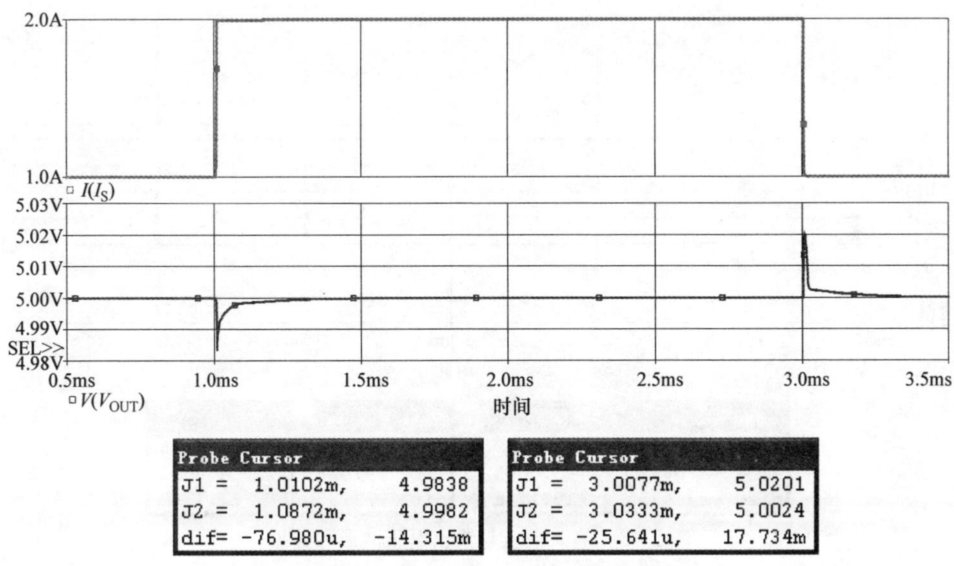

图 5.46　输出电压与负载电流波形和数据

7V 降低为 6V 时输出电压瞬间下降约 10.2mV，恢复时间约 47μs；输入电压由 6V 升高为 7V 时输出电压瞬间上升约 12.5mV，恢复时间约 21μs；输出电压无振荡，电源能够稳定工作。

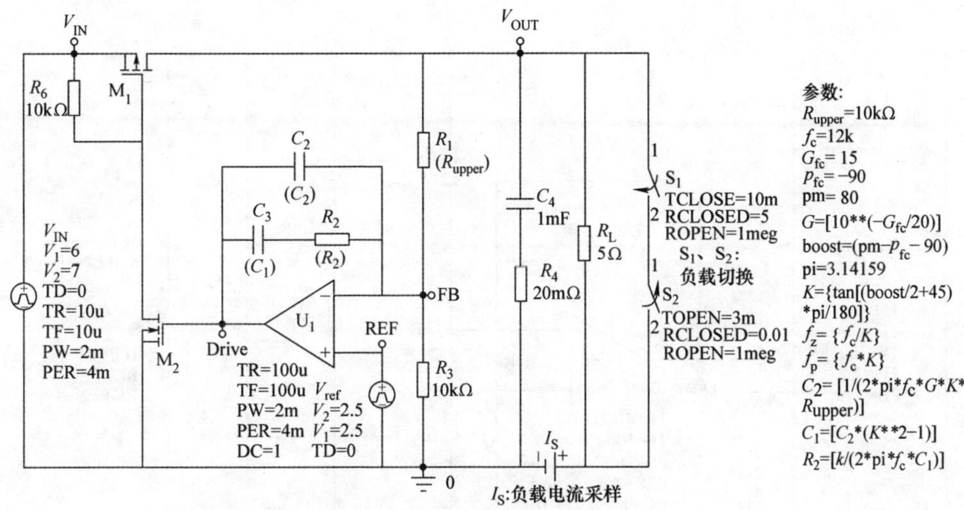

图 5.47　V_{IN}输入源效应测试电路

参考源 V_{ref}测试：当参考源 V_{ref}电压按照 2.49V—2.5V—2.49V 变化时对输

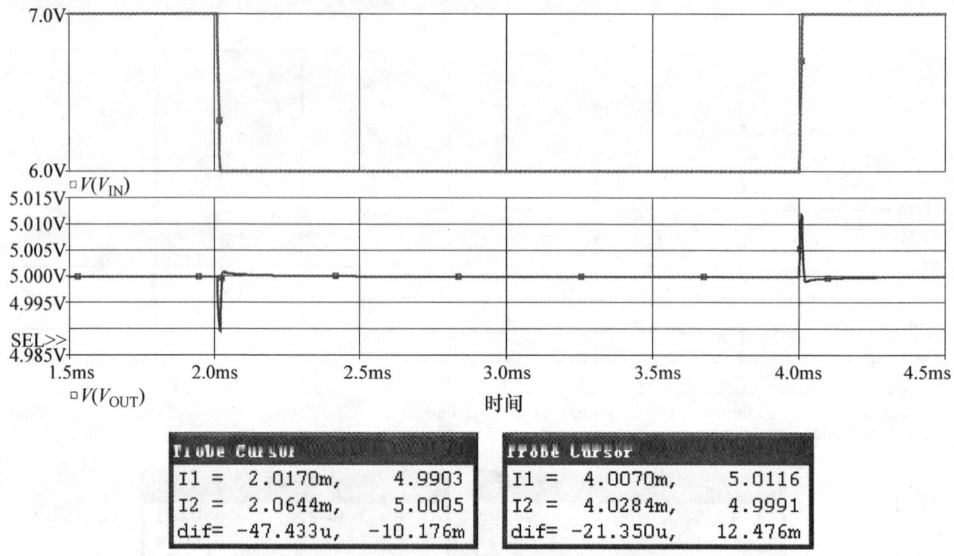

图 5.48　输入电压与输出电压波形和数据

出电压进行测试，此时负载电阻恒为 5Ω，测试电路以及参考源 V_{ref} 与输出电压波形和数据分别如图 5.49 和图 5.50 所示：参考源电压由 2.49V 升高为 2.5V 时输出电压瞬间上升约 60mV，恢复时间约 900μs；参考源电压由 2.5V 下降为 2.49V 时输出电压瞬间下降约 60mV，恢复时间约 884μs；参考源上升和下降期间输出电压产生约 40mV 的微小超调但是无振荡，电源能够稳定工作。

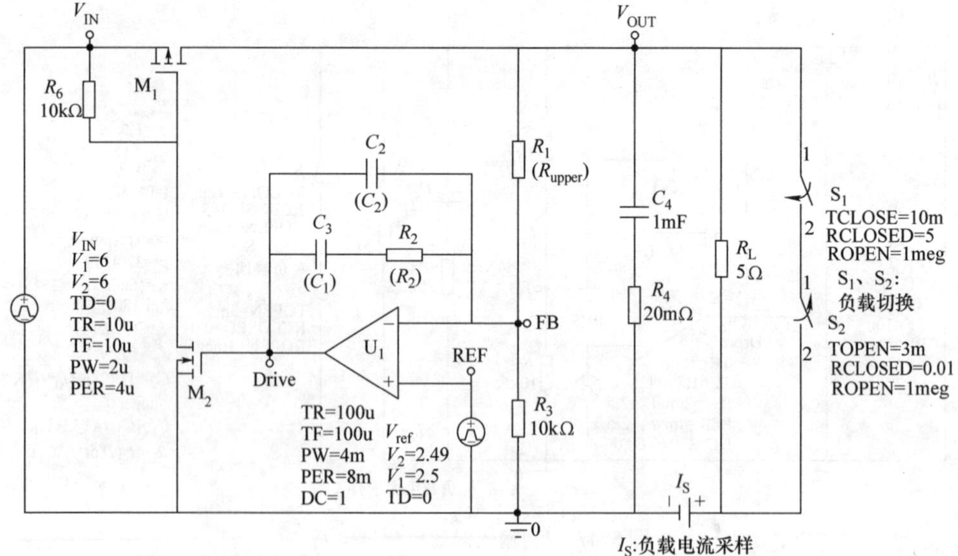

图 5.49　参考源 V_{ref} 测试电路

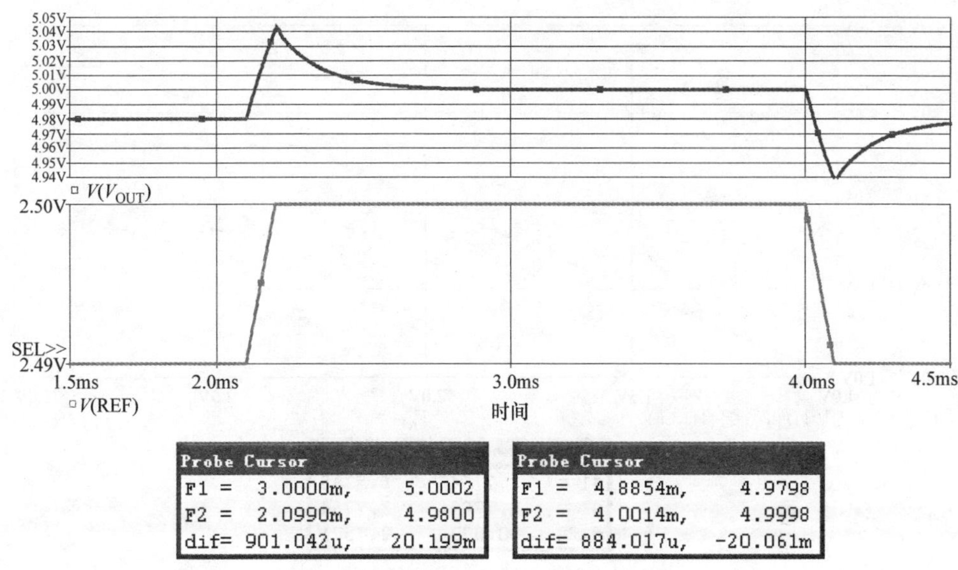

图 5.50　参考源 V_{ref} 与输出电压波形和数据

V_{ref} 与输出电压线性测试：参考源 V_{ref} 电压由 1V 线性增大为 3V 时测试 V_{IN} = 6V、负载电阻为 5Ω 时的输出电压特性，V_{ref} 直流仿真设置以及参考源 V_{ref} 与输出电压波形和数据分别如图 5.51 和图 5.52 所示：输出电压最大值为 5.534V；参考源电压在 1～2.776V 时输出电压线性增加；当参考源电压大于 2.776V 时输出电压恒定不变，此时 M_1 饱和导通。

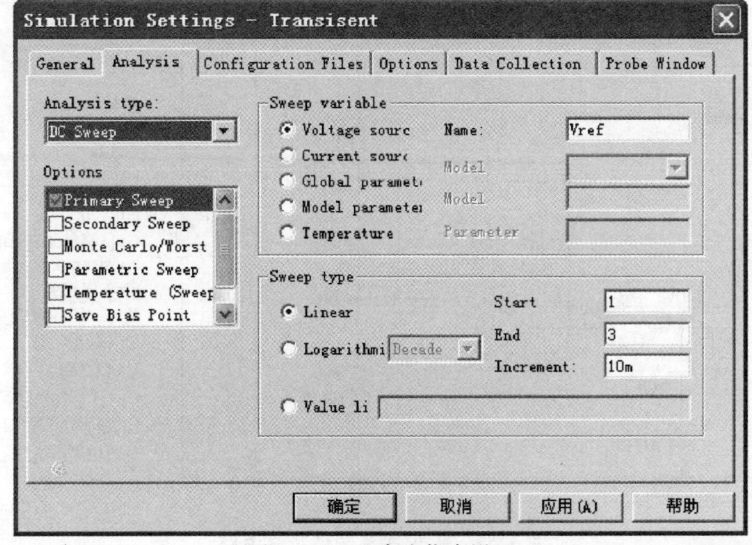

图 5.51　V_{ref} 直流仿真设置

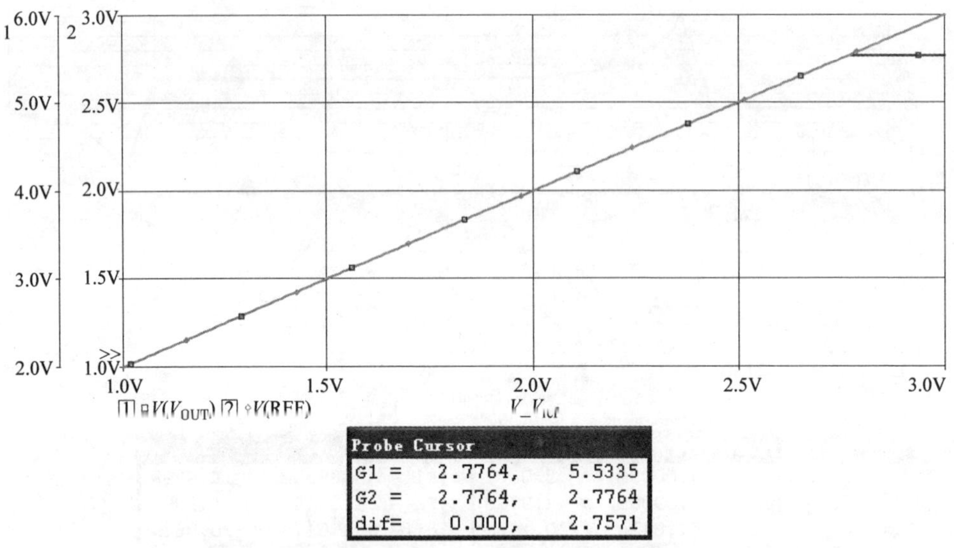

图 5.52 参考源 V_{ref}与输出电压波形和数据

输出振荡频域与时域联合测试：对相同电路进行开环频域与闭环时域联合测试，测试电路和测试波形与数据分别如图 5.53 ~ 图 5.56 所示：Aol 与 $1/\beta$ 的闭合速率为 -40dB/dec、环路相位裕度为 -56°；负载电流为 1A 时纹波约为 468mV，大大超出稳定工作时的 1mV，而且呈现逐渐增大趋势——频域相位裕度与时域振荡特性一致。

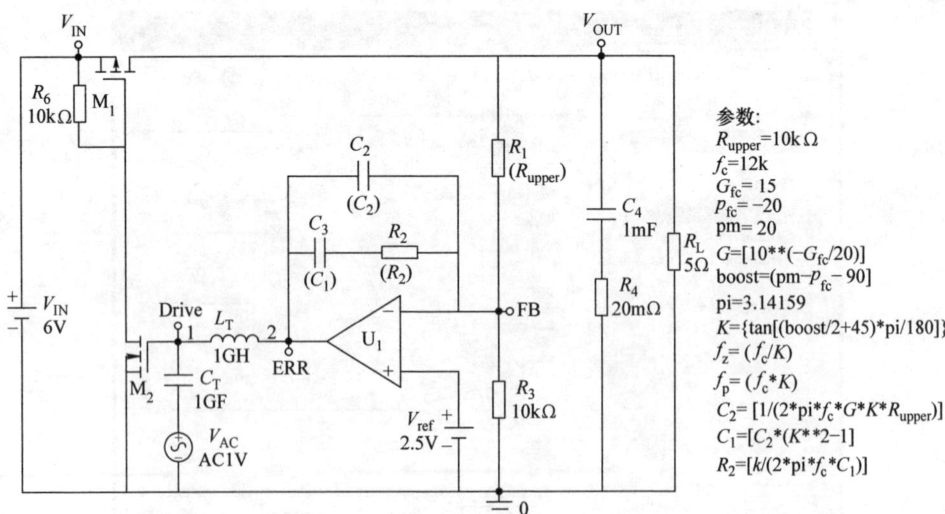

图 5.53 输出振荡频域测试电路

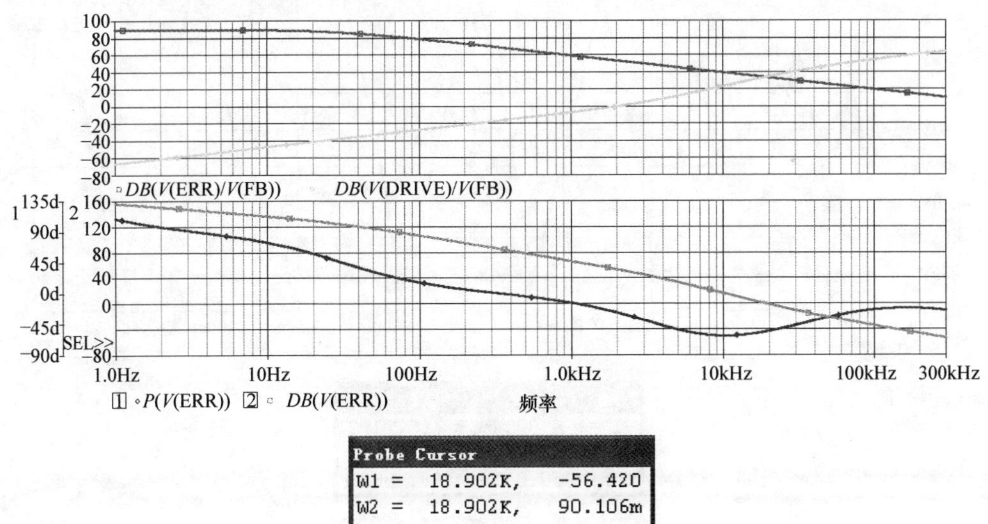

图 5.54 输出振荡频域测试波形与数据

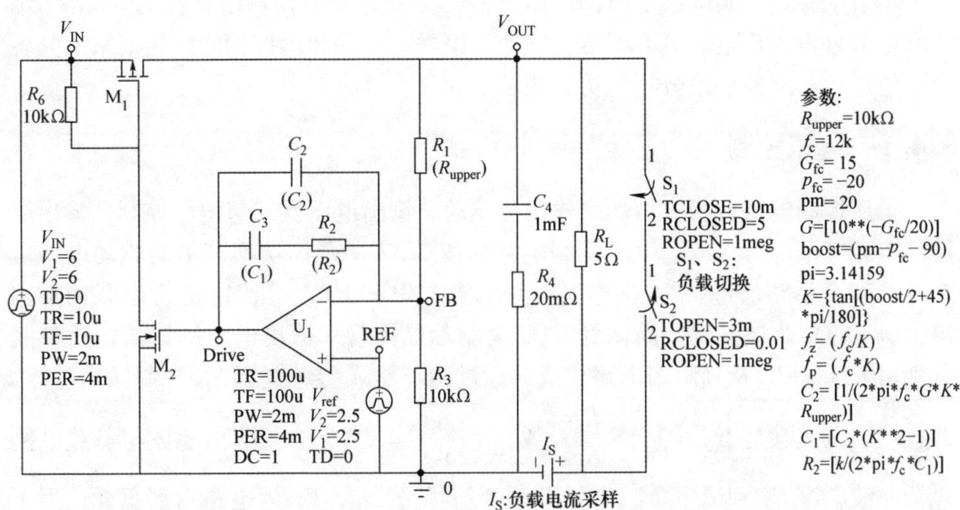

图 5.55 输出振荡时域测试电路

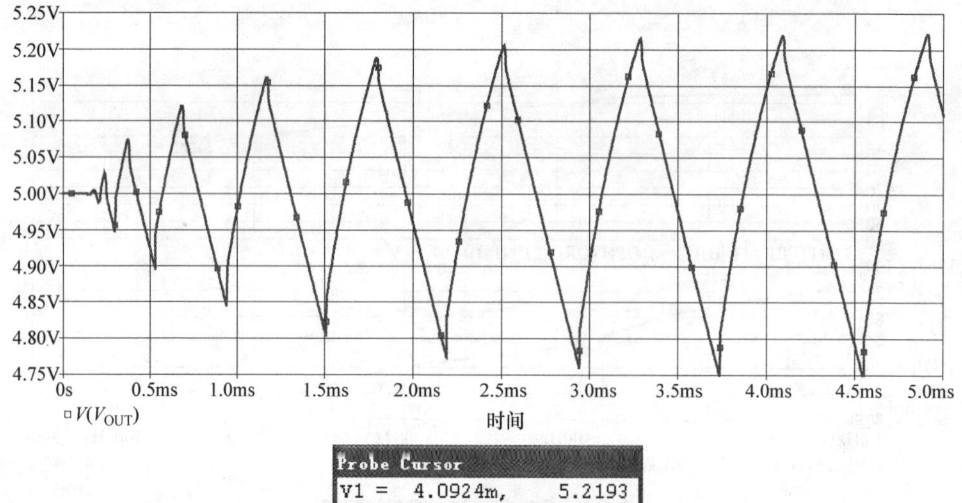

图 5.56　输出振荡时域测试波形与数据

5.4　36W 线性电源分析

本节主要进行实际线性电源产品分析，功率为 36W，输出指标为 0 ~ 6V/6A 线性电源分析，该电源具有恒压、恒流、串联、并联和远控功能，接下来对其各个功能进行详细的理论分析与仿真测试。

5.4.1　恒压控制

恒压控制电路分析：由功率输出与驱动、输出电压反馈与恒压控制、输出滤波与负载三个部分组成，恒压控制电路如图 5.57 所示；功率输出与驱动电路由变压器和全桥整流滤波电路供电，然后通过 MOSFETM$_1$ 和 M_4 进行串联调整输出，Q_2 和 Q_3 为过流保护晶体管，Q9 为驱动晶体管；输出电压反馈与恒压控制分别由 U_{9C} 和 U_{9B} 及其附属电路构成，通过调节输入参考电压 V_{ref} 控制输出电压，并且输出电压满足 $V_{out} = V_{ref} \times \frac{R_{62}}{R_{83}} = V_{ref} \times \frac{39k\Omega}{26k\Omega} = V_{ref} \times \frac{3}{2}$；输出滤波与负载电路包括滤波电容 C_2 和恒定负载电阻 R_L 与可调负载 S_L，R_{46} 为电路内部负载，用于电路空载稳定工作。

反馈工作原理：

（1）输出电压升高时 V_{FB} 变小——U_{9B} 输出电压降低——Q_9 的射极电压降

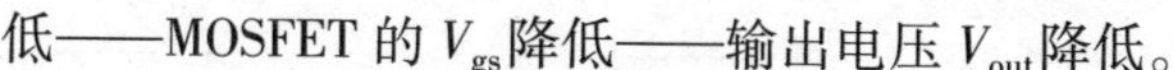
低——MOSFET 的 V_{gs} 降低——输出电压 V_{out} 降低。

（2）输出电压降低时 V_{FB} 变大——U_{9B} 输出电压升高——Q_9 的射极电压升高——MOSFET 的 V_{gs} 增大——输出电压 V_{out} 升高。

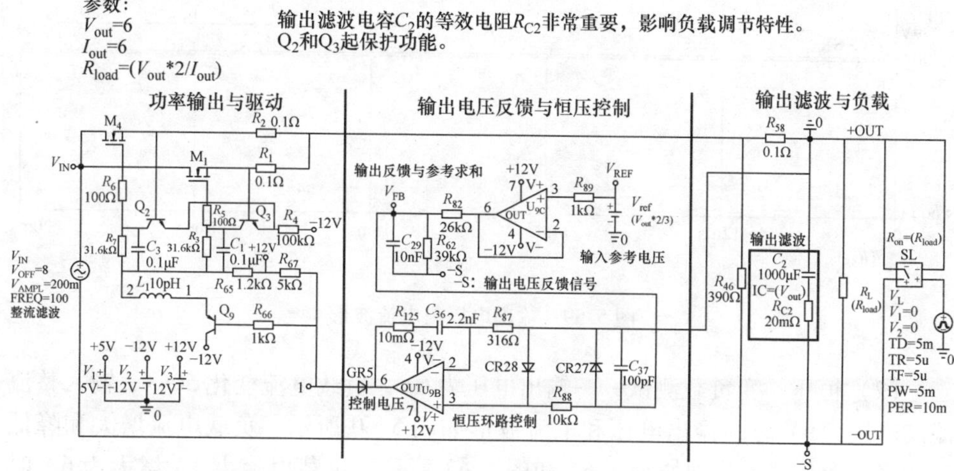

图 5.57　恒压控制电路

下面进行具体仿真测试：

（1）恒压、恒定负载测试——输出 6V/6A、输入整流滤波电压 9V，瞬态仿真设置和输出电压与电流波形分别如图 5.58 和图 5.59 所示：负载电阻为 1Ω、稳定工作时输出电压为 6V、输出电流为 6A，输出指标与设置一致。

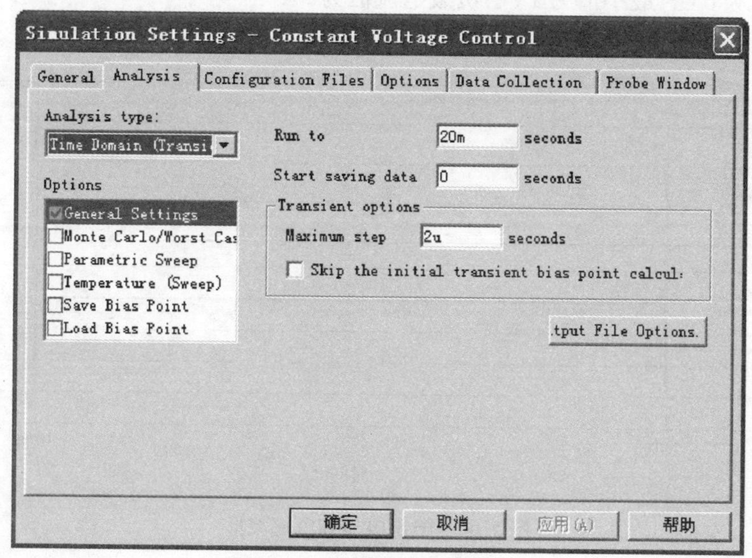

图 5.58　瞬态仿真设置

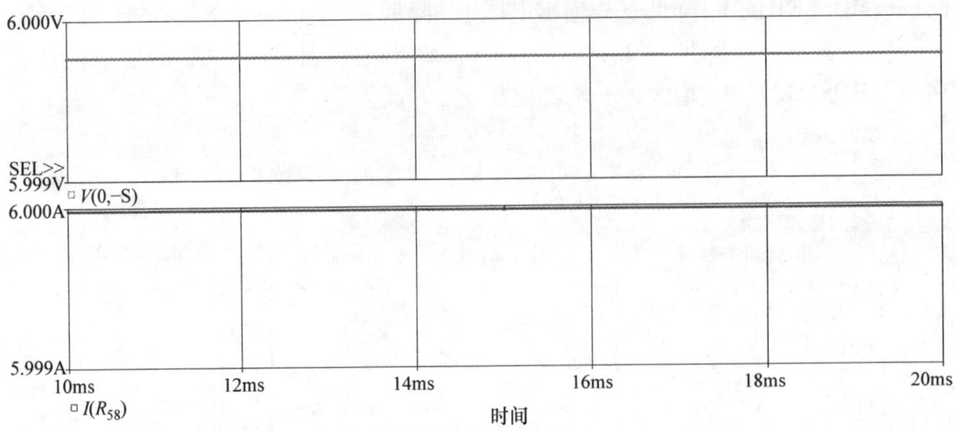

图 5.59　输出电压与电流波形

（2）恒压、变负载测试——输出电压为6V，负载电流变化50%、输入整流滤波电压为9V时的输出电压和电流波形如图5.60所示，负载电流增大和降低时仿真波形与数据分别如图5.61和图5.62所示：负载电流由3A增大为6A时输出电压瞬间下降约55mV、恢复时间约35μs；负载电流由6A减小为3A时输出电压瞬间上升约56mV、恢复时间约35μs；输出无振荡、能够稳定工作。

（3）输出电压范围测试——直流仿真设置和输出波形与数据分别如图5.63和图5.64所示：输出电压范围为1～6V/3A、输入整流滤波电压为9V；输出电压最大值为6V、最小值为1V、负载电流恒为3A。

图 5.60　输出电压和电流波形

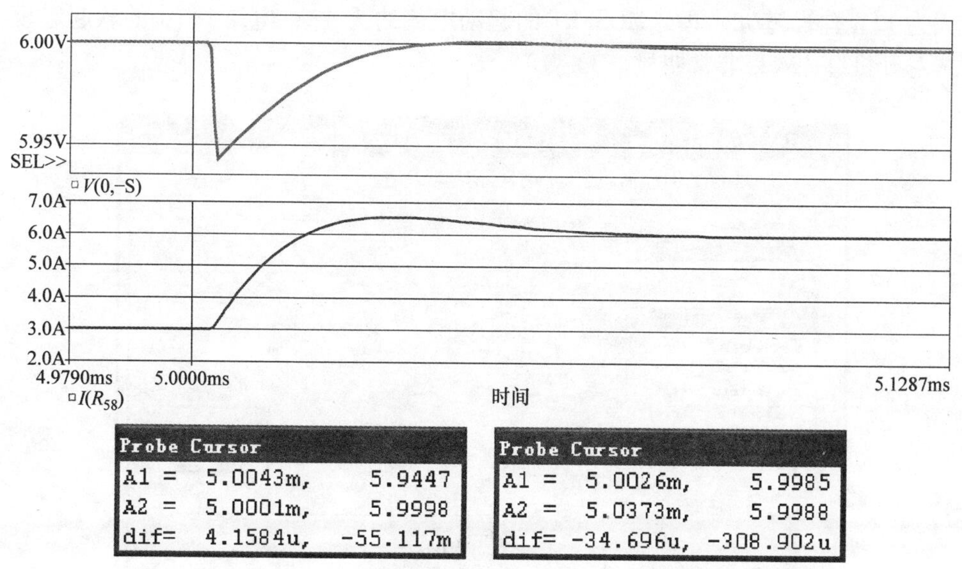

图 5.61 负载电流增大时仿真波形与数据

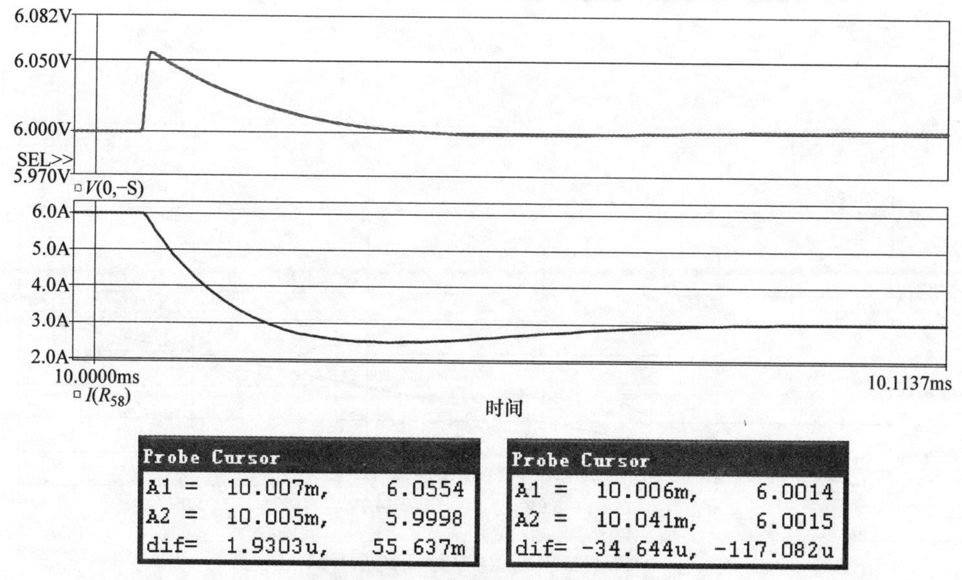

图 5.62 负载电流降低时仿真波形与数据

（4）V_B 软起动测试——利用电压信号进行软起动测试，测试电路与无软起动和有软起动时的测试波形分别如图 5.65 ~ 图 5.67 所示：V_B 电压源直接为 12V 无软起动时单支 MOSFET 的起动电流约为 12A；V_B 电压源从 0V 经过 5ms 线性增大为 12V 有软起动时单支 MOSFET 的起动电流约为 4A；电压源 V_B 的软起动模式对开机过冲效果非常明显。

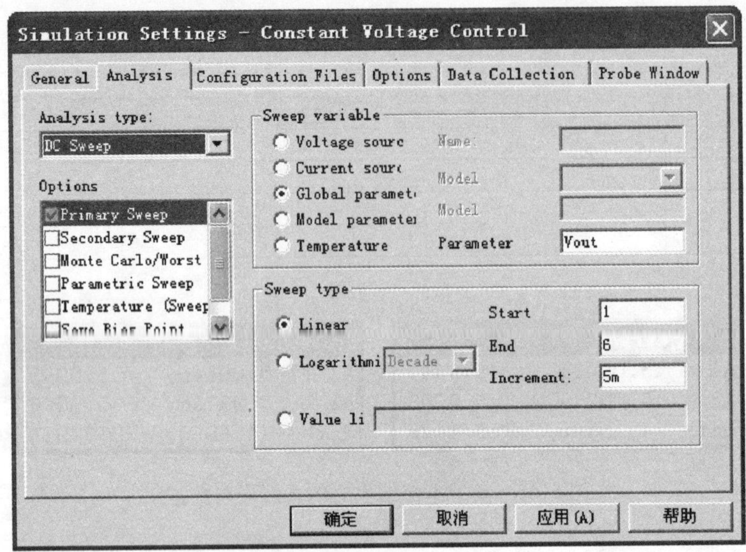

图 5.63　直流仿真设置

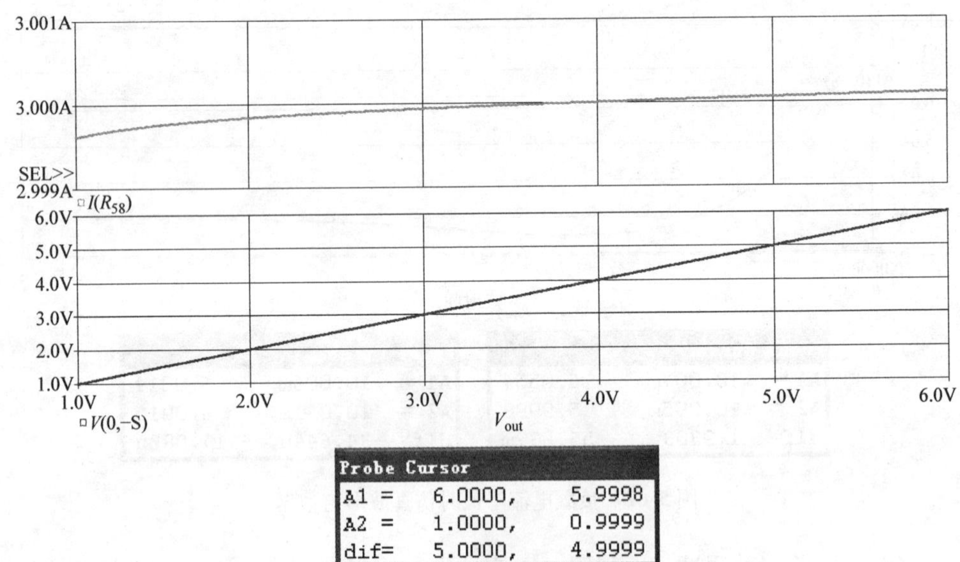

图 5.64　输出波形与数据

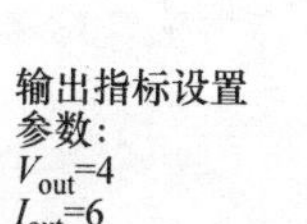

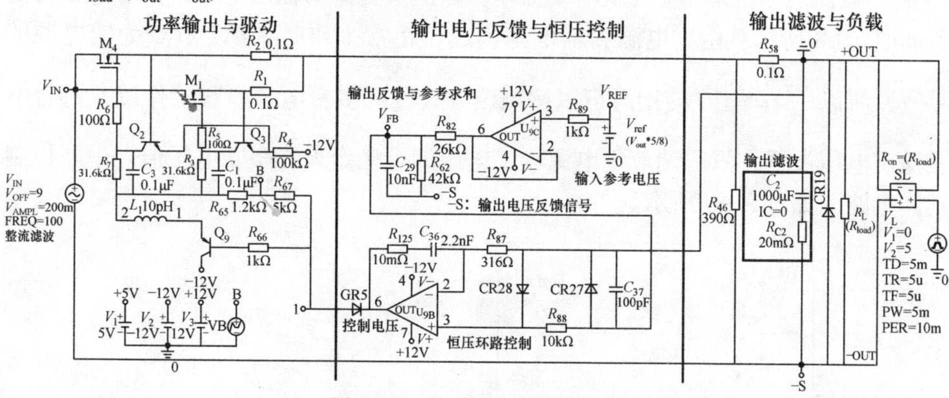

图 5.65 V_B 软起动测试电路

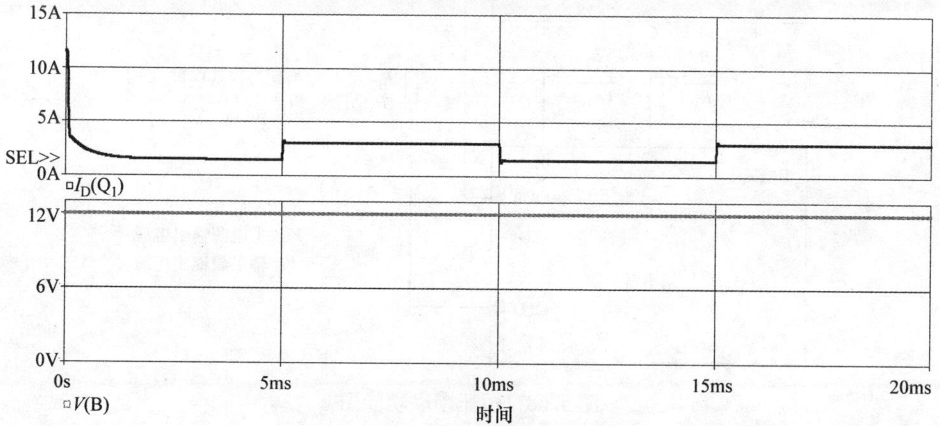

图 5.66 无软起动时的测试波形

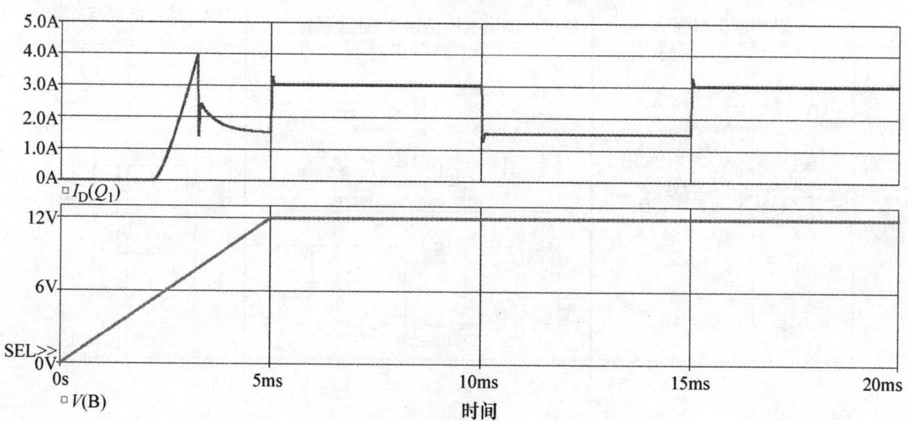

图 5.67 有软起动时的测试波形

5.4.2 恒压串联控制

恒压工作时电源模块可以串联工作，以提供更大的输出电压，恒压串联功能图如图5.68所示：由主电源和辅电源构成，正常工作时A3A4节点为辅电源的零位，所以$\dfrac{R_2}{R_1}=\dfrac{V_s}{V_m}$，使用时可以按照该方式进行多台电源串联工作以及每台电源输出电压设置，只需调节主电源输出电压即可确定最终串联电压值。串联控制具体电路图如图5.69所示。

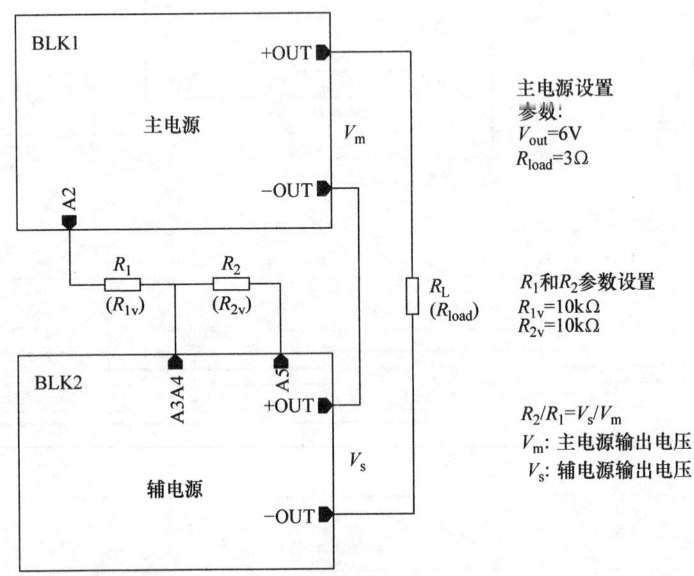

图5.68 恒压串联功能图

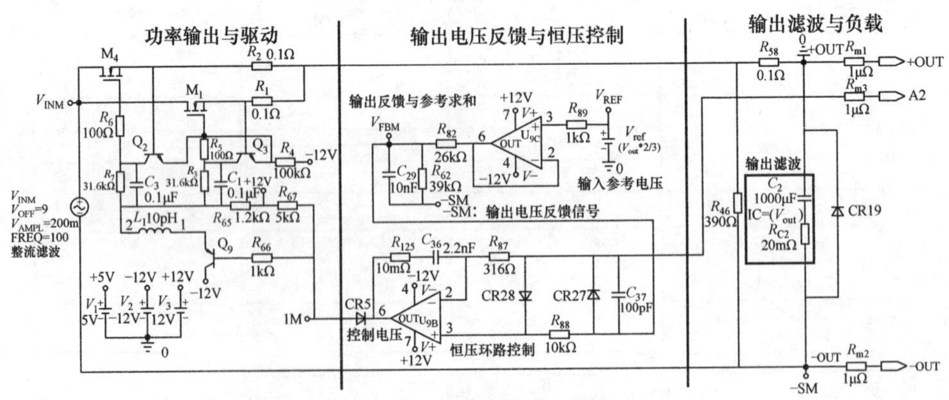

a) 主电源原理图

图5.69 串联控制具体电路图

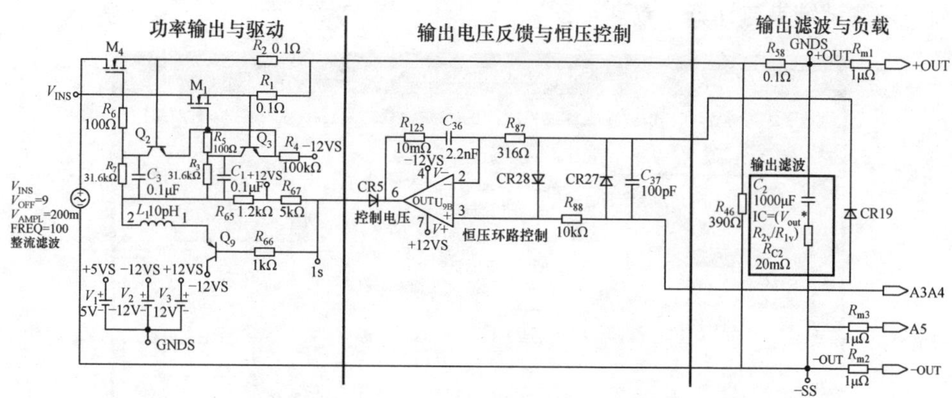

b) 辅电源原理图

图 5.69　串联控制具体电路图（续）

第 1 步——时域分析：R_1 和 R_2 阻值固定时测试电路工作特性，当 $R_1=R_2$ 时 $V_m=V_s$，设置主电源为 6V，输出电压为 12V；测试波形如图 5.70 所示，主电源和辅电源均为 6V——仿真结果与计算一致。

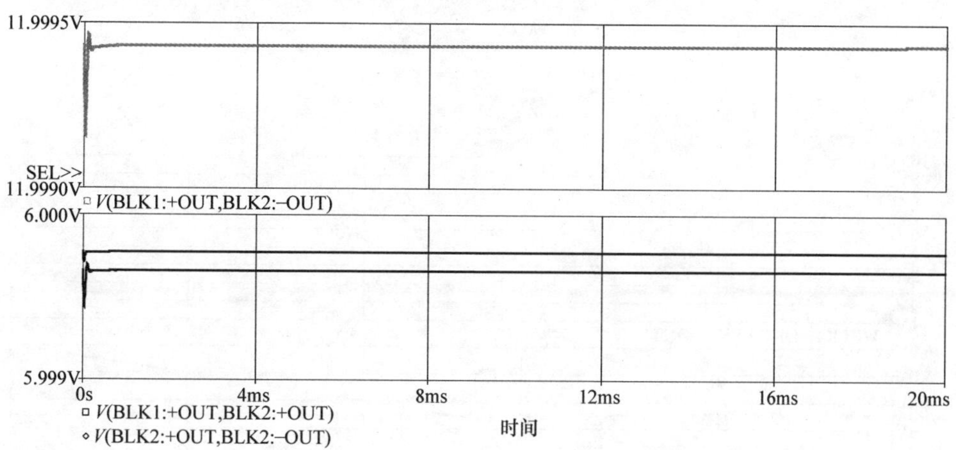

图 5.70　R_1 和 R_2 阻值固定时的测试波形

第 2 步——R_1 和 R_2 阻值固定时的直流分析：R_1 和 R_2 阻值固定时测试 V_{out} 变化时的电路输出特性，V_{out} 直流和参数仿真设置与测试电压波形分别如图 5.71 和图 5.72 所示；V（BLK1：+OUT，BLK2：-OUT）——总输出电压、V（BLK1：+OUT，BLK2：+OUT）——主电源输出电压、V（BLK2：+OUT，BLK2：-OUT）——辅电源输出电压；当 $R_1=2\times R_2$ 时 $V_m=2\times V_s$，设置主电源电压从 1～6V 线性增加，则 V_s 从 0.5～3V 线性增加，总输出电压从 1.5～9V 线性增

加——测试结果与计算一致。

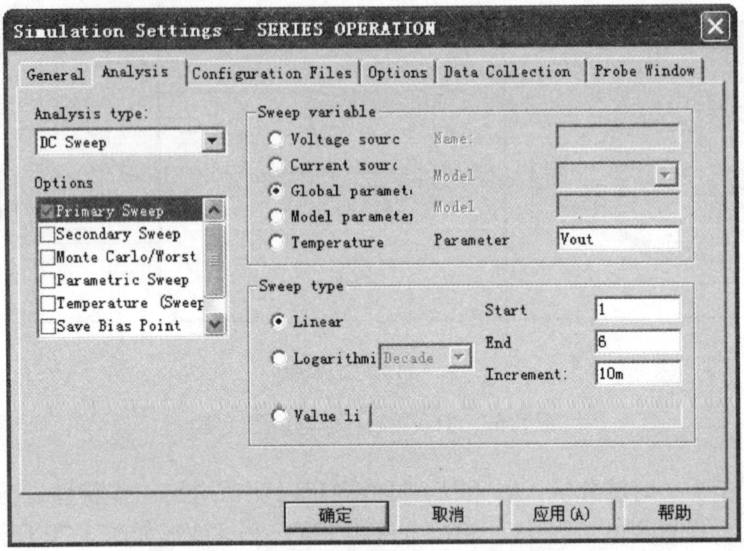

Simulation Settings - SERIES OPERATION

General | Analysis | Configuration Files | Options | Data Collection | Probe Window

Analysis type: DC Sweep

Options: Primary Sweep, Secondary Sweep, Monte Carlo/Worst, Parametric Sweep, Temperature (Sweep, Save Bias Point

Sweep variable: Voltage sourc, Current sourc, Global paramet, Model paramete, Temperature; Name:, Model, Model, Parameter: Vout

Sweep type: Linear, Logarithmi Decade, Value li; Start: 1, End: 6, Increment: 10m

确定　取消　应用(A)　帮助

R_1和R_2参数设置

R_{1v}=10kΩ
R_{2v}=5kΩ

图 5.71　V_{out}直流和参数仿真设置

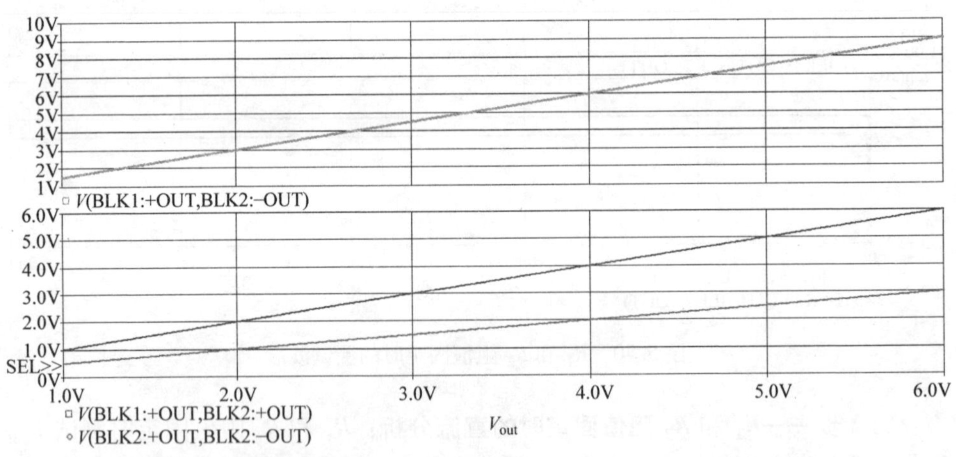

图 5.72　测试电压波形

第 3 步——R_2 变化时的直流分析：当 R_1 和 V_{out}固定、R_2 阻值变化时测试电路输出特性，R_2 直流设置和测试波形分别如图 5.73 和图 5.74 所示；V（BLK1：+OUT，BLK2：－OUT）——总输出电压 V（BLK1：+OUT，BLK2：

+OUT）——主电源输出电压，V（BLK2：+OUT，BLK2：-OUT）——辅电源输出电压，当 $V_{out}=6\text{V}$、$R_1=10\text{k}\Omega$、R_2 阻值从 5kΩ 线性增大到 10kΩ 时主电源电压 6V 恒定，辅电源电压从 3V 线性增大到 6V，输出总电压从 9V 线性增大到 12V——测试结果与计算一致。

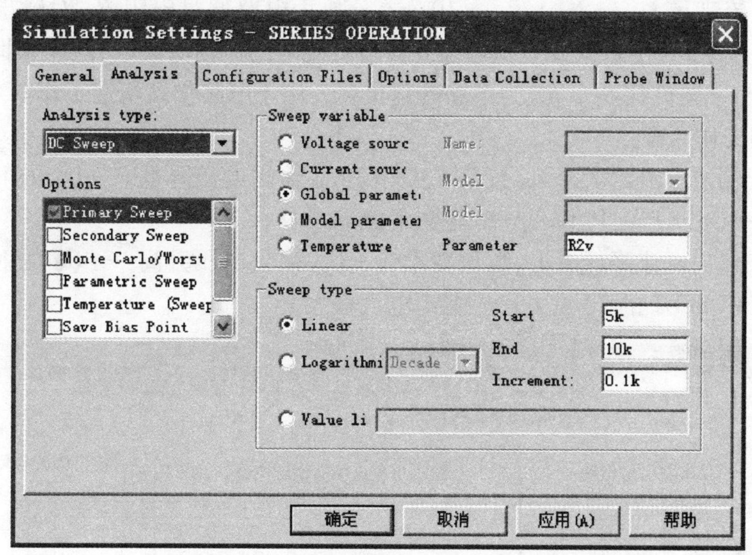

图 5.73　R_2 直流设置：$V_{out}=6\text{V}$、$R_1=10\text{k}\Omega$

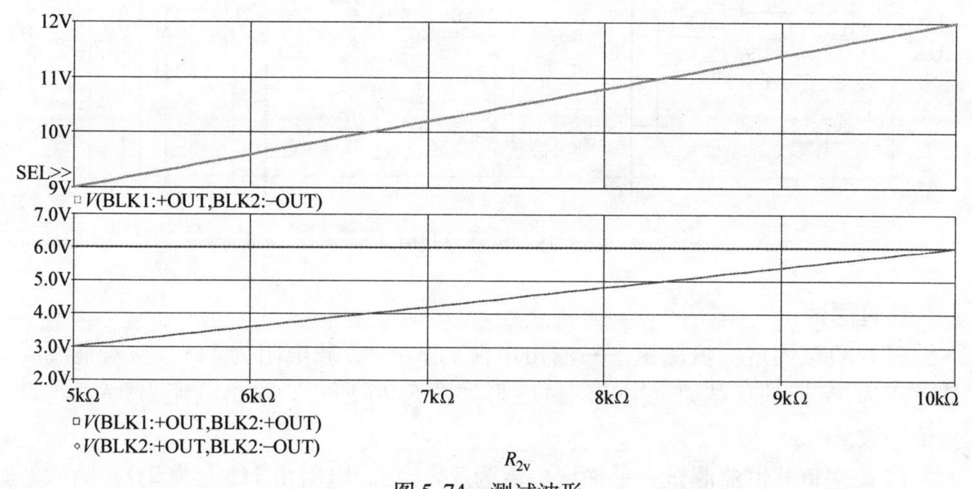

图 5.74　测试波形

5.4.3　恒流控制

恒流控制电路分析：恒流控制电路如图 5.75 所示，由功率输出与驱动、输出电流反馈与恒流控制、输出滤波与负载三个部分组成；功率输出与驱动电路由变压器和全桥整流滤波电路供电，然后通过 MOSFETM_1 和 M_4 进行串联调整输出，Q_2 和 Q_3 为过流保护晶体管，Q_9 为驱动晶体管；输出电流反馈与恒流控制分别由 U_{10} 和 U_{9A} 及其附属电路构成，通过调节输入参考 I_{REF} 控制输出电流，并且输出电流满足 $I_{REF}=I_{out}\times R_{58}\times 10$，差分放大电路通过电阻 R_{58} 对输出电流进行采样并实现 10 倍差分放大；输出滤波与负载电路包括滤波电容 C_2 和恒定负载电阻 R_L 与可调负载 S_L，R_{46} 为电路内部负载，用于电路空载稳定工作。

反馈工作原理：

（1）输出电流增大时 I_{FB} 数值变大——U_{9A} 输出电压降低——Q_9 的射极电压降低——MOSFET 的 V_{gs} 降低——输出电流减小。

（2）输出电流降低时 I_{FB} 数值变小——U_{9A} 输出电压升高——Q_9 的射极电压升高——MOSFET 的 V_{gs} 增大——输出电流增大。

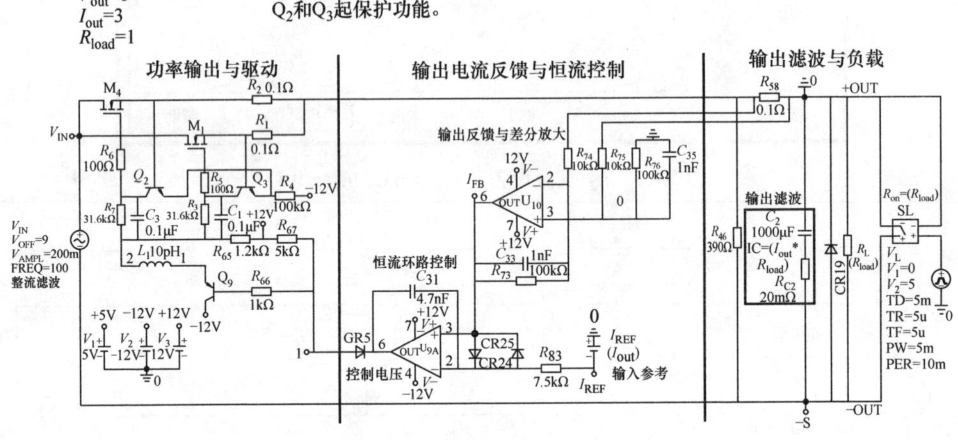

图 5.75　恒流控制电路

仿真测试：

（1）负载固定恒流测试——输出电流为 3A、负载电阻为 1Ω、输入整流滤波电压为 9V 时的负载固定恒流测试波形如图 5.76 所示，输出电流为 3A，与设置值一致。

（2）变负载恒流测试——输出电流为 3A，负载电阻由 1Ω 变为 2Ω，输入整流滤波电压为 9V 的输出电压和电流波形如图 5.77 所示：负载电阻由 2Ω 减小为 1Ω 时输出电流瞬间上升约 2mA，恢复时间约 100μs；负载电阻由 1Ω 增大为 2Ω 时输出电流瞬间下降约 2mA，恢复时间约 100μs。负载电阻减小和增大时的电流波形与数据分别如图 5.78 和图 5.79 所示。

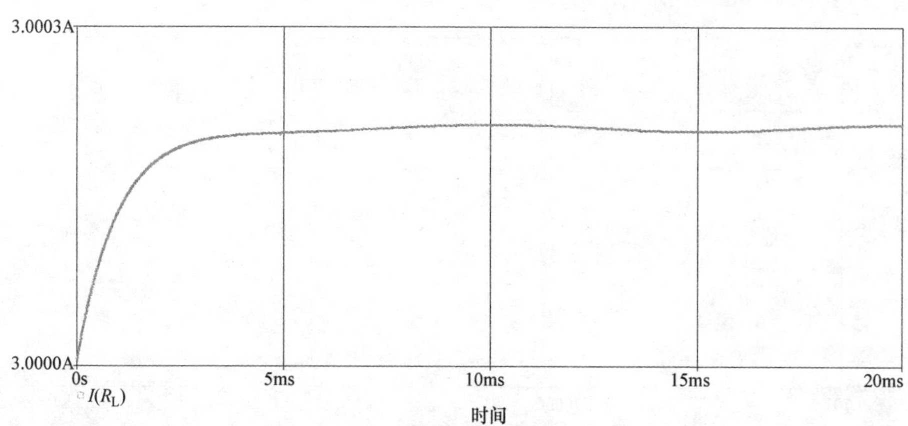

图 5.76　负载固定恒流测试波形

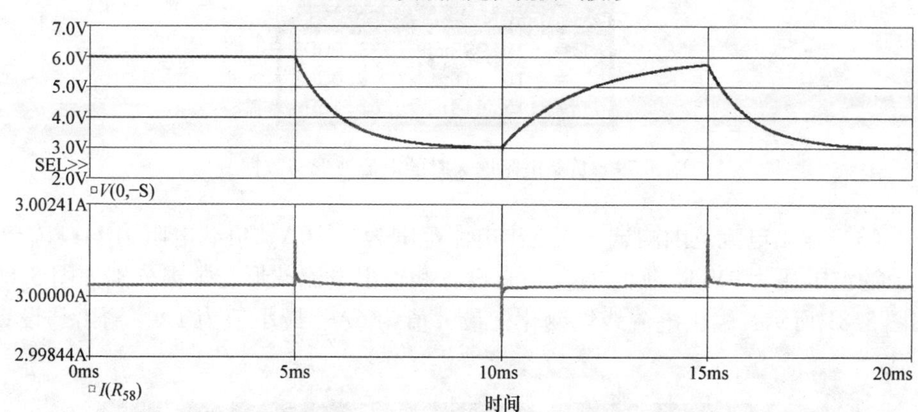

图 5.77　输出电压和电流波形

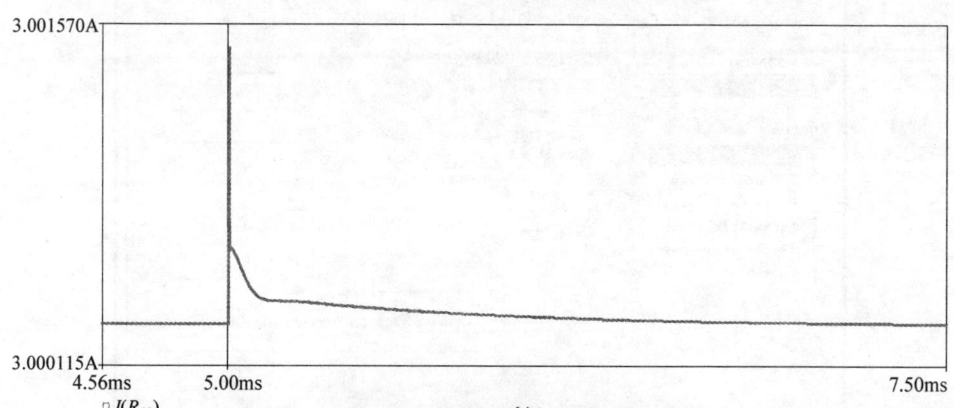

Probe Cursor		
A1 =	5.1953m,	3.0004
A2 =	4.9886m,	3.0003
dif=	206.688u,	97.275u

图 5.78　负载电阻减小时的电流波形与数据

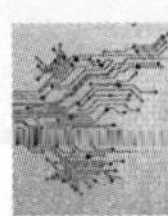

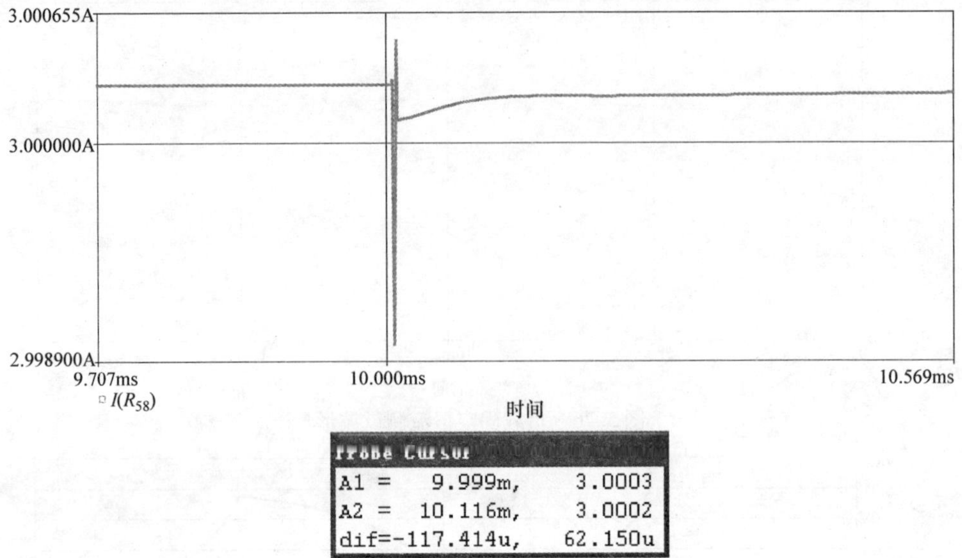

图 5.79　负载电阻增大时的电流波形与数据

（3）输出电流范围测试——输出电流范围为 1～6A、负载电阻为 1Ω、输入整流滤波电压为 9V 时的 I_{out} 直流仿真设置和输出电流波形与数据分别如图 5.80 和图 5.81 所示：输出电流线性变化，最大值为 6A、最小值为 1A、输出与设置一致。

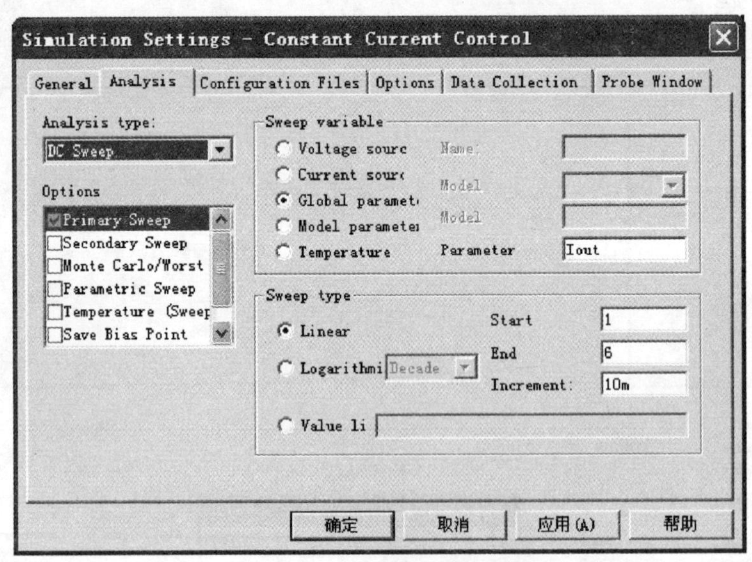

图 5.80　I_{out} 直流仿真设置

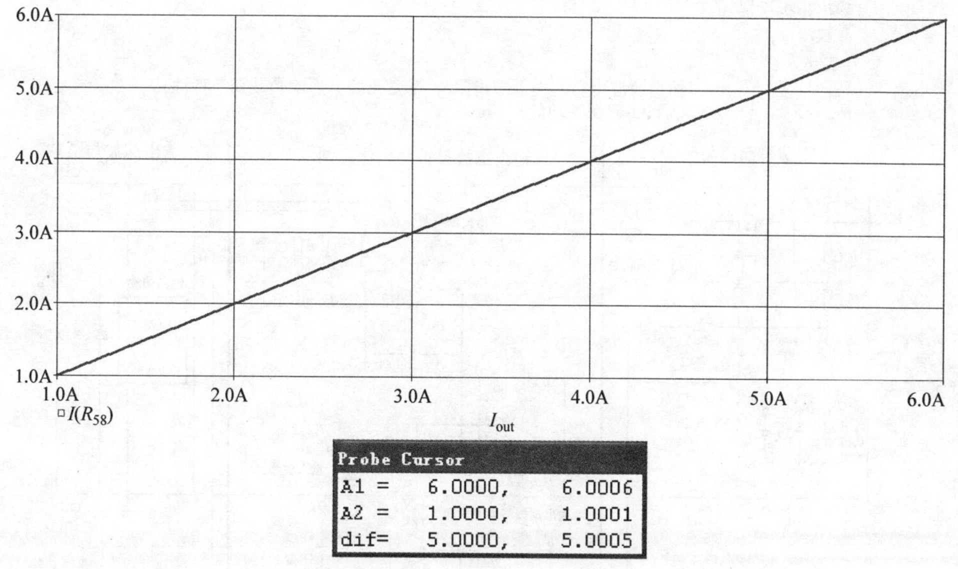

图 5.81 输出电流波形与数据

5.4.4 恒压与恒流联合控制

恒压与恒流联合控制分析：恒压与恒流联合控制电路如图 5.82 所示，当恒压和恒流参数设置完成后，由负载特性决定电路运行状态；负载电阻 $R_{load} < \frac{V_{out}}{I_{out}}$ 时电源工作于恒流模式，负载电阻 $R_{load} > \frac{V_{out}}{I_{out}}$ 时电源工作于恒压模式。

仿真测试：R_{load} 直流仿真设置和 R_{load} 变化时的输出电压与电流波形分别如图 5.83和图 5.84 所示，设置 $V_{out}=6V$、$I_{out}=3A$，当负载电阻 $R_{load} < \frac{V_{out}}{I_{out}} = 2\Omega$ 时电源工作于恒流模式——输出电流 $I_{out}=3A$；当负载电阻 $R_{load} > \frac{V_{out}}{I_{out}} = 2\Omega$ 时电源工作于恒压模式——输出电压 $V_{out}=6V$。

5.4.5 常规并联控制

两个或多个能够进行 CV/CC（恒压模式/恒流模式）自动切换操作的电源可以并联工作，使得总电流大于单个电源，总输出电流为各电源的输出电流之和。每个电源的输出可以单独设置；某个电源的输出电压控制应设置为所需输出电压；另一个电源应设置为略高输出电压。具有较高输出电压设置的电源将提供其恒定电流输出，并降低其输出电压，直至等于另一个电源的输出电压，而另一个

输出指标设置
参数:
V_{out}=6
I_{out}=3
R_{load}=1

输出滤波电容C_2的等效电阻R_{C2}非常重要，影响负载调节特性。
Q_2和Q_3起保护功能。

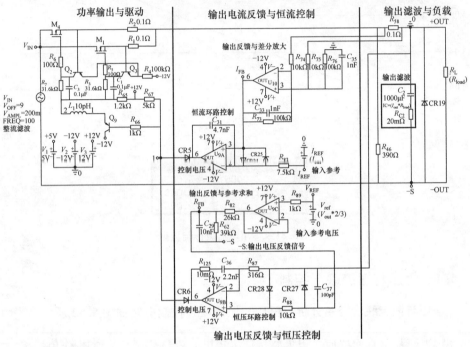

功率输出与驱动　　输出电流反馈与恒流控制　　输出滤波与负载

输出反馈与差分放大　　恒流环路控制　　控制电压　　输入参考　　输出滤波　　整流滤波

输出反馈与参考求和　　输入参考电压　　-S:输出电压反馈信号　　恒压环路控制　　输出电压反馈与恒压控制

图 5. 82　恒压与恒流联合控制电路

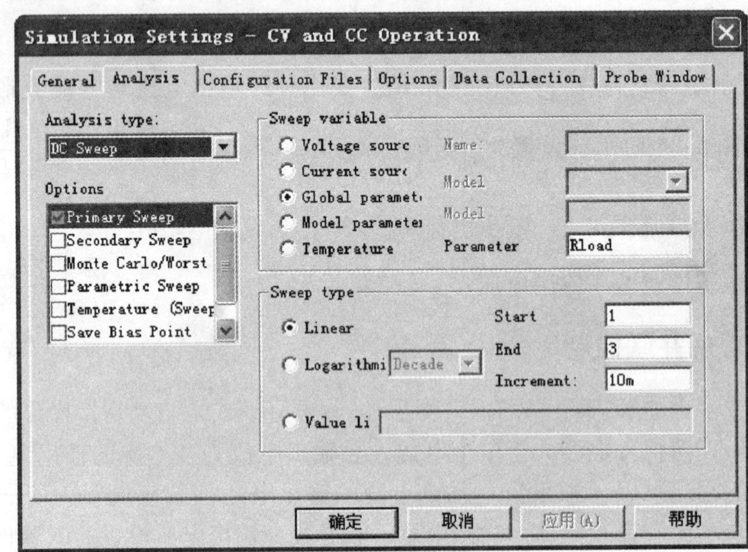

图 5. 83　R_{load}直流仿真设置

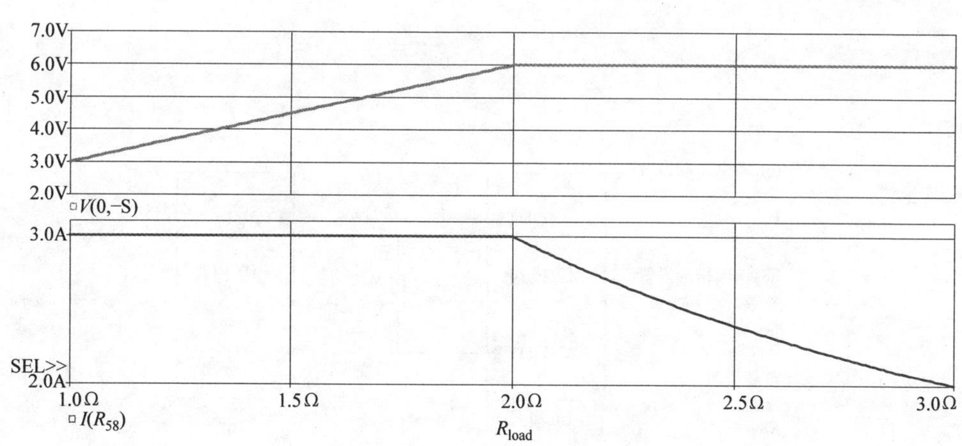

图 5.84　R_{load}变化时的输出电压与电流波形

电源将保持恒定电压运行并且仅提供其额定输出电流的一小部分，以满足总负载所需。图 5.85 所示为两电源常规并联运行电路图，正常工作时 PS_1 工作于恒流模式，其输出电压 V_{out1} 高于/等于工作电压；正常工作时 PS_2 工作于恒压模式，其输出电流 I_{out2}小于/等于其电流设置值。

仿真测试：两个电源工作于常规并联运行模式，PS_1 输出电压 $V_{out1}=6V$、输出电流 $I_{out1}=3A$；PS_2 输出电压 $V_{out1}=5V$、输出电流 $I_{out1}=2A$；正常工作时 PS_1 工作于恒流模式，输出电流为 3A，PS_2 工作于恒压模式，补偿负载电流差值；R_{load}直流仿真设置与常规并联模式测试波形分别如图 5.86 和图 5.87 所示；当 $0.5\Omega \leqslant R_{load} \leqslant 1\Omega$ 时两个电源均工作于恒流模式，此时负载电压≤5V；当 $1\Omega \leqslant R_{load} \leqslant 1.5\Omega$ 时 PS_1 工作于恒流模式，$I_{out1}=3A$，PS_2 工作于恒压模式，此时负载电压=5V——与设置值 V_{out2}一致。

负载开路测试：当负载 $R_{load}=1k\Omega$ 时，负载等效开路测试电路与输出的电压波形分别如图 5.88 和图 5.89 所示，此时常规并联工作于恒压模式，只有最高电压设置电源工作，其他模块均关闭，电源自动切换到恒压运行模式。

5.4.6　自动并联控制

自动并联运行允许在所有负载条件下实现各电源输出电流相等，并允许完全由主电源控制输出电流。控制电源称为主电源；受控电源称为辅电源。通常情况下只应连接具有相同型号的电源进行自动并联运行，因为满额电流时电源必须在电流采样电阻上具有相同的电压降，每台辅电源的输出电流约等于主电源输出电流，两个电源自动并联运行电路如图 5.90 所示。

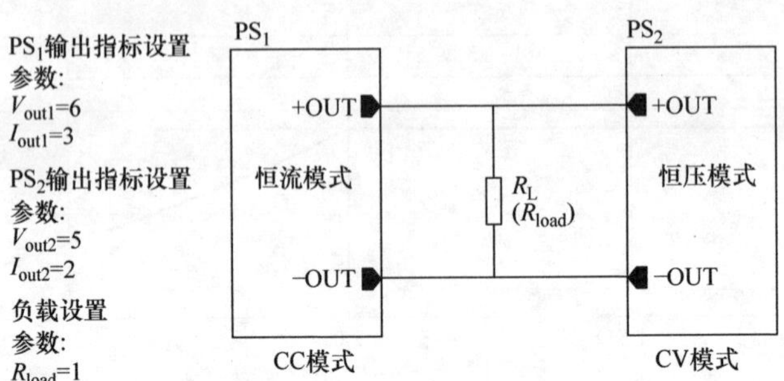

a) 常规并联运行主电路

输出滤波电容C_2的等效电阻R_{C2}非常重要，影响负载调节特性。
Q_2和Q_3起保护功能。

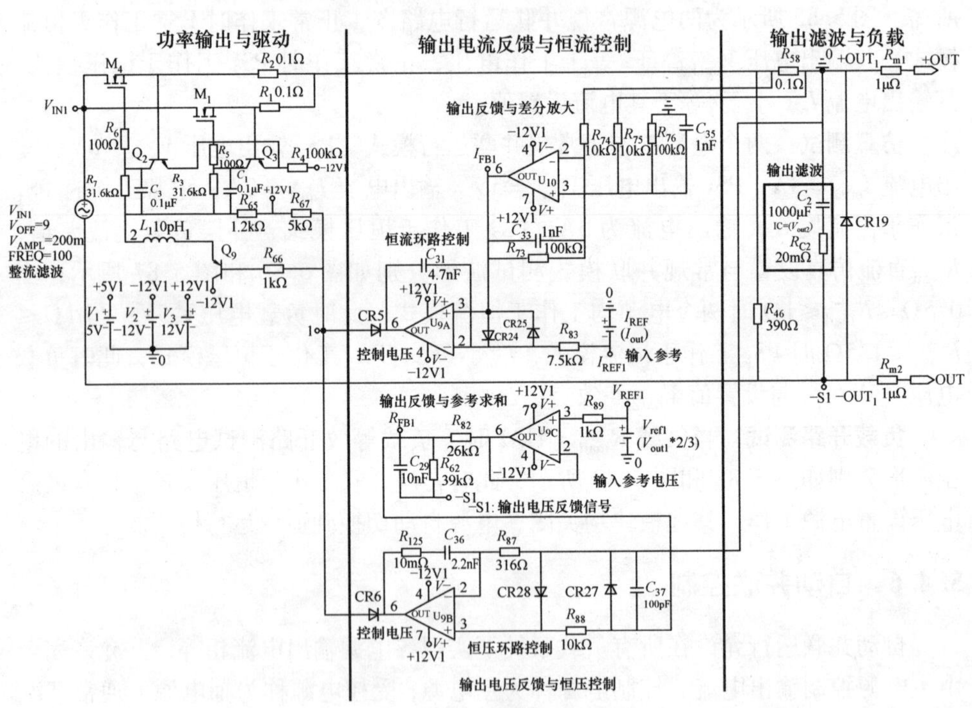

b) 常规并联运行PS₁电路

图 5.85　两电源常规并联运行电路图

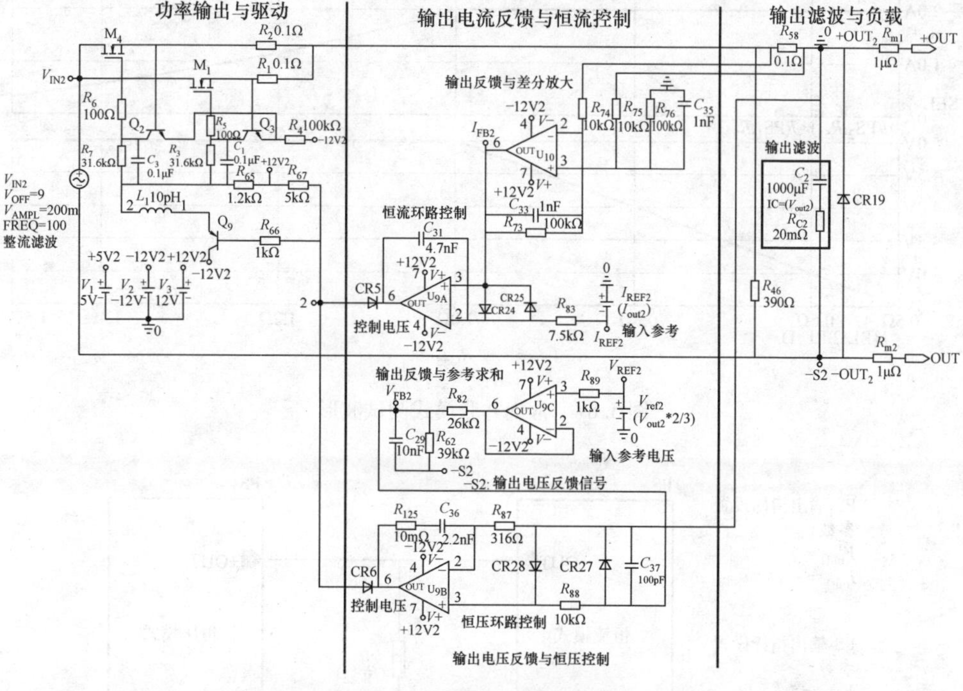

c) 常规并联运行PS_2电路

图 5.85　两电源常规并联运行电路图（续）

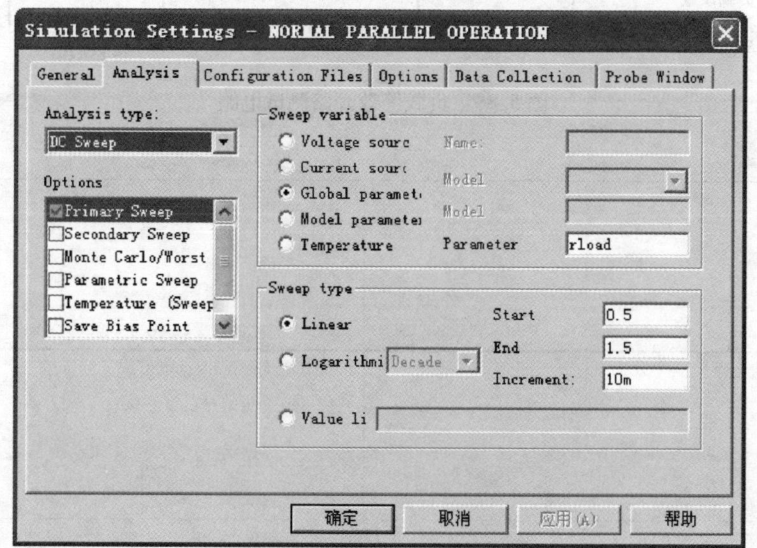

图 5.86　R_{load}直流仿真设置

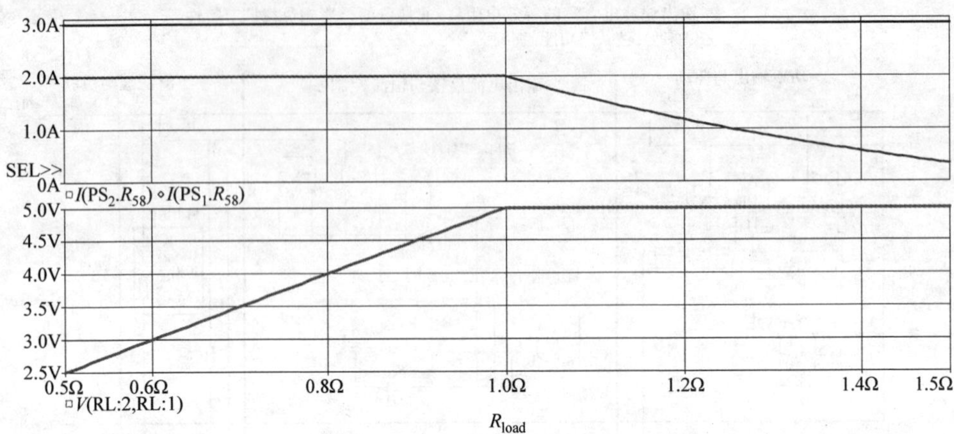

图 5.87　常规并联模式测试波形

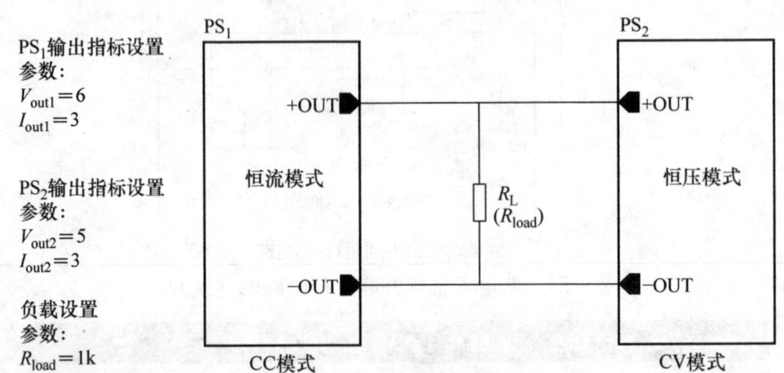

图 5.88　负载等效开路测试电路

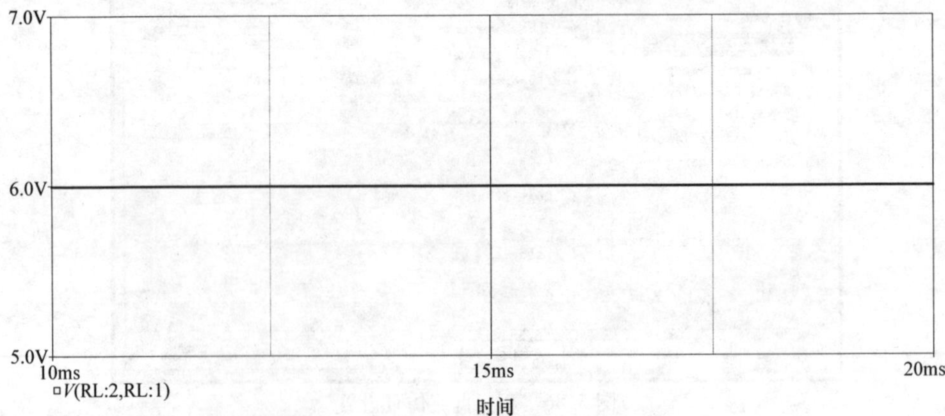

图 5.89　负载等效开路时输出的电压波形

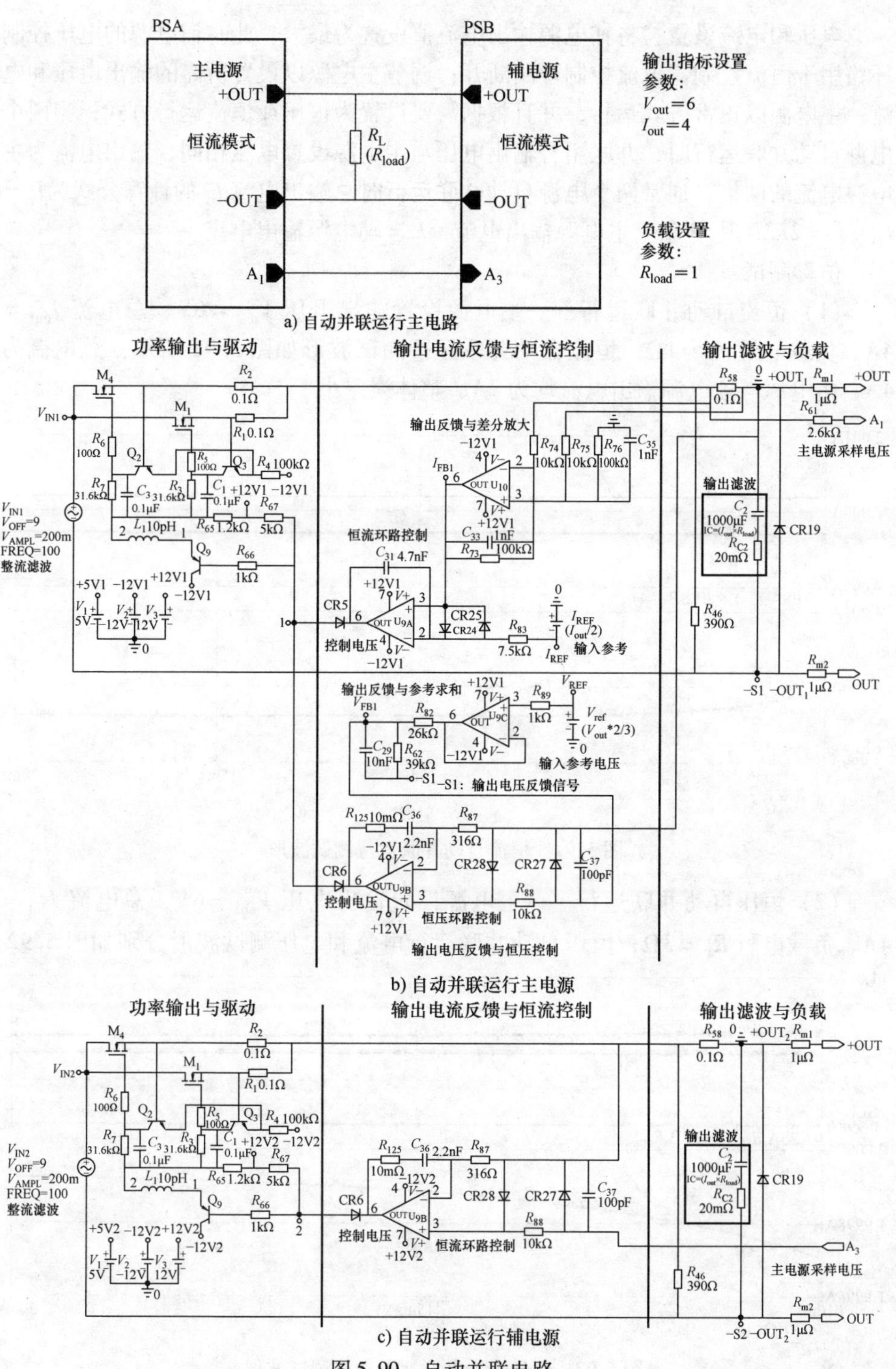
PSA
主电源
+OUT
恒流模式
−OUT
A1
PSB
辅电源
+OUT
恒流模式
−OUT
A3
RL (Rload)
输出指标设置参数:
Vout=6
Iout=4
负载设置参数:
Rload=1
a) 自动并联运行主电路
功率输出与驱动
输出电流反馈与恒流控制
输出滤波与负载
输出反馈与差分放大
恒流环路控制
控制电压
输入参考
输出反馈与参考求和
输入参考电压
−S1: 输出电压反馈信号
恒压环路控制
输出电压反馈与恒压控制
主电源采样电压
输出滤波
整流滤波
b) 自动并联运行主电源
功率输出与驱动
输出电流反馈与恒流控制
输出滤波与负载
控制电压
恒流环路控制
输出滤波
主电源采样电压
整流滤波
c) 自动并联运行辅电源

图 5.90 自动并联电路

电压和电流设置：将辅电源输出电流值设置为最大，此时辅电源的电压控制环路用于恒流控制、电流控制环路断开；调节主电源以设置所需的输出电压和电流；主电源以正常方式运行，并且根据需要设置为恒压或恒流运行方式；当两个电源自动并联运行时，并联组合输出电压与主电源设置电压相同、输出电流为主电源电流的两倍；通常两个电源自动并联运行时总输出电流 I_o 的计算公式为$I_o = I_m + I_s = 2I_m$，其中 I_m = 主电源输出电流，I_s = 辅电源输出电流。

仿真测试：

（1）恒流自动并联运行——主电源设置输出电压 $V_{out} = 6V$、总电流 $I_{out} = 4A$、负载电阻 $R_L = 1\Omega$，恒流自动并联运行测试波形如图 5.91 所示：总电流为 4A、主电源与辅电源输出电流均为 2A、整体误差小于 1mA。

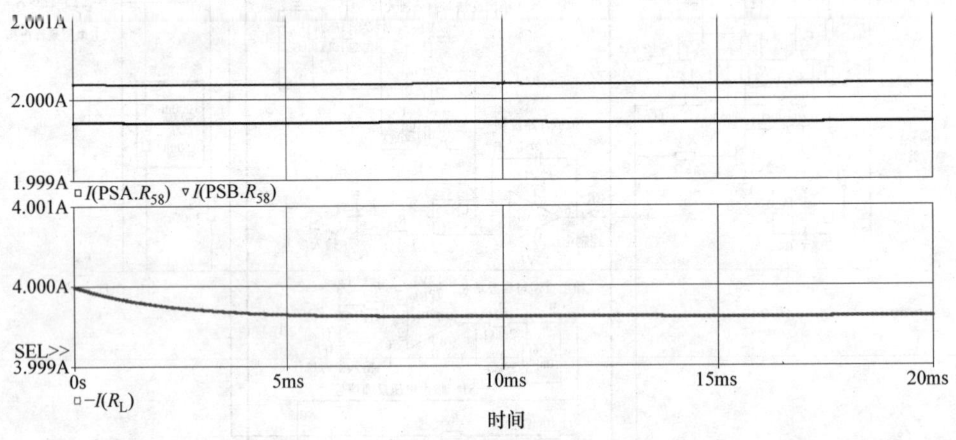

图 5.91　恒流自动并联运行测试波形

（2）恒压自动并联运行——主电源设置输出电压 $V_{out} = 6V$、总电流 $I_{out} = 4A$、负载电阻 $R_L = 3\Omega$，恒压自动并联运行电流和电压测试波形分别如图 5.92

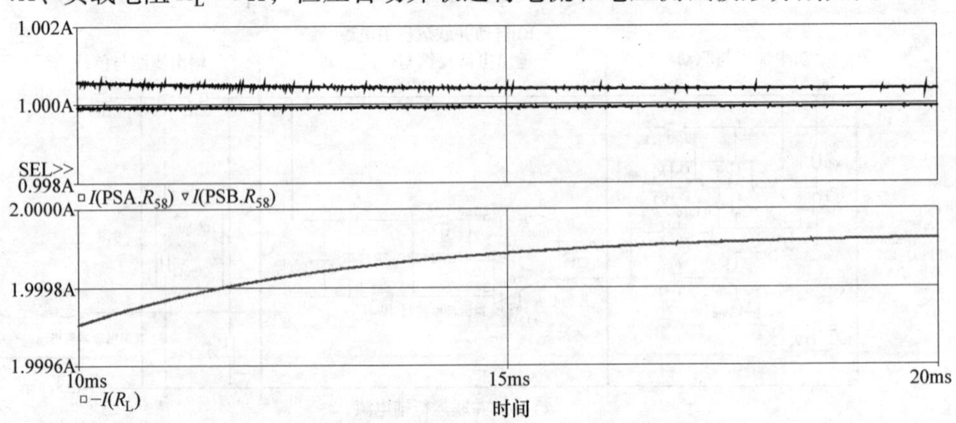

图 5.92　恒压自动并联运行电流测试波形

和图 5.93 所示：总电流为 2A、主电源与辅电源输出电流均为 1A、整体误差小于 1mA；输出电压为 6V、与设置值一致，误差小于 1mV。

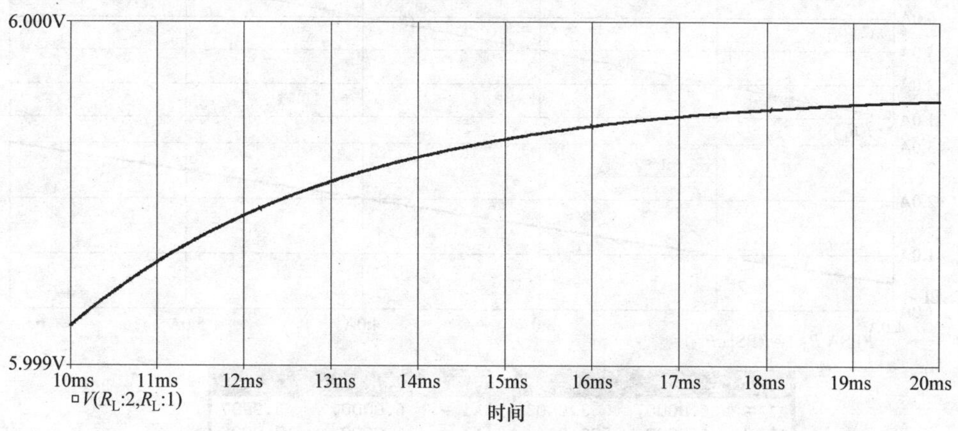

图 5.93　恒压自动并联运行电压测试波形

（3）电流变化时恒流自动并联运行——总电流 I_{out} 从 1A 增大到 6A、负载电阻 $R_L=1\Omega$，直流仿真设置和输出电流仿真波形与数据分别如图 5.94 和图 5.95 所示：总电流从 0.9995A 增大到 5.9997A；主电源与辅电源电流均从 500mA 增大到 3.0003A；恒压和恒流工作时各电源均能实现均流控制。

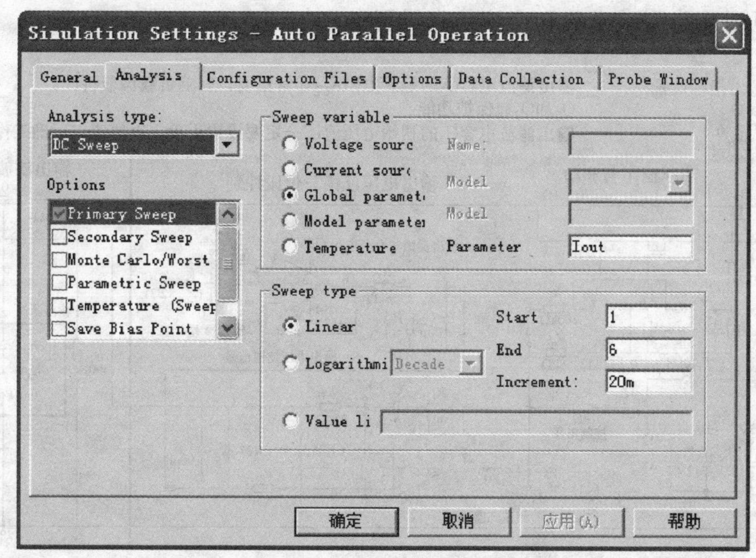

图 5.94　总电流 I_{out} 直流仿真设置

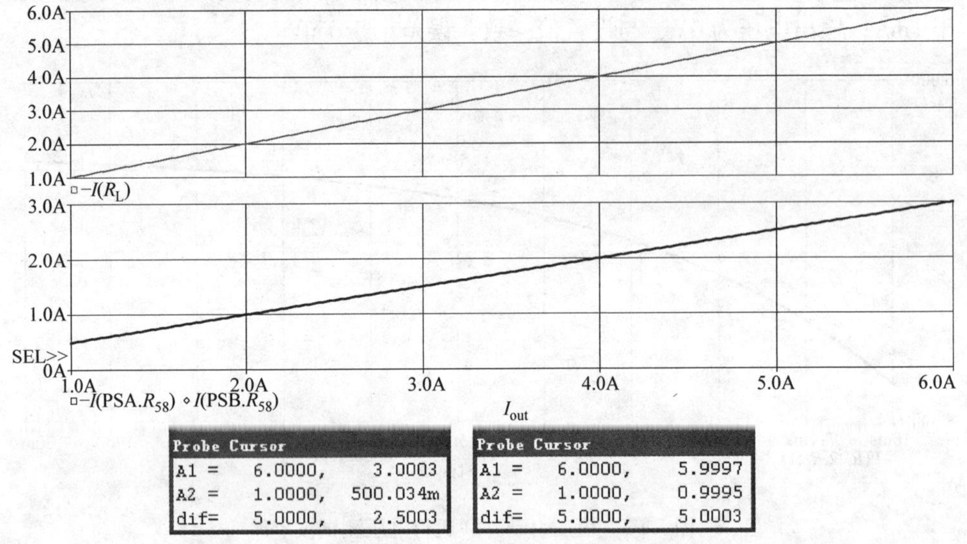

图 5.95　输出电流仿真波形与数据

5.4.7　恒压环路稳定性分析

当输出电压 $V_{out}=6V$、负载电阻 $R_{load}=1\Omega$ 时对电路进行恒压模式开环频率测试，恒压环路测试电路和交流仿真设置分别如图 5.96 和图 5.97 所示。

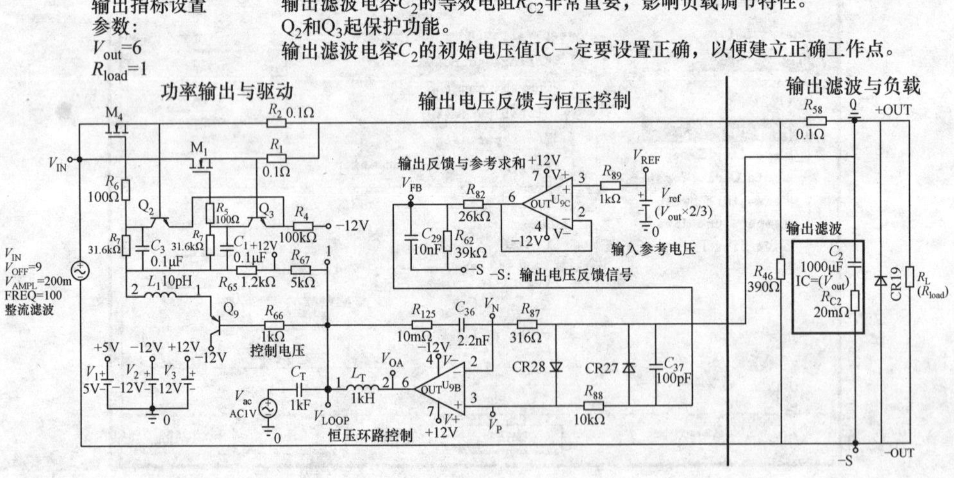

图 5.96　恒压环路测试电路

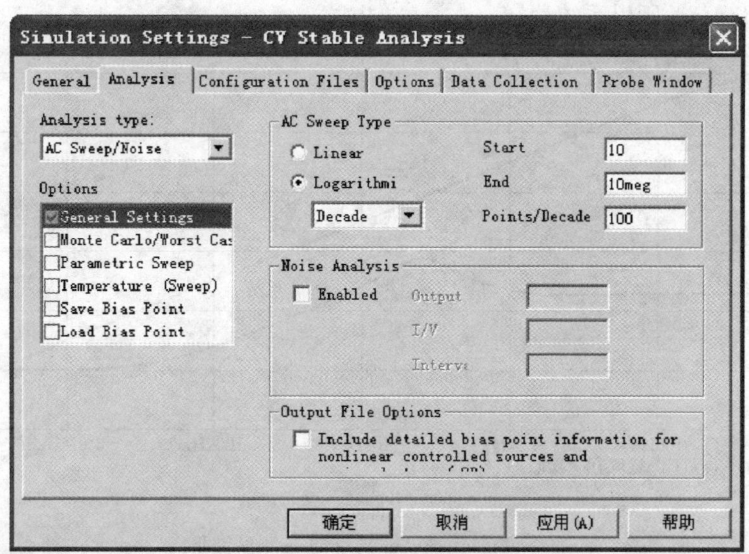

图 5.97　交流仿真设置

环路 V（V_{OA}）幅度与相位频率特性曲线与数据如图 5.98 所示：0dB 带宽为 2.9megHz、相位裕度为 70.1°——环路能够稳定工作。

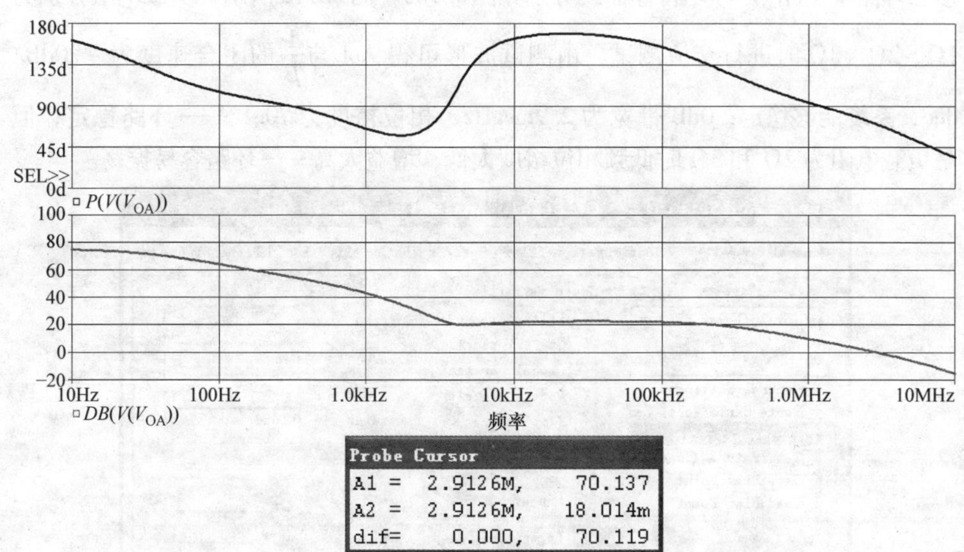

图 5.98　环路 V（V_{OA}）幅度与相位频率特性曲线与数据

图 5.99 所示为运放 Aol 与反馈$\frac{1}{\beta}$测试波形，其中 $DB(V(V_{OA})/(V(V_P)-V(V_N)))$为运放 Aol、$DB(1/(V(V_N)-V(V_P)))$为反馈$\frac{1}{\beta}$、Aol 与$\frac{1}{\beta}$的闭合速度

为 -20dB/dec，所以系统稳定。

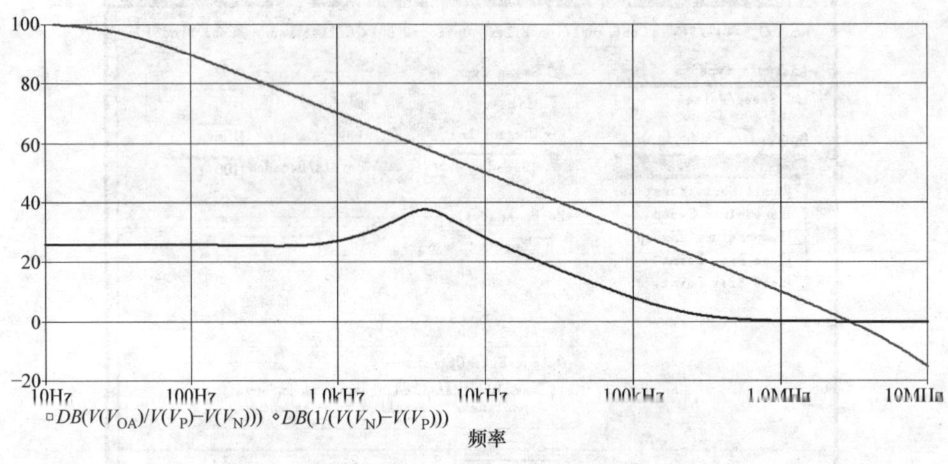

图 5.99　运放 Aol 与反馈$\frac{1}{\beta}$测试波形

当负载电阻R_{load}变化时对环路进行测试，R_{load}参数仿真设置、Aol 与$\frac{1}{\beta}$测试波形和环路V（V_{OA}）频率特性曲线分别如图 5.100 ~ 图 5.102 所示：负载电阻分别为 1Ω、2Ω、3Ω 时进行交流测试，由测试波形可得 Aol 与$\frac{1}{\beta}$的闭合速度为 -20dB/dec，系统能够稳定；0dB 带宽为 2.9megHz、相位裕度为 70.1°——环路稳定；但是负载电阻为 2Ω 和 3Ω 时低频相位裕度太低、增益太高——环路容易振荡。

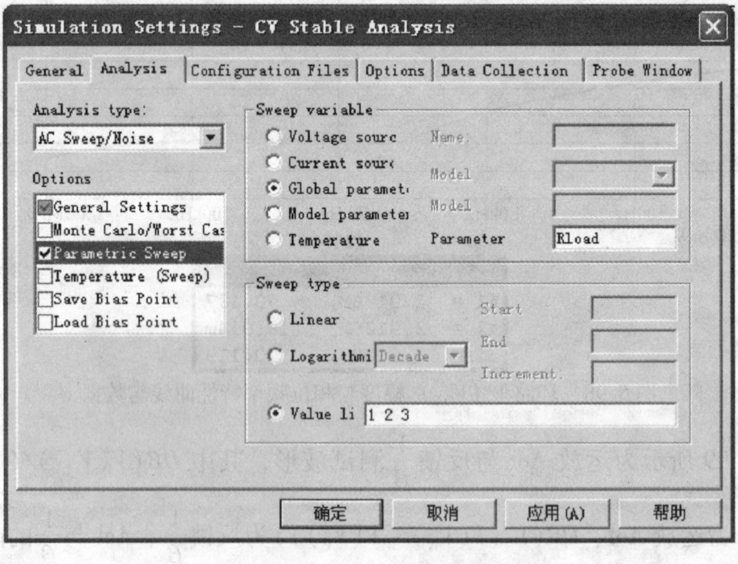

Simulation Settings - CV Stable Analysis

General | Analysis | Configuration Files | Options | Data Collection | Probe Window

Analysis type: AC Sweep/Noise

Options: General Settings; Monte Carlo/Worst Cas; Parametric Sweep; Temperature (Sweep); Save Bias Point; Load Bias Point

Sweep variable: Voltage sourc; Current sourc; Global paramet; Model parameter; Temperature — Name: ; Model: ; Model: ; Parameter: Rload

Sweep type: Linear; Logarithmi Decade — Start; End; Increment:; Value li 1 2 3

确定　取消　应用(A)　帮助

图 5.100　R_{load}参数仿真设置

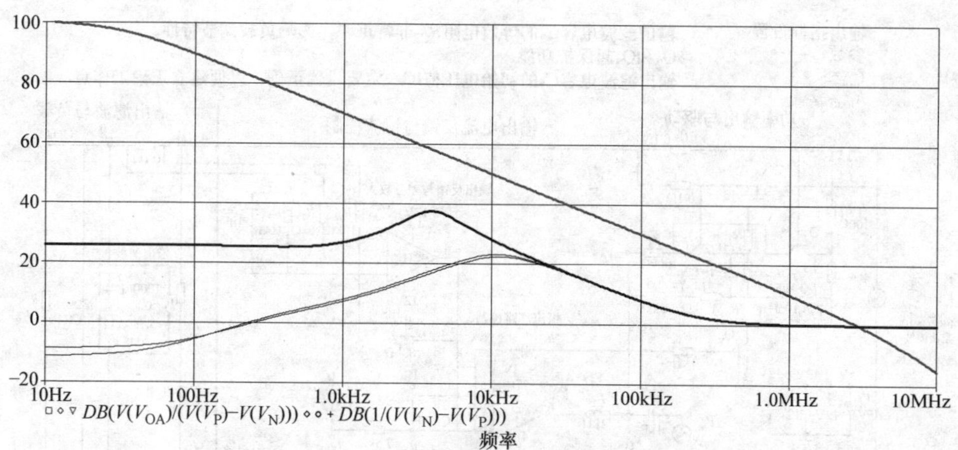

图 5.101　Aol 与$\frac{1}{\beta}$测试波形

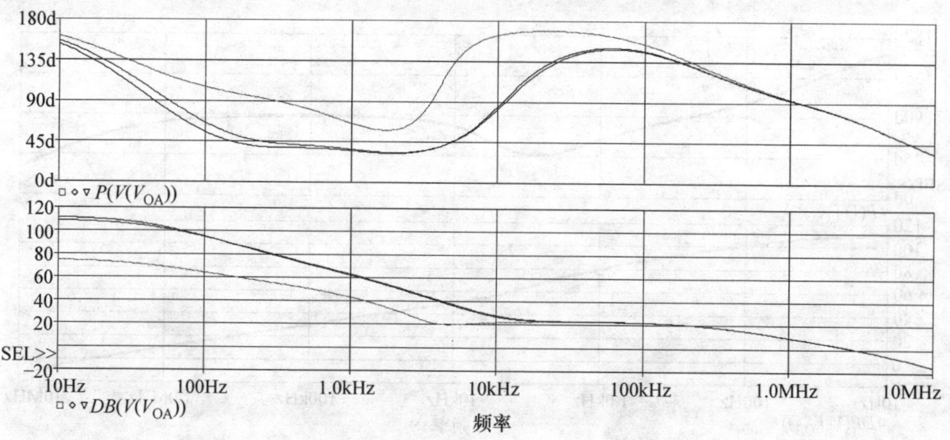

图 5.102　环路 V（V_{OA}）频率特性曲线

5.4.8　恒流环路稳定性分析

当输出电流 $I_{out}=3A$、负载电阻 $R_{load}=2\Omega$ 时对电路进行恒流模式开环频率测试，恒流环路测试电路如图 5.103 所示。

环路 V（V_{OA}）幅度与相位频率特性曲线与数据如图 5.104 所示：0dB 带宽为 2.95megHz、相位裕度为 65.3°——环路能够稳定工作。

图 5.105 所示为运放 Aol 与反馈$\frac{1}{\beta}$测试波形，其中 $DB(V(V_{OA})/(V(V_P)-$

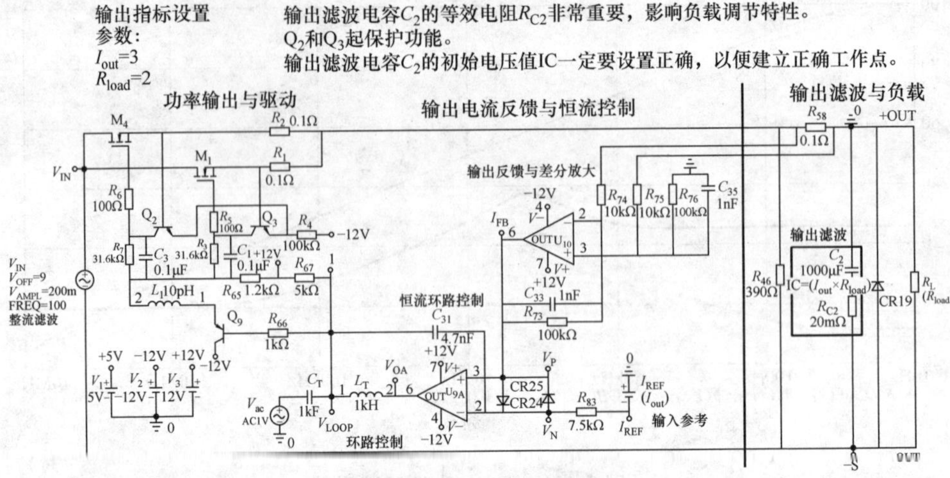

图 5.103　恒流环路测试电路

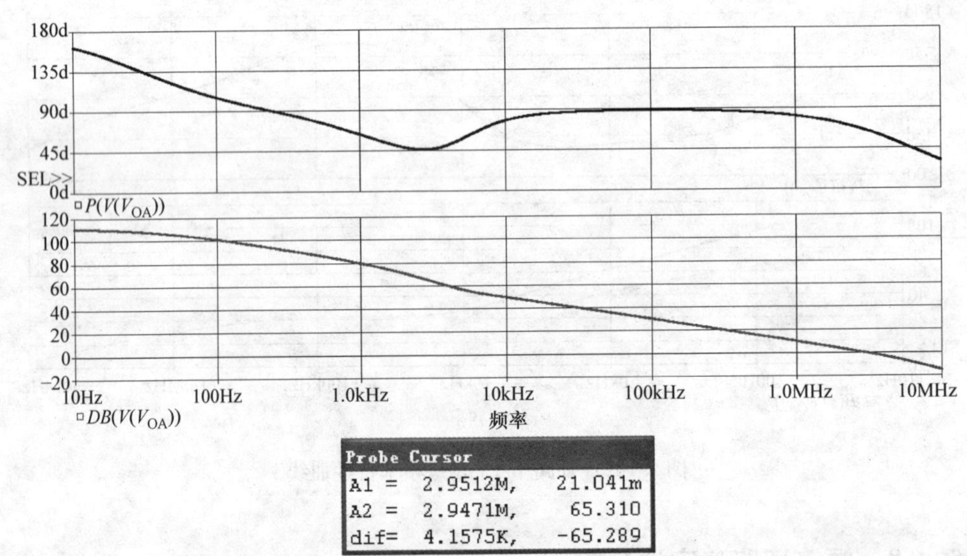

图 5.104　环路 V（V_{OA}）幅度与相位频率特性曲线与数据

$V(V_N)))$为运放 Aol、$DB(1/(V(V_N)-V(V_P)))$为反馈$\frac{1}{\beta}$、Aol 与$\frac{1}{\beta}$的闭合速度为 -20dB/dec，所以系统稳定。

当负载电阻 $R_{load}=1\Omega$、输出电流 I_{out} 变化时对环路进行测试，I_{out} 参数仿真设置、Aol 与$\frac{1}{\beta}$测试波形和环路 $V(V_{OA})$ 频率特性曲线与数据分别如图 5.106 ~

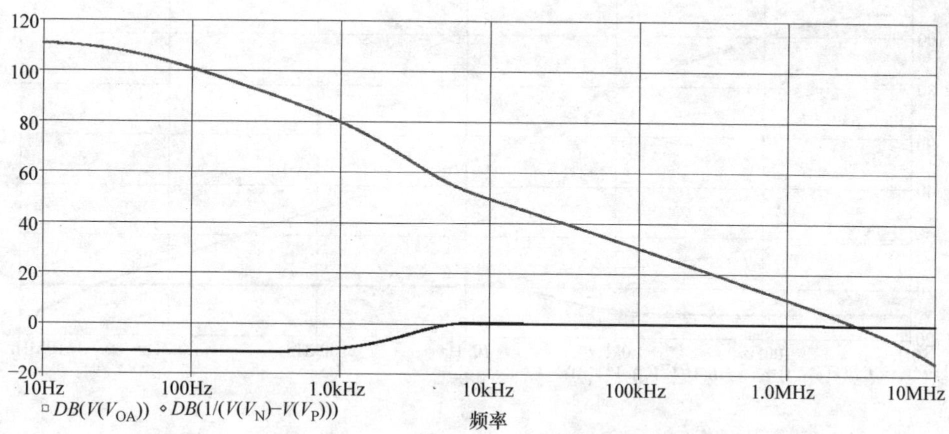

图 5.105　运放 Aol 与反馈$\frac{1}{\beta}$测试波形

图 5.108所示：I_{out}分别为 2A、4A、6A 时进行交流测试，由测试波形可得 Aol 与$\frac{1}{\beta}$的闭合速度为 -20dB/dec，系统能够稳定；0dB 带宽为 210kHz、相位裕度为 90°——环路稳定工作；但是输出电流为 2A 和 4A 时低频相位裕度太低——环路容易振荡。

Simulation Settings - CC Stable Analysis

General | Analysis | Configuration Files | Options | Data Collection | Probe Window

Analysis type:
AC Sweep/Noise

Options
General Settings
Monte Carlo/Worst Cas
Parametric Sweep
Temperature (Sweep)
Save Bias Point
Load Bias Point

Sweep variable
Voltage sourc　Name:
Current sourc　Model
Global paramet　Model
Model paramete
Temperature　Parameter　Iout

Sweep type
Linear　Start
Logarithmi　Decade　End
Increment:
Value li　2 4 6

确定　取消　应用(A)　帮助

图 5.106　I_{out}参数仿真设置

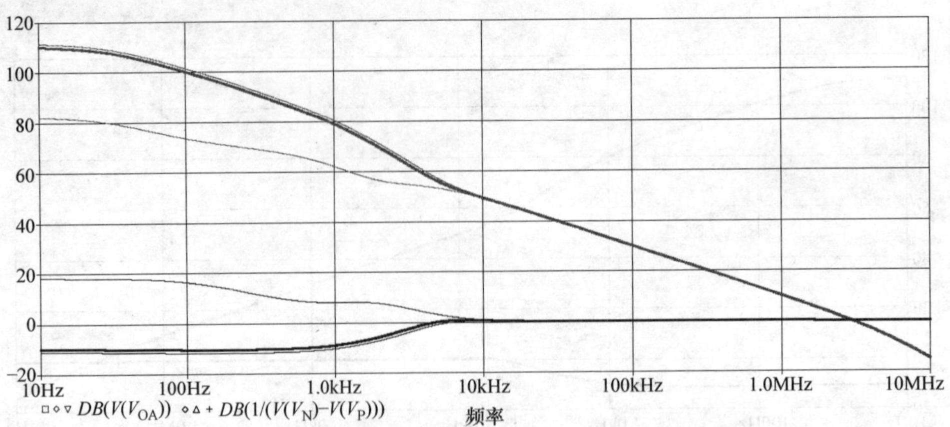

图 5.107　Aol 与$\frac{1}{\beta}$测试曲线

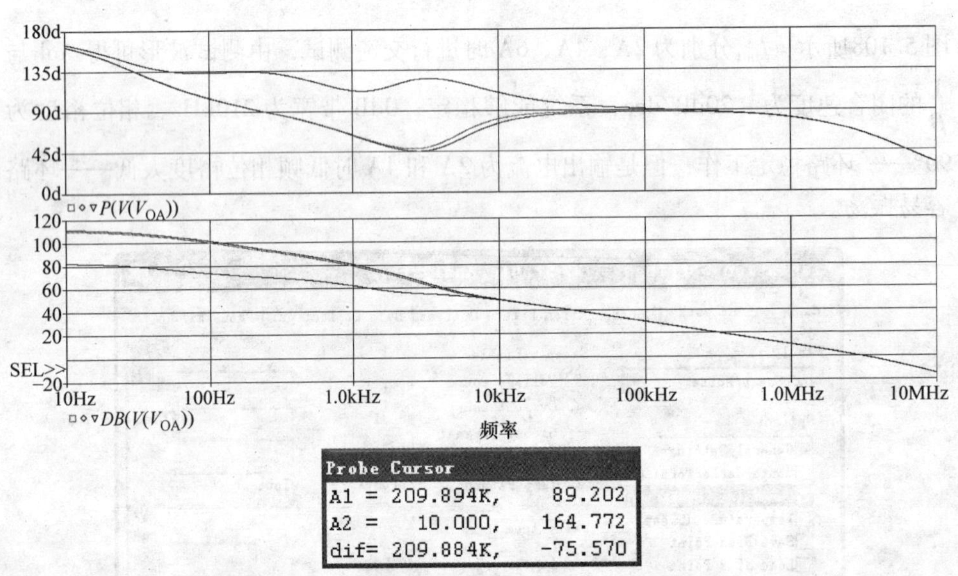

Probe Cursor	
A1 = 209.894K,	89.202
A2 = 10.000,	164.772
dif= 209.884K,	-75.570

图 5.108　环路 V（V_{OA}）频率特性曲线与数据

5.4.9　远程控制

利用电流和电压信号对电路工作特性进行远程控制，以设置电源输出电压和电流指标。

电流控制恒流输出：当 $R_p = 1.7\text{k}\Omega$ 时输出电流与控制电流 I_P 满足 1A/mA

特性关系，电流控制恒流输出测试电路、控制电流 I_P 直流仿真设置和控制电流与输出电流与测试曲线分别如图 5.109 ~ 图 5.111 所示：当远控电流在 1 ~ 6mA 线性增大时输出电流从 1 ~ 6A 线性变化，实现 1A/mA 远程控制特性；此时远控电流 I_P 的低端应与输出端的高端保持相同电位，以实现正确的电流控制。

输出指标设置
参数:
Vout=6
Iout=3
Rload=1
Iin=1m
输出滤波电容C2的等效电阻RC2非常重要，影响负载调节特性。
Q2和Q3起保护功能。
功率输出与驱动
输出电流反馈与恒流控制
输出滤波与负载
输出反馈与差分放大
恒流环路控制
输出滤波
控制电压
IP为外部编程电流
整流滤波
+OUT
-OUT
-S

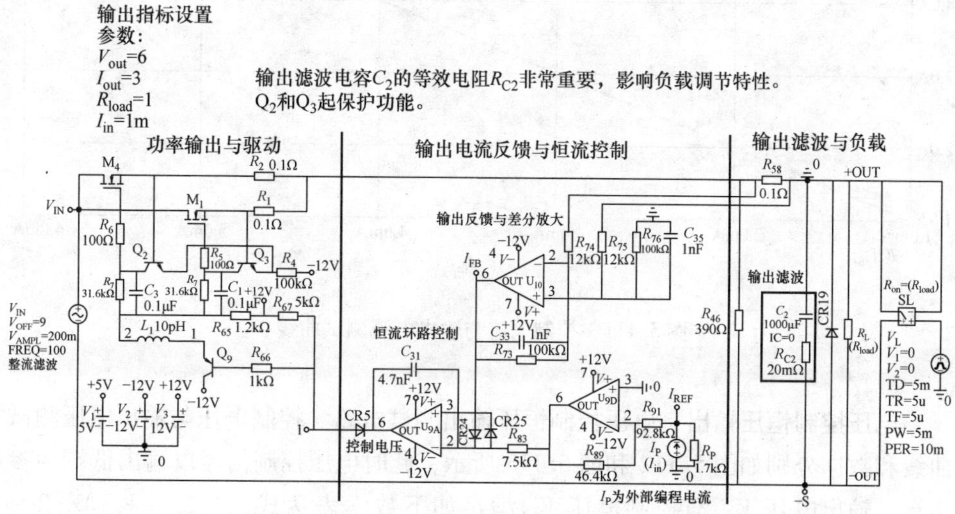

图 5.109　电流控制恒流输出测试电路

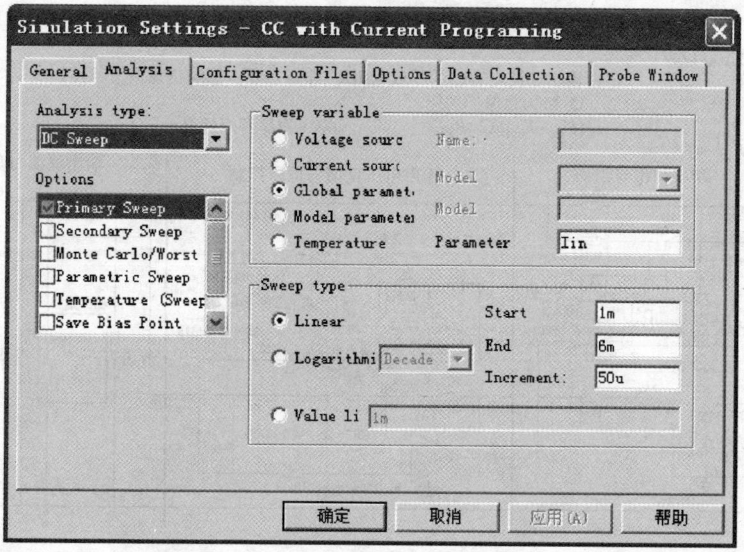

Simulation Settings - CC with Current Programming
General
Analysis
Configuration Files
Options
Data Collection
Probe Window
Analysis type:
DC Sweep
Options
Primary Sweep
Secondary Sweep
Monte Carlo/Worst
Parametric Sweep
Temperature (Sweep
Save Bias Point
Sweep variable
Voltage sourc
Current sourc
Global paramet
Model paramete
Temperature
Name:
Model
Model
Parameter
Iin
Sweep type
Linear
Logarithmi
Decade
Start
1m
End
6m
Increment:
50u
Value li
1m
确定
取消
应用(A)
帮助

图 5.110　控制电流 I_P 直流仿真设置

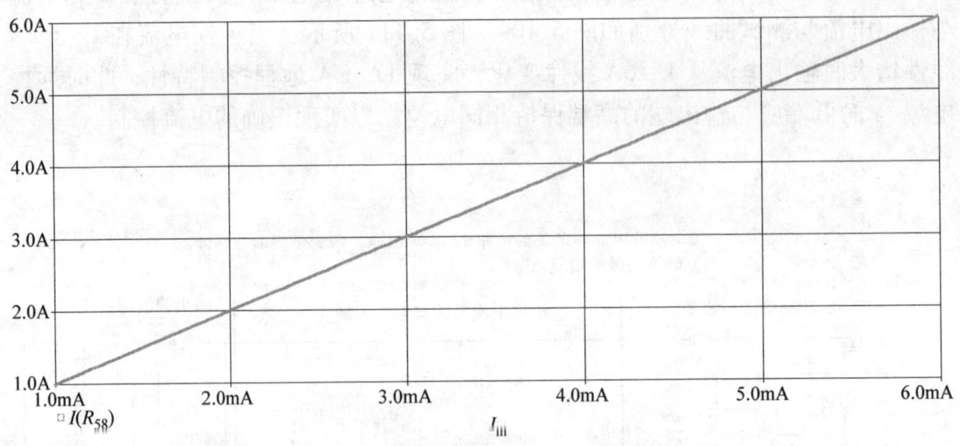

图 5. 111　控制电流与输出电流测试曲线

电压控制恒压输出：电压控制恒压输出测试电路、控制电压与输出电压测试曲线和数据分别如图 5. 112 和图 5. 113 所示，此时电压控制信号以输出低端为参考点，输出电压 V_{out} 与控制电压 V_{ref} 满足如下数学表达式：$(V_{ref}-V_{out})/(2\times R_{82})=V_{out}/R_{62}$，根据图 5. 112 中的参数可得 $V_{out}=0.447\times V_{ref}$，即输入编程电压为 10V 时的输出电压为 4. 47V，理论计算与仿真测试完全一致。

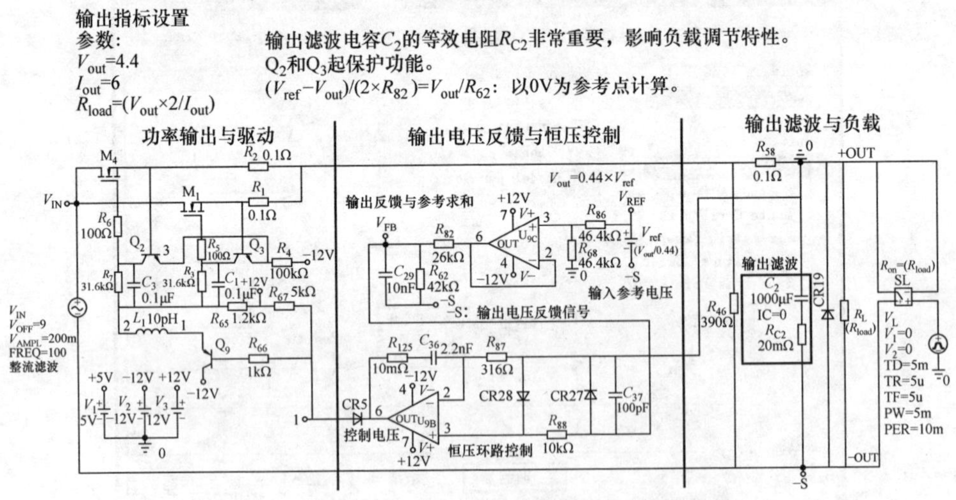

图 5. 112　电压控制恒压输出测试电路

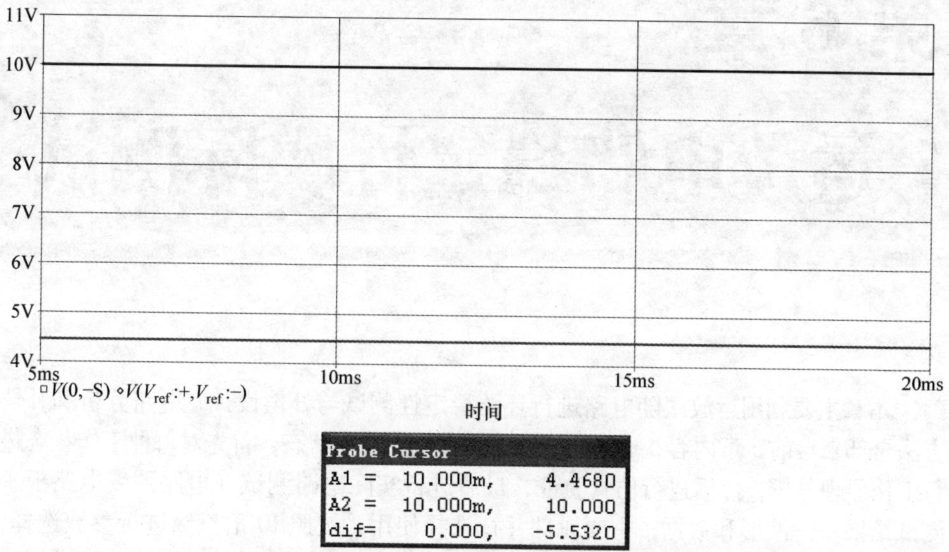

图 5.113　控制电压与输出电压测试曲线和数据

第 6 章

运放电路稳定性实际测试

本章主要利用运放跟随电路进行环路稳定性测试与补偿设计，电路分析和补偿方法全部来自前 5 章内容；通过设置开关改变电路工作状态，首先对每种工作状态进行工作原理分析，然后进行仿真验证，最后进行实际电路测试（电路图 + 电路板 + 测试结果——波形和数据；主要元件并行选择使用，按照 10 倍量级进行参数选择，C_1 由 C_{1a}和 C_{1b}两个电容构成，C_{1a} = 1nF、C_{1b} = 10nF，并分别由 SW_{1a}、SW_{1b}进行选择，依次类推），利用三步学习法系统掌握运放电路环路稳定性分析与设计。

运放跟随器稳定性测试电路由运放、电容、电阻、供电和开关组成，通过参数设置改变开关状态——闭合或断开，使得电路工作于不同模式，利用脉冲电压源对其进行激励，测试不同状态时的输出电压以判断系统稳定性，具体测试电路如图 6.1 所示，所用运放为 OPA177。

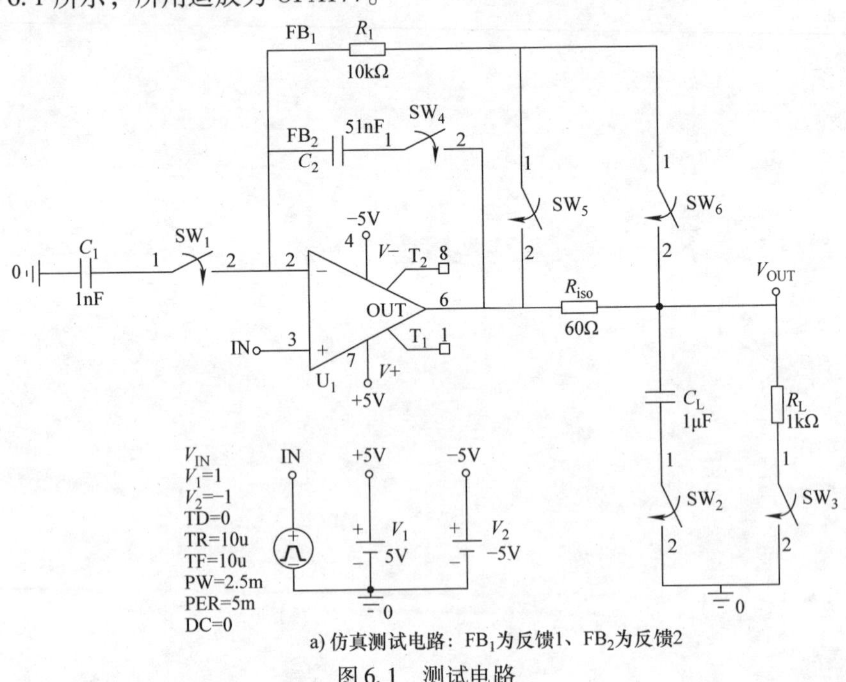

a) 仿真测试电路：FB_1为反馈1、FB_2为反馈2

图 6.1　测试电路

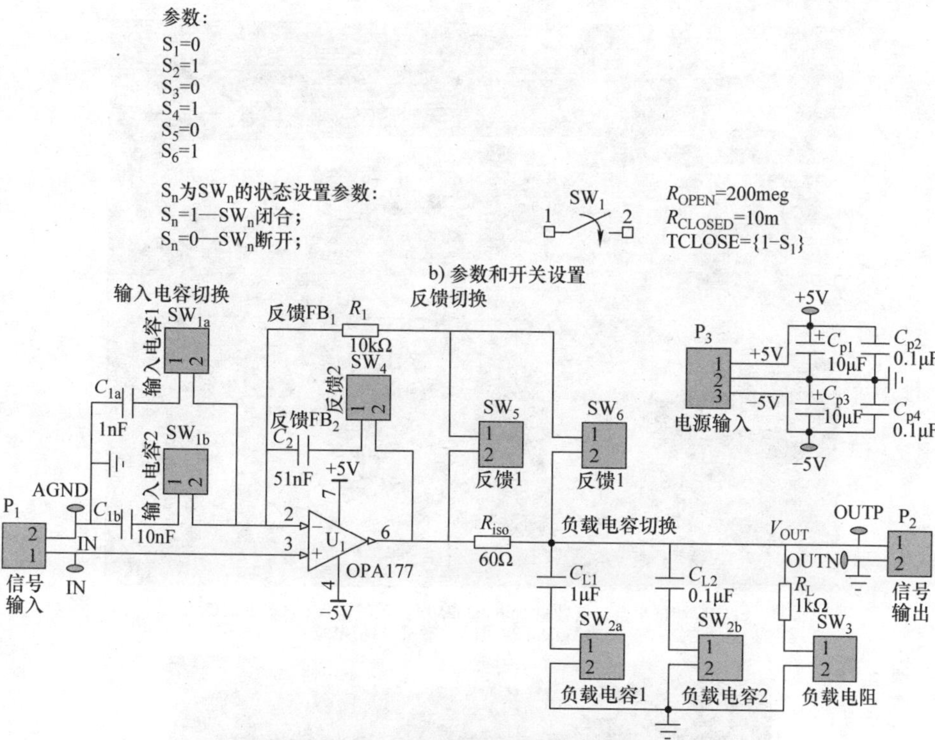

b) 参数和开关设置

c) 实际测试电路图

d) 实际测试电路板

图6.1　测试电路（续）

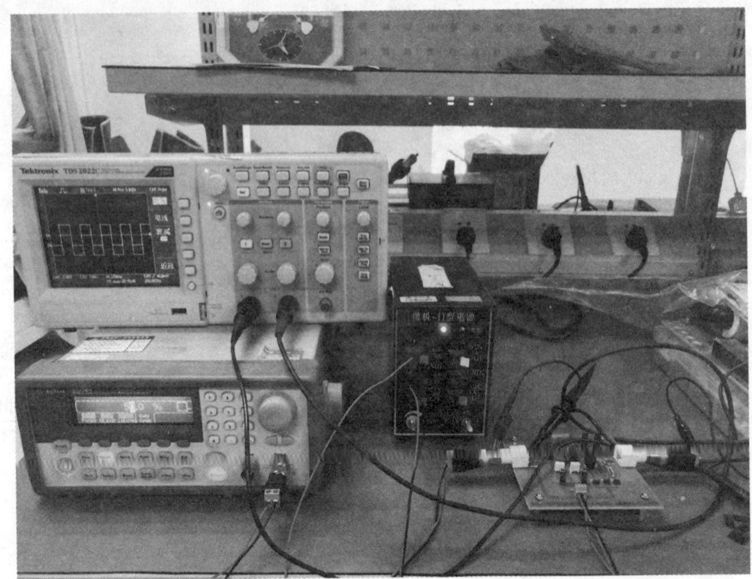

e) 实际测试平台：信号源Agilent33250A、示波器Tek TDS 2022C、
数表Agilent 34401A、微机-11型电源

f) 正负供电电压

图 6.1　测试电路（续）

(1) 正常工作测试——输入为脉冲电压，SW_5 和 SW_6 闭合，SW_1（SW_{1a} 和 SW_{1b}）、SW_2（SW_{2a} 和 SW_{2b}）、SW_3 和 SW_4 断开，测试输入和输出电压波形是否一致。图 6.2 所示为正常工作时的等效测试电路。

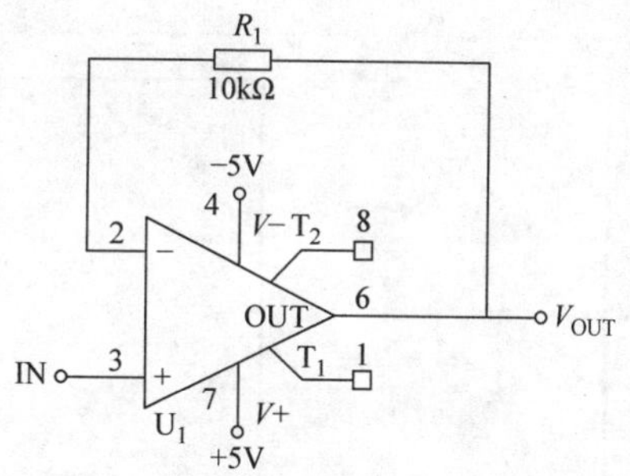

图 6.2　正常工作时的等效测试电路

工作原理分析：正常工作时电路工作于跟随模式，输入信号与输出信号一致。

仿真与实际验证：电路正常工作时输出与输入信号一致、工作于跟随状态，电路工作稳定。正常工作时的仿真设置与结果如图 6.3 所示，正常工作时的实际测试结果如图 6.4 所示。

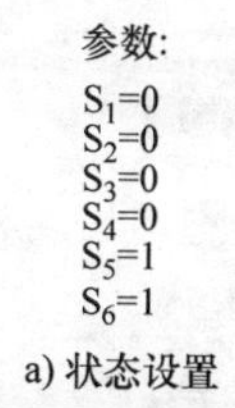

a) 状态设置

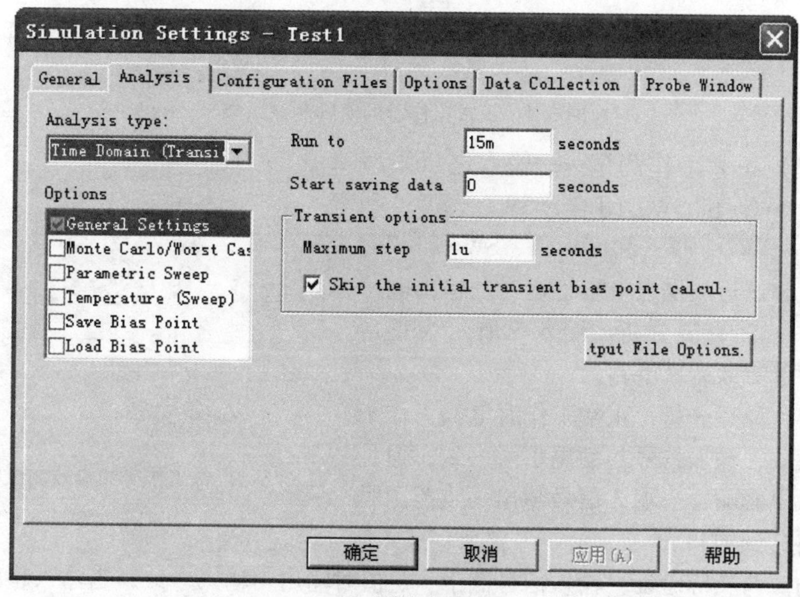

b) 时域仿真设置

图 6.3　正常工作时的仿真设置与结果

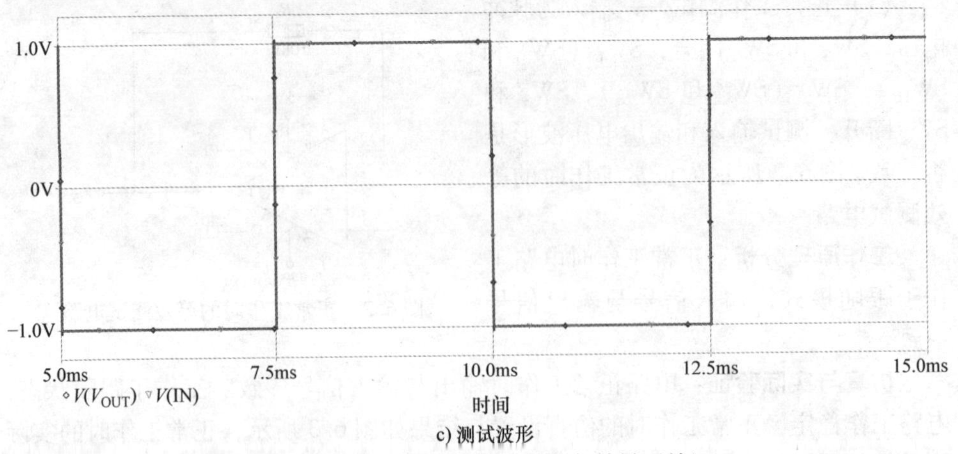

c) 测试波形

图 6.3　正常工作时的仿真设置与结果（续）

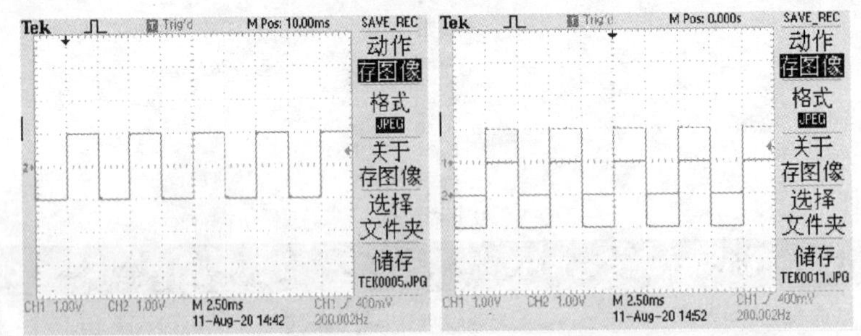

图 6.4　正常工作时的实际测试结果

（2）正常工作测试——输入电压线性增大，SW_5 和 SW_6 闭合，SW_1（SW_{1a} 和 SW_{1b}）、SW_2（SW_{2a} 和 SW_{2b}）、SW_3 和 SW_4 断开，测试运放供电电压恒定时的输出电压范围——V_{IN} 直流分析。图 6.5 所示为正常工作时的等效测试电路。

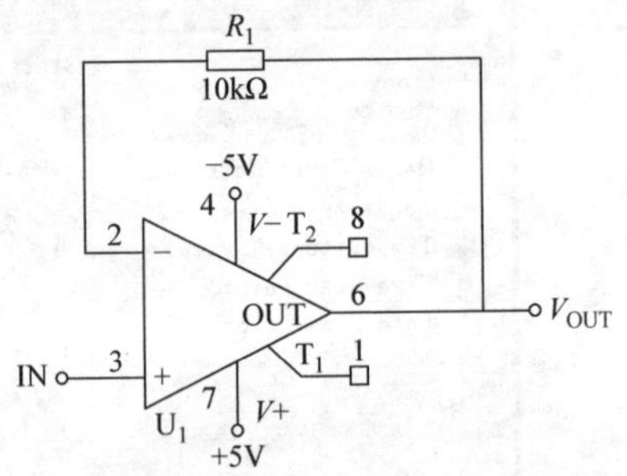

图 6.5　正常工作时的等效测试电路

工作原理分析：正常工作时电路工作于跟随模式，输入信号与输出信号一致，但是由于供电影响，当输入信号超出一定范围时输出将达到饱和。

仿真与实际验证：输入信号低于一定值时输出与输入一致，当输入超出一定范围时输出保持恒定，该恒定值与运放供电电压值相关；当供电电压为 ±5V 时，输出电压范围约为 ±4.13V。输出电压范围仿真设置与结果如图 6.6 所示，实际测试结果如图 6.7 所示。

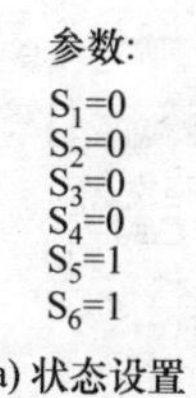

a) 状态设置

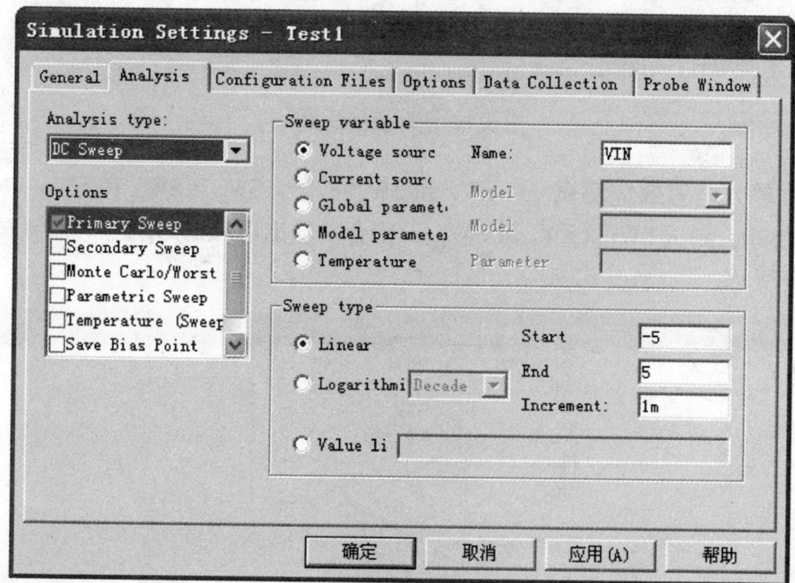

b) V_{IN}直流仿真设置

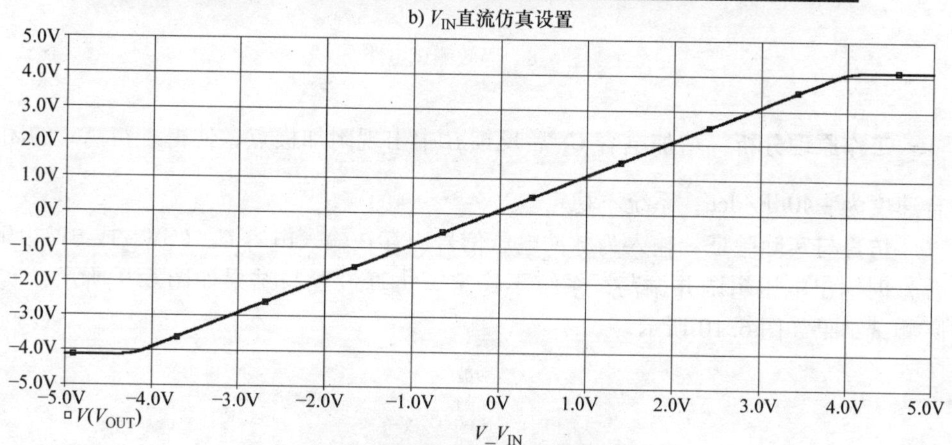

Probe Cursor		
A1 =	5.0000,	4.1271
A2 =	-5.0000,	-4.1259
dif=	10.000,	8.2530

c) 仿真波形与数据

图 6.6　输出电压范围仿真设置与结果

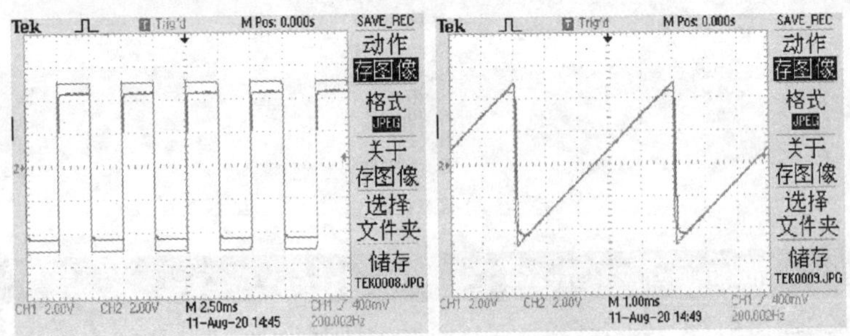

图 6.7 实际测试结果

（3）输入电容效应测试——SW_5 和 SW_6 闭合，SW_2（SW_{2a} 和 SW_{2b}）、SW_3 和 SW_4 断开，测试 SW_1（SW_{1a}或 SW_{1b}）闭合对输出电压的影响。等效测试电路如图 6.8 所示。

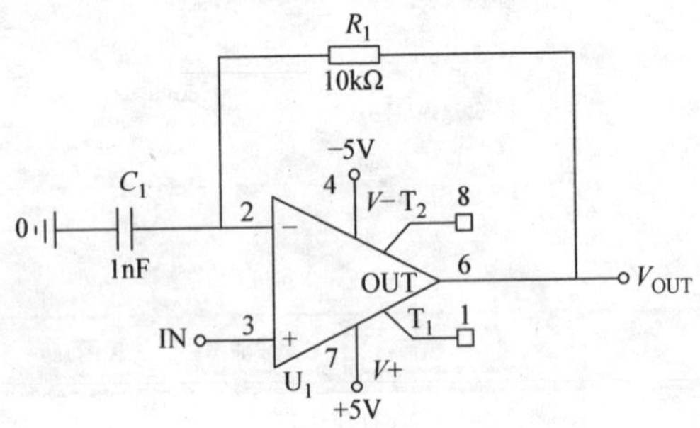

图 6.8 等效测试电路

工作原理分析： 增加电容 C_1 后反馈 β 中出现附加极点，使得$\dfrac{1}{\beta}$与 Aol 的闭合速度为 −40dB/dec，系统不稳定。

仿真与实际验证： 输入为脉冲电压信号，存在输入电容 C_1（SW_{1a}或 SW_{1b}闭合）时输出电压超调并振荡，系统不稳定。仿真设置与结果如图 6.9 所示，实际测试结果如图 6.10 所示。

参数:

S_1=1
S_2=0
S_3=0
S_4=0
S_5=1
S_6=1

a) 状态设置

图 6.9 仿真设置与结果

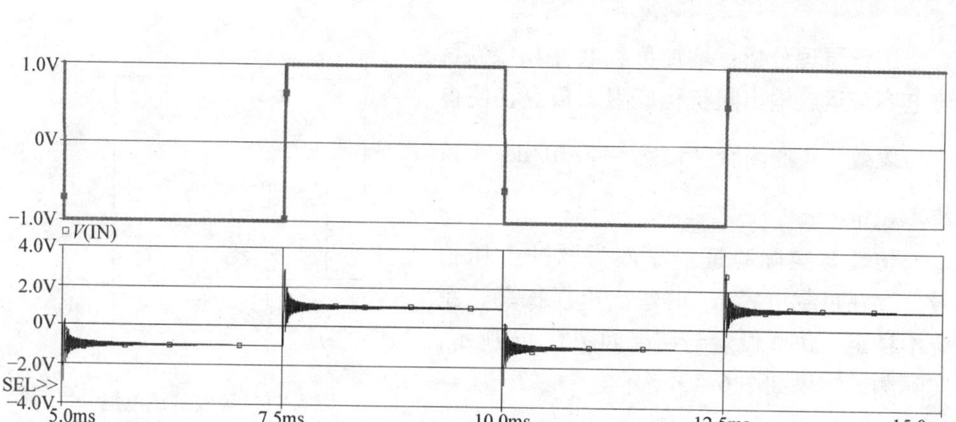

b) 仿真波形

图 6.9　仿真设置与结果（续）

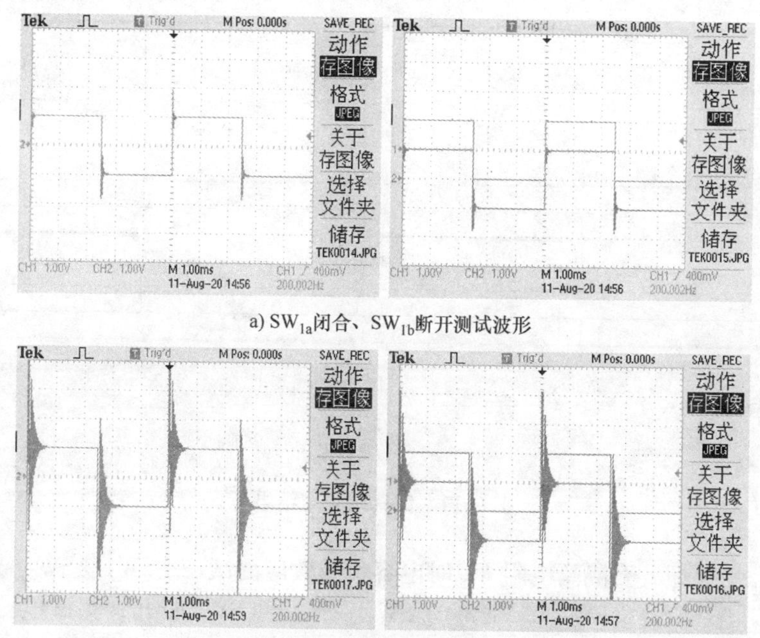

a) SW_{1a}闭合、SW_{1b}断开测试波形

b) SW_{1b}闭合、SW_{1a}断开测试波形

图 6.10　实际测试结果

（4）单反馈、无隔离电阻 R_{iso} 时电容负载效应测试——SW_2（SW_{2a} 或 SW_{2b}）、SW_5 和 SW_6 闭合，SW_1（SW_{1a}和 SW_{1b}）、SW_3 和 SW_4 断开，测试电路是否稳定。等效测试电路如图 6.11 所示。

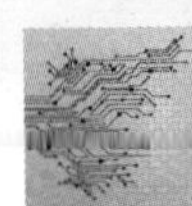

工作原理分析：增加负载电容 C_L 之后，该电容与运放输出阻抗构成附加极点，使得 $\frac{1}{\beta}$ 与等效 Aol 的闭合速度为 -40dB/dec，系统不稳定。

仿真与实际验证：输入为脉冲电压信号，存在负载电容 C_L 时输出电压振荡，系统不稳定。仿真设置与结果如图 6.12 所示，实际测试结果如图 6.13 所示。

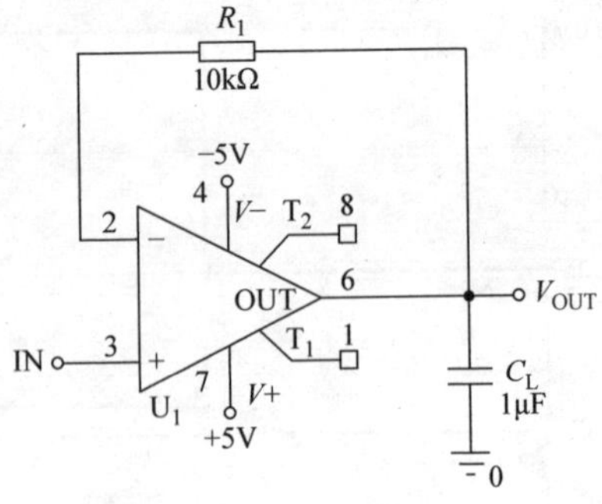

图 6.11　等效测试电路

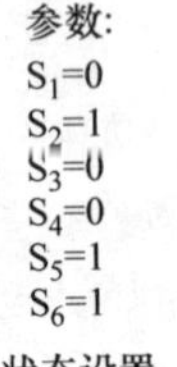

a) 状态设置

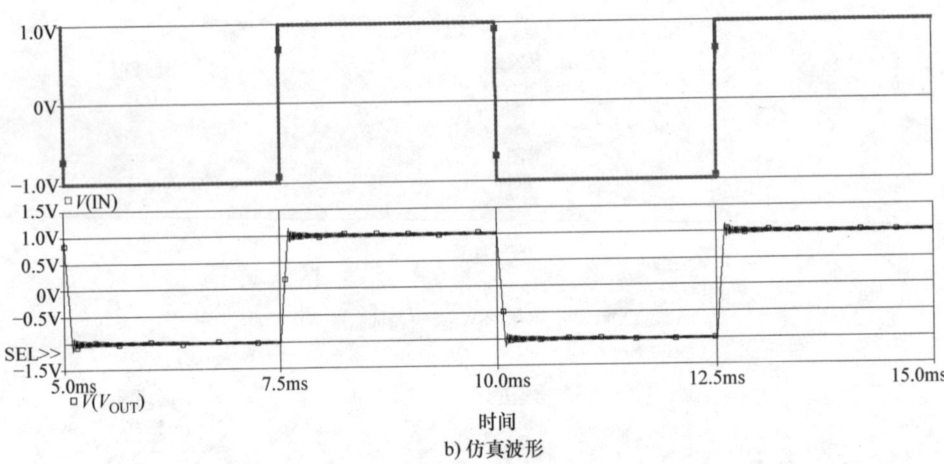

b) 仿真波形

图 6.12　仿真设置与结果

（5）单反馈、有隔离电阻 R_{iso} 时电容负载效应测试——SW_2（SW_{2a} 或 SW_{2b}）和 SW_5 闭合，SW_1（SW_{1a} 和 SW_{1b}）、SW_3、SW_4 和 SW_6 断开，测试电路是否稳定。等效测试电路如图 6.14 所示。

工作原理分析：增加隔离电阻 R_{iso} 之后，该电阻将运放输出与负载电容 C_L 相隔离，使得 $\frac{1}{\beta}$ 与等效 Aol 的闭合速度为 -20dB/dec，系统稳定。

仿真与实际验证：输入为脉冲电压信号，输出与输入一致、无超调和振荡，系统稳定。仿真设置与结果如图 6.15 所示，实际测试结果如图 6.16 所示。

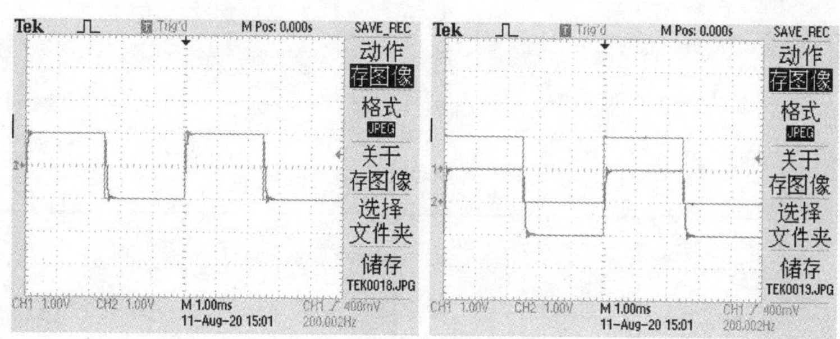

a) SW_{2a}闭合、SW_{2b}断开测试波形

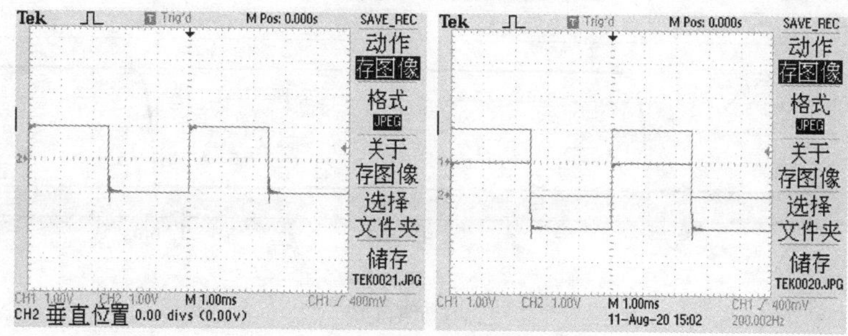

b) SW_{2b}闭合、SW_{2a}断开测试波形

图 6.13 实际测试结果

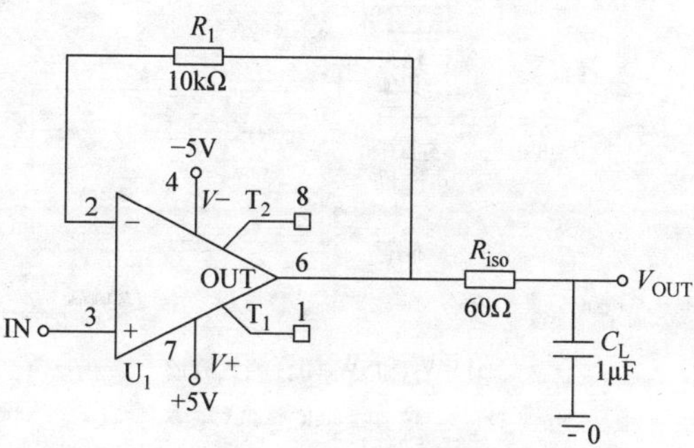

图 6.14 等效测试电路

（6）单反馈、有隔离电阻 R_{iso}时电容负载效应测试——SW_2（SW_{2a}或 SW_{2b}）和 SW_5 闭合，SW_1（SW_{1a}和 SW_{1b}）、SW_4 和 SW_6 断开，测试负载 R_L 对输出电压的影响——SW_3 参数分析。等效测试电路如图 6. 17 所示。

工作原理分析：增加隔离电阻 R_{iso}之后，该电阻与负载 R_L 进行分压，使得输出电压低于输入电压，电路产生误差，但是系统能够稳定工作。

参数:

S_1=0
S_2=1
S_3=0
S_4=0
S_5=1
S_6=0

a) 状态设置

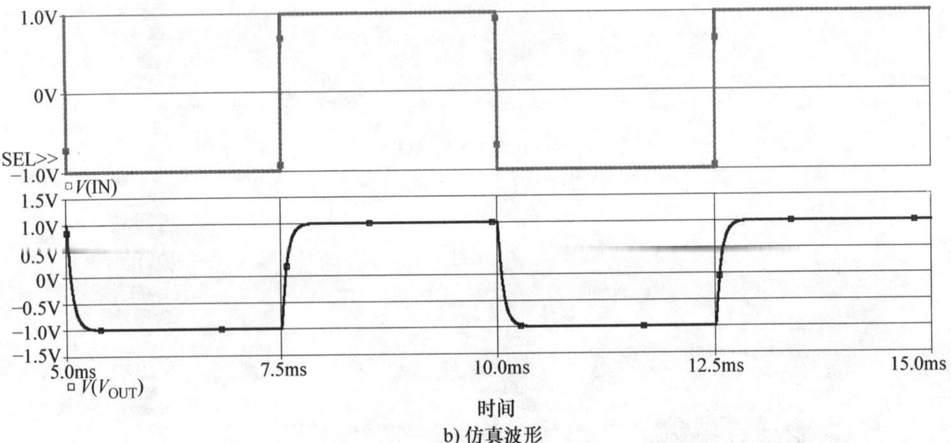

b) 仿真波形

图 6.15　仿真设置与结果

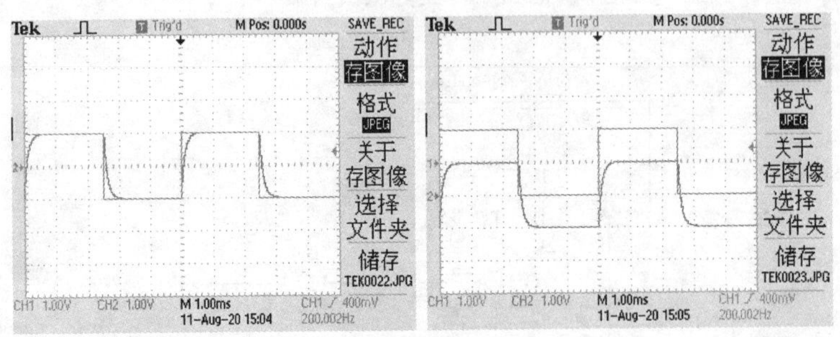

a) SW_{2a}和SW_5闭合测试波形

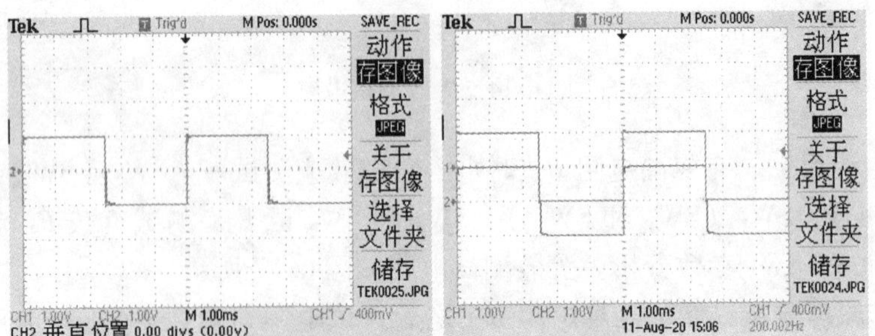

b) SW_{2b}和SW_5闭合测试波形

图 6.16　实际测试结果

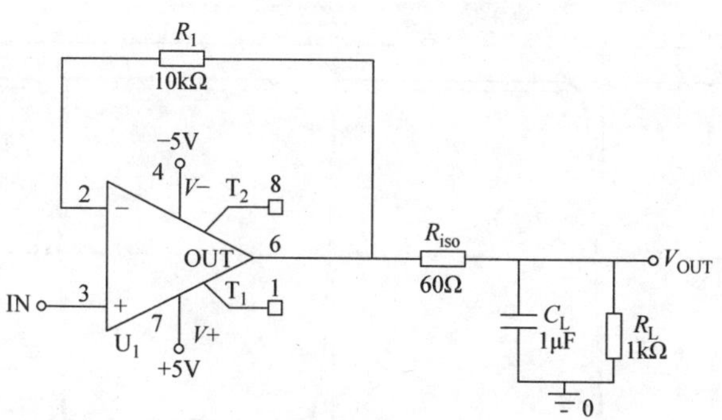

图 6.17　等效测试电路

仿真与实际验证：输入为脉冲电压信号，输出形状与输入一致、无超调和振荡，系统稳定；有无负载 R_L 时输出稳态电压分别为 943mV 和 1V，误差约为 −5.7%。仿真设置与结果如图 6.18 所示，实际测试结果如图 6.19 所示。

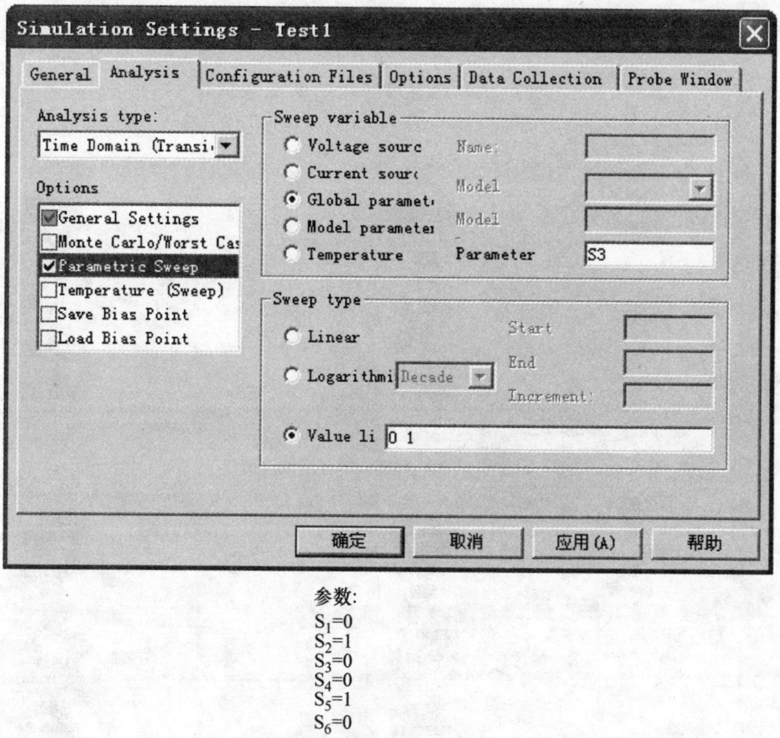

Simulation Settings - Test1
General　Analysis　Configuration Files　Options　Data Collection　Probe Window
Analysis type:
Time Domain (Transi
Options
General Settings
Monte Carlo/Worst Cas
Parametric Sweep
Temperature (Sweep)
Save Bias Point
Load Bias Point
Sweep variable
Voltage sourc
Current sourc
Global paramet
Model paramete
Temperature
Name:
Model
Model
Parameter　S3
Sweep type
Linear
Logarithmi　Decade
Start
End
Increment:
Value li　0 1
确定　取消　应用(A)　帮助

参数:
S_1=0
S_2=1
S_3=0
S_4=0
S_5=1
S_6=0

a) 参数和状态设置

图 6.18　仿真设置与结果

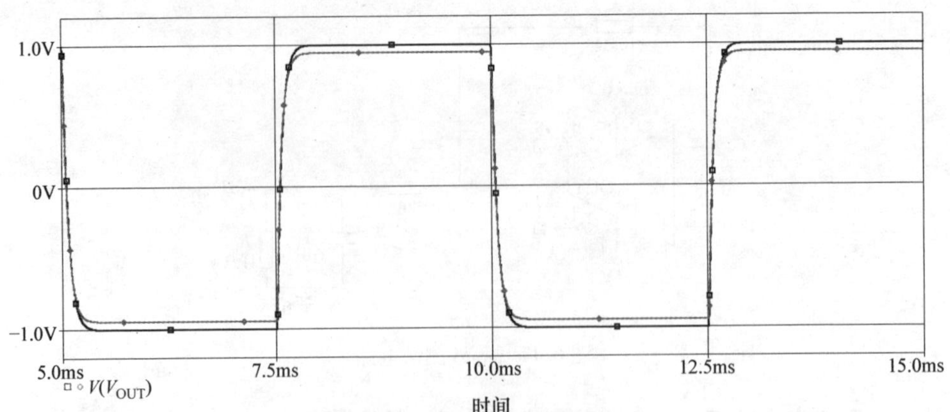


```
Probe Cursor
A1 =    9.2267m,     1.0001
A2 =    9.2267m,   943.413m
dif=     0.000,     56.647m
```

b) 仿真波形与数据

图 6.18　仿真设置与结果（续）

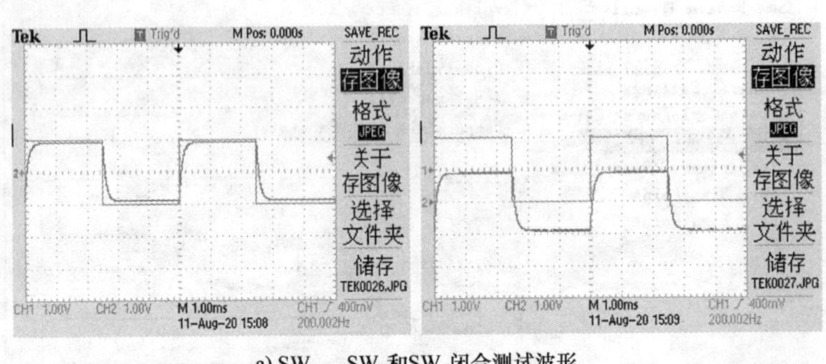

a) SW_{2a}、SW_3和SW_5闭合测试波形

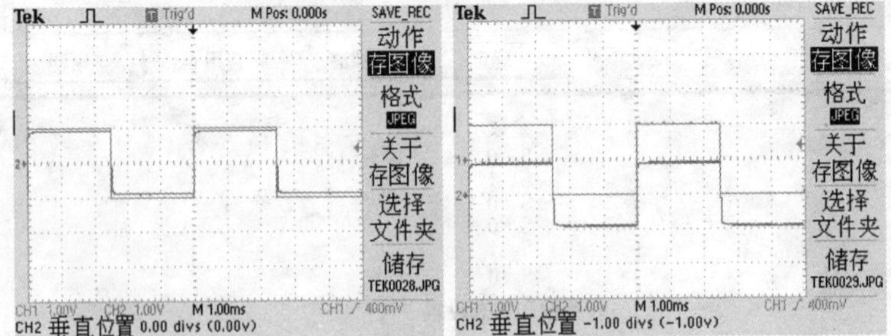

b) SW_{2b}、SW_3和SW_5闭合测试波形

图 6.19　实际测试结果

(7) 双反馈、有隔离电阻 R_{iso} 时电容负载效应测试——SW_2 (SW_{2a} 或 SW_{2b})、SW_4 和 SW_6 闭合，SW_1 (SW_{1a} 和 SW_{1b})、SW_3 和 SW_5 断开，测试电路是否稳定。等效测试电路如图 6.20 所示。

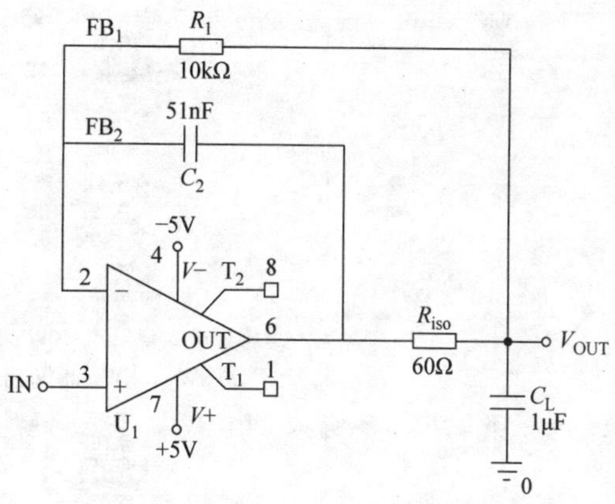

图 6.20　等效测试电路

工作原理分析：利用双反馈对容性负载进行补偿设计；FB_1 负责低频，使得输出电压无稳态误差；FB_2 负责高频，使得输入电压变化瞬间系统稳定工作。

仿真与实际验证：输入为脉冲电压信号，输出形状与输入一致、但是存在微小超调，系统稳定。仿真设置与结果如图 6.21 所示，实际测试结果如图 6.22 所示。

(8) 双反馈、有隔离电阻 R_{iso} 时电容负载效应测试——SW_2 (SW_{2a} 或 SW_{2b})、SW_4 和 SW_6 闭合，SW_1 (SW_{1a} 和 SW_{1b}) 和 SW_5 断开，测试负载 R_L 对输出电压的影响——SW_3 参数分析。等效测试电路如图 6.23 所示。

参数:
S_1=0
S_2=1
S_3=0
S_4=1
S_5=0
S_6=1

a) 状态设置

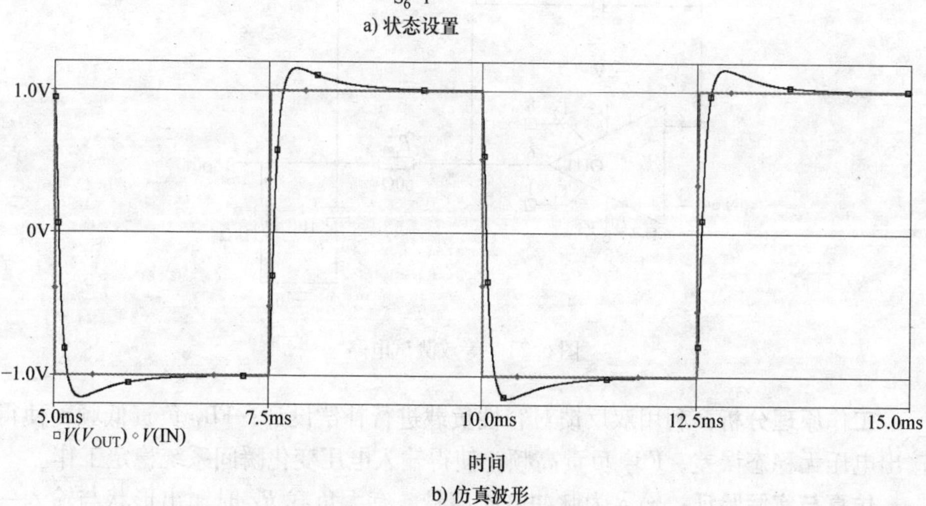

b) 仿真波形

图 6.21　仿真设置与结果

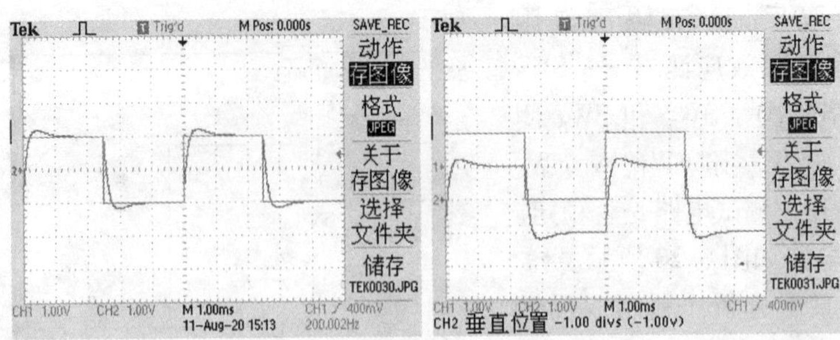

a) SW_{2a}、SW_4和SW_6闭合测试波形

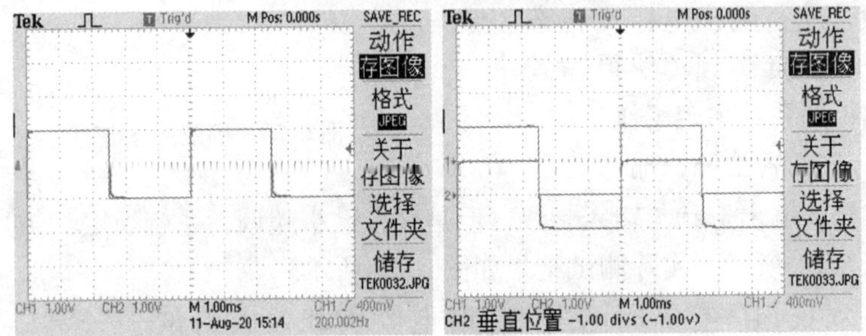

b) SW_{2b}、SW_4和SW_6闭合测试波形

图 6.22　实际测试结果

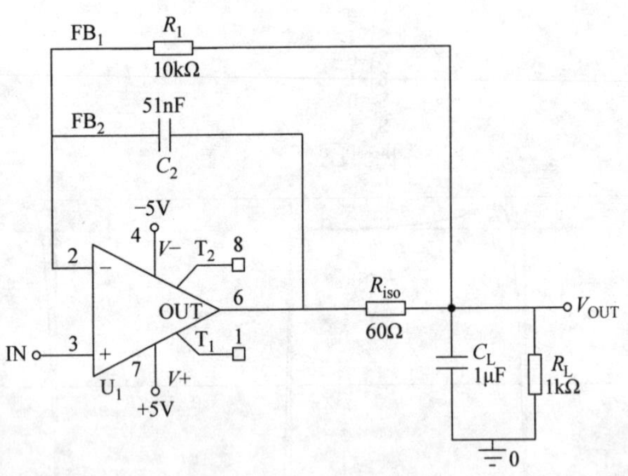

图 6.23　等效测试电路

工作原理分析：利用双反馈对容性负载进行补偿设计；FB_1 负责低频，使得输出电压无稳态误差；FB_2 负责高频，使得输入电压变化瞬间系统稳定工作。

仿真与实际验证：输入为脉冲电压信号，有无负载 R_L 时输出形状与输入一致、但是存在微小超调，系统稳定；有无负载 R_L 时输出稳态电压分别为

1.0018V 和 1.0017V，两者误差小于千分之一。仿真设置与结果如图 6.24 所示，实际测试结果如图 6.25 所示。

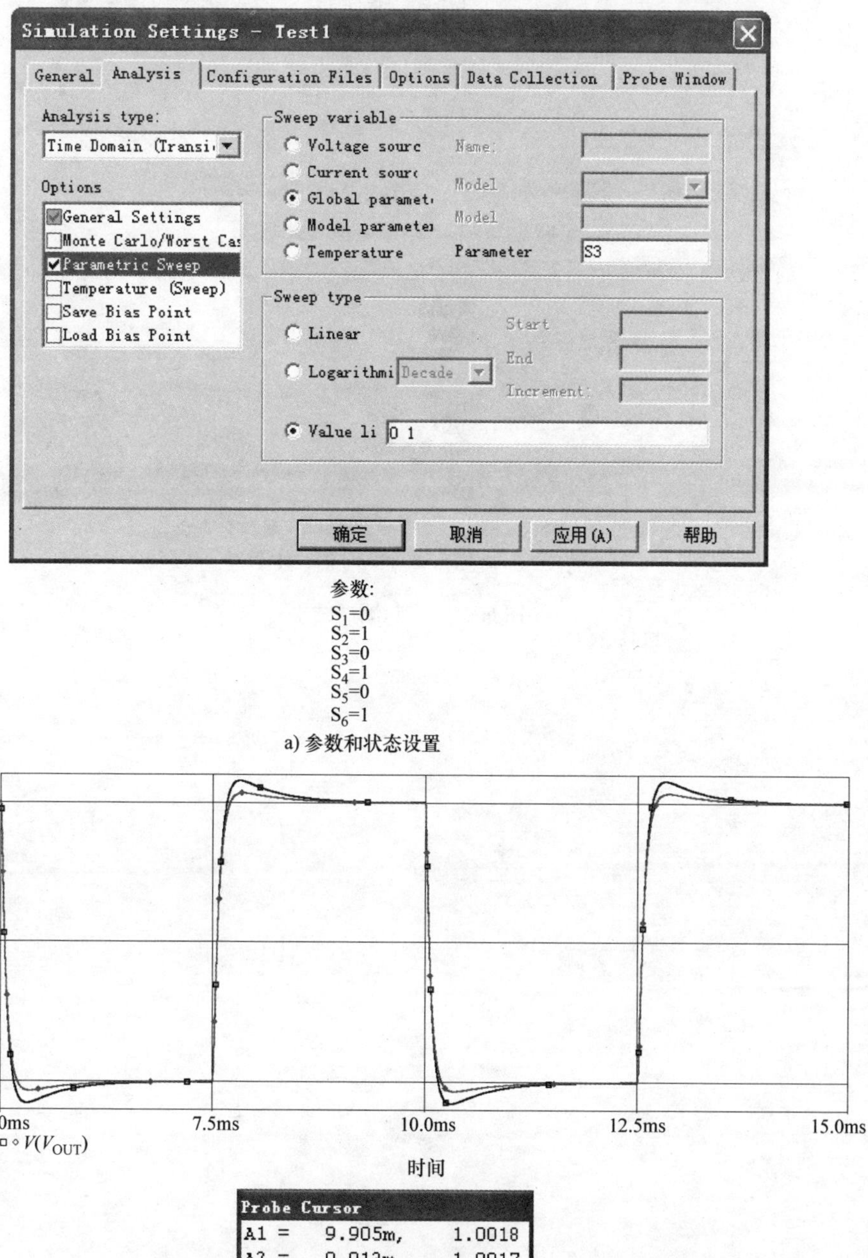

a) 参数和状态设置

b) 仿真波形与数据

图 6.24　仿真设置与结果

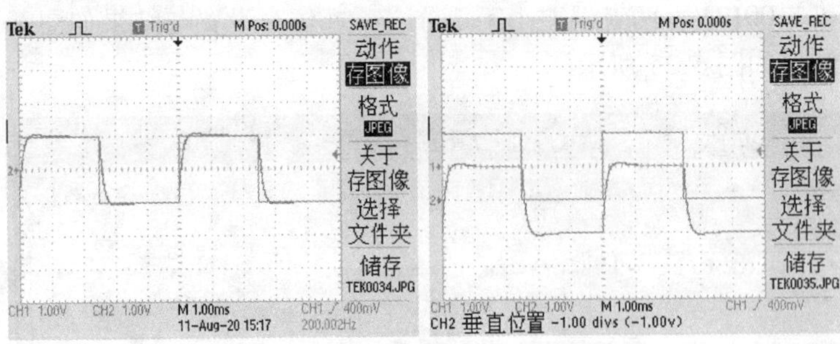

a) SW_{2a}、SW_3、SW_4和SW_6闭合测试波形

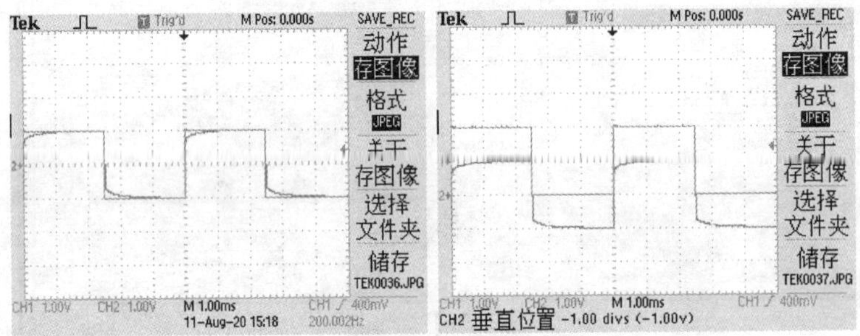

b) SW_{2b}、SW_3、SW_4和SW_6闭合测试波形

图 6.25　实际测试结果

附　录

重要元器件的PSpice模型

```
. SUBCKT OPA348 IN +  IN -  VCC VEE VOUT
V4              51 VEE 9M
V3              VCC 52 9M
IS2             54 GND_FLOAT 10P
IS1             +IN_CMRR GND_FLOAT 10P
V1              58 59 200M
V2              60 61 200M
V12             62 63 200M
V9              64 65 200M
V11             GND_FLOAT 75 10
V10             2 GND_FLOAT 10
Vor_2           78 74 800M
Vor_3           73 79 800M
EVCVS11         Vsense GND_FLOAT E GND_FLOAT  1M
EVCVS10         D GND_FLOAT C GND_FLOAT  1M
SW10            32 Over_clamp CL1 GND_FLOAT  S_VSWITCH_1
SW6             33 34 OL -  GND_FLOAT  S_VSWITCH_2
SW5             35 33 GND_FLOAT OL +  S_VSWITCH_3
SW4             36 CLAW_s2 38 GND_FLOAT  S_VSWITCH_4
SW3             CLAW_s1 36 GND_FLOAT 40  S_VSWITCH_5
SW2             41 42 SC -  GND_FLOAT  S_VSWITCH_6
SW1             43 41 GND_FLOAT SC +  S_VSWITCH_7
EVCVS9          46 GND_FLOAT 44 Vzo_4  1MEG
XR107           A GND_FLOAT RNOISE_FREE_0
XR107_2         46 Vzo_4 RNOISE_FREE_1
EVCVS8          B GND_FLOAT A GND_FLOAT  10U
```

```
R5          VEE VEE_A 1G
C8          Vzo_4 GND_FLOAT 20P
XU17        IN - P INOISE_0
XR101       0 GND_FLOAT RNOISE_FREE_2
XR102       GND_FLOAT 48 RNOISE_FREE_3
XR102_2     48 49 RNOISE_FREE_4
XR102_3     GND_FLOAT 50 RNOISE_FREE_5
XR102_4     50 PSRR RNOISE_FREE_4
XU14        GND_FLOAT Vimon VCC VEE VEE_CLP 51 VCVS_LIMIT_0
C7          GND_FLOAT AOL_p0zp1 36P
C1          GND_FLOAT C 30P
GVCCS10     GND_FLOAT AOL_p0zp1 D GND_FLOAT   100
XR107_3     AOL_p0zp1 GND_FLOAT RNOISE_FREE_4
XU12        VCC VEE GND_FLOAT 55 VCVS_LIMIT_1
R22         PATH + 56 1
R11         PATH - 57 1
CinnCM      GND_FLOAT IN - 3P
Cdiff       IN - IN + 1.5P
CinpCM      IN + GND_FLOAT 3P
XR107_4     CLAW_clamp GND_FLOAT RNOISE_FREE_0
XR107_5     IN + GND_FLOAT RNOISE_FREE_6
XR107_6     GND_FLOAT IN - RNOISE_FREE_6
XR107_7     IN - IN + RNOISE_FREE_7
XR107_8     C GND_FLOAT RNOISE_FREE_4
GVCCS2      GND_FLOAT C E GND_FLOAT   1M
XU16        Vinpins GND_FLOAT GND_FLOAT Over_clamp VCCS_LIMIT_0
C2          Over_clamp GND_FLOAT 37.5N
XU4         VOUT Vimon GRL GND_FLOAT VCVS_GRL_0
C5          GND_FLOAT PSRR 9.43F
C15         VCC VEE 10P
L2          50 GND_FLOAT 1.98
GVCCS1      GND_FLOAT PSRR VCC VEE   56.2N
CCM         49 GND_FLOAT 315F
LCM         48 GND_FLOAT 520M
GVCCS7      GND_FLOAT 49 +IN_CMRR GND_FLOAT   -79.4N
```

```
C4          VCC_A 0 1G
R20         VCC VCC_A 1G
C3          VEE_A 0 1G
XVn11       IN+ P VNSE_0
XR104       Over_clamp GND_FLOAT RNOISE_FREE_8
XU13        +IN_CMRR P VCVS_LIMIT_2
XU11        VCC VEE 67 GND_FLOAT VCVS_LIMIT_3
XU10        VCC VEE VCC VEE VCCS_IQ_0
R32         68 PATH+ 1
EVCVS7      61 GND_FLOAT VCC GND_FLOAT  1
XU9         68 60 IDEAL_D_0
R17         PATH+ 69 1
XU8         59 69 IDEAL_D_0
EVCVS5      58 GND_FLOAT VEE GND_FLOAT  1
R2          70 PATH- 1
EVCVS6      65 GND_FLOAT VCC GND_FLOAT  1
XU2         70 64 IDEAL_D_0
R3          PATH- 71 1
XU1         63 71 IDEAL_D_0
GVCCS13     GND_FLOAT CLAW_clamp AOL_p0zp1 GND_FLOAT  10U
GVCCS14     GND_FLOAT A CLAW_clamp GND_FLOAT  10U
EVCVS2      62 GND_FLOAT VEE GND_FLOAT  1
EVCVS1      57 GND_FLOAT 54 GND_FLOAT  1
R4          VEE_CLP GND_FLOAT 100G
R1          VCC_CLP GND_FLOAT 100G
XU23        Vimon GND_FLOAT VCC VEE 52 VCC_CLP VCVS_LIMIT_0
C17         SC+ GND_FLOAT 1P
C16         GND_FLOAT 38 1P
C20         OL+ GND_FLOAT 1P
C22         GND_FLOAT CL1 1P
R31         CL1 Over_clamp 1
C23         GND_FLOAT Vclp 1F
C9          72 GND_FLOAT 10P
R30         72 Vimon 10
C21         GND_FLOAT OL- 1P
```

```
C19           GND_FLOAT SC - 1P
C12           40 GND_FLOAT 1P
R29           44 Vclp 1
R34           Vclp 73 1K
R33           Vclp 74 1K
SW9           Over_clamp 75 GND_FLOAT CL1  S_VSWITCH_8
R26           42 SC - 1
R25           43 SC + 1
R19           CLAW_s2 38 1
R16           CLAW_s1 40 1
R14           34 OL - 1
R13           35 OL + 1
R12           36 CLAW_clamp 100
R7            33 Over_clamp 10M
R6            41 A 100
GIsinking     VEE GND_FLOAT 76 GND_FLOAT  1M
GIsourcing    VCC GND_FLOAT 77 GND_FLOAT  1M
R23           76 GND_FLOAT 10K
SW7           Vimon 76 72 GND_FLOAT  S_VSWITCH_9
R21           GND_FLOAT 77 10K
SW8           Vimon 77 72 GND_FLOAT  S_VSWITCH_10
XU5           78 Vsense 35 GND_FLOAT VCVS_LIMIT_4
XU3           79 Vsense 34 GND_FLOAT VCVS_LIMIT_4
EVCVS4        56 GND_FLOAT +IN_CMRR GND_FLOAT  1
XU26          PATH + PATH - GRL GND_FLOAT Vinpins VCCS_TG_0
XU25          PSRR GND_FLOAT 80 IN - VCVS_LIMIT_5
XU22          67 Vimon 43 GND_FLOAT VCVS_LIMIT_6
XU21          55 Vimon 42 GND_FLOAT VCVS_LIMIT_7
XU20          VEE_CLP VOUT CLAW_s2 GND_FLOAT VCVS_LIMIT_7
XU19          VCC_CLP VOUT CLAW_s1 GND_FLOAT VCVS_LIMIT_8
XR102_5       81 82 RNOISE_FREE_8
XR101_2       83 81 RNOISE_FREE_8
C6            81 0 1
XR105         E GND_FLOAT RNOISE_FREE_8
XR103         GND_FLOAT Vinpins RNOISE_FREE_8
```

```
EVCVS34        GND_FLOAT 0 81 0   1
EVCVS29        83 0 VCC 0   1
EVCVS28        82 0 VEE 0   1
EVCVSCM        80 54 49 GND_FLOAT   1
VCCVS1_in      Vzo_4 VOUT
HCCVS1         Vimon GND_FLOAT VCCVS1_in    1K
GVCCS5         GND_FLOAT E Over_clamp GND_FLOAT   1M
EVCVS3         44 GND_FLOAT B GND_FLOAT   1

.MODEL S_VSWITCH_1 VSWITCH (RON=1 ROFF=1T VON=150 VOFF=0)
.MODEL S_VSWITCH_2 VSWITCH (RON=1 ROFF=1T VON=1 VOFF=-1)
.MODEL S_VSWITCH_3 VSWITCH (RON=1 ROFF=1T VON=1 VOFF=-1)
.MODEL S_VSWITCH_4 VSWITCH (RON=1 ROFF=1T VON=10 VOFF=-10)
.MODEL S_VSWITCH_5 VSWITCH (RON=1 ROFF=1T VON=10 VOFF=-10)
.MODEL S_VSWITCH_6 VSWITCH (RON=1 ROFF=1T VON=10 VOFF=-10)
.MODEL S_VSWITCH_7 VSWITCH (RON=1 ROFF=1T VON=10 VOFF=-10)
.MODEL S_VSWITCH_8 VSWITCH (RON=1 ROFF=1T VON=150 VOFF=0)
.MODEL S_VSWITCH_9 VSWITCH (RON=1M ROFF=10MEG VON=-10M
VOFF=0)
.MODEL S_VSWITCH_10 VSWITCH (RON=1M ROFF=10MEG VON=10M
VOFF=0)
.ENDS

****************************************
.SUBCKT AMPSIMP 1 5 7 params: POLE=30 GAIN=30000 VHIGH=4V
VLOW=100mV
* + - OUT
G1 0 4 1 5 100u
R1 4 0 {GAIN/100u}
C1 4 0 {1/(6.28*(GAIN/100u)*POLE)}
E1 2 0 4 0 1
Ro 2 7 10
Rfloat 7 0 100meg
Vlow 3 0 DC={VLOW}
Vhigh 8 0 DC={VHIGH}
```

```
Dlow 3 4 DCLP
Dhigh 4 8 DCLP
. MODEL DCLP D N =0. 01
. ENDS

* * * * * * * * * * * * * * * * * * * * * * * * * * * * * * * * * * * *
. SUBCKT IRF7403 1 2 3
* Node 1 - > Drain
* Node 2 - > Gate
* Node 3 - > Source
M1 9 7 8 8 MM L =100u W =100u
. MODEL MM NMOS LEVEL =1 IS =1e -32
+ VTO =2 LAMBDA =0 KP =29. 28
+ CGSO =1. 11902e -05 CGDO =1e -11
RS 8 3 0. 0118605
D1 3 1 MD
. MODEL MD D IS =1. 09858e -11 RS =0. 0625974 N =1. 09716 BV =30
+ IBV =0. 00025 EG =1. 2 XTI =3. 01469 TT =7. 87476e -10
+ CJO =1. 2445e -09 VJ =0. 924486 M =0. 442335 FC =0. 5
RDS 3 1 2. 4e +07
RD 9 1 0. 0001
RG 2 7 5. 93125
D2 4 5 MD1
. MODEL MD1 D IS =1e -32 N =50
+ CJO =1. 23222e -09 VJ =0. 5 M =0. 510121 FC =1e -08
D3 0 5 MD2
. MODEL MD2 D IS =1e -10 N =0. 424591 RS =3e -06
RL 5 10 1
FI2 7 9 VFI2 -1
VFI2 4 0 0
EV16 10 0 9 7 1
CAP 11 10 1. 80241e -09
FI1 7 9 VFI1 -1
VFI1 11 6 0
RCAP 6 10 1
```

```
D4 0 6 MD3
. MODEL MD3 D IS = 1e - 10 N = 0. 424591
. ENDS

* * * * * * * * * * * * * * * * * * * * * * * * * * * * * * * * * *
OPA177 的 PSpice model
* CONNECTIONS:          NON - INVERTING INPUT
*                         |   INVERTING INPUT
*                         |   |   POSITIVE POWER SUPPLY
*                         |   |   |   NEGATIVE POWER SUPPLY
*                         |   |   |   |   OUTPUT
*                         |   |   |   |   |
* PIN CONFIG FOR OPA177:        INP INM 3   4   5
. SUBCKT OPA177 INP INN 3 4 5
C1    11 12 40. 00E - 12
C2     6  7 80. 00E - 12
DC     5 53 DX
DE    54  5 DX
DLP   90 91 DX
DLN   92 90 DX
DP     4  3 DX
EGND 99   0 POLY(2) (3,0) (4,0) 0 .5 .5
FB     7 99 POLY(5) VB VC VE VLP VLN 0 1. 326E9  - 1E9 1E9 1E9  - 1E9
GA     6   0 11 12 301. 6E - 6
GCM    0   6 10 99 30. 16E - 12
IEE   10   4 DC 20. 00E - 6
HLIM 90   0 VLIM 1K
Q1    11   2 13 QX
Q2    12   1 14 QX
R2     6   9 100. 0E3
RC1    3 11 3. 316E3
RC2    3 12 3. 316E3
RE1   13 10 729. 2
RE2   14 10 729. 2
REE   10 99 9. 999E6
```

```
RO1    8   5 60
RO2    7 99 60
```

* RO1 和 RO2 为开环输出阻抗，技术手册中典型数值为 60Ω，原始 lib 中数值为 30Ω。

```
*     RP      3    4 15.15E3
VB      9   0 DC 0
VC      3 53 DC 1.500
VE    54   4 DC 1.500
VLIM   7   8 DC 0
VLP   91   0 DC 22
VLN    0 92 DC 22

*  OUTPUT SUPPLY MIRROR
FQ3    0 20 POLY(1) VLIM 0   1
DQ1   20 21 DX
DQ2   22 20 DX
VQ1   21   0 0
VQ2   22   0 0
FQ1    3   0 POLY(1) VQ1   0.976E-3   1
FQ2    0   4 POLY(1) VQ2   0.976E-3  -1

*  QUIESCIENT CURRENT
RQ    3   4  3.0E4

*  DIFF INPUT CAPACITANCE
CDIF   1   2   1.0E-12

*  COMMON MODE INPUT CAPACITANCE
C1CM   1   99 1.5E-12
C2CM   2   99 1.5E-12

*  INPUT PROTECTION
R1IN   INP 1   500
D1A      1 VD1 DX
D1B    VD1 2   DX
```

```
R2IN   INN 2   500
D2A      2 VD2 DX
D2B    VD2 1   DX

. MODEL DX D(IS =800. 0E -18)
. MODEL QX NPN(IS =800. 0E -18 BF =10. 00E3)
. ENDS

* * * * * * * * * * * * * * * * * * * * * * * * * * * * * * * * * *
. SUBCKT OPA734   1       2      3       4      5      6
*                OUT     -V    +IN     -IN     EN     +V
Q21 7 8 9 QNL
R77 10 11 2
R78 12 11 2
R79 13 8 100
R80 14 15 100
R81 16 6 7
R82 2 17 7
R84 18 19 700
R85 20 21 1
R86 9 22 1
D21 1 6 DD
D22 2 1 DD
D23 23 0 DIN
D24 24 0 DIN
I24 0 23 0. 1E -3
I25 0 24 0. 1E -3
E25 9 0 2 0 1
E26 21 0 6 0 1
D25 25 0 DVN
D26 26 0 DVN
I26 0 25 0. 1E -3
I27 0 26 0. 1E -3
E27 27 4 25 26 0. 1
G13 28 4 23 24 1. 9E -5
```

```
E28 29 0 21 0 1
E29 30 0 9 0 1
E30 31 0 32 33 1
R88 29 34 1E6
R89 30 35 1E6
R90 31 36 1E6
R91 0 34 100
R92 0 35 100
R93 0 36 100
E31 37 3 36 0 9.5E-4
R94 38 32 1E3
R95 32 39 1E3
C29 29 34 0.2E-12
C30 30 35 0.2E-12
C31 31 36 6E-9
E32 40 37 35 0 0.004
E33 41 40 34 0 -0.002
E34 33 9 21 9 0.5
D27 42 21 DD
D28 9 42 DD
M24 43 44 17 17 NOUT L=3U W=4000U
M25 45 46 16 16 POUT L=3U W=4000U
M26 47 47 20 20 POUT L=3U W=4000U
M27 48 49 10 10 PIN L=3U W=33U
M28 50 51 12 12 PIN L=3U W=33U
M29 52 52 22 22 NOUT L=3U W=4000U
R96 53 46 100
R97 54 44 100
G14 42 33 55 33 0.2E-3
R98 33 42 60E6
C32 19 1 28.9E-12
R99 9 48 6K
R100 9 50 6K
C33 48 50 3E-12
C34 28 0 1E-12
```

```
C35 27 0 1E - 12
C36 1 0 1E - 12
D29 44 7 DD
D30 56 46 DD
Q22 56 14 21 QPL
V27 28 57  -1.9U
M33 58 59 21 21 PIN L = 6U W = 500U
E35 39 0 28 0 1
E36 38 0 4 0 1
M36 59 59 21 21 PIN L = 6U W = 500U
V30 58 11 0.8
R105 1 45 40
R106 43 1 22
J5 60 28 60 JC
J6 60 27 60 JC
J7 27 61 27 JC
J8 28 61 28 JC
E38 62 33 50 48 1
R108 62 55 10E3
C40 55 33 1.5E - 12
G16 63 33 42 33  -1E - 3
G17 33 64 42 33 1E - 3
G18 33 65 52 9 1E - 3
G19 66 33 21 47 1E - 3
D31 66 63 DD
D32 64 65 DD
R110 63 66 100E6
R111 65 64 100E6
R112 66 21 1E3
R113 9 65 1E3
E39 21 53 21 66 1
E40 54 9 65 9 1
R114 64 33 1E6
R115 65 33 1E6
```

```
R116 33 66 1E6
R117 33 63 1E6
R118 2 6 250E6
G20 6 2 67 0  -100E-6
D33 68 0 DD
R119 0 67 1E9
I32 28 0 75E-12
I33 27 0 75E-12
C45 69 27 0.1E-12
C46 69 28 0.1E-12
R122 0 69 220
E41 69 0 23 24 210
V45 21 60 0.2
V46 61 9 0.2
E42 6 15 6 16 1
E43 13 2 17 2 1
M37 33 70 42 42 PSW L=1.5U W=15U
M38 42 71 33 33 NSW L=1.5U W=15U
E46 72 42 73 0 2
E47 74 33 73 0  -2
V47 71 74 1
V48 70 72  -1
R125 72 0 1E12
R126 74 0 1E12
G5 59 9 73 0 37.5E-6
G21 47 52 73 0 20E-6
G22 6 2 73 0 420E-6
G23 68 0 73 0  -1E-3
R128 0 68 10E3
I34 6 2 0.8E-6
E48 67 68 73 0  -0.65
E49 73 0 76 0 0.1
M39 77 78 9 9 NS1 L=3U W=10U
R129 77 79 10E6
```

```
M40 80 77 81 81 NS2 L = 3U W = 2000U
V50 79 9 10
R131 9 82 30E3
M41 83 83 79 79 PS1 L = 6U W = 500U
M42 80 83 79 79 PS1 L = 6U W = 500U
R132 84 83 900E3
M43 84 85 9 9 NS2 L = 3U W = 200U
E50 85 9 21 9 0.5
C47 80 9 20E - 12
V51 81 82  - 89E - 3
M44 86 80 9 9 NS3 L = 3U W = 20000U
R133 86 79 10E3
E51 87 0 86 9  - 1
V52 76 87 10.0
E52 88 41 89 0 1E - 3
M46 90 78 9 9 NS1 L = 3U W = 10U
R134 90 91 10E6
M47 92 90 93 93 NS2 L = 3U W = 2000U
V53 91 9 10
R135 9 94 90K
M48 95 95 91 91 PS1 L = 6U W = 500U
M49 92 95 91 91 PS1 L = 6U W = 500U
R136 96 95 9E6
M50 96 97 9 9 NS2 L = 3U W = 200U
E54 97 9 21 9 0.5
C48 92 9 30E - 12
V54 93 94  - 89E - 3
M51 98 92 9 9 NS3 L = 3U W = 20000U
R137 98 91 100E3
E55 89 0 98 9 1
R138 0 89 1E3
E56 28 88 99 0  - 20E - 6
D51 100 0 DD
R139 0 99 1E9
```

```
R140 0 100 1E9
V55 100 99 0.65
I35 0 100 1E-3
R141 57 49 684E3
R142 51 27 684E3
C49 28 27 1E-12
R143 87 0 1E12
R144 73 0 1E12
R145 9 78 1.5E11
C50 5 0 2E-12
J9 21 78 21 JE
J10 78 9 78 JE
R146 5 78 200
R147 78 21 1.4E11
H3 101 33 V43 -2.5K
D52 42 101 DD
D53 101 42 DD
V43 42 18 0
R148 76 0 1E12
M52 102 102 21 21 PIN L=6U W=500U
M53 5 102 21 21 PIN L=6U W=500U
I36 102 9 3E-6
R150 21 102 1E12
.MODEL JC NJF IS=1E-18
.MODEL JE NJF IS=1E-17
.MODEL DVN D KF=7E-18 IS=1E-16
.MODEL DIN D
.MODEL DD D
.MODEL QPL PNP
.MODEL QNL NPN
.MODEL POUT PMOS KP=200U VTO=-0.7
.MODEL NOUT NMOS KP=200U VTO=0.7
.MODEL PIN PMOS KP=200U VTO=-0.7
.MODEL NIN NMOS KP=200U VTO=0.7
```

```
.MODEL PSW PMOS KP=200U VTO=-0.5 IS=1E-18
.MODEL NSW NMOS KP=200U VTO=0.5 IS=1E-18
.MODEL NS1 NMOS KP=200U VTO=0.8 IS=1E-18
.MODEL NS2 NMOS KP=200U VTO=1 IS=1E-18
.MODEL NS3 NMOS KP=200U VTO=5 IS=1E-18
.MODEL PS1 PMOS KP=200U VTO=-1 IS=1E-18
.ENDS
*END MODEL OPA734
```

参 考 文 献

[1] 张东辉，毛鹏. PSpice 元器件模型建立及应用 [M]. 北京：机械工业出版社，2017.

[2] 张东辉，姜建平，盖雪，等. 线性电源设计实例——原理剖析、制作调试、性能提升 [M]. 北京：机械工业出版社，2020.

[3] Dennis Fitzpartrick. 基于 OrCAD Capture 和 PSpice 的模拟电路设计与仿真 [M]. 张东辉，译. 北京：机械工业出版社，2016.

[4] John Okyere Attia. PSpice 和 MATLAB 综合电路仿真与分析 [M]. 张东辉，译. 2 版. 北京：机械工业出版社，2016.

[5] Muhammad H Rashid. 电力电子学的 SPICE 仿真 [M]. 毛鹏，译. 3 版. 北京：机械工业出版社，2015.

[6] 张卫平. 开关变换器的建模与控制 [M]. 北京：中国电力出版社，2005.

[7] MARC T THOMPSON. Intuitive analog circuit design [M]. Oxford：Elsevier Science，2005.

[8] RASHID M H. Introduction of pspice using orcad for circuits and electronics [M]. Englewood Cliffs：Prentice - Hall，2004.

[9] RASHID M H. Power electronics handbook [M]. Oxford：Elsevier Science，2004.

[10] RASHID M H. Power electronics circuits，devices and applications [M]. 3rd ed. Englewoo Cliffs：Prentice - Hall，2003.

[11] RASHID M H. SPICE for power electronics and electric power [M]. Englewood Cliffs：Prentice - Hall，1995.

[12] HERNITER M E. Schematic capture with cadence pspice [M]. Englewood Cliffs：Prentice - Hall，2001.

[13] ROBERT W ERICKSON，DRAGAN MAKSIMOVIC. Fundamentals of power electronics [M]. 2nd ed. Amsterdam：Kluwer Academic Publishers，2001.

[14] PRICE T E. Analog electronics：an integrated pspice approach [M]. Englewood Cliffs：Prentice - Hall，1996.

[15] MASSOBRIO G，ANTOGNETTI P. Semiconductor device modeling with SPICE [M]. 2nd ed. New York：McGraw - Hill，1993.

[16] DONALD A NEAMEN. Microelectronics：circuit analysis and design [M]. 4th ed. New York：McGraw - Hill，2009.

[17] SERGIO FRANCO. Design with operational amplifiers and analog integrated circuits [M]. 4th ed. New York：McGraw - Hill Education，2013.

[18] ROBERT A PEASE. Analog circuits world class designs [M]. Oxford：Elsevier Science，2008.

[19] SERGIO FRANCO. Analog circuit design discrete and integrated [M]. New York：McGraw - Hill Education，2013.